G. John Romanes

# Die geistige Entwicklung im Tierreich

*nebst einer nachgelassenen Arbeit:*
*Über den Instinkt*
*von*
*Charles Darwin*

*Reprint der deutschen Ausgabe von 1885*

ISBN: 978-3755702115

Herstellung und Verlag:
BoD – Books on Demand, Norderstedt.

Bibliografische Information der Deutschen Nationalbibliothek:
Die Deutsche Nationalbibliothek verzeichnet diese Publikation
in der Deutschen Nationalbibliografie; detaillierte bibliografische
*Daten sind im Internet über http://dnb.dnb.de abrufbar.*

# DIE
# GEISTIGE ENTWICKLUNG
## IM TIERREICH

VON

## G. JOHN ROMANES.

NEBST EINER NACHGELASSENEN ARBEIT:

## ÜBER DEN INSTINKT

VON

## CHARLES DARWIN.

AUTORISIERTE DEUTSCHE AUSGABE.

LEIPZIG
ERNST GÜNTHERS VERLAG
1885.

# Vorwort.

Es mag auffallen, dass sich der Inhalt dieses Buches auf „die geistige Entwicklung im Tierreich" beschränkt. Die Gründe dafür habe ich in der Einleitung dargelegt.

Vielleicht wird man auch finden, dass in den nachfolgenden Kapiteln dem Instinkt ein allzu grosser Raum zugewiesen sei. Gegenüber der Verwirrung, die in den Schriften unserer leitenden Autoritäten auf dem Gebiete dieses wichtigen Zweiges der Psychologie zum Ausdruck gelangt, halte ich jedoch eine erschöpfende Behandlung dieses Gegenstandes für in hohem Grade wünschenswert.

Zudem scheint es mir nötig, noch in Kürze zu erklären, wie ich dazu kam, eine solche Fülle von unediertem Material aus den hinterlassnen Schriften Ch. Darwins zu veröffentlichen, und in welchem Umfang ich mich dieses in meine Hände gelangten Materials bediente. Wie ich schon in einem früheren Buche *(„Animal Intelligence")* bemerkte, übergab mir Darwin seine sämtlichen auf psychologische Fragen bezüglichen Manuskripte mit der Erlaubnis, dieselben nach Belieben in meinen Werken über geistige Entwicklung zu veröffentlichen. Nach seinem Tode hatte ich indessen das Gefühl, dass sich die Umstände in betreff dieses gütigen Anerbietens geändert hätten und dass es kaum zulässig erschiene, ein so umfassendes, seitdem im Werte gestiegenes Material, ohne weiteres zu verwerten. Ich veröffentlichte daher in der

*Linnean Soc.*, und zwar unter Zustimmung der Darwinschen Familie, von jenem Material soviel, als sich in einer zusammenhängenden Reihenfolge davon wiedergeben liess: es war dies das Kapitel, welches für die „Entstehung der Arten" bestimmt war und welches ich, der Verweisung wegen, als Anhang dem vorliegenden Werke beigegeben habe. Was den Rest betrifft, so verwob ich die zahlreichen unzusammenhängenden Paragraphen und Notizen, die ich in den Manuskripten fand, in den Text dieses Buches, da ich sie einerseits zu einer Kette von unzusammenhängenden Paragraphen nicht wohl geeignet und anderseits eine Veröffentlichung derselben in irgend welcher Form für durchaus geboten erachtete.

Ich bin die Manuskripte sorgfältig durchgegangen und habe es so eingerichtet, dass jede noch nicht veröffentlichte Stelle von einiger Wichtigkeit beigezogen werden konnte. Ich hatte durchaus keinen Anlass, irgend eine Stelle zu unterdrücken, so dass die von mir gegebnen Anführungen zusammen als eine vollständige Sammlung von allem, was Darwin auf dem Gebiete der Psychologie geschrieben, gelten kann.

Zur Erleichterung der Nachweise gebe ich schliesslich ein Register unter Darwins Namen, mit sämtlichen Seitenzahlen, wo die betreffenden Anführungen vorkommen.

**R.**

| Erzeugnisse<br>der Entwicklung der Gemütsbewegungen | | Gemütsbewegungen | Wille |
|---|---|---|---|
| | 50 | | |
| | 49 | | |
| | 48 | | |
| | 47 | | |
| | 46 | | |
| | 45 | | |
| | 44 | | |
| | 43 | | |
| | 42 | | |
| | 41 | | |
| | 40 | | |
| | 39 | | |
| | 38 | | |
| | 37 | | |
| | 36 | | |
| | 35 | | |
| | 34 | | |
| | 33 | | |
| | 32 | | |
| | 31 | | |
| | 30 | | |
| | 29 | | |
| Scham, Reue, Verschlagenheit, Lustigkeit | 28 | | |
| Rachsucht, Zorn | 27 | | |
| Kummer, Hass, Grausamkeit, Wohlwollen | 26 | | |
| Nacheifrg., Stolz, Empfindlk., ästh. Vorliebe, Schreck | 25 | | |
| Sympathie | 24 | | |
| | 23 | | |
| Neigung | 22 | | |
| Eifersucht, Ärger, Spielerei | 21 | | |
| elterl. Zuneig., soz. Gef., geschl. Ausw., Kampfl., Neug | 20 | | |
| geschlechtl. Gefühle, ohne geschlechtl. Auswahl | 19 | | |
| Überraschung, Furcht | 18 | | |
| | 17 | | |
| | 16 | | |
| | 15 | | |
| | 14 | | |
| | 13 | | |
| | 12 | | |
| | 11 | | |
| | 10 | | |
| | 9 | | |
| | 8 | | |
| | 7 | | |
| | 6 | | |
| | 5 | | |
| | 4 | | |
| | 3 | | |
| | 2 | | |
| | 1 | | |

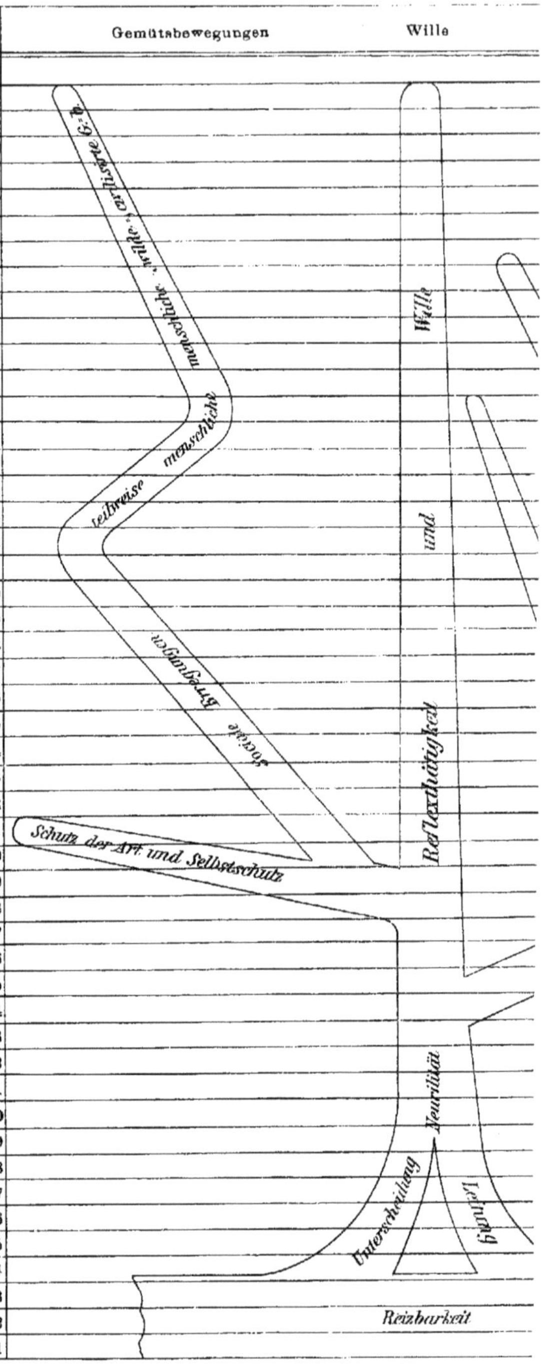

| Intellektuelle Fähigkeiten | | Erzeugnisse der intellektuellen Entwicklung | Psychologische Stufenleiter | Entwicklungsstufe des Menschen |
|---|---|---|---|---|
| | 50 | | | |
| | 49 | | | |
| | 48 | | | |
| | 47 | | | |
| | 46 | | | |
| | 45 | | | |
| | 44 | | | |
| | 43 | | | |
| | 42 | | | |
| | 41 | | | |
| | 40 | | | |
| | 39 | | | |
| | 38 | | | |
| | 37 | | | |
| | 36 | | | |
| | 35 | | | |
| | 34 | | | |
| | 33 | | | |
| | 32 | | | |
| | 31 | | | |
| | 30 | | | |
| | 29 | | | |
| | 28 | Unbestimmte Moralität | Anthrop. Affen u. Hund | 15 Monate |
| | 27 | Benutzung von Werkzeugen | Affen und Elefant | 12 Monate |
| | 26 | Verständnis von Mechanismen | Raubt., Nager u. Wiederk. | 10 Monate |
| | 25 | Verständn. von Worten, Träume | Vögel | 8 Monate |
| | 24 | Mitteilung von Ideen | Hymenopteren | 5 Monate |
| | 23 | Erkennung von Personen | Reptile u. Cephalopoden | 4 Monate |
| | 22 | Vernunft | Höhere Krustazeen | 14 Wochen |
| | 21 | Assoziation durch Ähnlichkeit | Fische u. Batrachier | 12 Wochen |
| | 20 | Erkg. d. Nachkschft., sek. Instinkte | Insekten u. Spinnen | 10 Wochen |
| | 19 | Assoz. durch Contiguität | Mollusken | 7 Wochen |
| | 18 | Primärer Instinkt | Insektenlarven, Ringelw. | 3 Wochen |
| | 17 | Gedächtnis | Echinodermen | 1 Woche |
| | 16 | Lust und Schmerz | | Geburt |
| | 15 | | Cölenteraten | |
| | 14 | Nervöse Anpassungen | | |
| | 13 | | | |
| | 12 | | Unbekannte Tiere, | |
| | 11 | Teilweis nervöse | wahrsch. Cölenteraten | |
| | 10 | Anpassungen | vielleicht ausgestorben | Embryo |
| | 9 | | | |
| | 8 | | | |
| | 7 | Nicht-nervöse | einzellige Organismen | |
| | 6 | Anpassungen | | |
| | 5 | | | |
| | 4 | | | |
| | 3 | Protoplasmatische | Protoplasma-Wesen | Ei und |
| | 2 | Bewegungen | | Samenzelle |
| | 1 | | | |

# Inhaltsverzeichnis.

VI

# Die geistige Entwicklung im Tierreich.

# Einleitung.

In der Familie der Wissenschaften steht die vergleichende Psychologie mit der vergleichenden Anatomie in sehr naher Verwandtschaft; denn sowie die letztere den anatomischen Bau der verschiedenen Tierarten miteinander in eine wissenschaftliche Verbindung zu bringen bestrebt ist, so trachtet die erstere nach einer eben solchen Verbindung der geistigen Erscheinungen. Zudem ist es für die eine, wie für die andere dieser Wissenschaften die erste Aufgabe, die verwickelten Organisationen, mit welchen es eine jede von ihnen zu thun hat, in ihrem Baue zu erforschen und zu analysieren. Sobald diese Analyse in einer möglichst grossen Anzahl von Fällen durchgeführt ist, gilt es, als zweite Aufgabe, alle auf diesem Wege gewonnenen Thatsachen miteinander zu vergleichen, um schliesslich in den erhaltenen Resultaten eine Grundlage für die letzte Aufgabe jener Wissenschaften, für die Klassifikation der gefundenen Strukturen, zu gewinnen.

In der vorliegenden Untersuchung werden diese drei Aufgaben nun ebenfalls verfolgt, und zwar nicht getrennt nacheinander, sondern gleichzeitig nebeneinander, was den Vorteil gewährt, die Schlussaufgabe der Klassifikation nicht bis zuletzt aufsparen zu müssen; wir können vielmehr die Untersuchung mit der Vergleichung der zunächst liegenden Erscheinungen beginnen, um die Resultate dann nach und nach auf alle später aufgefundenen Thatsachen auszudehnen.

Die Verfolgung einer jeden der drei genannten Aufgaben führt uns nun zu einer Reihe an sich interessanter Betrachtungen, die sich indessen von dem Interesse, welches uns das schliessliche

Ergebnis der Klassifikation abgewinnt, wesentlich unterscheiden. So hat z. B. das Studium der menschlichen Hand, als eines Mechanismus, an und für sich selbst ein ganz spezielles Interesse, auch ohne dass wir ihren Bau mit dem der ensprechenden Extremitäten verschiedener Tiere vergleichen. In analoger Weise bietet auch das Studium der psychologischen Eigenschaften eines bestimmten Tieres ein ganz spezielles Interesse an und für sich, abgesehen von der Anwendung der vergleichenden Methode; und in demselben Sinne, wie auch die Vergleichung einzelner Glieder des Tierkörpers geeignet ist, unsere Aufmerksamkeit auf sich zu ziehen, auch ohne die Frage der Klassifikation zunächst zu berühren, so bietet auch das vergleichende Studium einzelner psychischer Eigenschaften der Tierwelt (einschliesslich des Menschen) ein ganz anderes Interesse, als die Frage nach der Klassifikation derselben, in welcher alle unsere Untersuchungen enden. Schliesslich liegt, ausserhalb und rund um die Aufgaben dieser Wissenschaften herum, das grosse Gebiet des allgemeinen Denkens, in welches jene in allen ihren Stadien ihre Schlussfolgerungen verzweigen.

Es ist überflüssig zu sagen, dass das Interesse an den beispiellos wachsenden vergleichenden Wissenschaften neuerdings so allgemein und intensiv wurde, dass die Beschäftigung mit spezielleren Forschungen, wie ich sie oben erwähnte, bedeutend dagegen in den Hintergrund getreten ist.

Ich werde nun mit einigen Worten Anlage und Ziel des vorliegenden Buches darzulegen suchen.

Jede Diskussion muss irgend eine Annahme zur Basis haben, wie jede These irgend eine Hypothese erfordert. Die Hypothese, welche ich in Anspruch nehme, ist die Annahme des allgemeinen Entwicklungsgesetzes. Ich halte es dabei für ausgemacht, dass meine Leser der Lehre von der organischen Entwicklung beipflichten und zugeben, dass jede Art von Pflanze oder Tier einen auf dem Wege der natürlichen Abstammung hergeleiteten Ursprung besitzt, und ferner, dass das grosse Gesetz der natürlichen Züchtung oder das Überleben des Passendsten diesen Vorgang begleitet hat. In diesem Falle wird dann auch die Thatsache der geistigen Entwicklung, als welche ich sie von der sogenannten Methode

oder Geschichte derselben unterscheide, für das gesamte Tierreich — vielleicht mit Ausnahme des Menschen — zugegeben
werden müssen. Ich nehme dies an, weil ich dafür halte, dass,
wenn die Lehre von der organischen Entwicklung für den Körper
angenommen wird, dieselbe auch die Lehre von der geistigen Entwicklung, soweit sie das Tierreich betrifft, als ein notwendiges
Korrelat nach sich zieht. Denn durch das ganze Tierleben, von
den stumpfsinnigsten bis zu den intelligentesten Geschöpfen hinauf,
können wir eine fortlaufende Stufenreihe verfolgen, so dass, wenn
wir schon so weit sind, zuzugeben, dass alle spezifischen Tierformen einen abgeleiteten Ursprung haben, ein solcher auch für
die mannigfachen Formen der geistigen Eigenschaften angenommen
werden muss. In der That wird wohl auch kaum jemand, der die
organische Entwicklung als evident angenommen, so unkonsequent
sein, zu behaupten, der Beweis der geistigen Entwicklung innerhalb
der oben gezogenen Grenzen könne noch von der Hand gewiesen
werden.

Der eine Beweis dient somit zur Befestigung des andern und
jeder hat den andern zu seinem Bestande nöthig; denn niemand
vermöchte von einer geistigen Entwicklung zu sprechen, ohne den
vorhergegangenen Nachweis der organischen Entwicklung oder der
Abänderung der Arten; mit diesem Nachweise aber ergibt sich das
Korrelat einer analogen psychischen Entwicklung ganz von selbst.

Ich habe die Psychologie des Menschen absichtlich nicht in
den Rahmen der folgenden vergleichenden Untersuchungen aufgenommen. Meine Gründe dafür brauche ich wohl nicht anzuführen. Es ist ja bekannt, dass von der Stunde an, da Darwin
und Wallace zugleich die Entwicklungstheorie aufstellten, welche
einen so ungeheuren Einfluss auf die Gedanken des gegenwärtigen
Jahrhunderts ausüben sollte, der Unterschied zwischen den Anschauungen dieser beiden Autoren auf dem Gebiete des menschlichen Seelenlebens von der fortwährend anwachsenden Schar ihrer
Schüler stets aufrecht erhalten und geteilt wurde. Wir alle wissen,
dass Darwin die allgemeinen Gesetze der Entwicklung im Gegensatze zu Wallace auch auf die Thatsachen der menschlichen
Psychologie ausdehnte. Während demnach die Nachfolger Darwins

dafür halten, dass alle Organismen voll und ganz Produkte einer natürlichen Abstammung sind, behaupten die Anhänger von Wallace, dass eine entschiedene Ausnahme von jener allgemeinen Lehre in betreff des menschlichen Organismus, oder doch wenigstens des menschlichen Geistes, gemacht werden müsse. So sehen wir denn die Anhänger der Entwicklungslehre in zwei Lager geteilt, in deren einem man annimmt, dass der menschliche Geist aus niederen psychischen Formen sich allmählich entwickelt hat, während nach dem Glauben im andern Lager der menschliche Geist sich nicht entwickelte, sondern für sich dasteht, *sui generis*, abgetrennt von allen andern ähnlichen Erscheinungen.

Da nun die Diskussion dieses wichtigen Streitpunktes eine grosse Rolle in meinem Buche spielen wird, so ergibt sich daraus die Notwendigkeit einer vorherigen Darlegung des Standpunktes, welchen ich bei der Behandlung dieser Frage einzunehmen gedenke.

Ob die Intelligenz des Menschen sich aus der tierischen entwickelt hat oder nicht, dieses Problem kann wissenschaftlich nur gelöst werden, wenn wir beide miteinander vergleichen, um die Punkte festzustellen, in welchen sie miteinander übereinkommen, und durch welche sie sich voneinander unterscheiden. Nun erscheint ohne Zweifel der Unterschied zwischen den geistigen Eigen-schaften des intelligentesten Tieres und denen des rohesten Wilden so bedeutend, dass die Annahme ihrer nahen Verwandtschaft, wie Darwins Lehre sie aufstellt, uns auf den ersten Blick absurd vorkommen könnte. Erst wenn wir uns überzeugt haben, dass die Entwicklungslehre allein die Thatsachen der menschlichen Anatomie zu erklären vermag, fühlen wir uns vorbereitet, von ihr eine ähnliche Erklärung bezüglich der Thatsachen der menschlichen Psychologie zu verlangen. Als ernsthafte Erforscher der Wahrheit ist es aber unsere Aufgabe, ruhig und ehrlich an die Prüfung der dargebotenen Unterschiede zu gehen, um zu bestimmen, ob die Annahme, dass die ungeheuere Kluft, welche heute diese beiden Arten von Geist voneinander trennt, durch zahlreiche Zwischen-stufen im Laufe ungezählter Jahrtausende der Vergangenheit über-brückt gewesen ist, wirklich die Grenzen vernünftiger Glaubwürdig-keit überschreitet.

Während ich die ersten Kapitel des vorliegenden Buches niederschrieb, beabsichtigte ich, den letzten Teil desselben einer Beleuchtung dieser Frage zu widmen. Mit dem Fortschreiten des Werkes wurde es aber bald augenscheinlich, dass eine einigermassen erschöpfende Behandlung derselben zu viel Raum beanspruchen würde. Infolge dessen entschied ich mich dafür, die gegenwärtige Arbeit auf eine Betrachtung der geistigen Entwicklung bei Tieren zu beschränken und alles gesammelte Material über dieselbe Entwicklung beim Menschen einer späteren Veröffentlichung vorzubehalten. Ich kann noch nicht sagen, wann ich imstande sein werde, meine diesbezüglichen Untersuchungen zu veröffentlichen; zu welcher Zeit ich aber auch jenes abschliessende Werk der Öffentlichkeit übergeben mag, es wird immer auf dem vorliegenden Werke basieren.

Wenn vorliegender Versuch demnach auf eine Betrachtung der geistigen Entwicklung bei Tieren beschränkt bleiben soll, so möchte ich noch betonen, dass er sich nur auf die eigentliche Psychologie, nicht aber auf die Philosophie dieses Gegenstandes erstrecken wird. Ich werde mich nicht mit dem „Übergange des erkannten Objekts in das erkennende Subjekt" beschäftigen und bleibe deshalb allen philosophischen Theorieen, die sich über jene Frage ergehen, fern. Mit andern Worten, ich werde überall den Geist nur als ein Objekt und geistige Veränderungen nur als Erscheinungen betrachten, somit durchweg den Vorgang der geistigen Entwicklung nach der jetzt allgemein gültigen sogenannten historischen Methode untersuchen.

Bei der Eröffnung des Untersuchungsfeldes innerhalb der angedeuteten Grenzen erscheint es nun im Interesse eines lückenlosen Fortschreitens unbedingt erforderlich, Beobachtungen, wo nötig, durch Hypothesen zu stützen und zu ersetzen. Es dürfte deshalb am Platze sein, zum Schlusse dieser Einleitung noch einige Worte zur Erklärung und Rechtfertigung der ausgewählten Methode hinzuzufügen.

Es wurde schon bemerkt, dass der Hauptgegenstand dieses Buches der sein wird, in einer möglichst wissenschaftlichen Weise die wahrscheinliche Geschichte der geistigen Entwicklung darzustellen, zusammen mit den Ursachen, welche sie herbeigeführt haben. Solange uns Beobachtungen bei dieser Untersuchung zur Seite stehen, werde ich natürlich nach keiner andern Hilfe ausschauen. Wo diese jedoch der Natur der Sache gemäss fehlen, werde ich allerdings zu hypothetischen Erklärungen greifen müssen. Obwohl ich nun so sparsam als möglich damit umzugehen gedenke, wird es der Kritik doch in vielen Fällen nicht an Gründen zu dem Einwurfe fehlen, dass es sehr bequem sei, die vermutliche Entstehung der verschiedenen geistigen Eigenschaften · in dieser Weise zu behaupten; dass man aber dabei irgend einen experimentellen oder historischen Beweis der Wahrheit meiner hypothetischen Behauptungen mit Recht erwarten könne.

In Beantwortung dieser Entgegnung habe ich nur zu sagen, dass niemand den Wert des experimentellen und historischen Nachweises in all den Fällen, wo die Möglichkeit eines solchen vorhanden ist, höher schätzen kann, als ich. Aber was soll denn da, wo ein solcher Nachweis einstweilen nicht zu liefern ist, gethan werden? Offenbar bieten sich hier nur zwei Auswege; entweder wir geben die Erforschung des Gegenstandes gänzlich auf, oder wir bemühen uns ihn auf die Art zu untersuchen, welche uns ausschliesslich zur Verfügung steht. Es kann nun keinem Zweifel unterliegen, welchen dieser beiden Auswege ein wissenschaftlicher Geist einschlagen wird.

Der echt wissenschaftliche Geist wünscht jedes Ding zu prüfen, und wo in irgend einem Falle die besten Prüfungsmittel versagen, wird er zu dem nächstbesten greifen. Die Wissenschaft hat sicher keinen Vorteil davon, wenn man in solchen Fällen auf die letzteren Mittel gänzlich verzichtet, wogegen ihr Interesse wesentlich gefördert wird, wenn man dieselben mit Vorsicht anwendet. Die Richtigkeit dieser Ansicht wird noch durch die Thatsache gestützt, dass auf dem Gebiete der Psychologie fast alle bedeutenden Fortschritte, die wir gemacht haben, nicht dem Experimente zu verdanken sind, sondern der deduktiven Methode. In den angegebenen Fällen verbietet uns also der echt wissenschaftliche Geist durchaus nicht, deduktive Schlussfolgerungen anzuwenden, besonders wo sie das einzige disponible Forschungsmittel bieten; wir sind vielmehr geradezu verpflichtet, einen vernünftigen Gebrauch von ihnen zu machen. Das ist es aber gerade, was ich zu thun beabsichtige. Niemand kann lebhafter als ich bedauern, dass das interessanteste Gebiet aller menschlichen Forschung gerade dasjenige ist, auf dem der induktive Nachweis am schwierigsten beizubringen ist; da dies aber einmal so ist, so müssen wir den Fall so nehmen, wie er liegt, und deduktive Schlussfolgerungen da gebrauchen, wo uns weiter nichts übrig bleibt, — stets aber, wie gesagt, nur in einer möglichst begrenzten Ausdehnung.

Erstes Kapitel.

## Das Kriterium des Geistes.

a die geistige Entwicklung den Gegenstand der vorliegen-
den Untersuchung bildet, so haben wir uns vor allem
darüber klar zu werden, was wir unter Geist zu verstehen haben, ehe wir daran gehen, die Bedingungen der bekannten geistigen Thätigkeiten festzustellen, unter welchen wir ihnen
unabänderlich begegnen.

Unter Geist werden bekanntlich zwei verschiedene Dinge verstanden, je nachdem wir ihn bei uns selbst oder in seinen Manifestationen bei andern Wesen kennen lernen. Wenn ich meinen
eigenen Geist betrachte, so gelange ich zur unmittelbaren Kenntnis
eines bestimmten Stromes von Gedanken und Gefühlen, welche
eigentlich die einzigen Dinge darstellen, die ich wirklich ihrem
Wesen nach erkenne. Wenn ich aber den Geist bei anderen
Personen oder Organismen beobachten will, so fällt jene unmittelbare
Kenntnis ihrer Gedanken und Gefühle aus; ich kann nur aus ihren
Handlungen, welche jene Gedanken und Gefühle zu bethätigen
scheinen, auf das Dasein der letzteren schliessen. Wir können
demnach unter Geist entweder etwas Subjektives oder etwas Ob-
jektives verstehen. In vorliegendem Werke haben wir es nur mit
dem Geiste im objektiven Sinne zu thun und daher nicht aus den
Augen zu verlieren, dass unser einziges Forschungsmaterial durch
Beobachtungen solcher Handlungen geliefert wird, von denen wir
voraussetzen, dass sie von geistigen Vorgängen, analog den von
uns subjektiv empfundenen, bedingt oder doch begleitet sind. Mit
andern Worten, wenn ich von dem ausgehe, was ich in subjektiver

Weise als die Thätigkeiten meines eignen persönlichen Geistes erkenne, zusammengehalten mit den aus ihnen hervorgehenden Bewegungen in meinem eignen Körper, so schliesse ich bei bestimmten Bewegungen andrer Organismen auf die Thatsache, dass auch ihnen gewisse geistige Thätigkeiten in analoger Weise zu Grunde liegen oder sie begleiten.

Hiernach ist es einleuchtend, dass unsre Kenntnis von geistigen Thätigkeiten oder Handlungen irgend eines Wesens ausser uns weder subjektiver noch objektiver Natur sein kann. Dass sie nicht subjektiv ist, brauche ich nicht zu zeigen; dass sie aber auch nicht objektiv sein kann, ergibt sich ebenfalls leicht aus der Erwägung, dass offenbar eine geistige Thätigkeit bei anderen Organismen niemals Gegenstand direkter Erkenntnis für uns werden kann, weil wir, wie oben schon bemerkt, nur aus den bestimmten, objektiv beobachteten Bewegungen solcher Organismen auf ihr geistiges Funktionieren schliessen. Somit besteht unsere ganze Kenntnis geistiger Thätigkeit, ausser unsrer eignen, aus einer Deutung körperlicher Bewegungen, welche auf der Kenntnis unsrer eignen geistigen Thätigkeit basiert. Nach dem Vorgang von Prof. Clifford nenne ich diese für uns allein mögliche Kenntnis von dem Geiste andrer Wesen eine ejektive, um ihre Unterscheidung von der subjektiven und objektiven sicher zu stellen.

Welche Art von Thätigkeiten sind wir nun, in diesem Sinne, berechtigt, als von einem Geiste ausgehend zu bezeichnen? Gewiss kann ich nicht das Rauschen eines Stromes oder das Brausen des Windes hierher zählen. Und warum nicht? Erstens, weil diese Dinge der Art nach viel zu verschieden von meinem eignen Organismus sind, als dass ich irgend eine vernünftige Analogie zwischen ihnen und mir zu ziehen vermöchte; und zweitens, weil die von ihnen ausgehenden Thätigkeiten unter denselben Umständen unabänderlich von derselben Art sind, mir somit keinerlei Nachweis von dem liefern, was ich für ein deutliches Merkmal meines eigenen Geistes halte, nämlich von Bewusstsein. Mit andern Worten, zwei Bedingungen müssen erfüllt sein, ehe wir nur die Vermutung hegen können, dass bestimmte Thätigkeiten auf einen Geist zurückzuführen sein möchten. Diese Thätigkeiten müssen zunächst von einem lebenden Organismus ausgehen, und ausserdem Eigenschaften zeigen, welche die Gegenwart von Bewusstsein vermuten lassen. Was ist nun als das Kriterium des Bewusstseins zu betrachten? Für das Selbstbewusstsein ist ein solches Kriterium weder notwendig, noch möglich; denn was mich persönlich betrifft, so kann nichts gewisser sein, als mein eignes Bewusstsein, und deshalb kann es auch für dasselbe kein Kriterium geben, welches ja im entgegengesetzten Falle eine noch höhere Gewissheit haben müsste, als das subjektiv empfundene Bewusstsein, was einfach unmöglich ist. Für die ejektive Form dagegen ist ein solches Kriterium erforderlich, und da mein Bewusstsein in das Gebiet eines fremden nicht übergreifen kann, so ist das letztere nur durch die Thätigkeit von gewissen Vermittlern zu erkennen, und diese Zwischenglieder sind, wie gesagt, die der Beobachtung zugänglichen Handlungen eines Wesens.

Die nächste Frage ist nun die: Welche organische Handlungen sind auf ein Bewusstsein zurückzuführen? Die sofort bereite Antwort lautet: Alle Handlungen, welche auf einer Wahl beruhen. Wo wir einen lebendigen Organismus anscheinend absichtlich eine Wahl treffen sehen, können wir nicht allein auf die Bewusstheit dieser Wahl schliessen, sondern auch darauf, dass das betreffende Individuum einen Geist besitzt. Die Physiologie lehrt uns indessen, auf diesem Gebiete mit unseren Schlüssen recht vorsichtig zu sein, indem sie, wie wir im nächsten Kapitel noch näher erfahren werden, ganz entschieden in Abrede stellt, dass jede anscheinende Wahl notwendig eine bewusste sei. Sie stützt sich dabei auf die Menge von Reflexbewegungen, welche eine bewusste Wahl von Bewegungen nur vortäuschen; wir sehen uns deshalb in die Notwendigkeit versetzt, uns nach einem Reagens für das wirkliche oder nur eingebildete Vorhandensein einer Wahl umzusehen. Das einzige Prüfungsmittel nun, welches wir besitzen, ist die Frage, ob jene entfalteten Anpassungen auf dieselben Reize unabänderlich in gleicher Weise erfolgen oder nicht? Der einzige Unterschied zwischen passenden Bewegungen, die auf eine Reflexwirkung zurückzuführen sind, und solchen, die von geistiger Einsicht zeugen, besteht darin, dass die ersteren von anererbten Mechanismen innerhalb des Nervensystems abhängen, die so eingerichtet sind, dass auf bestimmte

Reize bestimmte angepasste Reaktionen erfolgen; während die letzteren unabhängig von irgend welcher vererbter Anpassung spezieller Mechanismen an die Bedürfnisse besonderer Umstände geknüpft sind. Reflexwirkungen, die unter dem Einflusse der sie hervorrufenden Reize stehen, können mit der Thätigkeit einer unter der Leitung eines Arbeiters stehenden Maschine verglichen werden: wenn eine bestimmte Triebfeder durch einen bestimmten Druck berührt wird, so werden dafür gewisse Bewegungen ausgelöst, welche, ohne Wahl oder Unsicherheit entstehend, stets dieselben sind. So sicher nun ein jeder dieser Mechanismen mit angeerbten Eigenschaften durch einen bestimmten Reiz in Thätigkeit gesetzt wird, so sicher wird er stets im gegebenen Falle auf dieselbe Weise reagieren. Ein andrer Fall ist es aber mit den bewusstgeistigen Anpassungen. Ohne auf die Frage über das Wechselverhältnis von Körper und Geist des Näheren einzugehen, genügt es, auf den veränderlichen und unberechenbaren Charakter geistiger Vorgänge, zum Unterschied von dem beständigen und stets vorauszusehenden Charakter der reflektorischen, hinzuweisen. Das, was wir im objektiven Sinne unter einer vom Geiste eingegebenen anpassenden Thätigkeit verstehen, ist keineswegs die einzig mögliche für den angegebenen Fall, weil hier bestimmt fixierte Vererbung noch nicht vorhanden ist; gäbe es hier keine Anpassungsalternative, so würde, wenigstens bei einem Tiere, eine Reflexaktion von einer bewusst vor sich gehenden Handlung nicht unterschieden werden können.

Es ist also die aktive Anpassung eines lebendigen Organismus, die überall da eintritt, wo der ererbte Mechanismus des Nervensystems nicht ausreicht, an welcher wir ausschliesslich das geistige Element erkennen. Mit andern Worten, und ejektiv betrachtet: Das Unterscheidungselement des Geistes ist Bewusstsein, das Zeugnis des Bewusstseins ist das Vorhandensein einer Wahl und der Beweis für die Existenz der Wahl liegt in dem voraufgehenden Schwanken zwischen zwei oder mehreren Alternativen. Wir müssen jedoch hinzufügen, dass, obwohl unser einziges Kriterium für den Geist die Unsicherheit des Eintretens eines passenden Bewegungskomplexes ist, daraus doch nicht folgt, dass jede geeignete Bewegung, bei welcher der Geist beteiligt ist, einen unsichern Charakter tragen müsse; oder, was dasselbe ist, dass, wenn eine solche Wirkung mit einer gewissen Sicherheit eintritt, wir sie nun deshalb ihres geistigen Charakters entkleiden müssten. Manche passenden Reaktionen, die wir als geistig erkennen, sehen wir vielmehr unter gegebenen Umständen stets unvermeidlich eintreten; die nähere Untersuchung wird indessen darthun, dass dies nur da der Fall ist, wo wir es mit Kräften zu thun haben, die bereits an und für sich als von unzweifelhaft geistiger Natur erkannt sind.

Bei dieser Aufstellung der Wahl, als meines objektiven oder vielmehr ejektiven Kriteriums des Geistes, halte ich es hier für unnötig, in eine nähere Untersuchung darüber einzugehen, auf was sich dieselbe speziell stützt, weil ich in einem folgenden Kapitel ausführlich darlegen werde, was ich unter der ejektiven Betrachtung der Wahl verstehe; alsdann wird es sich zeigen, dass bei der stufenweisen Entwicklung des geistigen Elementes der Wahl es nicht gut möglich ist, eine bestimmte Scheidungslinie zwischen wählenden und nichtwählenden Kräften zu ziehen. Ich bleibe also vorläufig bei der gewöhnlichen Bedeutung des Ausdrucks stehen, als einer Unterscheidung, die der gesunde Menschenverstand bereits gemacht hat und stets machen wird, sobald es sich um geistige oder nichtgeistige Kräfte handelt. Man kann nicht sagen: Der Strom wählt den Lauf seiner Fluten oder die Erde wählt die Ellipse, in der sie um die Sonne läuft; so kompliziert die Wirkung einer Kraft, die wir als nicht geistig erkennen, wie z. B. die einer Rechen- maschine, auch sein möge und so unmöglich es auch ist, das Resultat ihrer Bewegungen voraus zu sagen: wir werden niemals behaupten können, dass ihre Wirkung auf einer Wahl beruhe. Wir reservieren diesen Ausdruck für Handlungen, die, so einfach sie auch sind oder so leicht ihre Resultate auch vorausgesehen werden können, dennoch durch Kräfte veranlasst werden, die sich wegen der nicht- mechanischen Natur jener Handlungen als geistige zu erkennen geben oder bereits als solche bekannt sind, d. h. durch Kräfte, welche sich bereits als geistig bewährt haben, indem sie andere Thätigkeiten nicht-mechanischer oder nicht-vorauszusehender Natur hervorriefen, die wir unbedingt nur einer Wahl zuschreiben konnten.

Es kann keinem Zweifel unterliegen, dass hier die Unterscheidung
des gesunden Menschenverstandes zwischen wählenden und nichtwählenden Kräften vollständige Geltung besitzt. Obwohl es schwierig
oder gar unmöglich sein mag, in gewissen Fällen zu entscheiden,
welcher Kategorie diese oder jene Erscheinung zuzuschreiben ist,
so vermag diese Schwierigkeit den Wert jener Klassifikation doch
nicht zu beeinträchtigen, ebensowenig wie z. B. die Unsicherheit der
Entscheidung, ob der *Limulus* unter die Krebse oder die Skorpione
zu zählen sei, die Geltung der Klassifikation, welche die Krustaceen
von den Arachniden scheidet, in Frage zu stellen vermag. Die
Hauptsache ist, dass trotz spezieller Schwierigkeiten in der Bezeichnung dieses oder jenes Wesens hinsichtlich der Klasse, zu
welcher es gehört, die psychologische Klassifikation, die ich befür-
worte, mit der angedeuteten zoologischen Klassifikation gleichwertig
ist; auch sie muss als vollgültig anerkannt werden, wenn sie unzweifelhafte Unterschiede aufstellt. Denn selbst wenn wir bei der denkbar
mechanischsten Auffassung geistiger Prozesse zugestehen, dass die
Annahme bewusster Intelligenz in keiner Weise das ganze Problem
löse, so bleibt doch noch die Thatsache bestehen, dass eine solche
bewusste Intelligenz existiert und dass sie sich vor gewissen
Handlungen stets in irgend einer Weise bethätigt hat. Ja, selbst
wenn wir annehmen wollten, dass der Lauf der Dinge sozusagen
rein vom Zufall abhinge und dass die bewussten und unbewussten
Handlungen sich stets in derselben Weise abwickelten, so würde
es doch noch für wissenschaftliche Zwecke höchst wünschenswert
bleiben, einen fassbaren Unterschied zwischen gewissen Handlungen,
die mit, und solchen, die ohne Begleitung von Bewusstsein vor
sich gehen, festzuhalten. Und wie die subjektiven Erscheinungen
auf alle Fälle dieselbe Realität beanspruchen können, wie die
objektiven, sobald es sich herausstellt, dass einige der letzteren
sich unterschiedslos und getreulich in den ersteren widerspiegeln,
so verdienen solche Erscheinungen, schon allein aus diesem Grunde,
in eine bestimmte wissenschaftliche Kategorie gestellt zu werden,
— selbst wenn bewiesen werden könnte, dass sich der Spiegel der
Subjektivität beseitigen liesse, ohne dadurch irgend eine Erscheinung
der Objektivität zu ändern.

Ohne deshalb die Frage auf die Verbindung von Körper und Geist weiter auszudehnen, soll nur noch bemerkt werden, dass wir stets berechtigt sind, einen Unterschied zwischen Wirkungen anzunehmen, welche von Empfindungen begleitet sind, und solchen, die allem Anschein nach in keiner Verbindung mit letzteren stehen. Wird dies zugegeben, so scheint keine Bezeichnung diesen Unterschied besser auszudrücken, als das Wort Wahl; Kräfte, die imstande sind, ihre Wirkungen zu wählen, vermögen auch die die Wahl bestimmenden Reize zu empfinden.

Dieses so dargestellte Kriterium des Geistes lässt sich noch mit andern Worten wiedergeben, die ich im folgenden aus meinem früheren Buche*) entlehne: „Lernt der Organismus neue passende Thätigkeiten hervorzubringen oder alte in Übereinstimmung mit den Resultaten seiner eignen individuellen Erfahrung zu modifizieren? Ist dies der Fall, dann kann diese Thatsache nicht lediglich einer Reflexwirkung in dem früher beschriebenen Sinne zugeschrieben werden, denn es ist unmöglich, dass Vererbung im voraus bei einem bestimmten Individuum zu dessen Lebzeiten für Neuerungen oder Änderungen seines Mechanismus vorgesorgt haben kann." Zwei Punkte sind mit Rücksicht auf dieses Kriterium, welche Definition wir demselben auch geben mögen, wohl zu beachten. Der erste ist, dass es nicht streng exklusiv ist, weder in dem Sinne, dass es jeden möglicherweise geistigen Charakter in anscheinend nicht-geistigen Anpassungen ausschlösse, noch im Gegensatz dazu einen möglicherweise nicht-geistigen Charakter in anscheinend geistigen Reaktionen; denn es steht fest, dass der Mangel eines „Lernens durch eigne Erfahrung" nicht immer ein vollgültiger Beweis gegen die Existenz des Geistes ist; ein solcher Mangel kann ja lediglich aus einer Unvollkommenheit des Gedächtnisses herrühren, oder auch daher, dass das geistige Element nicht genügend vertreten ist, um passende Vorkehrungen dem Bedürfnis der neuen Umstände gemäss zu treffen. Dagegen ist es nicht weniger gewiss, dass gewisse Teile unsres eignen Nervensystems, die bei den Erscheinungen des Bewusstseins nicht beteiligt sind,

---

*) *Animal Intelligence.*

nichtsdestoweniger sich bis zu einem gewissen Grade befähigt zeigen, durch individuelle Erfahrung zu lernen. Der Nervenapparat des Magens z. B. ist in einem so bedeutenden Masse imstande, die Bewegungen dieses Organs den Bedürfnissen seiner individuéllen Erfahrung anzupassen, dass, wäre das Organ ein Organismus, wir in Gefahr kommen könnten, ihm irgend eine schwache Intelligenz zuzuschreiben. Noch gibt es keinen Beweis dafür, dass nicht-geistige Kräfte jemals imstande wären, in irgend beträchtlichem Masse die passenden Reaktionen geistiger Kräfte nachzuahmen; deshalb hat unser Kriterium in seiner praktischen Anwendung eher die entgegengesetzte Gefahr zu fürchten, nämlich die geistige Natur gewissen Kräften abzuleugnen, welche in Wirklichkeit geistig sind. Denn es ist klar, dass lange bevor der Geist eine genügend hohe Entwicklungsstufe erreichte, um das angeführte Kriterium zu verdienen, er wahrscheinlich schon als keimende Subjektivität aufzuwachen begann. Mit andern Worten, weil ein niedrig organisiertes Tier nicht durch eigne Erfahrung zu lernen scheint, dürfen wir noch nicht schliessen, dass das Bewusstsein oder das geistige Element, wenn vorhanden, nichts nach dieser Richtung hin leiste. Wenn aber auf der andern Seite ein niedrig organisiertes Tier durch seine eigne Erfahrung lernt, so besitzen wir damit den bündigsten Beweis eines bewussten Gedächtnisses, welches zu absichtlicher Anpassung führt. Deswegen lässt sich unser Kriterium auf die obere Grenze nicht-geistiger, nicht aber auf die untere Grenze geistiger Thätigkeit anwenden.

Wenn ich hier wieder die früher als brauchbar erkannte Terminologie Cliffords anwenden darf, so müssen wir uns stets erinnern, dass die geistigen Zustände andrer geistigen Wesen, ausser uns selbst, niemals als Objekte erkannt werden können; wir erkennen sie nur als „Ejekte" oder als ideale Projektionen unsrer eignen geistigen Zustände. Aus dieser groben psychologischen Thatsache entstehen nicht geringe Schwierigkeiten bei der Anwendung unsres Kriteriums auf gewisse Fälle, wie sie sich uns z. B. besonders bei den niederen Tieren darbieten; denn wenn das Zeugnis des Geistes oder des Wahlvermögens auf diese Weise immer ejektiv, im Unterschied von objektiv, sein muss, so ist es klar, dass die zwingende Kraft dieses Kriteriums sich um so mehr abschwächen muss, je weiter wir uns von einem dem unsrigen ähnlichen Geiste zu solchen Arten desselben entfernen, welche nicht so entwickelt sind wie der unsrige, bis hinab zu der Grenze, wo sie sich für unsere Erkenntnis ganz verflüchtigen. Anders ausgedrückt, obwohl das von Ejekten ausgehende Zeugnis für geistige Organisationen ähnlich der unsrigen zureicht, so verliert es doch in dem Masse an Verlässlichkeit, als die Ähnlichkeit geringer wird oder ganz wegfällt; so dass wir bei den niedersten Tieren vollständig im Ungewissen sind, ob wir denselben eine ejektive Existenz zuschreiben sollen oder nicht. Ich muss hier jedoch aufs neue darauf aufmerksam machen, dass diese Thatsache, welche unmittelbar aus der vollkommnen Isolierung unsres persönlichen Geistes hervorgeht, kein Argument gegen mein Kriterium vom Geiste abgibt; sie zeigt uns vielmehr, dass es kein besseres Kriterium gibt, indem sie uns die Hoffnungslosigkeit jeder Bemühung, ein solches zu finden, klar macht.

Der andere Punkt, der mit Rücksicht auf diese Frage wohl zu beachten ist, ist folgender:

Dem Skeptiker wird mein Kriterium wahrscheinlich ungenügend erscheinen, weil es nicht auf Erkenntnis, sondern auf Schlussfolgerungen beruht; dem gegenüber genügt jedoch der Hinweis darauf, dass es das bestmögliche ist, und ferner, dass man vom Standpunkte des konsequenten Skeptizismus aus gezwungen wird, das Zeugnis des Geistes überhaupt zu leugnen, nicht nur hinsichtlich der niederen Tiere, sondern auch hinsichtlich der höheren, ja auch hinsichtlich der Menschen, mit einziger Ausnahme des Zweiflers selbst. Denn alle Einwürfe, welche gegen dieses Kriterium des Geistes beim Tierreich ins Feld geführt werden können, gelten in gleicher Stärke auch für jeden andern Geist, ausser dem des individuellen Gegners. Das ist unwiderleglich, weil, wie ich bereits bemerkte, das einzige Zeugnis, welches wir von einem objektiven Geiste erlangen können, durch objektive Handlungen geliefert wird. Da nun der subjektive Geist niemals so innig mit dem objektiven vereinigt werden kann, dass er durch direkte Empfindung die geistigen Vorgänge zu erfahren vermöchte, welche hier die objektiven

Handlungen begleiten, so ist es offenbar unmöglich, irgend jemanden, der die Gültigkeit der obigen Schlussfolgerung zu bezweifeln beliebte, davon zu überzeugen, dass in irgend einem Falle, ausser bei ihm selbst, geistige Vorgänge jemals objektive Thätigkeiten begleiten.

Hierin liegt auch der Grund, warum die Philosophie keine überzeugende Widerlegung des Idealismus beizubringen vermag. Der gesunde Menschenverstand jedoch empfindet allgemein, dass Analogie hier ein sichererer Führer zur Wahrheit ist, als skeptische Forderungen nach unmöglichen Beweisen; wenn nun die objektive Existenz andrer Organismen und ihrer Handlungen zugegeben wird — ohne welches Postulat die vergleichende Psychologie, gleich allen andern Wissenschaften, ein leerer Traum wäre — so wird der gesunde Menschenverstand stets und ohne Frage daraus folgern, dass die Handlungen andrer Organismen, wenn analog den unsrigen, die wir bestimmt als von geistigen Zuständen begleitet erkennen, auch bei jenen von ähnlichen geistigen Zuständen begleitet sind.

Zweites Kapitel.

## Bau und Funktion des Nervengewebes.

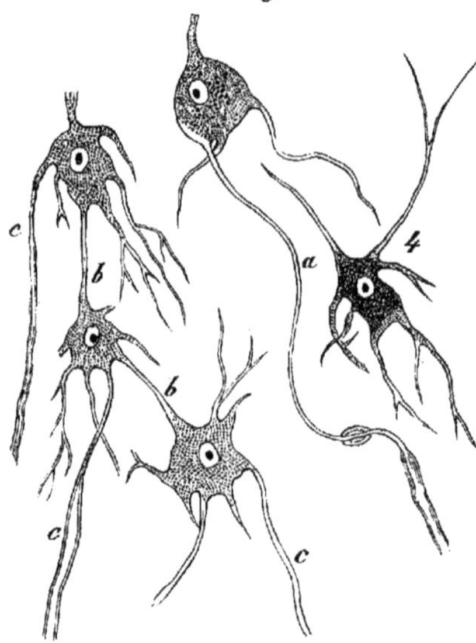

achdem wir so das bestmögliche Kriterium des ejektiv betrachteten Geistes gewonnen haben, gehen wir nun zu unsrer andern Aufgabe über, nämlich zu der Untersuchung der objektiven Bedingungen, unter denen wir dem als solchen erkannten Geist unabänderlich zu begegnen gewohnt sind.

So weit menschliche Erfahrung reicht, lernen wir den Geist nur an lebenden Organismen kennen, und zwar stets zusammen mit einem eigentümlichen Gewebe, welches nicht bei allen Organismen vorkommt, und selbst dort, wo es sich findet, nur einen ungemein winzigen Bruchteil des ganzen Körpers ausmacht. Dieses besondre, im Tierreich so sparsam verteilte Gewebe, dessen wesentliches Charakteristikum eben in seiner Verbindung mit dem Geiste besteht, ist das Nervengewebe. Es liegt uns demnach vorallem ob, den organischen Bau und die Funktionen dieses Gewebes so weit zu berücksichtigen, als es zur Verdeutlichung unsrer folgenden Darstellung notwendig erscheint.

Fig. 1.
Motorische, durch intercellulare Fortsätze (*b*) miteinander verbundne Nervenzellen nebst davon ausgehenden Nervenfasern (*a*, *c*); 4. multipolare (d. i. mit vielen Ausläufern versehene) Zelle mit angehäuftem Pigment um den *nucleus* herum (diagrammatisch, nach Vogt).

Innerhalb der Grenzen des Tierreichs wird das Nervengewebe
bei allen Arten gefunden, deren zoologische Stellung nicht tiefer als
die der Hydrozoen liegt. Die niedrigsten Tiere, bei denen es

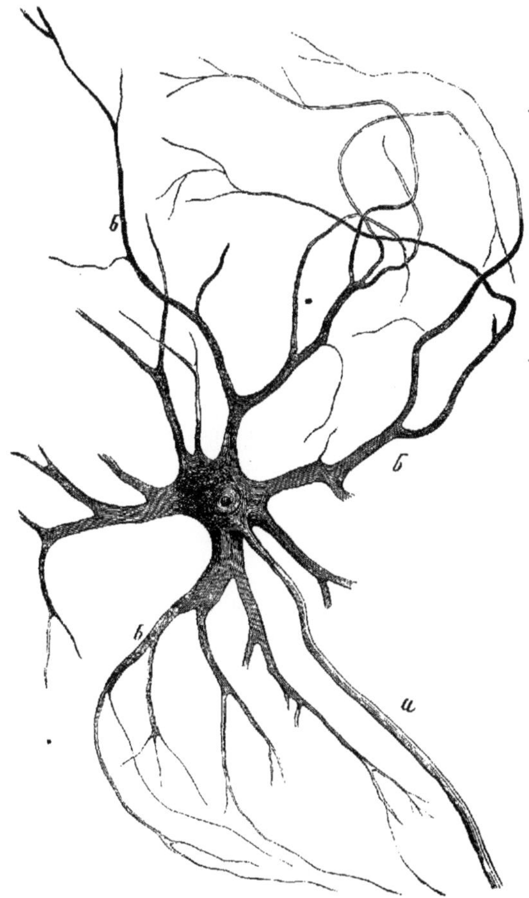

Fig. 2.
Multipolare Ganglienzelle aus dem Vorderhorn des Rückenmarks
eines Ochsen. *a*. Achsencylinderfortsätze; *b* verästelte Proto-
plasmafortsätze (150 fach vergr., nach D e i t e r s).

bisher entdeckt wurde, sind die Medusen oder Quallen, von denen
an aufwärts es ausnahmslos angetroffen wird. Wo wir es aber auch
finden mögen, seine Erscheinung ist im wesentlichen stets dieselbe;

2*

bei der Qualle, der Auster, dem Insekt, dem Vogel oder dem Menschen, nirgends bietet sich irgend eine Schwierigkeit, seine einfache, überall mehr oder weniger übereinstimmende Struktur zu erkennen.

Es besteht aus mikroskopischen Zellen und Fasern (Fig. 1 u. 2); die letzteren laufen von einer Zelle zur andern und stellen so die Verbindung unter denselben, sowie zwischen ihnen und entfernten Teilen des tierischen Körpers her. Die Funktion der Fasern besteht darin, bestimmte, durch molekulare, also unsichtbare Bewegungen hervorgerufene Reize oder Eindrücke von und nach den Nervenzellen zu leiten, wogegen in den Zellen diejenigen Eindrücke ihren Ursprung nehmen, welche von den Fasern nach anderen Teilen geleitet werden. Die nach den Zellen geleiteten Eindrücke werden nun durch Reize hervorgebracht, die auf die Nervenfaser in ihrem Verlaufe einwirken; solche Reize sind z. B. Berührung oder Druck von andern Körpern (mechanische Reize), plötzliche Erhöhungen der Temperatur (thermale Reize), molekulare Veränderungen in der Zusammensetzung der Nervensubstanz durch Irritantien (chemische Reize), Wirkungen elektrischer Erregungen

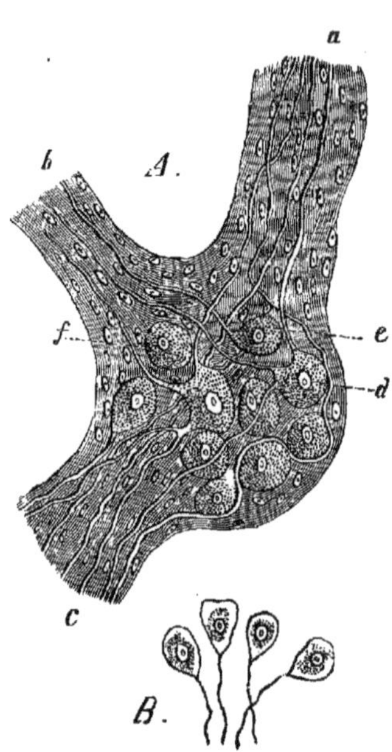

Fig. 3.

A. Nervenknoten des Sympathicus vom Säugetier; a, b, c. drei abgehende Nerven; d. multipolare, e. unipolare, f. apolare Ganglienzelle (400fach vergr., nach Leydig); — B. unipolare Ganglienzellen vom Bauchmark des Regenwurms.

(elektrische Reize), oder auch eine molekulare Erregung durch eine andere Nervenfaser, mit welcher die erste in Verbindung steht. Die Nervenzellen findet man gewöhnlich haufenweise zu sogenannten Ganglien vereinigt, an denen Bündel von Nervenfasern aus- und einmünden. Diese Bündel bilden die weissen Fäden oder Nervenfasern, welche wir bei der Sektion eines Tieres entdecken. (Fig. 3.)

Das Verhältnis dieser Faserbündel zu den Zellenhaufen bildet die anatomische Vorbedingung zu dem physiologischen Prozess der

Reflexwirkung. Nehmen wir nun an, dass das eine Nervenfaserbündel in der vorstehenden Abbildung in seiner Verlängerung auf der Oberfläche eines Sinnesorgans endige, während die andern beiden Bündel, auf gleiche Weise verlängert, in einer Gruppe von Muskeln ihr Ende erreichten, so wird ein auf die Sinnesoberfläche treffender Reiz eine molekulare Erregung hervorrufen, die der Länge des erstgenannten Nerven nach bis zum Ganglienkörper verlaufen, von diesem aufgenommen und zu den beiden andern Nervenbündeln weiter geleitet wird bis zu der Muskelgruppe, deren Zusammenziehung dann den Abschluss des ganzen Prozesses bildet. Man nennt diesen Vorgang eine Reflexbewegung, weil der ursprüngliche, auf die Sinnesoberfläche auffallende Reiz nicht in direkter Linie auf die Muskeln übertragen wird, sondern zunächst zum Ganglion geht und erst von dort nach den Muskeln abgelenkt oder reflektiert wird.*) Dieser auf den ersten Blick recht umständlich und beschwerlich scheinende Prozess ist in Wirklichkeit der kürzeste und knappste. Denn wir brauchen nur an die ungeheure Anzahl und Vielfältigkeit der Reize zu denken, denen alle höheren Tiere beständig ausgesetzt sind, um das daraus folgende Erfordernis irgend eines Systems von geordneten Zusammenwirkungen, behufs einer passenden Beantwortung jener zahllosen Reize, leicht einzusehen. Eine solche Zusammenwirkung wird aber durch das Prinzip der Reflexwirkung ermöglicht und verwirklicht; denn der tierische Körper ist so eingerichtet, dass alle die zahllosen Nervencentren oder Ganglien mehr oder minder miteinander in Verbindung stehen und von allen Seiten des Körpers her Botschaften empfangen, die sie wiederum zu beantworten vermögen, indem sie die entsprechende Nachricht durch abgehende Nervenstränge an die betreffenden Muskeln gelangen lassen, deren Zusammenziehung unter den gegebenen Umständen wünschenswert ist. Mit andern Worten: Wenn ein Reiz auf die Aussenfläche eines Tieres fällt, so wird derselbe durchaus nicht über oder durch den ganzen Körper

---

*) Dieser Ausdruck ist jedoch insofern kein ganz richtiger, weil der Vorgang mehr als eine Reflexion des ursprünglichen Reizes oder der molekularen Erregung bedeutet: das Ganglion bringt eine neue Erregung hinzu.

ihn zerstreut, in welchem Falle er ganz allgemeine und zwecklose Muskelkontraktionen hervorrufen würde, sondern er geht sofort zu einem Nervencentrum, wird dort centralisiert und dann in solcher Weise weiter verteilt, dass die passende motorische Reaktion mit Sicherheit eintreten muss, weil die den Reiz empfangenden Centren ihn nur zu jenen besondern Muskelgruppen reflektieren, deren Aktion unter den gegebenen Umständen für den Organismus wünschenswert ist. Nehmen wir ein Beispiel: Wenn ein kleiner Fremdkörper, etwa eine Brotkrume, in die Luftröhre gerät, so wird der Reiz, den er dort verursacht, sofort zu einem Nervencentrum im Rückenmark weiter geleitet, welches nun mittelst Reflexwirkung eine grosse Reihe von komplizierten Muskelbewegungen hervorruft, die wir „Husten" nennen und welche offenbar die Austreibung des fremden Körpers aus der für den Organismus so gefährlichen Lage auf die passendste Weise bewirkt. Nun ist es aber einleuchtend, dass eine solche Reihe komplizierter Muskelbewegungen nicht ohne einen centralisierenden Mechanismus vor sich gehen kann und es braucht wohl kaum besonders dabei hervorgehoben zu werden, dass derartige Reflexbewegungen massenhaft in jedem tierischen Organismus vorkommen.

Freilich erscheint es sehr wunderbar, wie es möglich ist, dass die Nervencentren, welche die unbewussten Reflexwirkungen regeln, genau wissen, wie sie sich bei jedem auf sie einwirkenden Reize zu verhalten haben. Es erklärt sich dies aber daraus, dass, vermöge der anatomischen Anordnung der Nerven und Ganglien, den letzteren in dem besonderen Falle gar keine Wahl bleibt, wenn der Apparat überhaupt einmal in Wirksamkeit gesetzt wird. Um ein Beispiel aus den niedrigsten, mit Nerven versehenen Tieren zu wählen, so finden sich bei den Medusen die einfachen Ganglien rings um ihren Rand herum verteilt und antworten durch Reflexbewegung auf alle Reize, die auf irgend einen Teil ihrer Oberfläche fallen. Es hat dies, je nach der Lebhaftigkeit und Stärke der Reizeinwirkung, eine Zunahme der Schwimmbewegungen zur Folge, wodurch es dem Tiere ermöglicht wird, sich der drohenden Gefahr zu entziehen. Obwohl dies nur eine echte Reflexwirkung darstellt und einem offenbaren Zwecke dient, so scheinen hier doch keinerlei Zusammenwirkungen von Muskelbewegungen stattzufinden, weil der anatomische Bau einer Qualle so primitiv ist, dass das ganze Muskelgewebe sich in der Form eines einfachen zusammenhängenden Blattes darstellt, also die einzige Funktion der Randganglien darin besteht, eine einzige dünne Lage Muskelgewebe zur Kontraktion zu bringen.

Daraus können wir schliessen, dass die Reflexwirkung auf ihrer frühesten Stufe nichts weiter ist, als eine unterschiedslose „Entladung" nervöser Energie durch Nervenzellen, die von ihnen zugehörigen Nervenfasern dazu veranlasst werden. Da jedoch die Tiere mit ihrer höheren Organisierung in immer grösserem Masse besondere Muskeln zu besondren Wirkungen entwickeln, so können wir leicht verstehen, wie auch immer mehr besondre Nervencentren entstehen müssen, welche in der angegebenen Weise jene besondern Wirkungen beherrschen. So finden sich z. B. bei den Seesternen — Tieren, die in der zoologischen Rangliste eine etwas höhere Stufe einnehmen, als die Quallen, und ein höher entwickeltes Nervensystem besitzen — die Ganglien rings um die Basis der fünf Strahlen geordnet, nach und von welchen ihre Nervenfasern hin und her laufen; auch sind diese Ganglien gleicherweise unter einander durch einen fünfeckigen Ring von Fasern verbunden. Ein Versuch damit zeigt uns nun, dass bei dieser einfachen und rein geometrischen Anlage ihres Nervensystems einzelne abgetrennte Teile imstande sind, die Bewegungen ihrer zugehörigen Muskeln zu beherrschen. Wird ein einzelner Strahl an seiner Basis abgeschnitten, so verhält er sich in jeder Beziehung ganz wie der Seestern selbst, indem er sich Angriffen entzieht, nach dem Lichte zukriecht, auf einer senkrechten Ebene sich aufrichtet, wenn man ihn auf den Rücken legt. Das will sagen: das einzelne Nervencentrum an der Basis des abgetrennten Strahles vermag für diesen das zu leisten, was der ganze pentagonale Ring oder das Centralnervensystem für das vollständige Tier leistet. Jedes der fünf Nervencentren steht also zu den Muskeln seines eigenen Strahles in einem solchen Verhältnis, dass wenn jeder durch bestimmte Reize getroffen wird, die entsprechende Reflexwirkung ohne Wahl und mit Notwendigkeit eintritt. Die Feinheit dieses Mechanismus kommt besonders zum Vorschein, wenn bei dem unverstümmelten

Tiere alle einzelnen Nervencentren sich zu einem einzigen verbinden. Alsdann wirken, auch bei Reizung von nur einem Strahl, alle Strahlen zusammen, indem sie das Tier von der Quelle der Beunruhigung entfernen. Werden nun zwei entgegengesetzte Strahlen gleichzeitig gereizt, so kriecht der Seestern in einer Richtung hinweg, die im rechten Winkel zu der Verbindungslinie zwischen beiden gereizten Punkten steht. Noch schöner kommt dies bei dem kugelförmigen *Echinus* (Seeigel) zur Geltung, der nach seinem anatomischen Bau einen Seestern darstellt, dessen fünf Strahlen, in ¦die Form einer Orange umgelegt, mit einander verbunden und verkalkt sind. Sobald zwei gleichartige Reize zu gleicher Zeit auf zwei beliebige Punkte dieser Kugel wirken, fällt die Richtung seiner Flucht in deren Diagonale; wird eine ganze Anzahl Punkte auf einmal gereizt, so erfolgt die Drehung des Tieres um seine vertikale Axe; begegnet es einer Reihe fortlaufender Beleidigungen rings um seinen ganzen Äquator, so tritt derselbe Fall ein; erweitert sich aber dieser Ring nach einer der beiden Halbkugeln hin, so kriecht das Tier von der Seite weg, an welcher ihm die grösste Unbill widerfährt. Die geometrische Anordnung des Nervensystems gestattet hier die Vornahme von Experimenten in Bezug auf Reflexbewegungen mit sehr genauen quantitativen Resultaten; wir vermögen hier sozusagen den einfach geordneten Mechanismus derart zu handhaben, dass wir nach Belieben einen Reiz gegen den andern ausspielen können, während die Resultate eben so viele Exemplifikationen des mechanischen Prinzips vom Parallelogramm der Käfte darstellen.

Wenn wir nun im Tierreiche nach oben fortschreiten, so sehen wir das Nervensystem allmählich vollkommner werden; die Nervencentren vervielfältigen sich, werden grösser und dienen zur Innervation immer zahlreicherer und komplizierterer Muskelgruppen. Ich will jedoch nicht tiefer in die Beschreibung dieser Strukturentwicklung eingehen, da dieser Gegenstand ein ganzes Kapitel der vergleichenden Anatomie wiederholen müsste. Es genügt zu sagen, dass der betreffende Mechanismus überall so eingerichtet ist, dass dem Nervencentrum mit seinen anhängenden Nerven, seiner anatomischen Anlage gemäss, keine andre Möglichkeit der Aktion geboten wird, als die Koordinierung der Muskelgruppe, deren kombinierte Kontraktionen von ihm abhängen.

Die demnächst entstehende Frage ist nun folgende: Wie haben wir uns die Thatsache zu erklären, dass die anatomische Anlage eines Ganglion mit den dazu gehörigen Nerven geeignet ist, die Nervenerregung in die besonders dazu geeigneten Kanäle zu leiten? Wir wollen im folgenden die Beantwortung dieser Frage nach Herbert Spencer geben; um aber jedem Missverständnis zu begegnen, beginnen wir mit einer Darstellung der Reizwirkung bei undifferenziertem Protoplasma. Ein Reiz, der auf homogenes, überall kontraktives und nirgends nervenführendes Protoplasma fällt, bewirkt eine sichtbare Kontraktionswelle, die sich vom Mittelpunkte des Reizes aus nach allen Richtungen hin weiterpflanzt; wogegen ein Nerv einen Reiz weiter leitet, ohne selbst eine Kontraktion oder sonstige Formveränderung dadurch zu erleiden. Nerven unterscheiden sich also, ihrer Funktion nach, von undifferenziertem Protoplasma durch die Eigentümlichkeit, unsichtbare oder molekulare Kontraktionswellen von einer Stelle eines Organismus zur andern zu leiten, wodurch ein physiologischer Zusammenhang zwischen Teilen hergestellt wird, ohne dass ein Übergang von Kontraktionswellen dabei bemerkbar würde.

Indem Spencer nun mit dem Verhalten undifferenzierten Protoplasmas beginnt, geht er von der Thatsache aus, dass jeder Teil dieser kolloiden Masse gleichmässig reizbar und gleichmässig zusammenziehbar ist. Höher hinauf beginnt aber das Protoplasma eine bestimmte Form anzunehmen, die wir leicht als spezifische Lebensform erkennen; einige seiner Teile sind dabei der Wirkung von Kräften ausgesetzt, die verschieden von denen sind, welche auf andre seiner Teile wirken. Sobald nun das Protoplasma fortfährt, immer mannigfaltigere Formen anzunehmen, werden die den äusseren Einwirkungen mehr exponierten Teile häufiger zu Kontraktionen gereizt werden, als andere Teile der Masse. In solchen Fällen wird nun die relative Häufigkeit, mit der Reizwellen von den exponierten Stellen ausstrahlen, wahrscheinlich die Wirkung haben, dass für diejenigen plasmatischen Moleküle, welche in der Richtung der durchgehenden Wellen liegen, eine Art polarer Anordnung entsteht, und aus andern Gründen wird die häufige Wiederholung des Vorganges nach und nach jenen Richtungen den Wert von Wegen geben, welche der Strömung solcher molekularer Reizwellen einen immer geringeren Widerstand entgegensetzen. Schliesslich werden diese so gebahnten Wege, welche dem Durchzug der molekularen Anstösse nur noch einen verhältnismässig sehr geringen Widerstand leisten, durch den beständigen Gebrauch immer bestimmter werden, bis sie endlich die gewohnten Verbindungskanäle zwischen den durch sie verbundenen Teilen der kontraktilen Masse bilden. Wenn eine solche Linie z. B. zwischen den Punkten A und B einer kontraktilen Protoplasmamasse hergestellt ist, so wird, wenn ein Reiz auf A fällt, eine molekulare Reizwelle über diese Linie bis zu B dringen und das Gewebe in B zur Kontraktion bringen, trotzdem eine Kontraktionswelle durch das Gewebe von A nach B nicht zu bemerken war. Es ist dies nur ein magrer Auszug aus H. Spencers Theorie, deren lebendigste Wiedergabe vielleicht in den wenigen Worten liegt, durch welche er jenen Vorgang selbst, wie folgt, illustriert: „Ebenso wie das Wasser den Kanal, den es durchfliesst, fortwährend ausweitet und vertieft, so müssen auch die molekularen Wellen, von denen wir gesprochen haben, dadurch, dass sie stets ein und dieselbe Richtung durch das Gewebe verfolgen, eine immer breitere Linie funktionell differenzierten Protoplasmas aushöhlen."

Sobald ein solcher Durchgang vollständig hergestellt ist, bildet er eine für den Histologen unterscheidbare Nervenfaser; ehe er aber diese vollkommne Stufe erreicht, d. h. ehe er als eine deutliche Struktur bemerkbar ist, nennt ihn Spencer eine „Entladungslinie".

Dies ist der von Spencer für die Nervenfasern aufgestellte Entwicklungsgang. Dabei vermutet er, dass Nervenzellen an Orten entstehen, wo eine Kreuzung oder ein Zusammenströmen von Fasern einen Zusammenstoss molekularer Störungen verursacht; jedoch ist es für unsre gegenwärtigen Zwecke nicht notwendig, näher auf die Einzelheiten dieses weniger befriedigenden Teiles seiner Theorie einzugehen. Vorläufig möchte ich nur auf die prioristische Wahrscheinlichkeit aufmerksam machen, dass Nervenkanäle dort entwickelt werden, wo das Bedürfnis ihres Vorhandenseins am stärksten ausgesprochen ist, d. h. durch Gebrauch.

Diese prioristische Wahrscheinlichkeit gewinnt aus den bestehenden Thatsachen so viele Bestätigungen, dass es kaum möglich ist, sie nicht als eine Antwort auf die oben aufgestellte Frage anzunehmen, die dahin lautete: Wie haben wir uns die Thatsache zu erklären, dass die anatomische Anlage eines Ganglions mit seinen nervösen Anhängen die Eigenschaft hat, die nervösen Erregungen in die passenden Kanäle zu leiten? Es ist eine Thatsache von täglicher Erfahrung, dass „Übung den Meister macht". Dies bedeutet lediglich, dass die Zusammenwirkung von Muskelbewegungen, welche von diesem oder jenem Nervencentrum beherrscht werden, um so leichter vor sich gehen, je häufiger sie bereits Gelegenheit hatten zu funktionieren; was wiederum nur sagen will, dass die in dem Nervencentrum vor sich gehenden Entladungen immer sichrer ihren Weg durch diejenigen Kanäle oder Nervenfasern nehmen, welche durch Gebrauch immer durchgängiger geworden sind. Dies geht so weit, dass wenn eine kombinierte Muskelbewegung mit hinreichender Häufigkeit stattgefunden hat, sie durch keine Anstrengung des Willens mehr auseinander gerissen werden kann; wie wir dies z. B. bei den gemeinschaftlichen Bewegungen des Augapfels sehen, welche erst einige Tage nach der Geburt beginnen, bald aber so sichere und untrennbare Bewegungskombinationen darstellen, wie sie nur irgendwo an den Extremitätsmuskeln beobachtet werden können.*)

Wenn dies nun schon während des Lebens eines Individuums vorkommt, so kann es uns nicht wunder nehmen, dass im Leben der Art die Vererbung, in Gemeinschaft mit der natürlichen Zuchtwahl, die zur Ausführung der nützlichsten, d. h. gewohntesten Thätigkeiten vorhandene anatomische Anlage der Ganglien mit

---

*) Darwin lenkte hier meine Aufmerksamkeit auf die folgende Stelle bei Lamarck (Zool. Philosophie, deutsche Ausg. III. Teil, S. 418): „Bei jeder Thätigkeit erleidet das Fluidum der Nerven, welches sie hervorruft, eine Ortsbewegung. Wird diese Thätigkeit nun öfter wiederholt, so unterliegt es keinem Zweifel, dass das Fluidum, welches sie ausführte, sich einen Weg gebahnt hat, den es dann um so leichter durchlaufen kann, je häufiger es ihn schon durchmessen hat, und dass es ihm näher liegt, diesem gebahnten Wege zu folgen, als andren, die es weniger sind."

ihren Nervenanhängen immer vollständiger ausbilden. So kommen wir leicht zu der Einsicht, dass ein derartiger Nervenmechanismus sich schliesslich zu speziellen anatomischen Bildungen differenzieren muss, welche vermöge ihrer speziellen Fähigkeit nur zur Auslösung gewisser Kombinationen bestimmter Muskelbewegungen herangezogen wurden.

Betrachten wir nun den ganzen Prozess von dieser Seite, so wird uns das Verständnis der Entstehung und Entwicklung der Reflexwirkungen kaum mehr Schwierigkeiten bieten.

Drittes Kapitel.

## Die physische Grundlage des Geistes.

Aus dem bisherigen haben wir erkannt, dass der Geist eine physische Grundlage in den Funktionen des Nervensystems besitzt, d. h. dass jeder geistige Vorgang auf ein entsprechendes Äquivalent in irgend einem Nervenprozesse zurückgeführt werden kann. Wie genau dieses Äquivalent ist, werde ich nun zunächst zu zeigen versuchen.

Wir haben gesehen, dass diese Thätigkeit der Ganglien in den wellenartigen Fortbewegungen nervöser Erregungen besteht, welche in den Zellen entstehen, von da längs der dazu gehörigen Nervenfäden zu andern Zellen verlaufen und dort neue Anstösse ähnlicher Art auslösen. Wir haben ferner erfahren, dass dieser Lauf nervöser Impulse durch die Nervenbogen nicht etwa verwirrt durcheinander geht, sondern dass er, der anatomischen Anlage des Ganglions gemäss, in bestimmten Richtungen stattfindet, so dass das Resultat, wenn es in Muskelbewegungen zum Vorschein kommt, uns die Funktion eines Ganglions als eine centralisierende Nervenaktion erkennen lässt, welche die nervösen Erregungen in bestimmte Kanäle leitet. Schliesslich überzeugten wir uns, dass jene dirigierende oder centralisierende Funktion der Ganglien in allen Fällen dem Gesetze der Übung und der natürlichen Züchtung ihr Dasein verdankt. Nun ist es sowohl durch Experimente an niederen Tieren, als auch aus den Folgen von Gehirnkrankheiten beim Menschen bekannt, dass derjenige Teil des Nervensystems, welcher bei der grossen Klasse der Wirbeltiere bei allen Geistesthätigkeiten ausschliesslich beteiligt erscheint, von den Hemisphären des sogenannten grossen Gehirns gebildet wird. Es ist dies der mit Wülsten (*gyri*) versehene Teil des Gehirns, welcher unmittelbar unter der Schädeldecke und über den Ganglien der Nervencentren, welche mit dem obern Ende des Rückenmarks zusammenhängen, liegt. Da nun unzweifelhaft ein Teil der ungeheuren Menge von Zellen und Nervenfasern, welche die Hirnhemisphären bilden, in Verbindung mit diesen Ganglien stehen, so könnte man sagen, dass die Hemisphären auf letzteren, wie auf ebenso vielen Mechanismen, deren Funktion es ist, diese oder jene Gruppe von Muskeln in Thätigkeit zu setzen, zu „spielen" wissen. Gerade in neuester Zeit wurde durch die Untersuchungen von Hitzig, Fritsch, Ferrier, Goltz u. a. viel Licht über diesen Gegenstand verbreitet; wir müssen aber darüber hinweg und zur Betrachtung der Funktion jener grossen Nervencentren übergehen, mit denen wir es von jetzt ab ausschliesslich zu thun haben werden, der Funktion nämlich, welche in den Erscheinungen des Geistes ihren Ausdruck findet.

Da die Gehirnhemisphären ihrem mikroskopischen Bau nach im allgemeinen ziemlich genau den Ganglien gleichen, so liegt kein Grund vor, daran zu zweifeln, dass auch die Art und Weise ihrer Wirksamkeit im wesentlichen mit der der letzteren identisch ist; da nun diese Wirksamkeit bei den ersteren von den Erscheinungen der Subjektivität begleitet ist, so liegt die Annahme sehr nahe, dass Spiegelbilder dieser Erscheinungen sich auch in der Ganglienthätigkeit wiederfinden werden. Sehen wir nun zu, ob wir nicht bei diesen Widerspiegelungen einige Grundprinzipien geistiger Thätigkeit entdecken können, welche eine unverkennbare Übereinstimmung in dem Thätigkeitsmodus der Ganglien und Grosshirnhemisphären verraten.

Ein sehr wesentlicher Bestandteil der Geistesthätigkeit ist das Gedächtnis, welches man als die *conditio sine qua non* allen geistigen Lebens bezeichnen könnte. Nun bedeutet Gedächtnis, physiologisch genommen, doch nur, dass eine nervöse Entladung, welche einmal in einer gewissen Richtung stattgefunden, eine gewisse, mehr oder weniger bleibende molekulare Veränderung zurückgelassen hat, so dass, wenn später eine andere Entladung in derselben Richtung erfolgt, sie sozusagen die Fussspuren der früheren bereits vorfindet.

Wie wir gesehen haben, stimmt dies ganz mit dem überein, was wir im grossen Ganzen als das Wesen der Ganglienthätigkeit erkannten. Lange bevor zusammenwirkende Muskelbewegungen mit hinreichender Häufigkeit wiederholt wurden, um zu einer organisierten und unauflöslich befestigten Thätigkeit zu werden, mussten sie kraft des Gesetzes, welches ich das der Übung nenne, nach und nach die Fähigkeit zu Wiederholungen ausbilden. Ohne das Vorhandensein irgend eines besondern geistigen Bestandteils er- innert sich das betreffende Nervencentrum des früheren Vorgangs seiner eignen Entladungen. Diese Entladungen hinterliessen aber einen Eindruck auf die Struktur des Ganglions, und zwar von ganz derselben Art, wie wenn er in der Hirnhemisphäre stattge- funden hätte, wo wir ihn in seiner Widerspiegelung als einen Ge- dächtniseindruck wahrgenommen haben würden. Diese Überein- stimmung ist viel zu stark, als dass es erlaubt wäre, sie für einen blossen Zufall zu halten, zumal sie sich auf alle Einzelheiten er- streckt. So z. B. kann ein Ganglion seine frühere Thätigkeit ver- gessen, wenn ein längerer Zeitraum zwischen den Wiederholungen derselben verstrichen ist, wie jedermann wissen wird, der ein In- strument zu spielen oder sonst eine Übung oder Geschicklichkeit erfordernde Beschäftigung auszuführen pflegt. Man kann auch be- obachten, dass in solchen Fällen die vom Ganglion vergessene Geschicklichkeit leichter wieder von neuem erlangt wird, als sie ursprünglich erworben wurde, ganz wie bei geistigen Errungenschaften.

Zur Illustration dieser Thatsachen will ich einige Fälle an- führen, die zugleich darthun werden, von wie geringem Wert, objektiv betrachtet, das Bewusstsein für das Gedächtnis eines Ganglions ist.

Robert Houdin hatte sich in seiner Jugend eine gewisse Geschicklichkeit im Ballspiel erworben, so dass er nach einem Monat imstande war, vier Bälle zugleich aufzufangen. Sein Nerven- und Muskelmechanismus war für dieses Spiel so gut abgerichtet und erinnerte sich so sicher der Art und Weise desselben, dass er seine Aufmerksamkeit soweit davon ablenken konnte, um während des Auffangens der vier Bälle noch ein Buch zu lesen. Dreissig Jahre später, während welcher Zeit er kaum einmal die Bälle

berührt hatte, versuchte er sich in derselben Übung und fand, dass
er noch immer lesen konnte, während er drei Bälle auffing; die
betreffenden Ganglien hatten ihre Aufgabe also zum Teil zwar vergessen, erinnerten sich aber derselben im grossen und ganzen doch
noch sehr wohl. Ferner teilt Lewes einen Fall mit, wonach der
Kellner in einem Kaffeehause beim lautesten Geräusch um sich
herum zu schlafen vermochte, bei dem leisesten Ruf „Kellner“
aber sofort erwachte. Dr. Abercrombie berichtet von einem
Manne, welcher eine lange Zeit hindurch die Gewohnheit hatte,
eine Repetieruhr vom Kopfende seines Bettes zu nehmen, um sie
die letzte Stunde schlagen zu lassen, und der diese Übung fort-
setzte, nachdem er infolge eines Schlaganfalls anscheinend das
Bewusstsein gänzlich verloren hatte. Die merkwürdigsten aller Fälle
bilden aber die einem jeden bekannten Übungen des Gehens und
Sprechens. Wenn wir die unermessliche Summe von Koordinationen
der Nerven- und Muskelthätigkeiten, welche zur Ausführung einer
jeden dieser Thätigkeiten erforderlich sind, bedenken, sowie die
mühsamen, stufenweisen Versuche, mittelst deren wir sie in frühester
Kindheit erlangten, so ist es wirklich erstaunlich, dass sie in späteren
Jahren ohne geistiges Nachdenken so gut vollbracht werden können;
die Ganglien haben ihre Aufgabe in der That auch in diesem
Falle ganz ausgezeichnet erlernt.

Das Gedächtnis wäre nun aber eine ziemlich nutzlose Fähigkeit, wenn es nicht die Grundlage zu einem andern und zwar dem
wichtigsten Prinzip der Subjektivität legte; ich meine zur Ideenverbindung. Dieselbe bildet sozusagen die Wurzel und den
Stamm der gesamten psychologischen Struktur und wir müssen
darum, wenn der Geist eine physische Grundlage besitzt, einen
allgemeinen Grundzug der Ganglienthätigkeit zu finden erwarten,
der diesem so wichtigen Prinzipe geistiger Thätigkeit im wesentlichen entspricht. Ich zweifle auch nicht, dass wir ihn finden
werden.

Die Ideenverbindung ist nämlich nichts andres, als eine Weiterentwicklung des geistigen Gedächtnisses. Ein geistiger Eindruck,
sei es ein Bild, eine Erinnerung, eine Idee oder dgl., welcher
einmal an der Seite eines andern erschienen ist, stellt mit dem

letzteren nicht nur schlechthin zwei Erinnerungen für das Gedächtnis, sondern auch die Thatsache ihres Nebeneinanders dar,
so dass, wenn die eine Idee von neuem heraufsteigt, auch die
andre wieder erscheint. Es liegt uns nun ob, eine Erklärung für
dieses wichtige psychologische Prinzip zu finden und zwar an der
Hand seines physiologischen Korrelats. Es unterliegt keinem Zweifel,
dass bei dem verwickelten organischen Bau der Hirnhemisphären
die einzelnen Bestandteile derselben, die Nervenzellen und Fasern,
untereinander auf das mannigfaltigste zusammenhängen. Ferner
können wir uns der Annahme nicht verschliessen, dass Gedankenprozesse von nervösen Entladungen begleitet sind, die bald in
diesem, bald in jenem Nervenbogen erfolgen, jenachdem die Nervenzellen in ihnen den Anreiz dazu durch entsprechende Vorgänge
von anderen, mit ihnen in Verbindung stehenden Bogen aus empfangen.
Auch ist, wie wir bereits gesehen haben, mit Sicherheit anzunehmen,
dass, je häufiger eine nervöse Entladung durch eine gegebene
Gruppe von Nervenabschnitten stattfindet, die folgenden um so
leichter in derselben Richtung erfolgen können, da die betreffenden Wege auf die oben geschilderte Weise immer gangbarer für
sie wurden. Ein kurzes Nachdenken wird uns nun erkennen lassen,
dass wir in diesem physiologischen Prinzip die objektive Seite des
psychologischen Prinzips der Ideenverbindung vor uns haben. Denn
offenbar wird eine Reihe von Entladungen, die durch eine und
dieselbe Gruppe von Nervenabschnitten stattfindet, stets von derselben Ideenreihe begleitet sein; desgleichen wird eine Reihe von
vorgängigen Entladungen, welche den von ihr eingeschlagenen Weg
gangbar macht, zur Folge haben, dass spätere, von demselben
Punkt ausgehende auch denselben Weg einschlagen. Hieraus folgt,
dass die Leichtigkeit, mit der sich Ideen in derselben Reihenfolge
zu wiederholen pflegen, in welcher sie anfänglich auftraten, nur
ein psychologischer Ausdruck für die physiologische Thatsache
ist, dass Entladungslinien durch Übung immer leichter zugänglich
werden.

So finden wir denn, dass eines der wesentlichsten physiologischen
Prinzipien, die Ideenverbindung, nur die Widerspiegelung des so
wichtigen neurologischen Prinzips der Reflexwirkung ist. Der untrüg-

liche Beweis für diese Thatsache liegt schon in den angeführten Beispielen von Dr. Abercrombies bewusstlosem Patienten, vom schlafenden Kellner u. s. w.; denn solche Fälle beweisen, dass Thätigkeiten, die anfänglich einer bewussten Ideenverbindung angehören, durch eine hinlänglich lange Erziehung der Ganglien aufhören, bewusste Thätigkeiten zu sein und von da ab in keiner Weise von Reflexwirkungen zu unterscheiden sind.[*]

Der Beweis für die tiefgehende Verwandtschaft zwischen gangliöser und geistiger Thätigkeit endet noch nicht einmal hier. Es gibt noch eine andere Reihe von Zeugnissen dafür, die, obwohl sie vielleicht nicht ganz so bestimmt lauten, nichts destoweniger zwingend und dabei vielleicht noch interessanter sein dürften, wie die bereits angeführten. Wenn wir Ideenbildung in demselben Sinne für das Anzeichen eines höheren oder zusammengesetzteren Nervenprozesses nehmen, wie eine Muskelbewegung mehr oder weniger zusammengesetzt erscheint, so sind wir auch vollständig zu der Annahme berechtigt, dass die Ideation oder die Entfaltung des Geistes mit dem entsprechenden Nervenprozesse parallel laufen muss, was im Grunde derselbe Vorgang ist, der von den niederen Stufen der Muskelbewegung aus allmählich zur Entwicklung hochkombinierter Koordinationen geführt hat. Mit andern Worten, wenn wir statt Muskeln Ideen setzen dürfen, so werden wir finden, dass die Art und Weise der Nervenentwicklung in beiden Fällen durchaus übereinstimmend war; wir werden uns überzeugen, dass die stufenweise Ausbildung der nervösen Strukturen, die von der einen Seite ihren Ausdruck in der wachsenden Kompliziertheit des Muskelsystems fand, von der andern in den fortschreitenden Phasen der geistigen Entwicklung widergespiegelt wird.

---

[*] Ein passendes Beispiel dafür liegt auch in der Thatsache, dass ein Mann stets die Kniee zusammenschlägt, um einen fallenden kleinen Gegenstand, wie z. B. eine Münze aufzufangen, während eine Frau in diesem Falle ihre Kniee auseinanderspreizt. Der Grund ist natürlich der, dass die Verschiedenheit in der Kleidung zu einer Verschiedenheit der Gewohnheit geführt hat, die ihren Ursprung einer geistigen Vorkehrung verdankt, nun aber kaum noch von einem Reflexe zu unterscheiden ist.

Es klingt ohne Zweifel absurd und ist es auch, von rein philosophischem Standpunkt betrachtet, in der That, wenn wir von Ideen als psychologischen Äquivalenten von Muskeln sprechen, denn soweit uns die subjektive Untersuchung belehrt, scheint eine Idee keine nähere Verwandtschaft mit einem Muskel zu zeigen, als mit einem Steine oder mit dem Monde. Wenn wir aber die Sache rein von der objektiven Seite betrachten, so erkennen wir die Verwandtschaft sogar als eine sehr nahe; halten wir nun daran fest, dass ein und dieselbe Idee ausschliesslich und immer durch die Thätigkeit einer und derselben Struktur oder einer Gruppe von Zellen und Fasern hervorgerufen wird, so folgt daraus, dass eine bestimmte geistige Veränderung einer Muskelkontraktion insofern gleicht, als beide das Endresultat der Thätigkeit einer bestimmten nervösen Struktur sind. Die Ungereimtheit, welche im Vergleiche einer geistigen Veränderung mit einer Muskelkontraktion liegt, entspringt in sehr natürlicher Weise aus dem auffallenden Unterschiede, den wir stets zwischen geistigen und dynamischen Vorgängen wahrnehmen. Die Physiologie, welche es nur mit den dynamischen Vorgängen zu thun hat, kann keine Notiz von den Vorgängen auf geistigem Gebiete nehmen, sie kann den Nerventhätigkeiten folgen, die zu kombinierten Muskelbewegungen von immer grösserer Verwicklung führen, je höher wir zu immer ausgebildeteren Mechanismen aufsteigen; aber wenn wir bis zum Gehirn des Menschen gelangen, so hört die Physiologie auf, sich mit der geistigen Seite der Nervenprozesse zu beschäftigen. Alles was die Physiologie hier sehen kann, ist das bedeutend verbesserte Unterscheidungsvermögen zwischen Reizen, sowie die Entstehung von Impulsen zu einer entsprechend grösseren Zahl und Verschiedenheit von angepassten Bewegungen, während die geistigen Veränderungen, welche diese Nervenprozesse begleiten, so gänzlich ausser dem Bereich der Physiologie stehen, wie jene Nervenprozesse ausserhalb der Subjektivität. Deshalb fühlen wir in der Aufstellung einer Idee als Analogon eines Muskels eine Ungereimtheit, weil hier zwei Dinge zusammengeworfen werden, welche durch die ganze breite Kluft zwischen Subjekt und Objekt von einander getrennt sind. Obwohl wir nun, wie gesagt, das Unpassende dieses behaupteten

3 *

Analogons fühlen, brauchen wir doch nicht zu fürchten, dass wir uns damit eines widersinnigen Gedankens schuldig gemacht hätten, denn jenes Analogon fasse ich nur in dem Sinne auf, dass beide, die Idee wie die Muskelkontraktion, unabänderlich den Schlusseffekt einer Nerventhätigkeit bilden. Wenn wir uns mit dieser Analogie begnügen, so halten wir uns sicher von dem Vorwurf frei, nicht Zusammengehöriges untereinander zu werfen.

Nach dieser einleitenden Erklärung lässt es sich nun vollgültig beweisen, dass wir durch das ganze Tierreich hindurch, so lange wir das Muskelsystem als eine Art Register der strukturellen Fortschritte im Nervensystem festhalten, diesen Index in der wachsenden Kompliziertheit des Muskelsystems und der daraus folgenden Anzahl und Mannigfaltigkeit der koordinierten Bewegungen, welche dieses System auszuführen imstande ist, wiederfinden.

Der von mir angestrebte Beweis wäre demnach geliefert, wenn ich klar zu machen verstünde, dass der geistige Entwicklungsprozess eine solche Übereinstimmung mit dem muskularen in sich trägt, wie wir es erwarten müssen, wenn beide auf einem übereinstimmenden nervösen Entwicklungsprozess beruhen. Ich habe, mit andern Worten, zu zeigen, dass der geistige Entwicklungsprozess im wesentlichen auf einer fortschreitenden Koordination von immer höher entwickelten geistigen Fähigkeiten beruht, analog dem, was wir bei Muskelbewegungen beobachten.

Wenn wir mit der einfachen Empfindung beginnen, so wissen wir, dass wenn ein musikalischer Ton angeschlagen wird, er eine einzelne Schwingung zu repräsentieren scheint; indessen zeigt uns eine physikalische Untersuchung, dass der Ton nicht aus einer einzelnen Schwingung, sondern aus einem hoch komplizierten Gefüge solcher besteht, welche das Ohr mittelst eben so vieler besondrer Nervenelemente aufnimmt; sie werden jedoch sämtlich zu einer einzigen Empfindung zusammengefasst, so dass deren Zeugnis allein uns niemals zu der Vermutung einer zusammengesetzten Empfindung geführt hätte.

Dasselbe gilt für die Empfindungen von Farbe, Geschmack und Geruch, so dass Lewes sich zu dem Ausspruche berechtigt hält: „Jede Empfindung besteht aus einer Gruppe empfindender

Bestandteile."*) Indem er aber den Gegenstand, wie ich es thue, von der physiologischen Seite betrachtet, sagt er weiter und ganz allgemein: „Die Hauptthatsache, auf welcher unsre Darlegung beruht, ist unbestreitbar, nämlich dass Empfindungen, Wahrnehmungen, Gemütsbewegungen und Vorstellungen nicht einfache, unzerlegbare, sondern im Gegenteil sehr verschiedenartig zusammengesetzte Zustände sind."

Ich will diese Untersuchung nicht durch alle Stufen psychologischer Möglichkeiten verfolgen, sondern mich nur darauf beschränken, zu zeigen, dass die geistige Entwicklung in ihrem weitesten Sinne, von der einfachen Erinnerung an eine Empfindung bis zum zusammengesetztesten, abstrakten Gedankenprozesse, stets und überall eine Gruppierung und Kombination subjektiver Elemente darstellt, die in ihrer objektiven Widerspiegelung dieselbe Art nervöser Entwicklung zeigen, wie sie in den niederen Ganglien herrscht und in der Muskelkoordination zum Ausdrucke kommt.

Bain bemerkt: „Häufig verbundene Bewegungen werden zu gemeinschaftlichen oder gruppierten, so dass sie auf einen Wink gemeinsam auftreten. Setzen wir die Fähigkeit des Gehens und der Rotation der Glieder voraus, so können wir uns den Schritt mit dem Auswärtssetzen der Fussspitze kombiniert denken. Zwei Willensakte sind zu diesem Vorgange ursprünglich erforderlich; nach einiger Zeit aber verbindet sich die Drehung des Fusses mit der Bewegung des Gehens und beide wirken ganz selbstverständlich und natürlich zusammen, wenn wir sie nicht durch einen neuen Willensakt zu trennen belieben . . . Artikuliertes Sprechen erläutert uns am deutlichsten die Vereinigung von Muskelbewegungen und Muskelstellungen. Ein Zusammenwirken von Brust, Kehlkopf, Zunge und Mund in einer bestimmten Gruppierung ihrer Aktionen ist für jeden Buchstaben des Alphabets erforderlich. Diese Gruppierung, anfänglich unmöglich, wird mit der Zeit mit aller Genauigkeit des stärksten Instinkts befestigt."

Ganz analog dieser Verbindung einzelner Muskelbewegungen zu einer einzigen gemeinsamen und zusammengesetzten Bewegung,

---

*) Lewes, *problems* etc. S. 260.

ist die Verschmelzung mehrerer einzelner Ideen zu einer zusammengesetzten. Genau wie Muskelkoordination abhängig ist von der gleichzeitigen Thätigkeit einer bestimmten Gruppe von Nervencentren, so müssen wir auch voraussetzen, dass eine allgemeine oder zusammengesetzte Idee auf der gleichzeitigen Thätigkeit einer Reihe von Nervencentren beruht. Die psychologische Seite dieses Vorganges hat James Mill so vollkommen zum Ausdruck gebracht, dass ich am besten seine eigenen Worte folgen lasse: „Ideen, die oft verbunden auftreten, so dass, wenn die eine im Geiste auftaucht, auch die andere an ihrer Seite erscheint, scheinen ineinander überzugehen, zusammenzuwachsen und eine einzige zu bilden, welche, wenn auch in Wirklichkeit zusammengesetzt, uns ebenso einfach vorkommt, als irgend eine der sie zusammensetzenden Ideen. .... Das Wort „Gold“ z. B. oder das Wort „Eisen“ scheint eine ebenso einfache Idee auszudrücken, wie das Wort „Farbe“ oder das Wort „Ton“. Und doch ist offenbar die Idee eines jeden dieser Metalle aus den einzelnen Ideen verschiedener Empfindungen entstanden, wie: Farbe, Härte, Ausdehnung, Gewicht. Diese Ideen zeigen sich jedoch in einer so innigen Verbindung, dass sie beständig für eine einzelne gelten, nicht für mehrere. Wir sprechen von unsrer Idee vom Eisen, unsrer Idee vom Gold, und dem Nachdenkenden gelingt es nur mit einer gewissen Anstrengung die Zerlegung auszuführen.“ Das Gleiche ist natürlich der Fall mit den höchst komplizierten Ideen, jedoch mit dem Unterschiede, dass mit der Kompliziertheit derselben auch die Schwierigkeit wächst, ihre nötige Zusammenstellung zu sichern, wogegen sie um so leichter dem Zerfalle unterliegen. So kommt es, dass nach Herbert Spencer bei der Entwicklung des Geistes eine fortschreitende Konsolidierung von Bewusstheitszuständen eintritt. Zustände, die einst getrennt waren, werden nun unauflöslich miteinander verbunden; andere, die ursprünglich nur schwer untereinander n Verbindung traten, zeigen jetzt einen solchen Zusammenhang, dass sie ohne Schwierigkeit aufeinander folgen. Auf diese Weise entstehen grosse Aggregate von Zuständen, welche zusammengesetzten Aussendingen entsprechen, wie Tieren, Menschen, Häusern, und die so zusammengeschweisst sind, dass sie in Wirklichkeit nur noch einen einzigen Zustand bilden. Diese Integration aber, obwohl sie eine grosse Anzahl von aufeinander bezogenen Empfindungen zu einem Zustande vereinigt, hebt dieselben doch nicht ganz auf; obwohl als Teile einem Ganzen untergeordnet, bleiben sie doch noch als solche bestehen.*)

Wie nun das Prinzip der Ideenassoziaton nicht nur mit Bezug auf die gleichzeitige Verbindung einzelner Ideen in eine zusammengesetzte, sondern auch mit Bezug auf die Aufeinanderfolge und die Verkettung derselben gilt, so erwerben wir auch mit der muskularen Koordination nicht nur die Fähigkeit eines gleichzeitigen Zusammenwirkens von Muskelgruppen, sondern auch diejenige eines successiven Zusammenwirkens derselben. Hierzu bemerkt Prof. Bain: „Bei allen Handfertigkeiten treten so fest verbundene Aufeinanderfolgen von Bewegungen auf, dass wenn wir die erste ausgeführt haben, die übrigen mechanisch und unbewusst nachfolgen. Beim Essen erfolgt die Öffnung des Mundes ganz mechanisch auf die Erhebung des Bissens . . . . . Obwohl das Erlernen einer bestimmten Aufeinanderfolge von Bewegungen im Anfange das Medium der Empfindung erfordert, müssen wir doch annehmen, dass in dem Systeme die Fähigkeit liegt, die Bewegungen als solche miteinander zu verbinden." In der That könnte man sogar hinzufügen, dass hier eine Fähigkeit vorhanden sei, welche schon lange vor dem Auftauchen irgend einer Fähigkeit des „Wollens" zum Ausdruck kommt; es gilt so gut für den Polypen, wie für den Menschen, dass „beim Essen die Öffnung des Mundes mechanisch auf die Erhebung des Bissens folgt".

Dies betrifft gleicherweise die höchsten und abstraktesten Fähigkeiten, denn Abstraktion besagt nichts anderes, als die geistige Abtrennung der Qualitäten von Objekten, und auf höherer Stufe die Verschmelzung dieser Qualitäten oder ihrer Auffassungen zu neuen idealen Kombinationen.

Schliesslich werden ebenso unzählige wie spezielle Mechanismen von Muskel-Koordinationen, sowie auch unzählige spezielle

---

*) Spencer, Prinzipien der Psychologie. I. S. 498.

Ideenverbindungen unzweifelhaft vererbt, und im einen wie im andern
Falle steht die Kraft der organisch befestigten Verbindung in
direktem Verhältnis zur Häufigkeit, mit der sie in der Geschichte
der Art standfand. So können also wohl die einfachsten, ältesten
und beständigsten Ideen nach Zeit, Raum, Zahl, Aufeinanderfolge
u. s. w. in Bezug auf ihre organische Vollgültigkeit mit den ältesten
und unauflöslichst verbundenen Muskelbewegungen, beim Atmen,
Schlucken u. s. w., verglichen werden. Andrerseits besitzen ererbte
Instinkte ihre Seitenstücke in solchen Muskelkoordinationen, die
noch nicht ganz unauflöslich miteinander verbunden sind. Auf
dieselbe Weise erfordern Ideenverbindungen, die erst während der
Lebenszeit des Individuums erworben wurden, zu ihrem Bestande
mehr oder weniger häufiger Wiederholungen, gerade wie auch auf
ähnliche Weise erworbene Muskelkoordinationen nur durch Übung
behauptet werden können.

Im grossen und ganzen kann also kaum ein genauerer Parallelismus zwischen den beiden Manifestationen des Nervenmechanismus gedacht werden, und dabei ist es ein solcher, der zu seiner
Erkennung im allgemeinen einer wissenschaftlichen Untersuchung
gar nicht bedarf; er wird vom gesunden Menschenverstande un-
trüglich wahrgenommen, wie z. B. der Ausdruck „Gymnastik" beweist, der sowohl auf geistige, wie auf muskulare Koordinationen
Anwendung findet. Im Interesse der systematischen Vollständigkeit
will ich diese Auseinandersetzung mit der kurzen Hinweisung darauf
schliessen, dass auch alle pathologischen Störungen, welche in den
die Muskelthätigkeiten beherrschenden Nervencentren stattfinden,
ihre Parallele in denjenigen Centren finden, welche bei Geistesthätigkeiten beteiligt sind. So zieht z. B. die Nervosität, d. i. die
Störung des normalen Gleichgewichts in den Nervencentren, einen
auffallend analogen Zustand in der Verwirrung der Ideen, wie in
der Verwirrung der Muskelkoordinationen nach sich. Idiotismus
besitzt seine Parallele in der Unfähigkeit zur Hervorbringung komplizierter Muskelbewegungen, mit welcher er sich fast unabänderlich verbunden findet. Geistesgestörtheit hat ihr Seitenstück in
einer unvollkommnen und ungeregelten Fähigkeit zu Muskelkoordinationen, welche in einem noch höheren Grad dem Arzte als

„Ataxie" bekannt ist, während Manie eine geistige Konvulsion darstellt und Bewusstlosigkeit eine geistige Paralyse.

Ich möchte diesen Gegenstand nicht verlassen, ohne noch einer Schwierigkeit Erwähnung zu thun, welche gewiss manchem aufstossen wird. Sie entsteht aus dem Mangel einer ausnahmslosen Wechselbeziehung zwischen dem Umfang oder der Masse des Hirns und dem Grade der von ihm entfalteten Intelligenz, wie wir sie nach der vorstehenden Darlegung doch wohl erwarten durften. Nun will ich nicht leugnen, dass die Beziehung zwischen Intelligenz und Umfang, Masse oder Gewicht des Gehirns uns allerdings einigermassen in Verlegenheit setzen kann, wenn wir das Tierreich im grossen und ganzen betrachten; denn obwohl unstreitig eine allgemeine Beziehung in quantitativer Richtung besteht, so besteht sie doch nicht ausnahmslos. Selbst innerhalb der Grenzen der Menschenspecies ist diese Beziehung nicht in dem Grade zutreffend, wie sie gewöhnlich vorausgesetzt wird; denn abgesehen von einzelnen Fällen, finden wir bei Männern von hervorragender Genialität nicht immer ein besonders grosses oder schweres Gehirn; der entgegengesetzte Fall trifft in dieser Beziehung sogar vielleicht öfter zu, dass nämlich geistesschwache Personen ein grosses und anscheinend gut geformtes Gehirn besitzen. Ich schulde Herrn Dr. Fr. Batemann einen Hinweis auf die Beobachtungen Dr. Mierzejewskis, die bei Gelegenheit des internationalen Psychologen-Kongresses, zu Paris im Jahre 1878 veröffentlicht wurden. Diese, wie es scheint, sehr sorgfältigen Beobachtungen weisen an ausgestellten Hirnabgüssen nach, dass Idiotismus sehr wohl vereinbar mit einem scheinbar gut entwickelten Gehirn ist, da in einem Falle sogar die graue Substanz „enorm" entwickelt war.

Wenn wir das Tierreich ins Auge fassen, so tritt es noch schärfer hervor, dass der blosse Betrag an Gehirnsubstanz nur ein sehr ungewisses Anzeichen für den Umfang der Intelligenz abgibt, die das Tier besitzt. Dies ist selbst der Fall, wenn wir von der weiteren Schwierigkeit absehen, welche durch den Unterschied im Verhältnis zwischen Gehirnmasse und Körpermasse bei vielen Tieren, bedingt wird. Kleine Tiere erfordern eine verhältnismässig grössere

Hirnmasse, als grosse, da ihr Nervenmechanismus, welcher die Bewegungen und das Zusammenwirken der Muskeln beherrscht, hier wie dort den letzteren angepasst werden musste. Diese Schwierigkeit erscheint übrigens teilweise beseitigt, wenn wir die merkwürdige Intelligenz mancher kleinen Tiere, wie z. B. der Ameisen, in Betracht ziehen. Wie Darwin bemerkt, verdient das Gehirn eines solchen Insekts für das grösste Schöpfungswunder der Welt angesehen zu werden.

Weil nun diese ganze Frage bezüglich des Verhältnisses zwischen der Masse des Gehirns und dem Grade der Intelligenz als eine Schwierigkeit im Wege der Entwicklungstheorie betrachtet werden muss, so möchte ich noch einige bezügliche Bemerkungen hinzufügen.

Vor allem ist es unzweifelhaft, dass im grossen und ganzen ein Verhältnis zwischen der Grösse des Gehirns und dem Grade der Intelligenz, sowohl beim Menschen wie bei Tieren, allerdings besteht. Wir haben es daher nur mit speziellen Ausnahmen von dieser Regel zu thun, wobei wir nicht unberücksichtigt lassen dürfen, dass ausser der Grösse oder der Masse des Gehirns auch noch ein andrer, nicht minder wichtiger Faktor in die Berechnung gezogen werden muss: nämlich der feinere organische Bau, bezw. die Kompliziertheit desselben. Nun wissen wir aber in der That noch so wenig von den Beziehungen der Intelligenz zur Nervenstruktur, dass ich es nicht für berechtigt halte, von vornherein eine bindende Schlussfolgerung bezüglich der Intelligenz lediglich aus dem Umfang oder der Masse des Gehirns zu ziehen. Wenn wir auch wissen, dass im allgemeinen die Masse *plus* Struktur des Gehirns massgebend für den Grad der Intelligenz ist, so wissen wir doch nicht, inwieweit der zweite Faktor etwa auf Kosten des ersteren vergrössert werden kann. Mit Rücksicht auf die blosse Kompliziertheit oder das *multum in parvo* möchte ich indessen annehmen, dass in dieser Beziehung das Hirn einer Ameise bewundernswerter ist als das Ei eines menschlichen Wesens. Es liegt sonach aller Grund zur Annahme vor, dass die Gehirnstruktur ein ebenso wichtiger Faktor zur Bestimmung des geistigen Entwicklungsgrades ist, wie die Gehirnmasse. Durch die ganze Reihe der Wirbeltiere bieten die Windungen des Gehirns, die als ein ungefährer Ausdruck für die mehr oder weniger feine Kompliziertheit der Gehirnstruktur gelten können, einen sehr guten Anhaltepunkt für den erreichten Grad der Intelligenz, während bezüglich der Ameisen Dujardin bemerkt, dass derselbe bei ihnen im umgekehrten Verhältnis zu dem Betrag der Rindensubstanz und im direkten Verhältnis zu den gestielten Körpern und Knoten stehe. Nach diesen Erwägungen glaube ich nicht, dass die vorausgesetzte Schwierigkeit, deren Erwähnung ich für wünschenswert hielt, von wesentlicher Bedeutung ist.

## Viertes Kapitel.

### Die Grundprinzipien des Geistes.

bwohl die Erscheinungen des Geistes, ebenso wie die der Wahl, sehr kompliziert und ihre Entstehungsursachen noch unklar sind, so haben wir uns doch davon überzeugt, dass wir berechtigt sind, ihnen eine physische Basis zu geben.

Welche Meinung wir daher auch hinsichtlich der innersten Natur dieser Erscheinungen hegen mögen: angesichts der bekannten Thatsachen der Psychologie müssen wir mindestens zugeben, dass die geistigen Vorgänge, welche wir als subjektiv annehmen, die physischen Äquivalente von Nervenprozessen sind, deren Objektivität nicht bezweifelt werden kann. Dabei kommt es nicht darauf an, ob wir mit den Materialisten diese Thatsache als Endursache ansehen, oder ob wir mit Anhängern andrer Anschauungen für sie noch eine weiter zurückliegende Erklärung suchen. Es genügt, wenn wir darin übereinstimmen, dass jede zu unsrer Erfahrung gelangende psychische Veränderung unabänderlich mit einer bestimmten physischen Veränderung verbunden ist, was wir auch von der Natur und Bedeutung dieser Verbindung halten mögen.

Wenn wir hiernach bei den geistigen Erscheinungen stets nach einer physischen oder, indifferenter ausgedrückt, physiologischen Seite suchen dürfen, so habe ich noch darzulegen, was ich unter dem letzten physiologischen Prinzipe, welches dem allen zu Grunde liegt, verstehe. Auf der geistigen Seite bietet es, wie gesagt, keine Schwierigkeit, dieses letzte gemeinsame Prinzip in dem zu erkennen, was ich als „Wahl" nachgewiesen habe. Wenn wir nun das Wahlvermögen als die unterscheidende Eigentümlichkeit eines geistigen

Wesens ansehen, und wenn, wie wir gefunden haben, eine jede geistige Veränderung mit einer körperlichen verbunden ist, so folgt daraus, dass wir für jene unterscheidende Eigentümlichkeit auch nach irgend einem physiologischen Äquivalent suchen dürfen. Die Begegnung mit demselben müssen wir aber auf einer weit niedrigeren Stufe physiologischer Entwicklung erwarten, als sie das menschliche Gehirn einnimmt. Nicht allein, dass die niederen Tiere in einer langen absteigenden Reihe ein Wahlvermögen besitzen, das zu einer immer grösseren Einfachheit verbleicht, wir müssen auch voraussetzen, dass, wenn es ein physiologisches Prinzip gibt, welches die objektive Grundlage des psychologischen bildet, das erstere sich im Laufe der Entwicklung früher bemerkbar machen wird, als das letztere. Welcher Ansicht wir auch bezüglich des Verhältnisses von Körper und Geist sein mögen, es kann vom Standpunkt der Entwicklungslehre aus keine Frage sein, dass in der historischen Aufeinanderfolge die Grundelemente der Physiologie früher da waren, als die der Psychologie, und wenn wir deshalb, in Übereinstimmung mit unsrer früheren Beweisführung, der letzteren eine physische Basis in der ersteren anweisen, so folgt daraus, dass die Prinzipien der Physiologie, welche nun die objektive Unterlage der Wahl bilden, auf alle Fälle zur Wirkung kamen, lange bevor sie genügend entwickelt waren, um als Grundlage der Psychologie zu dienen.

Nun meine ich, dass unsre ursprüngliche Erwartung sich vollständig in einem physiologischen Prinzip realisiert findet, welches bereits sehr tief unten in der Welt der Lebewesen zu tage tritt, wenn es auch, in seiner Beziehung zur Psychologie, noch nicht die verdiente Aufmerksamkeit gewonnen hat. Ein Beispiel wird dies am raschesten klar machen. Wenn man auf eine See-Anemone, die sich an der Innenwand eines Aquariums, nahe der Wasser-Oberfläche festgesetzt hat, von oben einen Strahl Seewasser anhaltend und kräftig hinleitet, so wird sich das Tier infolge dessen in einem stark lufthaltigen Wasserstrudel befinden, an welchen es sich jedoch bald so gewöhnt, dass es seine Tentakeln ausstreckt, gerade wie es das im ruhigen Wasser zu thun gewohnt ist. Wird nun eines dieser ausgestreckten Tentakeln mit einem harten Körper leise berührt, so schliessen sich alle andern rund um letztern zusammen, ganz in derselben Weise, wie im ruhigen Wasser. Die Tentakeln sind also imstande, zwischen einem Reiz, der durch den Wasserstrudel, und dem, der durch die Berührung mit einem festen Körper verursacht wird, zu unterscheiden, und sie beantworten diesen letztern Reiz, obwohl er von unvergleichlich geringerer Stärke ist, als der erstere. Diese Unterscheidungsfähigkeit zwischen Reizen, ohne Rücksicht auf ihre bezügliche mechanische Stärke ist es nun, was ich für das gesuchte objektive Prinzip halte; es stellt die physiologische Seite der Wahl dar.

Ein ähnliches Unterscheidungsvermögen ist bei Pflanzen schon seit langem bekannt, obwohl wir die hierher gehörigen, am sorgfältigsten beobachteten Thatsachen erst den neueren Untersuchungen Darwins und seines Sohnes verdanken. Die ausserordentliche Feinheit der Unterscheidung zwischen den schwächsten Abstufungen von Hell und Dunkel, welche, jenen Untersuchungen zufolge, die Blätter von Pflanzen besitzen, ist nicht weniger wunderbar, als die feine Wahl, welche die Wurzeln von Pflanzen treffen, wenn sie im Boden nach Feuchtigkeit, sowie nach der Richtung des geringsten Widerstandes „umherfühlen“. Für unsre gegenwärtige Frage jedoch sind die am meisten zu denken gebenden Thatsachen diejenigen, welche durch Darwins Untersuchungen über kletternde und insektenfressende Pflanzen zu tage gefördert wurden. Danach scheint die Unterscheidungsfähigkeit zwischen Reizen, ohne Rücksicht auf die relative mechanische Stärke oder den Umfang der mechanischen Störung, hier so weit ausgebildet zu sein, dass sie mit der Funktion des Nervengewebes in Parallele gestellt werden kann, trotzdem jene Gewebe ihrer Struktur nach noch nicht die Stufe der einfachen Zelle überschritten haben. So beantworten z. B. die Tentakeln der *Drosera,* welche sich gleich denen der See-Anemone rings um ihre Beute schliessen, nicht die starke Reizung von Regentropfen, die auf ihre empfindliche Oberfläche oder ihre Drüsen fallen, während sie auf den leichtesten, kaum merkbaren Reiz von seiten des kleinsten Teilchens eines festen Stoffes reagieren, das durch seine Schwere einen fortdauernden Druck auf dieselbe Oberfläche ausübt. Darwin sagt darüber: „Der durch den Teil eines Haares von 0,000822 Milligramm

Gewicht ausgeübte Druck, aufgehalten durch eine dichte Flüssigkeit, musste unfassbar schwach sein. Wir können annehmen, dass
er kaum dem Millionstel eines Grans gleichkäme und wir werden
nachher sogar sehen, dass noch weit weniger als das Millionstel
eines Grans Ammoniumphosphatlösung, durch eine Drüse aufge-
saugt, eine Reaktion in Form von Bewegung hervorbringt ......
Es ist äusserst zweifelhaft, ob ein Nerv des menschlichen Körpers,
selbst im entzündeten Zustande, auf ein solches Partikelchen,
getragen durch eine dichte Flüssigkeit und leise mit den Nerven
in Berührung gebracht, in irgend einer Weise davon affiziert würde.
Die Drüsenzellen der *Drosera* dagegen werden davon so gereizt,
dass sie einen motorischen Impuls nach einem entfernten Punkte
gelangen lassen und dadurch Bewegung hervorrufen. Es scheint
mir, dass kaum irgend eine merkwürdigere Thatsache im Pflanzenreich beobachtet werden kann, als diese." Ein andres lehrreiches
Beispiel dieser Art finden wir bei einer andren insektenfressenden
Pflanze, der *Dionaea* oder Venus-Fliegenfalle, bei welcher sich
das Prinzip der Unterscheidung zwischen verschiedenen Arten von
Reizen in einer ganz entgegengesetzten Richtung wie bei der
*Drosera* entwickelt. Denn während die *Drosera* zur Ergreifung
ihrer Beute auf die Verwicklung der letzteren in einem klebrigen
Sekret ihrer Drüsen angewiesen ist, schliesst sich die *Dionaea* über
ihrer Beute mit der Plötzlichkeit einer federnden Falle; und mit
Rücksicht auf diesen Unterschied im Fang ihrer Beute findet sich
auch das Prinzip der Unterscheidung zwischen Reizen hier entsprechend modifiziert. Bei der *Drosera* ist es, wie wir gesehen haben,
der durch einen anhaltenden Druck hervorgebrachte Reiz, der so
empfindlich wahrgenommen wird, während der durch Stoss bewirkte
unbeachtet bleibt, bei der *Dionaea* wird dagegen der leiseste Stoss
auf die reizbare Oberfläche oder die Filamente sofort beantwortet,
während ein durch vergleichsweise starken Druck verursachter Reiz
auf die nämliche Oberfläche gänzlich unbeachtet bleibt. Oder in
Darwins eignen Worten: „Obgleich diese Filamente für eine
momentane und zarte Berührung so empfindlich sind, sind sie doch
für länger anhaltenden Druck bei weitem weniger empfindlich, als
die Drüsen der *Drosera*. Mehreremal gelang es mir mit Hilfe

einer mit äusserster Langsamkeit bewegten Nadel Stückchen von ziemlich dickem menschlichem Haar auf die Spitze eines Filamentes zu legen, und diese regten keine Bewegung an, obschon sie mehr als zehnmal so lang waren, wie diejenigen, welche die Tentakeln der *Drosera* sich zu biegen veranlassten, und trotzdem sie in diesem letzten Falle zum grossen Teil von der dicken Absonderung getragen wurden. Auf der andern Seite können die Drüsen der *Drosera* mit einer Nadel oder irgend einem harten Gegenstande einmal, zweimal oder selbst dreimal mit beträchtlicher Kraft gestossen werden und es folgt doch keine Bewegung. Dieser eigentümliche Unterschied in der Natur der Empfindlichkeit der Filamente der *Dionaea* und der Drüsen der *Drosera* steht offenbar in Beziehung zu den Lebensgewohnheiten der beiden Pflanzen. Wenn ein äusserst kleines Insekt sich mit seinen zarten Füssen auf den Drüsen der *Drosera* niederlässt, so wird es von dem klebrigen Sekret gefangen und der unbedeutende, jedoch verlängerte Druck gibt die Anzeige von der Anwesenheit der Beute weiter, welche nun durch das langsame Biegen der Tentakeln gesichert wird. Auf der anderen Seite sind die empfindlichen Filamente der *Dionaea* nicht klebrig und das Fangen der Insekten kann nur durch ihre Empfindlichkeit für eine augenblickliche Berührung gesichert werden, welcher das schnelle Schliessen der Lappen folgt."*) Wir ersehen daraus, dass bei diesen beiden Pflanzen das Unterscheidungsvermögen zwischen den beiden Arten von Reizen zu einer gleichermassen überraschenden Breite, wenn auch in verschiedener Richtung, entwickelt wurde.

Wir finden aber auf einer noch tieferen Stufe der Lebewesen, wie bei den Zellenpflanzen, einen bestimmten Beweis für das Vorhandensein des Unterscheidungsvermögens, nämlich bei den nur aus Protoplasma bestehenden Organismen. Hierzu führen wir ein interessantes Beispiel nach Dr. Carpenter an: „Bei meinen neuerlichen Tiefsee-Untersuchungen hat kaum ein andrer Gegenstand so ausschliesslich mein Interesse in Anspruch genommen, als folgender: Gewisse winzige Teilchen lebender Gallerte, die keinerlei

---

*) Darwin, Insektenfressende Pflanzen S. 262.

sichtbare Organ-Entwicklung zeigen, . . . . bauen sich Behausungen von ganz regelmässig symmetrischer Form und der künstlichsten Konstruktion . . . . Aus demselben sandigen Boden liest die eine Art die gröberen Quarzkörner auf, bindet dieselben mit Eisenphosphat, das sie ihrer eignen Substanz entnehmen muss, und bildet daraus eine Art Flasche mit kurzem Halse und einer einzigen grossen Öffnung. Eine andre Art nimmt nur die kleineren Körnchen auf und verarbeitet sie mittelst desselben Bindemittels zu kugelförmigen, in regelmässigen Zwischenräumen von zahlreichen kleinen Röhren durchbohrten Schalen. Wieder eine andere Art wählt sich die allerkleinsten Sandkörnchen und die äussersten Spitzen der Stachelkorallen und bildet, anscheinend ohne jedwedes Bindemittel, durch blosse Schichtung der Spitzchen, regelmässige Kügelchen, deren jedes nur eine Spaltenöffnung aufweist."*)

Wir finden also dieses auswählende Unterscheidungsvermögen auf alles Erregbare d. i. auf alles Lebende ausgedehnt und es ist, wie ich gesagt habe, nichts andres, als dieses Vermögen, welches ich als das Urprinzip des Geistes betrachte. Der gemeinsame Grundzug nämlich, den alle geistigen Prozesse, objektiv betrachtet, zeigen, besteht eben in diesem Vermögen, zwischen Reizen zu unterscheiden und nur diejenigen zu beantworten, die, ohne Rücksicht auf ihre relative mechanische Stärke, jene bestimmte Reaktion erfordern. Um dies nachzuweisen, wollen wir die hauptsächlichen Geistesfähigkeiten in aufsteigender Linie nach ihrer physiologischen Seite hin untersuchen. Zuerst haben wir hier die speziellen Sinnesorgane, deren physiologische Funktionen offenbar die Grundlage des gesamten psychologischen Baues bilden; zugleich stellen diese Funktionen aber auch, als letztes analytisches Resultat, ebenso viele speziell entwickelte Fähigkeiten zur Beantwortung verschiedener Arten von Reizen dar. So z. B. ist der Bau des Auges speziell nur für den eigentümlichen Reiz, der vom Lichte ausgeht, angepasst, wie das Ohr für den Reiz des Schalles u. s. f. Mit andern Worten, die speziellen Sinnesorgane bilden ebensoviele Gebilde, die in ganz verschiedenen Richtungen zu dem ausdrücklichen

---

*) *Contemporary Review*, April 1873.

Zwecke differenziert wurden, um eine verschiedenartig ausgebildete Empfindlichkeit für spezielle Arten von Reizungen, welche nichts mit andern gemein haben, zu erlangen. Dies will nichts anderes besagen, als dass die Funktion eines speziellen Sinnesorgans darin besteht, diejenige Reizart selbst herauszufinden und zu unterscheiden, auf welche ihrerseits die passende Reaktion zu erfolgen hat.

Viele der nervösen Mechanismen, die den verschiedenen Reflexwirkungen vorstehen, werden nur durch ganz spezielle Reizungen in Thätigkeit versetzt. Dies ist besonders deutlich der Fall bei dem überaus komplizierten neuromuskularen Mechanismus, welcher nur durch die Art von Reizung, die wir „Kitzeln" nennen, in Bewegung gesetzt wird. Solche Beispiele sind deswegen von besonderem Interesse, weil die unterscheidende Wirkung dieser Art von Reizen in der geringen Stärke der letzteren besteht. Die vergleichsweise starke Reizung, die der Durchgang der Nahrung durch den Schlund, die Berührung der Fusssohlen mit dem Fussboden verursacht, wird von seiten des Mechanismus, welcher auf eine möglichst leichte Reizung derselben Oberfläche so stark reagiert, dagegen gänzlich unbeachtet gelassen.

Ähnlich steht es mit den Instinkten: Physiologisch betrachtet, sind sie die Wirkungen hoch differenzierter Nervenmechanismen, die viele Generationen hindurch nach und nach ausgebildet wurden, zu dem ausdrücklichen Zwecke, einem eigentümlichen Reiz von hoch ausgearbeitetem Charakter zu entsprechen, welcher Reiz auf seiner psychologischen Seite sich als eine Wiedererkennung derjenigen Umstände darstellt, welche die instinktive Anpassung erfordern. Ebenso die Gemütsbewegungen. Physiologisch genommen sind sie die Thätigkeiten hoch entwickelter Nervenmechanismen, welche nur durch ganz spezielle Reize erregt werden, die wir subjektiv als eine besondere Art von Ideeen wiedererkennen, dazu geeignet, besondere Erregungen, Gemütsbewegungen genannt, hervorzurufen. Wir lachen nicht bei einem schmerzlichen Anblick, noch bringt uns ein lächerlicher Anblick zum Weinen; dies will, physiologisch aufgefasst, sagen, dass der Nervenmechanismus, dessen Thätigkeit mit einer Gemütsbewegung verbunden ist, nur einer ganz speziellen und komplizierten Reizart entspricht; er wird keiner anderen, in vieler Hinsicht vielleicht ganz ähnlichen Reizart antworten, die statt dessen jedoch befähigt ist, die Thätigkeit eines weiteren, möglicherweise sehr ähnlichen Nervenabschnitts auszulösen. Ganz so verhält es sich mit dem vernünftigen Denken und Urteilen. Denken bildet, physiologisch betrachtet, eine Reihe hochentwickelter nervöser Veränderungen, von denen wir wissen, dass keine ohne eine adäquate physische Begleiterscheinung vor sich gehen kann; woraus folgt, dass eine Reihe von Schlussfolgerungen, physiologisch genommen, eine Folge von Nervenveränderungen darstellt, deren jede durch physische Vorgänge hervorgebracht wird. Daher besteht jeder Punkt einer solchen Reihe in einer auswählenden Unterscheidung zwischen all den überaus feinen Reizen, die wir, subjektiv betrachtet, als Argumente ansehen. Dementsprechend bedeutet Urteilen nichts anderes, als das Schlussresultat einer grossen Anzahl äusserst feiner Reizwirkungen, und ist mit allen dazwischenliegenden Stufen von Schlussfolgerungen nur die Ausübung einer Fähigkeit, zwischen dem Reiz, den wir subjektiv als Recht, und demjenigen, den wir subjektiv als Unrecht erkennen, zu unterscheiden. Endlich ist Wollen, subjektiv betrachtet, gleichbedeutend mit der Fähigkeit, in bewusster Weise Motive auszuwählen, welche wiederum, objektiv genommen, nichts anderes als unermesslich komplizierte und unfassbar verfeinerte Anreizungen zu Nerventhätigkeiten sind.

Wenden wir uns nun von der aufsteigenden Leiter geistiger Fähigkeiten beim Menschen zu der allmählich zunehmenden geistigen Befähigung im Tierreiche, so wird es noch augenscheinlicher, dass die unterscheidende Eigenschaft des Geistes, physiologisch aufgefasst, in derselben Fähigkeit besteht, zwischen verschiedenen Arten von Reizen zu unterscheiden, abgesehen von dem Grade ihrer mechanischen Stärke. Ehe wir aber zu einer näheren Berücksichtigung dieses Punktes schreiten, will ich hier noch eine bereits vorhandene Schwierigkeit berühren. Dieselbe begann, als ich es für nötig hielt, den Geist als die Fähigkeit zu bezeichnen, eine Wahl zu treffen, und dann dazu überging, dieselbe nur Kräften zuzusprechen, die Empfindung besitzen. Bei Erörterung dieser Frage von der objektiven Seite, wies ich dagegen nach, dass das physiologische oder objektive Äquivalent der Wahl in seinen einfachsten Manifestationen schon so tief, wie bei den in-

4*

sektenfressenden Pflanzen angetroffen wird, welche doch gewiss keine
Kräfte sind, die in der eigentlichen Bedeutung des Wortes Empfindung
besitzen. Meine Wahltheorie scheint demnach im Widerspruch zu
meiner Ansicht zu stehen, dass der wesentliche Grundbestandteil
der Wahl bei Organismen zu finden sei, denen man doch eigentlich noch keine Empfindung zusprechen kann. Dieser Widerspruch
ist zwar ein realer, ich halte ihn indessen für unvermeidlich, weil
er aus der Thatsache entsteht, dass weder Empfindung, noch Wahl
plötzlich auf der Bühne des Lebens erscheinen. Wir vermögen
nicht zu sagen, innerhalb welcher bestimmten Grenzen die eine
oder die andere beginnt; beide tauchen nach und nach auf, weshalb wir diese Ausdrücke auch nur dort anwenden dürfen, wo
ihre Anwendbarkeit sicher zulässig ist. Wenn wir aber von diesem
Standpunkte aus dabei beharren, jene Bezeichnungen bei einer
streng psychologischen Untersuchung anzuwenden, so stossen wir
natürlich bald auf die schwierige Aufgabe, eine Grenze zu bestimmen, über welche hinaus dieselben nicht mehr anwendbar
sind. Es bieten sich nun zwei Auswege, um diese Schwierigkeit
zu überwinden. Der eine besteht darin, eine willkürliche Grenze
zu ziehen, der andere darin, überhaupt auf die Bestimmung einer
Grenze zu verzichten und die Ausdrücke durch die ganze Stufenreihe der Dinge beizubehalten, bis wir bei den letzten oder den
Grundprinzipien anlangen. Wenn wir an diesem Ende angelangt
sind, werden wir allerdings finden, dass unsre Bezeichnungen ihre
ursprüngliche Bedeutung gänzlich verloren haben, so dass wir
ebenso gut eine Eichel eine Eiche oder ein Ei ein Huhn nennen,
als davon sprechen können, dass eine *Dionaea* eine Fliege
„empfinde“ oder eine *Drosera* sich über ihrer Beute zu schliessen
„wähle“. Und doch dient dieser Gebrauch oder auch Miss-
brauch von Ausdrücken einem wichtigen Zwecke, da sie uns,
während wir ihre Bedeutung mit dem allmählichen Herabsteigen
sich ändern sehen, zur Auffindung der Thatsache verhelfen, dass
sie Dinge bezeichnen, die das Ergebnis einer stufenweisen Entwicklung sind — Dinge, die von andern Dingen abstammen, die
ihnen so unähnlich sind, wie die Eichen den Eicheln oder die
Hühner den Eiern. Dies bildet meine Rechtfertigung dafür, dass

ich die Grundprinzipien der Empfindung und der Wahl bis ins
Pflanzenreich hinab verfolge. Wenn es wahr ist, dass Pflanzen
schwache Zeichen der Empfindung erkennen lassen, so dass diese
Bezeichnung, wenn auch nur im metaphorischen Sinne, auf sie
angewendet werden kann, so ist es auch richtig, dass das Wahlvermögen, welches sie zeigen, einen entsprechend unentwickelten
Charakter trägt; es wird durch einen einzelnen Unterscheidungsakt gekennzeichnet und deshalb denkt niemand daran, einem
solchen Akt jene Bedeutung beizulegen, bis die Untersuchung
nachgewiesen hat, dass in einem solchen einzelnen Unterscheidungs-
akte in der That der Keim für alles Wollen verborgen liegt.

Die Schwierigkeit entsteht also nur aus dem allmählichen
Entstehen der erwähnten Fähigkeiten. Die rudimentäre Kraft
unterscheidender Reizbarkeit bei der Pflanze entspricht einer
rudimentären Kraft wählender Anordnung, welche sie in ihren
Bewegungen zeigt; und gerade wie die eine bestimmt ist, durch
einen sich allmählich entwickelnden Ausbau zur selbstbewussten
Subjektivität auszureifen, so ist es der andern beschieden, durch
einen ähnlichen Prozess eine abwägende Willenskraft zu werden.

Ich werde nun die aufsteigende Stufenleiter der Organismen
kurz beleuchten, um zu zeigen, dass dieses entsprechende Verhältnis
zwischen empfangender und ausübender Fähigkeit durch die ganze
Reihe hindurch offenbar wird. Ich wünsche dabei klar zu machen,
dass das Unterscheidungsvermögen, welches wir in seinen höheren
Manifestationen als Empfindung erkennen, und das Vermögen zur
Bildung auswählender Anpassung, welches wir höher hinauf als Wahl
bezeichnen, zusammen entwickelt werden und auf ihrem ganzen Ent-
wicklungsgange in einem angemessenen Verhältnis zu einander stehen.

Eine Amöbe vermag zwischen nährenden und nicht nährenden Teilchen zu unterscheiden und einen dem entsprechenden
Anpassungsakt auszuführen; sie ist im stande, die nährenden Teilchen zu umschliessen und zu verdauen, während sie die nicht
nährenden ausstösst. Einige protoplasmatische, einzellige Organismen
können auch zwischen Hell und Dunkel unterscheiden und ihre
Bewegungen darnach einrichten, sodass sie das eine aufsuchen und
das andre vermeiden. Die insektenfressenden Pflanzen vermögen,

wie wir bereits gesehen, nicht nur zwischen nährenden und nicht
nährenden Substanzen, sondern auch zwischen verschiedenen Be-
rührungsarten zu unterscheiden. Im Einklange mit dieser Zunahme
rezeptiven Vermögens bemerken wir hier noch einen entsprechenden
Fortschritt im Mechanismus der angepassten Bewegungen. Noch
zahllose andre Beispiele von ähnlichen einfachen Fähigkeiten der
Pflanzen könnten beigebracht werden; keines derselben verrät indessen mehr, als ein Unterscheidungsvermögen zwischen einem
oder zwei verschiedenen Reizen und die Kenntnis der entsprechenden einfachen Bewegungen. Wo Nerven zum erstenmal zum
Vorschein kommen, finden wir, dass die betreffenden Tiere (Medusen)
bestimmte Sinnesorgane besitzen, mittelst deren sie verhältnismässig
fein und rasch zwischen Hell und Dunkel und wahrscheinlich auch
zwischen Schall und Stille zu unterscheiden wissen. Auch sind sie
mit einem ausgebildeten Fühlapparat versehen, welcher sie rasch
und sicher eine Unterscheidung zwischen unbeweglichen und beweglichen, von irgend welcher Seite her auf sie zukommenden
Gegenständen, sowie auch zwischen nährenden und nicht nährenden Dingen treffen lässt. Entsprechend diesem weiteren Fortschritte in der rezeptiven Fähigkeit finden wir hier auch ein starkes
Fortschreiten des exekutiven Vermögens: Die Tiere sind in hohem
Grade bewegungsfähig, entziehen sich der als gefährlich erkannten
Berührung durch rasches Fortschwimmen und zeigen noch ver-
schiedene andere Reflexthätigkeiten von ähnlicher Anpassungsart.
So erfreuen sich z. B. die etwas höher organisierten Seesterne,
Würmer u. a., die sich ihres neuromuskularen Mechanismus mit
einer noch grösseren Kenntnis bezüglich der Aussenwelt bedienen,
damit zugleich auch einer grösseren Mannigfaltigkeit angepasster
Bewegungen. Bei den Mollusken bemerken wir einen weiteren
Fortschritt nach jenen beiden Richtungen; die Tiere tasten sich
ihren Weg mittelst empfindlicher Fühler, wählen verschiedene
Futterarten, suchen ihre Partner zur Paarung auf und wissen sich
sogar eines bestimmten Ortes als ihrer Heimat zu erinnern. Bei
den Artikulaten zeigen die niederen Formen koordinierte Bewegungen, die jedoch noch sparsam und einfach genannt werden
müssen im Vergleich zu den zahlreichen und mannigfachen Be-

wegungen der höher organisierten Mitglieder derselben Klasse. Auch ihr Unterscheidungsvermögen für Reize ist entsprechend gering. In der komplizierten anatomischen Organisation der Krebse und Hummern ist dagegen für koordinierte Bewegungen schon umfassende Vorsorge getroffen und ihre auswählenden Handlungen sind entsprechend zahlreich und mannigfaltig. Bei den Insekten und Spinnen übertrifft die Entwicklungsstufe der Muskel-Koordination sogar die der niederen Wirbeltiere, und das intelligente Anpassungsvermögen, unterstützt durch die zarten Antennen und die hoch vervollkommneten speziellen Sinnesorgane ist ebenfalls bei ihnen grösser als bei letzteren. Denselben Prinzipien begegnen wir durch die ganze Reihe der Wirbeltiere hindurch. Schon von Herbert Spencer ist das harmonische Verhältnis, welches zwischen dem Besitze, für mannigfache Thätigkeiten fähiger, Organe und dem Grade von Intelligenz des betreffenden Tieres besteht, hervorgehoben worden. Unter den Vögeln sind z. B. die Papageien die intelligentesten; sie vermögen auch dementsprechend in höherem Grade als alle übrigen Glieder jener Klasse Füsse, Schnabel und Zunge bei der Prüfung der mannigfachsten Gegenstände zu verwenden. In demselben Sinne möchte ich auch auf die bewundernswerte Intelligenz des Elefanten verweisen, in Verbindung mit dem nicht weniger bewundernswerten Mechanismus koordinierter Bewegungen, den er im Rüssel besitzt; während die überlegene Intelligenz der Affen und die höchststehende des Menschen an dem fast zu idealer Vollkommenheit ausgebildeten Mechanismus koordinierter Bewegungen der Hand ein entsprechendes Korrelat besitzen. Mehr im allgemeinen dürfen wir noch behaupten, dass durch das ganze Tierreich das Seh- und Hörvermögen in direktem Verhältnis zum Grade der Beweglichkeit stehen, wie auch die letztere ihrerseits ein Wachstum der Intelligenz im Gefolge hat.*)

---

*) Hund und Katze scheinen beim ersten Blick eine Ausnahme von der obigen Regel zu bilden; jedoch müssen wir uns erinnern, dass diese beiden Tiere sehr wirksame Tast- und Bewegungsinstrumente in ihrer Zunge, ihren Lippen und Backen, sowie auch, bis zu einem gewissen Grade, in ihren Pfoten besitzen. So meine ich auch, dass die höhere Intelligenz eines *Octopus*, unter den Mollusken, dem aussergewöhnlichen Vorzug zu danken ist, der dem Tiere durch seine langen, biegsamen, empfindlichen und kraftvollen Arme geboten wird.

Dieses Wechselverhältnis zwischen muskularer und geistiger Entwicklung, oder, allgemeiner ausgedrückt, zwischen Unterscheidungsvermögen und Mannigfaltigkeit angepasster Bewegungen, ist aber gerade das, was wir eigentlich von vornherein zu erwarten hatten. Denn es ist klar, dass die Entwicklung der einen Funktion ohne die andere von keinem Nutzen sein könnte. Einerseits würde die Unterscheidung zwischen angenehmen und unangenehmen Reizen für einen Organismus nutzlos sein, wenn ihm zu gleicher Zeit die Fähigkeit koordinierter Bewegungen mangelte, um sich dem Resultate seiner Unterscheidung anzupassen; andererseits wäre es auch nutzlos, wenn ein Organismus die Fähigkeit zu koordinierten Bewegungen besässe, ihm dagegen das Unterscheidungsvermögen mangelte, infolge dessen allein jene Fähigkeit für ihn von Vorteil sein kann. Nun wissen wir, dass alle Mechanismen muskularer Koordination in Wechselwirkung stehen und dass die letzteren ohne die ersteren gänzlich nutzlos sein würden. Wir wissen dagegen beinahe nichts von den höchsten, auf den Muskelmechanismen spielenden Nervenmechanismen; wir bemerken bloss einen wirren Haufen von Zellen und Fasern, deren wahre Funktion so wenig wie ihr innerster Mechanismus zu enträtseln wäre, hätten wir nicht den gröberen Mechanismus des Muskelsystems, welcher uns Analogieschlüsse für die Erklärung der feineren Verhältnisse im Nervensystem an die Hand gibt.

Muskelkoordinationen können hiernach im grossen und ganzen als eine Art Register für die entsprechenden Koordinationen im Nervensysteme dienen. Nun haben wir aber gesehen, dass geistige Vorgänge, in ganz derselben Weise, als ein Register für die Aktionen der mit ihnen in Verbindung stehenden Nervenmechanismen zu betrachten sind. Ferner haben wir gefunden, dass wenn jene neue Gruppe eine gewisse Entwicklungsstufe erreicht hat, die natürlich auch eine entsprechende Entwicklungsstufe des Nervensystems bezeichnet, die Funktionen rezeptiver Unterscheidung und angepasster Bewegung noch einen andern Ausgangspunkt in der aufsteigenden Linie ihrer Entwicklung aufzeigen: Das Nervensystem beginnt zwischen neuen und hoch komplizierten Reizen zu unterscheiden, indem es nicht nur auf unmittelbare Resultate, sondern auch auf entfernter liegende Möglichkeiten Bezug nimmt; kurz wir sehen, dass der

Nervenmechanismus jene höheren Funktionen unterscheidender und anpassender Fähigkeiten zu entwickeln beginnt, welche wir subjektiv als Vernunft erkennen. Es werden daher jene beiden Fähigkeiten notwendig mit einander gleichen Schritt halten müssen. Jeder Fortschritt des Unterscheidungsvermögens, im Leben des Individuums wie der Art, zieht eine Anstrengung zu Gunsten notwendiger Anpassungen nach sich, und überall, wo solche Anpassungen einen Fortschritt in dem vorgängigen Vermögen der Koordination erfordern, wird derselbe durch natürliche Züchtung begünstigt werden. So bedingt jeder Fortschritt in der Unterscheidung auch einen solchen im Koordinationsvermögen, von welchem wir andrerseits wiederum wissen, dass seine höhere Entwicklung einen Fortschritt im Unterscheidungsvermögen begünstigt. Da nun ein grösseres Mass koordinierter Bewegung die Nervencentren in neue und mannigfaltige Beziehungen mit der Aussenwelt bringt, so bietet sich denselben damit eine proportional wachsende Möglichkeit der Unterscheidung — eine Möglichkeit, welche früher oder später sicherlich von der natürlichen Auslese nutzbar gemacht wird.

So finden sich denn die beiden Fähigkeiten notwendigerweise mit einander verbunden. Damit beginnt aber eine neue Erwägung. Dieselben hängen nämlich aufwärts nur bis zu dem Punkte mit einander zusammen, wo die angepassten Bewegungen noch auf dem Mechanismus beruhen, welchen die Natur dem Organismus geliefert hat. Sobald das Unterscheidungsvermögen aber weit genug entwickelt ist, um nicht nur in bewusster Weise wahrzunehmen, sondern auch vernünftig nachzudenken, beginnt ein ganz neuer Zustand. Denn nunmehr ist der Organismus bezüglich seiner Anpassungen nicht länger von den unmittelbaren Resultaten seiner koordinierten Bewegungen abhängig. Von dem Augenblicke an, wo zum erstenmal ein Stein aufgehoben wurde, um von einem Affen zum Aufschlagen einer Nuss, von einem Vogel zum Aufbrechen einer Hülse oder auch von einer Spinne zur Balancierung ihres Gewebes benutzt zu werden, war die Notwendigkeit der Verbindung zwischen dem Fortschritt geistiger Unterscheidung und muskularer Koordination aufgehoben. Mit der Benutzung von Werkzeugen war dem Geiste das Mittel gegeben, sich unabhängig von dem Fortschritt

muskularer Koordination weiter zu entwickeln, und das höchststehende Tier hat sich dieses Mittels so trefflich zu bedienen gewusst, dass heute, bei den zivilisierten Menschenrassen, der weitaus
grösste Teil ihrer angepassten Bewegungen durch selbstgeschaffene
Mechanismen hergestellt werden. So bewundernswert auch die
Muskelkoordinationen eines Seiltänzers sein mögen, sie halten, mit
Rücksicht auf ihren Nutzen, keinen Vergleich aus mit den koordinierten Bewegungen einer Spinnmaschine. Obwohl wir nun nach
alledem der langen Reihe unserer rohen Vorfahren für die Vererbung eines so überaus vortrefflichen Mechanismus, wie es der
menschliche Körper ist, hohen Dank schulden, so darf der Mensch
sich doch sagen, dass seine bevorzugte Stellung gegenüber den
niederen Tieren vor allem dadurch gesichert erscheint, dass er
seine passenden Bewegungen von der notwendigen Verbindung mit
Muskelkoordinationen zu emanzipieren wusste. Ich sage von Muskelkoordinationen, da offenbar unsere passenden Bewegungen, sowie
auch unsre Anpassung im allgemeinen, niemals, weder in Vergangenheit, noch in Zukunft, losgelöst werden können von einer notwendigen Verbindung mit unsrer Nervenkoordination.

Fassen wir nun die Resultate unsrer bisherigen Untersuchung
zusammen. Zuerst fanden wir das Kriterium des Geistes, ejektiv
betrachtet, als in der Ausführung einer Wahl bestehend, und der
Nachweis einer Wahl bot sich uns in der Verrichtung angepasster
Thätigkeiten, die geeignet sind, Umständen die Stirn zu bieten,
welche in der Lebensgeschichte der Rasse nicht so häufig oder
unabänderlich vorkommen, als dass für sie durch ererbte Nervenstruktur im Individuum speciell und vorher hätte gesorgt werden
können. Das Vermögen, durch individuelle Erfahrung hinzuzulernen,
ist deshalb das Kriterium des Geistes. Es ist aber kein absolutes
oder unfehlbares Kriterium; alles was zu seinen Gunsten angeführt
werden kann, ist, dass es das bestmögliche ist, sowie dass es besser
dazu geeignet erscheint, die obere Grenze nicht-geistiger, als die
untere Grenze geistiger Thätigkeit zu bestimmen; denn es ist höchst
wahrscheinlich, dass das Empfindungsvermögen früher vorhanden
ist, als bewusstes Lernen.

Nachdem wir auf diese Weise zum nutzbarsten Kriterium des

ejektiv betrachteten Geistes gelangt waren, gingen wir zur Betrachtung der objektiven Bedingungen über, unter denen der Geist unabänderlich zum Vorschein kommt. Dies leitete uns zu einer kurzen Übersicht des Baues und der Funktionen des Nervensystems, und bei der Physiologie der Reflexwirkung angelangt, fanden wir, dass der Nervenmechanismus überall eine derartige Einrichtung besitzt, dass den einzelnen Nervencentren nur die Möglichkeit der Koordination einer Muskelgruppe geboten ist, deren kombinierte Kontraktionen sie in mannigfacher Weise beherrschen. Daraus entstand die Frage: Wie haben wir uns die Thatsache zu erklären, dass der anatomische Bau eines Nervencentrums mit seinen zugehörigen Nerven gerade ein solcher ist, dass er die Nervenreize mit Notwendigkeit in die betreffenden Kanäle zu leiten vermag? Die Antwort auf diese Frage fanden wir in der Eigen-. tümlichkeit des Nervengewebes, durch Gebrauch nach denjenigen Richtungen hin zu wachsen, welche zu weiterer Benutzung erfordert werden. Dieser Gegenstand ist indessen noch dunkel, besonders insoweit er die frühesten Stufen jenes angepassten Wachstums betrifft; im grossen und ganzen können wir indessen begreifen, dass ererbte ·Übung, in Gemeinschaft mit natürlicher Züchtung, allein genügend gewesen sein mag, die zahllosen reflektorischen Mechanismen, die uns im Tierreich begegnen, auszubilden.

Indem wir von der Reflexwirkung zur Gehirnthätigkeit übergingen, bemerkten wir vor allem, dass, da die Hirnhemisphären, ihrer feinsten Struktur nach, mit den Ganglien im allgemeinen genau übereinstimmen, vernünftiger Weise kein Zweifel darüber herrschen kann, dass auch die Art ihrer Wirksamkeit im wesentlichen dieselbe ist. Wir fanden ferner, dass, da jene Wirksamkeit hier offenbar mit geistiger Thätigkeit verbunden ist, eine starke Wahrscheinlichkeit dafür entsteht, dass jede eine Art umgekehrten Reflexes der andern darstellt. Indem wir uns nun diesem Spiegelbilde zuwandten, erkannten wir, dass in mancher Beziehung die Grundprinzipien geistiger Thätigkeit unverkennbar denen der Ganglienfunktionen entsprechen. Wir sahen auch, dass dasselbe der Fall ist beim Gedächtnis und den Ideenverbindungen, deren beiderseitige objektiven Gegenstücke wir in der Fähigkeit zu nicht-geistigen Erwerbungen seitens der niederen Ganglien erblicken; denn wir fanden, dass diese Ganglien unbewusst solche Thätigkeiten erlernen, welche sie häufiger zu verrichten haben; dass sie dieselben vergessen, wenn allzulange Zeiträume zwischen ihre Übungen fallen; dass sie aber, wenn sie auch schon längst vergessen scheinen, weit leichter und rascher wieder erworben werden, als man sie sich ursprünglich angeeignet hatte. Insbesondere fanden wir, dass die Ideeenverbindungen in ihrem Nebeneinander eine bis ins einzelne gehende Ähnlichkeit mit den Assoziationen der Muskelbewegungen darbieten. Als wir dann Ideeen als objektive Analogieen von Muskelbewegungen auffassen durften und auf diese Weise die Kundgebung nervöser Thätigkeit von Muskeln auf Ideeen übertrugen, wurde es uns klar, dass damit der bündigste Beweis für die überall gleichmässige Nervenentwicklung geliefert war. Sonach durften wir annehmen, dass alle Empfindungen, Wahrnehmungen, Ideeen und Gemütsbewegungen mehr oder weniger Muskelkoordinationen ähnlich sind, insofern sie in der Regel miteinander verschmolzene Bewusstseinszustände darstellen, von denen jeder konstituierende Teil der Thätigkeit irgend eines besonderen Nervenelements entspricht — was eine Verschiedenheit von Elementen bedingt, wie wir sie sowohl in dem zusammengesetzten Zustande des Bewusstseins, als auch in der kombinierten Muskelbewegung wiederfinden. Ferner: Ganz so wie die Ideeenverbindung nicht auf eine Verschmelzung gleichzeitiger Ideeen in eine einzige zusammengesetzte beschränkt ist, sondern sich auch zu einer Verkettung der einzelnen Ideen in eine ganze Reihe verlängert, so sahen wir auch, dass Muskelbewegungen die ganz analoge Neigung besitzen, sich in derselben Aufeinanderfolge zu wiederholen, wie sie zum erstenmal abgelaufen waren. Schliesslich erfuhren wir, dass jede pathologische Störung in, Muskelthätigkeiten beherrschenden, Nervencentren ihre Parallele in ähnlichen Störungen findet, die in, geistigen Thätigkeiten vorstehenden, Nervencentren ihren Sitz haben.

Von der physischen Grundlage des Geistes wendeten wir uns sodann zur Betrachtung der Grundprinzipien desselben. Hier war es unsre Aufgabe, den letzten physiologischen Prinzipien nachzuspüren, welche die objektive Seite jener Erscheinungen bilden mochten, die wir subjektiv und ejektiv als geistig ansahen. Diese Prinzipien fanden wir in dem Unterscheidungsvermögen zwischen verschiedenen Reizarten, ohne Rücksicht auf den relativen Grad ihrer mechanischen Intensität, und in der Fähigkeit, den Resultaten jenes Unterscheidungsvermögens angepasste Bewegungen hervorzubringen. Diese beiden Eigenschaften fanden wir schon bei den protoplasmatischen und einzelligen Organismen im Keime vorgebildet und von ihnen aufwärts alle Organismen im Besitze der nötigen Strukturen zu einer stets nebeneinander fortschreitenden Entwicklung jener beiden notwendig zusammengehörigen Fähigkeiten. Wenn ihre Ausbildung bis zu einem gewissen Grade gediehen ist, treten sie nach und nach in Verbindung mit der Empfindung, nach deren vollständigem Zustandekommen die Bezeichnungen Wahl und Zweck bezw. für sie geeignet erscheinen. Im weiteren Verlaufe ihrer Entwicklung werden sie dann bewusst nachdenkend und schliesslich vernünftig. Obwohl sie uns nun, subjektiv und ejektiv betrachtet, während des aufsteigenden Verlaufes ihrer Entwicklung aus einer Entität in die andere verwandelt zu werden scheinen, so ist dies doch durchaus nicht der Fall, wenn wir sie von ihrer objektiven Seite betrachten. Von diesem Standpunkt aus ist der ausgearbeitetste Vernunftprozess oder das umfassendste Urteil nur als ein ausserordentlich feiner Unterscheidungsakt hochentwickelter nervöser Gebilde zwischen Reizen stark komplizierten Charakters zu betrachten, während die umsichtigste und vorsichtigste Handlung, die geeignet ist, den entferntest liegenden zufälligen Reizungen entgegenzutreten, sich nur als eine den umgebenden Umständen angepasste neuromuskulare Anpassung darstellt.

Wenn wir somit wiederum geistige Handlungen als ein Register der Nervencentren ansehen können, wie wir Muskelbewegungen als ein Register der weniger feinen Wirkungen solcher Centren nehmen dürfen, so können wir uns der Überzeugung nicht verschliessen, dass der Gang der Nervenentwicklung überall der gleiche ist: überall bestehend aus einer fortschreitenden Entwicklung eines Unterscheidungsvermögens zwischen Reizen, in Verbindung mit der ergänzenden Fähigkeit angepasster Beantwortung.

Fünftes Kapitel.

## Erklärung des Diagramms.

achdem wir bisher bei den verschiedenartigen Grundprinzipien und vorläufigen Fragen, an der Schwelle unsrer eigentlichen Aufgabe, verweilten, scheint mir der Weg genügend geebnet, um auf den Verlauf der geistigen Entwicklung näher einzugehen. Um die ziemlich mühevolle Untersuchung, die uns damit erwartet, im voraus zu kennzeichnen, hielt ich es für passend, ein Diagramm oder eine kartographische Übersicht der wahrscheinlichen Entwicklung des Geistes, von seinem ersten Aufkeimen im Protoplasma bis zu seiner höchsten Vollendung im menschlichen Gehirn, aufzuzeichnen. Dieses Diagramm verkörpert sozusagen die Resultate meiner gesamten Forschung und es wird daher im Laufe dieser Untersuchung noch öfters darauf Bezug genommen werden. Beginnen wir daher mit einer Erklärung desselben.

In seiner Eigenschaft, einen gedrängten Auszug der Resultate meiner Untersuchung zu bieten, stellt es eine auf meinen Beweisen fussende, sorgfältig abgestufte Leiter dar. Es ist daher nicht sowohl das Produkt meiner eigenen Einbildungskraft, als vielmehr eine Zusammenstellung aller Thatsachen, welche die Wissenschaft bezüglich dieses Gegenstandes bisher beizubringen im stande war, und obwohl der wissenschaftliche Fortschritt ohne Zweifel mein Diagramm in manchen Einzelheiten in Frage stellen wird, so hege ich doch das Vertrauen, dass die allgemeine Grundlage unsrer Kenntnis von geistiger Entwicklung heute schon hinreichend zusammenhängend ist, um es höchst unwahrscheinlich zu machen, dass unsere diagrammatische Darstellung in ihren Hauptumrissen durch jene Fortschritte künftig geändert werden könnte.

Von dem Grundprinzip der Reizbarkeit, der unterscheidenden Eigentümlichkeit lebender Materie aus, fasse ich die geistige Struktur als einer zweifachen Wurzel entspringend auf: der Leitung und der Unterscheidung. Dem, was hierüber bereits gesagt wurde, ist nichts mehr hinzuzufügen. Wir haben gesehen, dass die unterscheidende Eigentümlichkeit der Nervenfaser darin besteht, Reize durch eine Weiterleitung molekularer Erschütterungen, ohne nachweisbare Kontraktionswelle fortzupflanzen; und diese Eigentümlichkeit, welche die Grundlage nicht allein aller nachfolgenden Koordinierungen protoplasmatischer (muskularer) Bewegungen, sondern auch aller geistigen Wirksamkeit nach der physischen Seite hin bildet, stellt sich auch in unsrem Plan als ein deutliches und wichtiges Prinzip der Entwicklung dar, als das Prinzip, welches die exekutive Fähigkeit, Reize passend zu beantworten, ermöglicht. Eine nicht geringere Rolle spielt die Unterscheidung, welche, wie wir gesehen haben, dazu bestimmt ist, sich allmählich zu der wichtigsten Funktion der Nervenzellen und Ganglien herauszubilden. Wir haben ferner gesehen, dass Fortleitung und Unterscheidung der Reize zuerst im Zellgewebe von Pflanzen, wenn nicht gar schon in einigen Formen von anscheinend undifferenziertem Protoplasma zur Beobachtung kommen. Aber nur wenn jene beiden Grundbestandteile sich bei demselben Strukturelement vereinigt finden, erlangen wir ein sichtbares Zeugnis jener Differentiation des Gewebes, welches der Histologe als nervös anerkennt; deshalb stellte ich die Funktion des Nervengewebes im weitesten Sinne, unter der Bezeichnung Neurilität, als durch den Zusammenfluss jener beiden Grundbestandteile gebildet, dar. Neurilität geht alsdann in Reflexthätigkeit und Wille über, welche ich als Achse oder Stamm des psychologischen Baumes dargestellt habe. An den Seiten dieses Baumes liess ich Zweige hervorwachsen, von denen ich im Interesse der Deutlichkeit die der einen Seite für die intellektuellen Fähigkeiten, die der andern für die Gemütsbewegungen vorbehielt.

Die Höhe der einzelnen Zweige entspricht dem Grade der

Ausbildung, welche die betreffende Fähigkeit erlangt hat, sodass, wenn z. B. der Zweig der Empfindung, der aus der Neurilität entspringt, eine gewisse Entwicklungsstufe erreicht hat, er die Wahrnehmung aus sich entstehen lässt und dann seine eigene Entwicklung in der früheren Richtung noch um einige weitere Grade fortsetzt. In ähnlicher Weise geht aus der Wahrnehmung die Einbildungskraft hervor und so weiter, durch alle andere Zweige. Auf diese Weise stellen die fünfzig Stufen des Diagramms die verschiedenen Ausbildungsgrade dar, ohne indessen die dabei in Betracht kommenden Zeitintervalle zu berücksichtigen. Auf diese Weise finden sich alle verschiedenartigen Produkte der geistigen Entwicklung in nebeneinander herlaufenden Kolumnen auf jenen Stufen verzeichnet, während sie zugleich den vergleichsweisen Grad der Ausbildung oder Entwicklung, den sie, eine jede für sich, er-reichen, dabei zum Ausdruck bringen. Eine der Kolumnen ist der psychologischen Stufenreihe der intellektuellen Fähigkeiten gewidmet, eine andere enthält die psychologische Reihe der Gemütsbewegungen. Wenn die Gefahr der Verwirrung des Diagramms nicht gewesen wäre, so hätten diese Fähigkeiten auch als sekundäre Zweige des psychologischen Baumes dargestellt werden können; in einem plastischen Modell wäre dies auch möglich gewesen, für ein Dia-gramm hielt ich diesen Modus jedoch nicht für praktisch und be-schränkte deshalb die zweigartige Darstellung nur auf die allge-meinsten und fundamentalsten psychologischen Eigenschaften, indem ich diejenigen von spezifischerem oder sekundärem Werte auf die parallelen Kolumnen der einen oder andern Seite des Baumes verwies. In die eine setzte ich die Namen der Geistesfähigkeiten in ihrem frühesten Stadium, d. h. wo sich die erste Andeutung ihres Vorhandenseins ergibt; in einer andren parallellaufenden gab ich diejenigen Grade geistiger Entwicklung an, die ich als charak-teristisch für die verschiedenen Gruppen des Tierreichs ansehe, während ich eine weitere Kolumne den bezeichnendsten geistigen Entwicklungsstufen des menschlichen Kindes vorbehielt.

In einem folgenden Werke gedenke ich die wegen Beschrän-kung der vorliegenden Arbeit auf die geistige Entwicklung bei den Tieren vorläufig weiss gelassenen Stufen in den senkrechten Kolumnen weiter auszufüllen. Ich beabsichtigte sogar anfangs, im vorliegenden Buche das ganze Diagramm mit der Stufe, auf der die geistige Entwicklung bei Tieren endet, also etwa bei der 28., abzubrechen. Doch hielt ich es in der Folge für besser, Stamm und Zweige des Baumes zu vervollständigen, um das Verhältnis zwischen der Ausbildung der höheren Fähigkeiten bei Tieren und den entsprechenden beim Menschen zu zeigen.

Sonach werden wir finden, dass eine jede der 28 Stufen uns einen Überblick über den Grad geistiger Entwicklung verschafft, den die auf der betr. Stufe bezeichneten Tiere erreichen.

Um Missverständnissen zu begegnen, will ich hinzufügen, dass diese diagrammatische Darstellung des wahrscheinlichen Verlaufs der geistigen Entwicklung nebst der in den Kolumnen vergleichsweise herbeigezogenen Darstellung psychologischer Entwicklung nur einen groben, allgemeinen Umriss der wirklichen Thatsachen bildet, auf welche letztere ich jedoch nur in soweit Bezug genommen habe, als es im Interesse meiner nachstehenden Erörterungen notwendig erschien. So allgemein aber dieser Umriss der historischen Psychologie auch sein mag, so wird er doch dazu beitragen, meine Beweisführung zu erleichtern, und nachmals als Anhaltspunkt für die wichtigeren Thatsachen dienen, die, wie ich hoffe, diese Beweisführung stützen sollen.

Soviel über den Gebrauch, den ich mit dem Diagramm zu machen gedenke; und nun noch eine allgemeine Bemerkung: Bezüglich des Stammes, der Zweige und der beiden Kolumnen auf jeder Seite, also aller der Teile des Diagramms, die zur Bezeichnung der psychologischen Fähigkeiten dienen, dürfen wir nicht vergessen, dass sie eben nur diagrammatisch zu nehmen sind. In der Natur ist es thatsächlich unmöglich, irgend bestimmte oder feste Grenzen zwischen der vollendeten Entwicklung der einen und dem Entstehen der nächstfolgenden Fähigkeit zu ziehen; der Weg von der einen zur andern ist durchweg von derselben allmählichen Art, die für die Entwicklung im allgemeinen so charakteristisch ist, und während wir niemals darin ein Hindernis für eine eventuelle Unterscheidung der Arten finden, wird es uns doch stets unmöglich gemacht, eine Linie zu ziehen und zu sagen: Hier endet die Spezies A und beginnt die Spezies B. Ich kann ferner nicht nachdrücklich genug betonen, dass nach meiner Untersuchung eine psychologische Klassifizierung der Fähigkeiten, so nützlich sie auch zum Zwecke der Untersuchung und Erörterung sein mag, notwendig immer künstlich sein muss. Es würde, meiner Meinung nach, eine höchst irrtümliche Ansicht vom Wesen des Geistes sein, wenn wir ihn als das wirkliche Ergebnis einer gewissen Anzahl bestimmter Fähigkeiten betrachten wollten; ebenso irrtümlich, als es z. B. sein würde, den Körper für ein Ergebnis der Nähr-, Erregbarkeits-, Fortpflanzungsfähigkeit u. s. w. zu halten. Alle diese Unterscheidungen dienen trefflich den Zwecken der Forschung; sie sind von uns und für uns selbst geschaffne Abstraktionen, aber keine von der Natur gegebenen Teile des organischen Baues, den wir unsrer Forschung unterwerfen wollen.

Obwohl wir nun diese Vorsicht nie ausser acht lassen dürfen, meine ich doch nicht, dass die künstliche Natur der psychologischen Klassifizierung oder die Thatsache, dass wir es nur mit einem allmählichen Entwicklungsvorgang zu thun haben, eine ernste Schädigung der von mir adoptierten Darstellung in sich schliesst. Denn einerseits bedürfen wir für unsere Forschungszwecke durchaus irgend einer Klassifikation der Fähigkeiten, und andrerseits habe ich, in Berücksichtigung der aus der allmählichen Art der Entwicklung unvermeidlich entstehenden Fehler in der Darstellung, die Zweige unsres Baumes an ihrer Basis erweitert und jeden, nach der Abzweigung des nächstfolgenden Zweiges, in seiner eignen Entwicklung noch eine Strecke weiter geführt, so dass die Fähigkeit der Vorfahren, wie die der Nachkommen, die einmal eingeschlagene Richtung noch eine Zeitlang weiter verfolgt und zwar bis zu dem Punkte, der, nach meiner Abschätzung, die höchst erreichte Stufe der besondren Fähigkeit bezeichnet. Ausserdem wurden die in den beiden Kolumnen namhaft gemachten Fähigkeiten, wie bereits erwähnt, auf jene Stufen gesetzt, auf welchen sie — wie ich entweder aus aprioristischen Gründen oder infolge wirklicher Beweise schliesse — in dem wachsenden Aufbaue des Geistes zum ersten Male erscheinen. Auf diese Weise ist die schwierige Frage nach der Feststellung der untern Entwicklungsgrenze, an der irgend eine besondre Fähigkeit aufzutauchen beginnt, nach Möglichkeit der Lösung entgegengeführt worden. Es ist fast überflüssig hinzuzufügen, dass ich, um das Diagramm in einigen Teilen zu vervollständigen, genötigt war, in ziemlich ausgedehntem Masse meine Zuflucht zur Spekulation zu nehmen. Jedoch wird es mit der fortschreitenden Darstellung offenbar werden, dass wenn die Fundamentalhypothese der geistigen Entwicklung zugegeben wird, meine Erörterungen bezüglich der wahrscheinlichen Geschichte dieses Vorgangs nirgends eine Spekulation von irgend extravaganter oder gefährlicher Art verraten. In Einzelheiten, wie z. B. in der angegebenen Höhe der verschiedenen Zweige des psychologischen Baumes, mögen meine Abschätzungen vielleicht hier und da irrtümlich sein; die Hauptthatsachen aber, hinsichtlich der Aufeinanderfolge der Fähigkeiten nach dem Grade ihrer Ausbildung, sind nur Folgesätze aus unsrer Fundamentalhypothese, und wie wir gesehen haben, werden diese Thatsachen gestützt und bestätigt durch viele andre, die aus Beobachtungen der Psychologie von Tieren und Kindern gezogen sind. Dagegen überwiegen in den den Gemütsbewegungen und intellektuellen Fähigkeiten gewidmeten Kolumnen die Ergebnisse aus wirklichen Beobachtungen die aus der reinen Spekulation hervorgegangenen, während in den übrigen Kolumnen die eingeschriebenen Resultate zum grössten Teile direkter Beobachtung zu verdanken sind.

Wenn die Hypothese bezüglich der geistigen Entwicklung zugegeben ist und alle der Beobachtung zugänglichen Thatsachen aus dem Diagramm ausgeschaltet sind, so wird verhältnismässig wenig deduktives Raisonnement übrig bleiben und von diesem Wenigen ergibt sich das meiste als notwendige Konsequenz der ursprünglich aufgestellten Entwicklungshypothese von selbst. Selbstverständlich wird jemand, der die Entwicklungslehre noch nicht in ihrem ganzen Umfang als wahr angenommen hat, einwenden können, dass ich mich dem Vorwurf der Spekulation nur entziehe, um das als gegeben vorauszusetzen, was mir alles nötige Beweismaterial gewährt. Darauf antworte ich, dass insoweit die Augenscheinlichkeit der geistigen Entwicklung, als Thatsache betrachtet, dem Vorwurf der Spekulation ausgesetzt wird, ich es meinem Gegner an-

heimstellen muss, seinen Einwand Darwins „Entstehung der Arten"
und „Abstammung des Menschen" gegenüber geltend zu machen.
Ich werde mit meinem Werke schon ganz zufrieden sein, wenn es
mir, unter Voraussetzung des geistigen Entwicklungsprozesses, gelingt, klar zu machen, dass der Umriss seiner Geschichte im wesentlichen ohne allzu viele Spekulation bestimmt werden kann, abgesehen
von der aus unsrer ursprünglichen Entwicklungshypothese mit Notwendigkeit sich ergebenden Deduktion.

Nachdem ich im Vorhergehenden den Plan und die Prinzipien
des Diagramms auseinandergesetzt, werde ich nun zu einer näheren
Betrachtung der einzelnen Entwicklungsstufen übergehen, und zwar
von der niedrigsten bis zum Ausgangspunkt des ersten Seitenzweiges,
oder von Nr. 1—14. Nach dem, was in den früheren Kapiteln
über die physische Grundlage und die Grundprinzipien des Geistes
schon gesagt worden ist, wird uns diese Betrachtung indessen nicht
lange aufhalten.

Die Stufe 1—4 wird eingenommen von der Reizbarkeit, den
protoplasmatischen Bewegungen, den protoplasmatischen Organismen
und den generativen Elementen, welche sich noch nicht zur Hervorbringung des menschlichen Embryos vereinigten. Von 4—9
sind die Stufen mit der Entstehung und Ausbildung der Funktionen
der Leitung und Unterscheidung besetzt, welche mit ihrer nachfolgenden Vereinigung bei 9 die Grundlage zur Neurilität legen,
d. h. den Stamm des Geistes bilden. Auf diesen Stufen begegnen
wir den nicht-nervösen Anpassungen, einzelligen Organismen und
einem Teil der Lebensgeschichte des Embryos. Die Stufen 9—14
stellen die Entwicklung der Neurilität bis zu ihrem Übergange in
Reflexthätigkeit dar; die parallelen Kolumnen innerhalb dieses
Raumes sind mit teilweis-nervösen und dem Beginn der wirklich
nervösen Anpassungen, unbekannten, vielleicht ausgestorbenen Tieren,
wahrscheinlich Cölenteraten, und einem weiteren Teil der Lebensgeschichte des Embryos ausgefüllt. Ich spreche hier von „unbekannten Tieren", da die Tiere, bei denen Nervengewebe zum erstem-
mal differenziert wurde, bisher noch nicht aufgefunden sind. Bei den
niedrigsten Tieren, wo dieses Gewebe gefunden wird, den Medusen,
erscheint es bereits gut differenziert; die Ganglienzellen zeigen

jedoch eine unverkennbare Verwandtschaft mit Epithel, insofern ihr organischer Bau in der That oft mehr einem modifizierten Epithel, als wirklichen Nervenzellen gleicht.*) In diesen Strukturen, wie in den analogen histologischen Elementen, die wir beim embryonalen Nervengewebe der höheren Tiere antreffen, besitzen wir ein Bindeglied zwischen wirklichem Nervengewebe und seinen cellularen Vorstufen, und somit erscheint es ziemlich unwesentlich, ob Tiere, welche die früheren Stufen jenes histologischen Übergangs darstellen, noch leben oder nicht.

*) Vgl. Hertwig, das Nervensystem und die Sinnesorgane der Medusen.

## Sechstes Kapitel.

### Bewusstsein.

Wir haben bisher so ausschliesslich, als die Natur des Gegenstandes es erlaubte, die physische oder objektive Seite der geistigen Vorgänge und ihrer Antecedentien in den nicht geistigen Thätigkeiten lebender Organismen betrachtet. Es liegt uns nun ob, uns der objektiven oder, genauer ausgedrückt, der ejektiven Seite unseres Gegenstandes zuzuwenden, d. h. zu versuchen, den wahrscheinlichen Verlauf der geistigen Entwicklung zu zeichnen, und zwar an der Hand echt geistiger Erscheinungen, soweit dieselben überhaupt einer Erforschung durch die objektive bezw. ejektive Methode zugänglich sind. Ich möchte hier noch besonders darauf aufmerksam machen, dass meine Abhandlung von nun an einen ganz neuen Ausgangspunkt gewinnt, denn ohne dies zu beachten, könnte meine Darstellung eher aus zwei lose verbundenen Versuchen, als aus einem einheitlichen Ganzen zu bestehen scheinen. Bei meinen Bemühungen, eine scharfe Grenzlinie zwischen der Physiologie und der Psychologie meines Gegenstandes zu ziehen, war es mir doch nicht möglich, die eine ohne zahlreiche Anspielungen auf die andre abzuhandeln; infolge dessen war ich, bei thunlichster Beschränkung meiner Darstellung auf die Physiologie der Lebensprozesse, häufig genötigt, auf die Psychologie geistiger Vorgänge Bezug zu nehmen, deren Kenntnis ich im allgemeinen auf seiten meiner Leser voraussetzen musste. In meinem Kapitel über die physische Grundlage des Geistes war es ferner unmöglich, die Hauptprinzipien der Psychologie, wie Empfindung, Wahrnehmung, Vorstellung u. s. w., unberücksichtigt zu lassen. Wenn ich nun eine Erforschung dieser verschiedenen Grundlagen mit Rücksicht auf ihre wahrscheinliche Entwicklung unternehme, so könnte es oft scheinen, als ob ich auf bereits Gesagtes zurückgriffe oder dasselbe wiederholte. Dieser anscheinende Mangel in meiner Darstellung wird, meiner Ansicht nach, bei näherer Aufmerksamkeit aber mehr als aufgehoben durch den Vorteil, auf diese Weise eine Verwirrung zwischen Physiologie und Psychologie zu vermeiden. Es würde z. B. leicht gewesen sein, das bereits angedeutete Kapitel über die physische Grundlage des Geistes zu zerspalten und die einzelnen Teile auf die folgenden Abschnitte zu verteilen, welche die psychologische Seite der in jenen Teilen besprochnen physiologischen Grundlagen behandeln; das Resultat würde aber entschieden eine Verdunkelung meiner Theorie gewesen sein, welche ich möglichst klar hingestellt wünschte: dass nämlich alle geistigen Vorgänge Gegenstücke physischer Vorgänge darstellen.*)

Nach dieser zum Verständnis meiner Methode erforderlichen Erklärung beginne ich die Psychologie der geistigen Entwicklung mit der Betrachtung der Bestandteile des geistigen Elementes, d. h. des Bewusstseins. Wenn wir das Diagramm zu Rate ziehen, so werden wir das Wort „Bewusstsein" in einer perpendikularen Richtung geschrieben finden, welche mit der Stufe 14 beginnt und sich bis zur 19. Stufe ausdehnt, weil die Entstehung des Bewusstseins wahrscheinlich so allmählich und unmerklich vor sich geht, dass es unmöglich sein dürfte, den betreffenden Punkt genau zu bezeichnen, selbst in dem allgemeinen Sinne, womit ich die Linien zu ziehen versuchte, welche als Ausgangspunkte der verschiedenen geistigen Fähigkeiten angesehen werden können. Ich habe deshalb die Entstehung des Bewusstseins, statt in Gestalt einer Linie, als eine verhältnismässig bedeutende Fläche dargestellt und dieses Gebiet mit dem ersten Auftauchen angepasster „nervöser Thätigkeit" beginnen

---

*) Es ist kaum nötig hinzuzufügen, dass die Unmöglichkeit einer gänzlichen Trennung von Psychologie und Physiologie uns *mutatis mutandis* auch durch die ganze folgende Darstellung begleiten wird; ich werde jedoch in solchen Fällen stets klar zu machen suchen, ob ich von geistigen oder physischen Vorgängen spreche.

lassen, von wo es sich bis zur ersten Erscheinung des Vermögens der Ideeen-Verbindung hin erstreckt.

Ehe ich nun dazu übergehe, diese Grenzbestimmung zwischen dem frühesten Auftauchen des Bewusstseins und der Stelle, wo dasselbe eigentlich zuerst als solches sicher bezeichnet werden kann, zu rechtfertigen, möchte ich die Bemerkung vorausschicken, dass ich keine Definition dessen versuchen werde, was man unter Bewusstsein versteht. Denn ebenso wie das Wort „Geist“, ist auch „Bewusstsein“ ein Ausdruck, der zu einer allgemein verständlichen Meinung führt, welche aber der besonderen Natur des Falles wegen in irgend eine Definition nicht zusammengefasst werden kann. Wenn wir sagen, dass ein Mensch oder ein Tier Bewusstsein habe, so verstehen wir darunter, dass der Mensch oder das Tier Empfindungsvermögen besitze, und wenn wir gefragt werden, was wir unter Empfindung verstehen, so vermögen wir nur zu antworten: das, was nicht-ausgedehntes Sein von ausgedehntem unterscheidet. Tiefer vermögen wir nicht zu gehen, weil das Bewusstsein, welches selbst die Grundlage alles Denkens und deshalb jeder Definition ist, nicht selbst definiert werden kann, es sei denn durch die Antithese seines logischen Korrelats, durch das Nicht-Bewusstsein!

Betrachten wir zunächst die Erscheinungen des Bewusstseins, soweit sie sich in unsrer eigenen subjektiven Erfahrung offenbaren; später werden wir sehen, dass die elementaren, nicht weiter zerlegbaren Einheiten des Bewusstseins das sind, was wir Empfindung nennen. Die Erfahrung zeigt uns, dass ein elementarer Zustand von Bewusstsein oder Empfindung in jeder Abstufung bestehen kann, von einem kaum erkennbaren Gefühle bis zum unerträglichsten Schmerz, welcher das ganze Gebiet des Bewusstseins für sich allein in Anspruch nimmt. Ja, noch mehr, von der untersten Grenze wahrnehmbarer Empfindung nach abwärts beginnt ein langes, unbestimmtes Absteigen durch nicht wahrnehmbare oder halbbewusste Empfindungen hindurch bis zur Nerventhätigkeit, die wir für eine unbewusste zu halten berechtigt sind. Es wird dies durch jene Stufen fast unbewusster, später in gänzliche Unbewusstheit übergehender Thätigkeiten bewiesen, deren häufiges Vorkommen wir alle in dem Herabsteigen (infolge von Wiederholung oder Gewöhnung) von bewusst-intelligenten, anpassenden Thätigkeiten zu automatischen oder unbewusst-ausgeführten, zu beobachten Gelegenheit haben. Es ist somit einleuchtend, dass das Bewusstsein nicht nur zahllose Stärkegrade aufweist, sondern dass auch auf seinen tieferen Stufen sein Aufsteigen vom Unbewussten so allmählich erfolgt, dass wir nicht einmal innerhalb des Gebietes unsrer eignen subjektiven Erfahrung, selbst in weitabgesteckten Grenzen, zu bestimmen vermögen, wo das Bewusstsein zum erstenmal auftaucht.*)

Mit diesem allmählichen, der subjektiven Forschung zugänglichen Auftauchen des Bewusstseins könnten wir nun wohl einige entsprechende physiologische oder sonstwie der objektiven Forschung erreichbare Thatsachen zu finden erwarten; und in der That finden wir auch solche, denn wir wissen, dass Reflexthätigkeiten in unserm eignen Organismus nicht mit Bewusstsein verbunden sind, obwohl die Kompliziertheit des bei jenen Thätigkeiten beteiligten Neuromuskularsystems sehr bedeutend sein kann. Es ist also offenbar nicht lediglich die Kompliziertheit der Ganglienthätigkeit, welche das Bewusstsein bedingt. Worin besteht denn aber jener Unterschied in der Thätigkeit der Hirnhemisphären und der der niederen Ganglien, welcher der grossen subjektiven Unterscheidung zwischen Bewusstsein, einer Begleiterscheinung der ersteren, und der Unbewusstheit, einem konstanten Charakteristikum der letzteren, entsprechen möchte? Ich glaube, dass der einzige hier auffindbare Unterschied ein auf den Grad oder die Zeit zu beziehender ist. Wir wissen durch genaue Messungen, die wir im folgenden noch näher kennen lernen werden, dass die Hirnhemisphären, während sie jene mit Bewusstsein verbundenen Veränderungen erleiden, langsamer funktionieren, als es bei den Thätigkeiten der niederen Centren der Fall ist. Mit anderen Worten, der Zeitraum zwischen dem Einfall eines Reizes und dem Auftreten der entsprechenden Bewegung ist merklich länger, wenn der Reiz zuerst

---

*) Wer je einmal allmählich das Bewusstsein verlor oder nach und nach dem Einfluss eines anästhetischen Mittels ausgesetzt wurde, wird sich der eigentümlichen Empfindungen erinnern, die mit dem gradweisen Schwinden des **Bewusstseins** verbunden sind.

wahrgenommen werden muss, als in jenen Fällen, wo eine vorgängige Wahrnehmung nicht erfordert wird. Dies wird nicht nur durch Vergleichung der „latenten Periode" (d. i. der Zeit, welche zwischen der Reizung und deren Beantwortung liegt) bei einer Thätigkeit der niederen Centren mit einer solchen, welche die wahrnehmenden Hirnhemisphären in Anspruch nimmt, bewiesen, sondern auch durch Vergleichung der latenten Periode bei einer und derselben Hirnthätigkeit, die ursprünglich mit einer Wahrnehmung verknüpft, durch Wiederholung automatisch wird. Ein alter Jäger wird infolge eines nahezu unbewussten Aktes sein Gewehr an der Schulter haben, in demselben Augenblick, da ein Vogel unerwartet auffliegt; während ein Neuling in diesem Falle eine wertvolle Sekunde damit hinbringen wird, „sich in die Situation hineinzufinden". Diese und ähnliche Thatsachen werden uns somit überzeugen, dass wenn wenige Dinge „schneller als ein Gedanke" sind, wenigstens die Reflexthätigkeit zu diesen Dingen gehört. Im allgemeinen kann man behaupten, dass je vollkommner bewusst ein Zustand ist, um so längere Zeit zu seiner weitern Ausarbeitung gehört, wie wir bei der Abhandlung des Kapitels der Wahrnehmung noch näher sehen werden.

Was will aber dieses grössere Zeiterfordernis besagen? Offenbar doch nur, dass der betreffende Nervenmechanismus noch nicht völlig an die verlangte Beantwortung gewöhnt war und dass der Reiz, anstatt nur den Drücker eines bereitstehenden Beantwortungsapparats (so kompliziert derselbe auch sein möge) berühren zu brauchen, im Nervencentrum erst noch eine Reihe andrer Reize auslösen muss, ehe die erforderliche Antwort gewährt wird. In den höheren Regionen des bewussten Lebens ist dieses Spiel von Reizen „unter schwierigen Umständen" als Unentschlossenheit bekannt; aber selbst bei einem einfachen Bewusstseinsakt, wie z. B. bei dem der Signalisierung einer Wahrnehmung, wird von den Hirnhemisphären mehr Zeit zur passenden Beantwortung einer nicht zur Gewohnheit gewordenen Erfahrung beansprucht, als seitens der niedern Nervencentren zur Ausführung der kompliziertesten Reflexwirkungen, als Antwort auf eine habituell gewordene Erfahrung. In letzterem Falle finden sich die Wege der nervösen

Entladung durch Gebrauch gut ausgefahren, während sie im ersteren erst durch ein kompliziertes Spiel von Kräften innerhalb der Zellen und Fasern der Hirnhemisphären bestimmt werden müssen. Und dieses komplizierte Spiel von Kräften, das seinen physischen Ausdruck in der Verlängerung der „Latenzperiode" findet, kommt auch physiologisch zum Ausdruck bei der Entstehung des Bewusstseins.

Die Funktion der Hirnhemisphären hat es demnach mit Reizen zu thun, die, obwohl möglicher- und vergleichsweise einfach, doch so verschiedenartig charakteristisch sind, dass spezielle Reflexmechanismen mit der Aufgabe, sie in einem besonderen Wege zu erledigen, noch nicht ausgebildet wurden; und gerade die daraus sich ergebende Erschütterung der unter dem Einfluss jener Reize stehenden höchsten Nervencentren ist es, die von der Erscheinung des Bewusstseins begleitet ist. Nun kann aber, mit Spencer gesprochen, „unmöglich eine Koordinierung zahlreicher Reize stattfinden, ohne ein Ganglion, durch welches sie alle in Beziehung zu einander gesetzt werden. Während eines solchen Vorgangs muss aber dieses Ganglion dem Einfluss eines jeden einzelnen Reizes ausgesetzt sein; es muss also selbst zahlreiche Veränderungen erleiden, und die rasche Folge solcher Veränderungen in einem Ganglion bedingt zunächst die fortwährende Erfahrung von Unterschieden und Ähnlichkeiten und liefert damit das Rohmaterial des Bewusstseins." *)

So sehen wir denn, soweit wir überhaupt jemals zu sehen hoffen dürfen, wie bewusste Thätigkeit nach und nach aus Reflexen entsteht. Sobald nun die Reize, mit welchen gerechnet werden muss, immer komplizierter und mannigfacher werden, infolge der fortschreitenden Entwicklung der Organismen, welche dadurch in immer

---

*) Prinzipien der Psychologie I. S. 453 und 454. Ich meine jedoch, dass Spencer sich hier wie auch anderwärts nicht deutlich genug ausdrückt, wenn er das „Rohmaterial des Bewusstseins" nicht notwendig schon in der blossen Kompliziertheit der Ganglienthätigkeit findet. Allerdings scheint, wie ich schon früher gesagt, die Kompliziertheit an sich nichts mit dem Entstehen des Bewusstseins zu thun zu haben, ausser dass sie zu dem beiträgt, was ich die Ganglienreibung nenne, welche ihren Ausdruck in einer Verzögerung der Antwort findet.

'kompliziertere und mannigfachere Beziehungen mit ihrer Umgebung treten, wird die ursprüngliche Bestimmung eines besondern Nervenmechanismus, den Anforderungen dieser oder jener Gruppe von Reizen zu begegnen, nicht länger ausreichend sein; die höheren Nervencentren haben deshalb die Funktion zu übernehmen, viele und verschiedenartige Reize in einem Herde zu sammeln, um jene höhere Unterscheidungsfähigkeit zu erreichen, welche wir bereits als das eigentliche Attribut des Geistes kennen gelernt haben. „Sodann ist,“ wie Spencer bemerkt, „die Koordinierung zahlreicher Reize zu einem einzigen Reiz, soweit sie sich erstreckt, eine Reduktion von zerstreuten gleichzeitigen Veränderungen zu konzentrierten, reihenweise angeordneten Veränderungen. Mag man nun die kombinierten Nerventhätigkeiten, welche stattfinden, wenn das Hühnchen ein Insekt angreift, als eine Reihe auffassen, welche in rascher Folge durch sein Koordinierungscentrum hindurchgeht, oder als eine Erscheinung, die sich zu zwei successiven Zuständen seines Koordinierungscentrums zusammengefügt hat; jedenfalls ist soviel klar, dass die hier ablaufenden Veränderungen eine viel ausgeprägtere lineare Anordnung besitzen, als die Veränderungen, welche zum Beispiel in der ganzen Kette von Ganglien eines Tausendfüssers stattfinden können.“*) Und dieser lineare Charakter der Veränderung bildet natürlich einen der unterscheidendsten Züge unsres subjektiven Bewusstseins. Es wird bereits bemerkt worden sein, dass diese Auslegung der Entstehung des Bewusstseins lediglich empirischer Natur ist. Wir wissen durch unmittelbare oder subjektive analytische Untersuchung, dass Bewusstsein nur auftritt, wenn ein Nervencentrum mit einer Sammlung verschiedenartiger und verhältnismässig ungewöhnlicher Reize beschäftigt ist, und wenn, als Einleitung zu diesem Akte unterscheidender Anpassung, in dem Nervencentrum ein Durcheinander von nach mehr oder weniger ungewohnten Richtungen hin laufenden Reizen entsteht, welches eine verhältnismässige Verzögerung in dem Eintreten der eventuellen Beantwortung mit sich bringt. Wir schweben jedoch noch völlig im Dunkel bezüglich des kausalen Zusammenhanges (wenn ein

---

*) Prinzipien der Psychologie I. S. 453.

solcher überhaupt existiert) zwischen einer unruhigen Bewegung in einem Ganglion und dem Auftreten des Bewusstseins. Allerdings haben wir eine empirische Verbindung zwischen den beiden, die für die Zwecke einer rein historischen Psychologie ebenso wertvoll ist, als es ein völliges Verständnis des kausalen Zusammenhanges sein würde — wenn ein solcher Zusammenhang überhaupt verstanden werden könnte.

So viel in betreff der physischen Bedingungen, unter denen Bewusstsein stets und ausschliesslich auftritt. Es erübrigt mir nun noch, zum Schluss dieses Kapitels in aller Kürze zu zeigen, dass diese Bedingungen jedenfalls zuerst innerhalb derselben Grenzen entstehen, wie die ersten Anfänge des Bewusstseins.

Mit Rücksicht darauf, dass ich bereits das unbestimmte oder allmähliche Auftauchen des Bewusstseins hervorgehoben und deshalb seiner Entstehung eine weite Fläche unsres Diagramms, statt einer bestimmten Linie, angewiesen habe, halte ich es für vollständig unbedenklich, die früheste Aufdämmerung des Bewusstseins in nervöse Anpassungen oder Reflexthätigkeiten zu verlegen und das Ende seiner Entwicklung in den Ideeenverbindungen zu suchen. Einerseits ist es nach dem Vorhergehenden doch offenbar unmöglich, irgend eine bestimmte Grenze zwischen Reflexthätigkeit und bewusster Handlung zu ziehen, insofern, objektiv oder als Thätigkeit betrachtet, die letztere von der ersteren sich nicht der Art nach, sondern nur durch den gradweisen Fortschritt in centraler Koordinierung der Reize unterscheidet. Wo deshalb eine solche centrale Koordinierung zum erstenmal gut hergestellt ist, wie z. B. im Mechanismus der einfachsten Reflexwirkung, dorthin, meine ich, können wir mit der grössten Wahrscheinlichkeit das Auftreten des Bewusstseins verlegen. Wo anderseits eine unbestimmte Erinnerung an frühere Erfahrungen zum erstenmal in das Vermögen, einfache Ideeen miteinander zu verbinden oder sich des Zusammenhanges zwischen Erinnertem bewusst zu werden, übergeht, da halte ich die Ausbildung des Bewusstseins genügend weit vorgeschritten, um es an demselben Punkte mit Sicherheit beginnen zu lassen.

In diesem Schema, welches ich natürlich als eine ziemlich willkürliche Schätzung hinstelle, wo eine bessere nicht möglich ist, finden

wir die Cölenteraten im Besitze dessen, was Spencer „das Rohmaterial des Bewusstseins" nennt, und die Echinodermen mit einem
solchen Grade von Bewusstsein ausgestattet, wie er ihnen mit Rücksicht auf ihre mannigfachen komplizierten Reflexthätigkeiten zugeschrieben werden muss, zumal bei ihren spontanen Bewegungen die
neuromuskularen Anpassungen fast den Anschein einer geringen Intelligenz erwecken. Die Anneliden bringe ich auf eine noch höhere
Bewusstseinsstufe, weil nach den von mir *) und Darwin **) mitgeteilten Thatsachen ihre Handlungen wirklich so einsichtig zu sein scheinen,
dass es schwer zu entscheiden ist, ob wir sie intelligent nennen
sollen oder nicht. Auf dieselbe Stufe stelle ich auch den Abschluss
der embryonalen Periode des Menschen; denn obwohl das neugeborne Kind wegen der Unzulänglichkeit seiner Erfahrungen keinerlei
passende Handlungen ausführt, die auf Intelligenz hinweisen, so sind
doch seine Nervencentren schon so ausgebildet (indem sie die Resultate einer grossen Menge ererbter Erfahrungen verkörpern, die,
obwohl latenter im neugebornen Kinde, als in dem Neugebornen
vieler übrigen Säugetiere und aller Vögel, dennoch in Berechnung
gezogen werden müssen), dass wir ihnen wenigstens soviel Bewusstsein zuschreiben können, wie den Anneliden. Überdies scheint das
neugeborne Kind Schmerz zu empfinden, weil es schreit, wenn ihm
Unangenehmes widerfährt, und obwohl dieser Bewegungskomplex
hauptsächlich auf Reflexwirkung zurückgeführt werden kann, so
dürfen wir ihn doch, mittelst Analogieschlusses, wenigstens zum Teil
als durch Empfindung veranlasst ansehen. Die übrigen mit den
Anfängen des Bewusstseins besetzten Stufen werden den niederen
Mollusken zugewiesen, was wohl vollständig gerechtfertigt ist, insofern
die von diesen Tieren verrichteten Thätigkeiten, wie ich in meinem
früheren Werke gezeigt habe, unfraglich von Intelligenz zeugen.

---

*) *Animal Intelligence.*
**) Darwin, Bildung der Ackererde.

## Siebentes Kapitel

## Empfindung.

nter Empfindung verstehe ich einfach ein durch einen Reiz hervorgerufenes Gefühl; der Ausdruck hält sich deshalb fern von allen metaphorischen Bedeutungen und schliesst nicht allein einerseits die Reflexthätigkeiten und die nicht nervösen Anpassungen, sondern auch anderseits die Wahrnehmung aus. Auch hat er nichts mit der sorgfältig definierten Bedeutung zu thun, welche ihm in den Schriften von Lewes beigelegt ist. Dieser Autor definierte die Empfindung als die Reaktion eines Sinnesorgans, möge sie nun mit Gefühl verbunden sein oder nicht; er pflegt deshalb ˉhäufig von ungefühlten Empfindungen zu reden. Das Wort Empfindung bedeutet bei ihm einen rein physischen Prozess, mit dem Bewusstsein verbunden sein kann oder auch nicht. Wenn ich dagegen gelegentlich von der physischen Reaktion eines Sinnesorgans spreche, so denke ich mir darunter auch wirklich eine solche und keine Empfindung. Die Unterscheidung, welche ich, in Übereinstimmung mit andern Psychologen, zwischen einer Empfindung und einer Wahrnehmung mache, werde ich in dem Kapitel über die letztere noch näher auseinandersetzen. Einstweilen genügt die Bemerkung, dass ihr grosser Unterschied darin besteht, dass Wahrnehmung sowohl ein Element der Erkenntnis, als auch ein Element des Gefühls in sich schliesst.

Schwieriger ist es, eine Unterscheidung zwischen Empfindung und nicht-nervösen Anpassungen zu treffen und noch schwieriger zwischen Empfindung und nervöser Anpassung ohne Gefühl (Reflexthätigkeit). Hier haben wir es jedoch wieder mit einer schon früher berücksichtigten Schwierigkeit zu thun, nämlich die Grenze zu bezeichnen, wo das Bewusstsein beginnt; wie wir früher gesehen haben, hat dies aber nichts mit der Gültigkeit der Klassifikation der psychischen Fähigkeiten zu thun, sondern nur mit der Frage, ob diese oder jene Fähigkeit bei diesem oder jenem Organismus anzutreffen ist. So lange also die Frage die der Klassifizierung psychischer Fähigkeiten ist, können wir nur sagen, dass dort, wo Gefühl vorhanden ist, auch Empfindung sein muss. Wo aber die Frage die Klassifizierung der Organismen mit Bezug auf ihre psychischen Fähigkeiten berührt, fällt die Schwierigkeit der Bestimmung, ob diese oder jene niedere Lebensform mit den Anfängen der Empfindung verbunden sei oder nicht, mit der Frage nach der Gegenwart des Bewusstseins bei ihnen zusammen. Nun haben wir diese Frage bereits ins Auge gefasst und gefunden, dass ihre Beantwortung unmöglich ist. Wir wissen, auch innerhalb weiter Grenzen, nicht zu sagen, wo im Tierreich Bewusstsein zuerst als vorhanden bezeichnet werden kann. Um aber die Grenze, mit Rücksicht auf Empfindung, irgendwie zu bezeichnen, ziehe ich sie dort, wo wir zuerst speziellen Sinnesorganen begegnen, d. h. bei den Cölenteraten. Es ist unnötig hinzuzufügen, dass ich hierbei ganz willkürlich verfahre. Denn einerseits mögen Pflanzen, die einen mechanischen Reiz beantworten, oder auch protoplasmatische Organismen, die einem Lichtreiz durch Aufsuchen oder Vermeiden der Helligkeit entsprechen, damit eine schwache Empfindung kundgeben, während andrerseits die blosse Gegenwart eines speziellen Sinnesorgans noch kein sicheres Zeugnis dafür abgibt, dass seine Thätigkeiten von Empfindung begleitet seien. Was wir ein spezielles Sinnesorgan nennen, ist ein Organ, das einer speziellen Reizform angepasst ist; ob aber die Beantwortung dieses Reizes von Empfindung begleitet sei oder nicht, ist eine ganz andre Frage. Wir schliessen durch Analogie, dass dem so sei, wenn es sich um uns ähnliche Organismen handelt, d. h. um Menschen oder höhere Tiere; der Wert dieser Schlussfolgerung verringert sich aber in dem Masse, als die Analogie weniger zwingend erscheint, d. h. je tiefer wir auf der zoologischen und psychologischen Stufenleiter, von uns gleichen Organismen zu immer weniger ähnlichen, herabsteigen.

Indem ich also nochmals betone, dass ich nur der Bequemlichkeit halber das Auftauchen der Empfindung mit dem Entstehen der speziellen Sinnesorgane zusammenfallen liess, werde ich nun zu einem kurzen Überblick des gesämten Tierreichs mit Rücksicht auf das Vermögen spezieller Sinnesthätigkeiten schreiten; denn insofern die letzteren die Grundlagen aller übrigen Geistesvermögen bilden, ist es von Wichtigkeit, eine allgemeine Idee von ihrer stufenweisen Entwicklung in der Reihe der Tiere zu besitzen.

Bei einigen seiner neueren Versuche fand Engelmann*), dass viele protoplasmatische und einzellige Organismen für Licht empfindlich sind; d. h. ihre Bewegungen werden durch das Licht beeinflusst, welches in einzelnen Fällen eine Beschleunigung, in andren eine Verlangsamung ihrer Bewegungen verursacht; bald suchen jene Organismen das Licht, bald vermeiden sie dasselbe u. s. w. Er fand weiter, dass diese Wirkungen auf eine der drei folgenden Ursachen zurückzuführen sind:

1. Durch Licht hervorgebrachte Änderung im Gasaustausche;
2. daraus hervorgehende Veränderung der Atmungsbedingungen;
3. eigentümliche Vorgänge von Lichtreizung.

Hier wollen wir uns nur mit der letzteren befassen, und zwar unter Herbeiziehung der *Euglena viridis*, als des Organismus, welcher sie nach Engelmann in typischer Weise zu erkennen gibt. Nachdem Vorsorge getroffen war, die beiden ersten der obigen drei Ursachen auszuschliessen, bemerkte man, dass das Tier trotzdem noch das Licht aufsuchte; es zeigte sich überdies, dass dies nur der Fall war, wenn man das Licht auf den vordern Teil seines Körpers fallen liess. Hier befindet sich zwar ein Pigmentfleck, jedoch ergab sich nach sorgfältigen Untersuchungen, dass nicht sowohl dieser der für Licht empfänglichste Punkt ist, sondern vielmehr eine vor ihm liegende farblose und durchsichtige Stelle im Protoplasma. Es ist daher zweifelhaft, ob jener Pigmentfleck als ein überaus primitives Sinnesorgan zu betrachten ist oder nicht. Von den Strahlen des Spektrums zieht *Euglena viridis* die blauen vor.

Die merkwürdige Beobachtung H. J. Carters macht uns zudem

---

*) Pflügers Archiv f. Physiol. XXIX. 1882.

mit einem fast unglaublich scheinenden speziellen Sinnesvermögen bei
den Rhizopoden bekannt, und Prof. Haeckel berichtet in seinem
Versuch über den Ursprung und die Entwicklung der Sinnesorgane*),
dass es schon „unter den mikroskopischen Urtierchen sowohl Licht-
freunde, als Obskuranten gibt". Manche scheinen auch Geruch und
Geschmack zu besitzen, da sie ihre Nahrung mit grosser Sorgfalt
auswählen. Wir stehen hier also vor der wichtigen Thatsache, dass
Sinnesthätigkeit ohne besondere Sinneswerkzeuge und ohne Nerven
möglich ist. An Stelle dieser letzteren tritt als empfindender Körper
jene wunderbare, formlose, eiweissartige Substanz, die unter dem
Namen Protoplasma oder organischer Bildungsstoff, als die allgemeine
und unentbehrliche Grundlage aller Lebenserscheinungen bekannt ist.
Engelmann beschreibt sogar die Jagd eines Infusoriums durch
das andre. Das erstere kreuzte auf seiner Bahn zufällig den Weg
einer freischwärmenden *Vorticella*. Eine Berührung fand nicht statt,
jedoch wurde die Jagd sofort aufgenommen und fünf Sekunden
lang schossen beide mit äusserster Schnelligkeit umher, während das
jagende Infusorium sich in einer Entfernung von ungefähr $^{1}/_{15}$ mm
hinter dem gejagten hielt. Dann wurde, infolge einer plötzlichen
Seitenbewegung der *Vorticella*, dem Verfolger der Gegenstand seiner
Jagd entzogen. Das Unterscheidungsvermögen, welches manche
protoplasmatischen Tiefsee-Organismen verraten, indem sie Sandkörnchen von einem bestimmten Umfang zum Aufbau ihrer Gehäuse
auszuwählen verstehen, ist bereits erwähnt worden.

Indem wir uns nun zu den ursprünglichsten, mit Nerven versehenen Tieren, den Medusen, wenden, begegnen wir hier auch
zum erstenmal speziellen Sinnesorganen. Ich selbst habe beobachtet, dass verschiedene Arten Medusen das Licht suchen, indem
sie einer Laterne folgen, wenn diese in einer sonst dunklen Stube
um ihren Behälter herumbewegt wird. Die rings um den Rand
der schwimmenden Scheibe befindlichen Pigmentkörper wurden
hierbei als die betreffenden speziellen Sinnesorgane erkannt, und
die sie affizierenden Strahlen des Spektrums gehörten dem leuchtenden Teile desselben an. Man bemerkte ferner, dass einige

---

*) Populäre Vorträge. 2. Heft. Bonn.

Arten der Medusen einen höher entwickelten Gesichtssinn hatten, als andre. Der mindest empfindliche findet sich bei der *Tiaropsis polydiademata*, wie aus dem längeren Zwischenraum zwischen dem Einfall eines Lichtreizes und dem Auftreten der motorischen Reaktion hervorgeht. Da dieser Fall sehr interessant ist, will ich in einige Einzelheiten darüber eingehen. Jene Meduse beantwortet starke Lichtreize stets dadurch, dass sie sich krampfhaft zusammenzieht; die Antwort bleibt aber aus, wenn man das Licht nicht länger als eine Sekunde auf ihre Sinnesorgane fallen lässt; wird ein Schiebefenster auf kürzere Zeit geöffnet und wieder geschlossen, so erfolgt keine Reaktion. Wir haben es demzufolge hier sicher nicht mit dem zu thun, was die Physiologen die Zeit latenter Reizung nennen, sondern mit der Zeit, während welcher das Licht einfallen muss, um zu einem adäquaten Reize zu werden, ganz so wie eine photographische Platte eine gewisse Zeit den Vibrationen des Lichtes ausgesetzt werden muss, um diesen die Zersetzung der Salze zu ermöglichen. Wie verschieden muss demnach die Wirksamkeit oder die Entwicklung eines solchen Sehapparats von demjenigen einer völlig ausgebildeten Netzhaut oder Retina sein, die imstande ist, die nötigen Nervenveränderungen als Beantwortung eines Reizes blitzartig rasch zu bewirken! Es ist übrigens bemerkenswert, bis zu welchem Grade bei den verschiedenen Medusen jene primitiven Sinnesorgane in ihrem innern Bau nach den verschiedenen Arten variieren. Mehr oder weniger komplizierte Formen von Nervenzellen und Fasern sind bei allen seither untersuchten Arten deutlich unterschieden; wenn man aber die besonderen spezifischen Formen miteinander vergleicht, so scheint es beinahe, als ob die speziellen Sinnesorgane dort, wo sie zuerst im Tierreich auftreten, sozusagen in der Mannigfaltigkeit ihrer möglichen Formen schwelgten.

Nach dem anatomischen Baue der Lithocysten ist es wahrscheinlich, dass die Medusen auch von Tonschwingungen affiziert werden, und sicher ist es, dass sie mit den verschiedensten, dem Tastsinn dienenden Organen ausgestattet sind. Denn nicht nur sind sie mit langen, hoch empfindlichen und kontraktilen Tentakeln versehen, sondern bei einigen Arten sind auch die Randganglien mit winzigen, haarähnlichen Anhängseln besetzt, welche ihre zugehörigen Nervenzellen gegen jede Berührung ausserordentlich empfindlich machen müssen. Im Zusammenhang mit dem Tastsinne der Medusen kann ich nach meinen Beobachtungen noch auf die Genauigkeit aufmerksam machen, mit der sie den Berührungspunkt eines fremden Körpers zu lokalisieren wissen. Die Meduse, ein schirmförmiges Tier, dessen ganze Oberfläche für jede Art von Reizung empfindlich ist, bewegt bei der leisesten Berührung irgend einer Körperstelle sofort ihren Stiel (Arm) nach jenem Punkt, um den fremden Körper zu prüfen bezw. abzustreifen. Dies ist besonders bei einer Art der Fall, die ich deswegen *Tiaropsis indicans* genannt habe. Hier ist es noch von besondrem Interesse, dass wenn das Nervengeflecht, welches über die ganze konkave Oberfläche des Schirmes ausgebreitet ist, vermittelst eines kurzen, gradlinigen Einschnitts, parallel dem Schirmrand, getrennt, und nun ein Punkt unterhalb der Schnittlinie berührt wird, der Arm nicht mehr imstande ist, den Berührungspunkt zu lokalisieren. Nichtsdestoweniger scheint er zu fühlen, dass irgendwo eine Berührung stattgefunden hat und beginnt deshalb lebhaft von einer Seite des Schirmes zur andern herumzutasten, um den bestätigenden Körper zu suchen. Dies beweist, dass wenn der Reiz die Trennungsstelle der Nervenfasern erreicht, er sich über das allgemeine Nervengeflecht ausbreitet und indem er so auf vielen verschiednen Wegen zum Arme gelangt, eine entsprechende Anzahl von sich widerstreitenden Botschaften liefert bezüglich der Stelle des Schirmes, auf welche der Reiz einwirkte. Dieses Ausstrahlen eines auf seinem gewöhnlichen Wege aufgehaltenen Reizes auf andre Nervenfasern, erscheint hier um so interessanter, da in dem äusseren Nervengeflechte der Echinodermen keine Spur einer solchen Erscheinung wahrgenommen wird.

Bei den den Medusen verwandten Aktinien haben W. Pollock und ich überzeugende Nachweise eines Geruchsinns beigebracht. Wenn nämlich etwas Futter in einen Sumpf oder einen Teich geworfen wird, in welchem sich Seeanemonen in geschlossenem Zustande befinden, so strecken die Tiere sofort ihre Tentakeln aus. Es ist von andrer Seite behauptet worden, dass dies ebensogut als ein Beweis für den Geschmack-, wie für den Geruchsinn genommen werden könne; meiner Meinung nach kann jedoch hier ebensowenig ein Unterschied zwischen jenen beiden Sinnen gemacht werden, wie im analogen Falle bei den Fischen. Die Cölenteraten, als Ganzes betrachtet, sind es also, bei denen wir zum erstenmal unverkennbaren Sinnesorganen begegnen, ebenso wie wir bei ihnen zu einem unverkennbaren Beweise für das Auftreten aller fünf Sinne gelangen, oder, genauer ausgedrückt, für das Vermögen zu passender Beantwortung auf alle fünf Klassen von Reizen, welche auch die fünf menschlichen Sinne affizieren.

Indem wir nun zu den Echinodermen übergehen, habe ich vor allem nach den Beobachtungen von Prof. Ewert und mir selbst anzuführen, dass Seestern und Seeigel nach dem Lichte zu kriechen und daselbst verweilen, selbst wenn das letztere von einer für das menschliche Auge kaum wahrnehmbaren Intensität ist.

Noch mehr, wir überzeugten uns, dass dieses ausserordentlich feinfühlige Unterscheidungsvermögen zwischen Hell und Dunkel in den pigmentierten „*ocelli*" an den Strahlenspitzen des Seesterns und an den homologen Stellen des Seeigels lokalisiert ist. Der Tastsinn zeigt sich gleichfalls bei ihnen hochentwickelt und eine Menge von speziell modifizierten Organen sind dafür vorgesehen. Endlich konstatierte ich auch das Vorkommen des Geruchsinns bei den Seesternen, freilich nicht in einem bestimmten Geruchsorgane lokalisiert, sondern vielmehr gleichmässig über die ganze Bauchseite des Tieres verbreitet.

Bei den Artikulaten begegnen wir zahllosen Arten von Sehapparaten, von einem einfachen „*ocellus*" an, der kaum Licht von Dunkelheit zu unterscheiden vermag, bis hinauf zu den hoch ausgebildeten zusammengesetzten Augen der Insekten und höheren Krustazeen. Diese zusammengesetzten Augen sind dadurch merkwürdig, dass eine jede ihrer vielen tausend Facetten ein Bild des entsprechenden Teils des Gesichtsfeldes abspiegelt und die Menge der getrennten Sinneseindrücke sodann durch eine Sinnesoperation, die in den Kopfganglien vor sich geht, in ein mosaikartiges Ganze zusammengefasst wird. Bei diesen zusammengesetzten Augen werden die Bilder ohne Umkehrung auf die rezeptive Nervenoberfläche geworfen. Bei dem nicht zusammengesetzten, einfachen Typus wird dagegen das Bild umgekehrt, und da bei den Ameisen beide Arten von Augen bei einem und demselben Individuum vorkommen, so entsteht ein gewisses psychologisches Rätsel, wie man die vorliegende Thatsache einer Interpretation ohne Konfusion der Bilder erklären soll. Einiges Nachdenken zeigt uns jedoch, dass die anscheinende Schwierigkeit keine reale ist. Gewöhnlich sagt man, dass wir selbst die Gegenstände eigentlich umgekehrt sehen, und dass nur die lange Übung uns befähige, die irrtümlichen Eindrücke zu rektifizieren. Diese Anschauung ist jedoch nicht richtig. Wir sehen die Dinge nicht umgekehrt, denn der Geist ist kein perpendikulärer Gegenstand im Raume, der aufrecht hinter der Retina steht, wie ein Photograph hinter seiner Camera. Für den Geist gibt es kein Oben und Unten in der Retina, ausgenommen insofern die Retina in Beziehung zur äusseren Welt steht; diese Beziehung kann aber nicht durch das Gesicht, sondern nur durch den Tastsinn bestimmt werden. Wenn nur diese Beziehung konstant ist, so kann es für den Geist keinen Unterschied machen, ob die Bilder aufrecht, umgekehrt oder in irgend einem Winkel zum Horizont auf die Retina geworfen werden; in jedem Falle würde die wechselseitige Beziehung zwischen Gesicht und Gefühl ebenso leicht hergestellt werden und wir würden stets die Dinge sehen, nicht in der Stellung, wie sie auf die Retina geworfen werden, sondern in derjenigen, welche sie mit Bezug auf die Retina einnehmen. So erfordert es in der That nicht mehr Übung, umgekehrte Bilder, als aufrechtstehende richtig auszulegen. Deshalb kann die Thatsache, dass einige Augen einer Ameise vermutlich die Bilder aufrecht auf die Retina werfen, während andere die sin umgekehrter Stellung thun, keinerlei Bedenken gegen meine Theorie enthalten.

Es gibt nicht eine einzige Gruppe des Tierreichs, die so viele verschiedene Entwicklungsstufen eines speziellen Sinnesorgans aufzeigt, als die Würmer. „Bei den niedrigsten Würmern," sagt Prof. Haeckel,*) „wird das Auge bloss durch einzelne Farbstoffzellen oder Pigmentzellen vertreten; bei andern gesellen sich dazu lichtbrechende Zellen, die eine einfachste Linse bilden.

---

*) Haeckel, Vorträge 2. Heft. Bonn.

Hinter diesen Linsenzellen entwickeln sich Sehzellen, welche in einer einfachen Lage eine Netzhaut einfachster Art bilden und mit den feinsten Endfäserchen des Sehnerven in Verbindung stehen. Endlich bei den Alciopiden, hochorganisierten Ringelwürmern, die an der Oberfläche des Meeres schwimmen, hat die Anpassung an diese Lebensweise eine solche Vervollkommnung des Auges bedingt, dass es den Augen niederer Wirbeltiere nichts nachgibt. Da finden wir einen grossen kugeligen Augapfel, der aussen eine geschichtete kugelige Linse, innen einen umfangreichen Glaskörper umschliesst. Unmittelbar um diesen herum liegen die lichtempfindenden Stäbchen der Sehzellen, welche durch eine Schicht von Farbstoffzellen von der äusseren Ausbreitung des Sehnerven, der Netzhaut getrennt werden. Die äussere Hautdecke umhüllt den ganzen, frei hervorragenden Augapfel und bildet über demselben eine durchsichtige Hornhaut oder Cornea." — Nach den neueren Beobachtungen Darwins*) steht es weiter fest, dass Regenwürmer, obwohl sie keine Augen besitzen, dennoch imstande sind, ungemein rasch und sicher zwischen Hell und Dunkel zu unterscheiden; da er aber fand, dass nur der vordere Teil des Tieres dieses Vermögen aufzeigt, so schliesst er daraus, dass das Licht unmittelbar die vorderen Ganglien, ohne Dazwischenkunft eines Sinnesorgans, affiziert. Schliesslich berichtet Schneider, dass die *Serpula* ihre ausgestreckten Taster vor einem Schatten plötzlich zurückzieht, wenn dieser von einem sich mit einer gewissen Geschwindigkeit bewegenden Gegenstande herrührt. **)

In Betreff des Hörsinns der Artikulaten finden wir den einfachsten Typus eines Ohrs bei den Würmern, wo es sich als ein kugeliges Bläschen darstellt, dass eine Flüssigkeit mit einem darin schwebenden „Hörstein" enthält.***) Bei einigen Krustazeen, wie beim Flusskrebs und beim Hummer, ist das Hörorgan viel komplizierter.

---

*) Darwin, Bildung der Ackererde.

**) Schneider, Der tierische Wille.

***) Regenwürmer besitzen keinen Gehörsinn und sind gänzlich taub, obwohl sie für Schwingungen, die ihnen durch Berührung mit festen Körpern zugeleitet werden, sehr empfänglich sind. (Vgl. Darwin, Bildung der Ackererde 15.)

„Gibt man hier auf einer Violine Töne von verschiedener Höhe an und beobachtet gleichzeitig die Hörtasche unter dem Mikroskop, so sieht man, dass bei jedem Tone nur ein bestimmtes Hörhaar in Schwingung gerät."[*]

Bei den Insekten kommen Hörorgane ohne Zweifel vor, wenigstens bei einigen Spezies, obwohl die Versuche Sir John Lubbocks zu zeigen scheinen, dass die Ameisen taub sind. Der Beweis, dass einige Insekten zu hören imstande sind, ist nicht nur ein morphologischer, sondern auch ein physiologischer, weil er auf der Annahme beruht, dass das Schwirren und Zirpen und andere sexuelle Geräusche mancher Insekten auf keine andre Weise erklärt werden können. Brunelli fand überdies, dass, wenn er eine weibliche Heuschrecke auf eine Entfernung von mehreren Metern von dem Männchen trennte, letzteres zu zirpen begann, um das Weibchen von seinem Aufenthaltsorte zu unterrichten, worauf das Weibchen sich ihm auch alsbald wieder näherte. Über das Vorhandensein eines Hörsinns bei den Lepidopteren habe ich selbst Beobachtungen veröffentlicht. In morphologischer Beziehung ist es auffallend, dass bei verschiedenen Gliedern der Artikulaten die Hörorgane in sehr verschiedenen Teilen des Körpers vorkommen. So liegen sie z. B. beim Hummer und Flusskrebs am Kopf, an der Basis der kleinen inneren Fühler, während sie bei einigen Krabben (*Mysis*) am Schwanze vorkommen. Bei den Orthopteren hingegen finden sie sich an den Unterschenkeln der Vorderbeine, bei andern Arten an den Brustseiten; wieder bei andern spricht alle Wahrscheinlichkeit dafür, dass die Hörorgane sich an den Fühlern befinden. Diese Thatsachen beweisen, dass bei den Artikulaten die verschiedenen Arten des Hörorgans unabhängig voneinander entstanden und nicht etwa von einem gemeinsamen Vorfahren der Gruppe vererbt worden sind; dabei ist es bemerkenswert, dass dies sogar innerhalb der so verhältnismässig engen Grenzen einer Unterabteilung gilt, wie die, welche eine Krabbe von einem Flusskrebs oder Hummer trennt.[**]

Der Geruchsinn ist bei vielen Artikulaten ohne Zweifel hoch

---

[*] Haeckel, a. a. O.

[**] Ähnliche Thatsachen sind bezüglich der Augen der Würmer und Medusen (wie wir bald sehen werden) beobachtet worden.

entwickelt, obwohl wir, abgesehen von wenigen Fällen, noch nicht imstande waren, die Geruchsorgane nachzuweisen. So zeigt der Bericht von Sir E. Tennent über die Gewohnheiten der Landblutegel von Ceylon, dass diesen Tieren eine geradezu erstaunliche Feinheit des Geruchsinnes zugeschrieben werden muss, weil sie das Herannahen eines Pferdes oder eines Menschen schon auf weite Entfernung hin riechen. Bei Regenwürmern ist der Geruchsinn schwach und scheint sich nur auf gewisse Gerüche zu beschränken.*) Sir John Lubbock hat durch direkte Versuche nachgewiesen, dass Ameisen Gerüche wahrnehmen und dass dies allem Anschein nach mittelst ihrer Antennen geschieht. Dasselbe gilt auch für die Bienen, und die allgemeine Thatsache, dass viele Insekten Geruchsvermögen besitzen, wird noch dadurch gestützt, dass so viele Arten von Blütenpflanzen, welche hinsichtlich ihrer Befruchtung auf die Besuche der Insekten angewiesen sind, zur Anlockung der letzteren Düfte aussenden. Dass die Krustazeen Geruchsvermögen besitzen, zeigt schon die Schnelligkeit, mit der sie ihr Futter zu finden wissen. Es ist mir neuerdings gelungen, den Sitz der Geruchsorgane bei Krebsen und Hummern durch eine Reihe von Experimenten nachzuweisen, deren nähere Anführung hier zu viel Raum beanspruchen würde. Ich will deshalb nur bemerken, dass jene Organe sich an dem kleineren Paar Fühler befinden, deren Enden zur Ausübung der Geruchsfunktion in wunderbarer Weise modifiziert sind. Das vordere Glied bewegt sich in einer vertikalen Ebene und stützt den Sinnesapparat, der sich fortwährend ruckweise auf- und niederbewegt, um eine plötzliche Berührung mit irgend im Wasser schwebenden und riechenden Stoffteilchen herbeizuführen: ganz in derselben Weise, wie wir selbst riechen, indem wir einige kurze und rasche Luftstösse durch die Nase einatmen. Jeder Besucher eines Aquariums wird diese Bewegungen bei allen gesunden Krebsen oder Hummern leicht beobachten können.

Der Geschmackssinn ist mindestens bei einigen Arten der Artikulaten (wie z. B. bei den honigfressenden Insekten) vorhanden, und der Tastsinn ist mehr oder weniger bei allen ausgebildet.

---

*) Darwin, a. a. O.

Bei den Mollusken finden wir eine vollständige Stufenleiter vom einfachen Augenflecke gewisser Lamellibranchiaten, durch die Pteropoden hindurch zu den vollkommener organisierten Augen der Gasteropoden und Heteropoden. Wenn wir aber zu den Cephalopoden gelangen, stehen wir so zu sagen vor einem weiten Entwicklungssprunge, denn das Auge eines *Octopus* steht seinem ganzen Bau nach dem eines Fisches, welchem es so stark ähnelt, gleich. Bei dieser übrigens nur oberflächlichen Ähnlichkeit dürfen wir nicht übersehen, dass die enorme Entwicklung in der Organisation jenes Molluskenauges offenbar mit der nicht weniger hohen Entwicklung des Neuromuskularsystems des Tieres in wechselseitiger Beziehung steht — worin es also ebenfalls mehr einem Fische, als andern Mollusken gleicht. Im grossen und ganzen finden wir bei den Mollusken dieselbe Verschiedenheit in der Lage des Auges, die wir schon beim Ohre der Artikulaten bewundert haben. Während bei den Cephalopoden und Gasteropoden die Augen sich am Kopfe befinden, tragen einige aus der letzteren Klasse überdies noch Augen auf dem Rücken, die in ihrem Baue von den Augen am Kopfe sehr verschieden sind. Bei den Lamellibranchiaten finden sich die Augen in grosser Anzahl am Rande des Mantels.

Der Gehörsinn ist allen Mollusken gemeinsam und die betreffenden Organe zeigen bei einem Aufsteigen von den niederen zu den höheren Gruppen, analog dem Gesichtssinne, eine fortschreitende Ausbildung. So bestehen z. B. bei den niederen Mollusken die Hörorgane aus einem Paar kleiner, dem Hörnerven aufsitzender Bläschen, die mit einer Flüssigkeit angefüllt sind, in der ein Hörstein schwebt. Bei den Cephalopoden finden wir indessen, bei gleichem allgemeinen Bauplane, eine Annäherung an den Hörapparat der Fische; denn das Bläschen ist hier im Knorpel des Kopfes eingebettet, von grösserem Umfang und im allgemeinen analog dem Hörorgane der Vertebraten. Dass die Mehrzahl der Mollusken Geruchsvermögen besitzt, beweist die Schnelligkeit, mit der sie ihre Nahrung zu finden wissen, und vom *Octopus* sagt man (Marshall) überdies, dass er einen starken Widerwillen gegen bestimmte Gerüche habe. Bei den Cephalopoden werden die Geruchsorgane wahrscheinlich von zwei kleinen Höhlungen in der

Nähe der hintern Seite des Auges gebildet, bei den andern Mollusken vermutet man sie in den kleinen Tentakeln neben der Mundöffnung. Der Tastsinn wird sowohl durch diese kleinen, als auch durch die grösseren Tentakeln (sowie auch durch die ganze weiche Aussenfläche) vermittelt, bei den Cephalopoden dagegen durch die langen, schlangenförmigen Arme, welche diesen Tieren ein grösseres Vermögen zur Aufnahme von Tasteindrücken sichern müssen, als irgend einem andern Seetiere.

Bei den Fischen ist der Gesichtssinn wohl entwickelt. Eine Forelle wird einen im trüben Wasser schwebenden Wurm ohne Zögern unterscheiden; ein Salm weiss Hindernisse im raschesten Weiterschwimmen zu vermeiden und ein *Chelmon rostratus* vermag mit seinem kleinen Wasser-Projektil mit unfehlbarer Sicherheit eine Fliege zu treffen. Die im Dunkel lebenden blinden Fische haben ihre Augen lediglich aus Mangel an Übung verloren; hierzu muss ich übrigens auf eine merkwürdige biologische Erscheinung bei einigen vom „Challenger" an den Tag geförderten Tiefseefischen aufmerksam machen. Obwohl in Tiefen lebend, wohin das Licht nicht zu dringen vermag, besitzen viele dieser Fische dennoch grosse Augen. Man darf vermuten, dass der Gebrauch dieser Augen in dem Anschauen der vielen selbstleuchtenden Lebensformen besteht, welche, wie die Baggerungen des „Challenger" zeigen, die Tiefsee bewohnen. Dies zugegeben, entsteht aber sofort die Frage, wie denn diese Formen leuchtend werden konnten; denn je sichtbarer sie für die Fische wurden, um so mehr musste ihre Leuchtkraft von Nachteil für sie werden. In betreff der leuchtenden Tiere, welche selbst Augen haben, können wir uns den damit verbundenen Nachteil mehr als aufgewogen denken durch den Vorteil, dass dadurch das Auffinden der Geschlechter untereinander erleichtert wird; diese Erklärung lässt sich aber nicht auf die blinden Formen anwenden.

Wie wir bereits gesehen haben, sind Fische sowohl mit Hör-, als auch mit Geruchsorganen gut versehen, während der *Amphioxus* das einzige Glied der Klasse ist, welches keine Ohren besitzt; zudem sind die Riechlappen bei einigen Spezies, wie z. B. den Glattrochen, von enormer Grösse im Verhältnis zu den andern

Hirnteilen. Der Tastsinn ist bei vielen Arten durch Tentakeln in
der Nähe des Maules vertreten. Die weichen Lippen und Brust-
flossen mancher Arten dienen ebenfalls als Tastorgane, während
bei gewissen Knurrhahnarten fingerartige Fortsätze an den letzteren
auftreten, die unzweifelhaft dazu beitragen, die Wirksamkeit der
Tastorgane zu erhöhen. Zweifelhaft ist es, ob der Geschmackssinn,
als vom Geruch unterschieden, bei Fischen vorkommt, zumal bei
Seetieren überhaupt eine scharfe Grenze zwischen beiden Sinnes-
arten nicht gezogen werden kann. Da nämlich hier das Medium
eines Gases, ähnlich der Luft, fehlt, so kann die Unterscheidung
nur dahin gehen, ob die Nervenendungen, welche durch die im
Wasser schwebenden Teilchen gereizt werden, zufällig über einen
Teil des Maules, wo die Nahrung passiert, oder über irgend einen
andern Teil des Tieres verteilt sind. Ich sage über irgend einen
andern Teil des Tieres (nicht nur in den Nasengruben), denn bei
einigen Fischen finden wir den Seiten ihres Körpers entlang eine
Anzahl merkwürdig geformter Papillen in die Haut eingebettet, die
wir aus morphologischen Gründen wahrscheinlich als im Dienste
des Geruchs- oder, indifferenter ausgedrückt, des Geschmackssinns
stehend, betrachten dürfen. Prof. Haeckel hat über diese Organe
ebenfalls Betrachtungen angestellt, ist aber geneigt, sie einem
noch unbekannten Sinne zuzuschreiben.

Der Gesichtsinn bei Amphibien und Reptilien bietet nichts
Bemerkenswertes, ausgenommen, dass die Krystalllinse bei ihnen
ein geringeres Lichtbrechungsvermögen hat, wie bei Fischen. Der
Übergang von einem zum Sehen unter Wasser angepassten Auge
zu einem der Luft angepassten zeigt sich in wunderbarer Weise an
einem und demselben Auge, bei der Sprotte von Surinam. Dieses
Tier hat seine Augen oben am Kopfe, so dass, wenn es an die
Oberfläche des Wassers steigt, ein Teil der Augen mit der Luft
in Berührung kommt; die Pupille ist zum Teil getrennt und die
Linse ebenfalls aus zwei Teilen zusammengesetzt, so dass vermutlich der eine Teil dieses merkwürdigen Auges der Luft, der andre
dem Wasser angepasst ist.*)

---

*) Marshall, *Outlines of Physiology*, vol I, p. 603.

Der Gehör-, Geruch-, Geschmack- und Tastsinn, obgleich alle bei den Amphibien und Reptilien vorhanden, sind dennoch, wenn überhaupt, denen der Fischen nicht viel überlegen.

Bei den Vögeln ist der Gesichtssinn von sprichwörtlicher Schärfe und in der That hat das Tierreich nichts, was sich dem Sehorgan einiger hierher gehörigen Arten an die Seite stellen kann; sei es das Auge eines Falken, welches aus gewaltiger Höhe ein schützlich gefärbtes Tier von der Bodenoberfläche, der es so überaus ähnelt, zu unterscheiden vermag, oder das Auge einer Bassansgans, welche imstande ist, 100 Fuss hoch in der Luft noch einen mehrere Faden tief im Wasser schwimmenden Fisch zu erblicken; wir müssen zugeben, dass das Sehorgan bei Vögeln seine höchste Vollendung erlangt hat. Damit zusammenhängend ist es von Interesse zu bemerken, dass auch die Schutzfärbung ihre höchste Stufe bei denjenigen Tieren erreicht, die für gewöhnlich den Vögeln zur Beute dienen. Diese Vollkommenheit ist in manchen Fällen so überraschend, dass sie schon als ein Bedenken gegen die Entwicklungslehre angeführt wurde; denn es scheint fast unglaublich, dass eine solche Vervollkommnung nach und nach durch natürliche Züchtung hat erreicht werden können, ehe die betreffende Art durch die Vögel gänzlich ausgerottet wurde. Die Antwort auf dieses Bedenken ist, dass die Sehorgane der Vögel nicht immer so vollkommen waren, als sie jetzt sind, und ein Grad von Schutzfärbung, der auf einer früheren Entwicklungsstufe genügen mochte, heute daher keine entsprechende Sicherheit mehr bieten würde. Mit andern Worten, die Entwicklung der Augen von Vögeln einerseits und der Schutzfärbung ihrer Beute andrerseits müssen gleichen Schritt miteinander gehalten haben, insofern jeder Fortschritt in der einen Richtung die Ursache für einen Fortschritt der andern Richtung wurde. Die Krystalllinse der Vögel ist bald flach, wie zum Beispiel bei den wegen ihrer Weitsichtigkeit bekannten Falken, bald konvexer, wie bei den Eulen, die sehr kurzsichtig sind, während sie bei Wasservögeln, ihrer Lebensweise entsprechend, fast kugelig erscheint.

Alle Vögel hören, und wir begegnen bei denselben zum erstenmal mit Sicherheit einem Ohre, das die verschiedenen Tonhöhen scharf abzuschätzen vermag. Bei vielen Vogelarten ist die Feinheit dieser Schätzung so hervorragend, dass sich wohl die Frage erheben lässt, ob selbst menschliche Ohren in dieser Richtung mehr leisten. Ich brauche wohl kaum auf die anatomische Schwierigkeit, die sich der Feststellung dieser Thatsache entgegenstellt, aufmerksam zu machen. Ich selbst bin zu der Meinung geneigt, dass der Gehörsinn bei Vögeln (wenigstens bei einigen Arten derselben) auch in Bezug auf die Intensität des Tones entsprechend fein ausgebildet ist.

Die Gründe dafür entnehme ich aus meiner Beobachtung, dass z. B. gewisse Brachvögel ihre langen Schnäbel bis zur Basis in feinen, von der Flut zurückgelassenen Seesand vergraben, um die darin verborgenen Würmer herauszuziehen. Hierbei kann die Gegenwart des Wurms dem Vogel durch keinen andern Sinn mitgeteilt werden, als durch das Gehör. Ebenso vermute ich, dass die gemeine Drossel zu dem unter dem Rasen versteckten Wurm lediglich durch den Hörsinn geleitet wird, und meine Vermutung wird dabei noch durch die anderwärts beschriebenen eigentümlichen Gewohnheiten des Vogels während des Fütterns gestützt.*)

Der Geruchsinn der Vögel übertrifft den der Reptilien; er kann jedoch nicht mit dem der Säugetiere verglichen werden; denn die alte Sage, dass Geier ihre Brut mit Hilfe dieses Sinnes auffinden, ist mehr als hinreichend widerlegt. Desgleichen steht der Geschmackssinn bei Vögeln dem der Säugetiere sehr nach und auch ihr Tastsinn ist im Vergleich zu den letzteren sehr mangelhaft. Die Papageien bilden die einzige Familie, bei welcher dieser letztgenannte Sinn einigermassen entwickelt ist, abgesehen von den Enten, Schnepfen und andern Sumpfvögeln, bei denen der Schnabel speziell zu diesem Zwecke modifiziert wurde.

Im allgemeinen sind bei den Säugetieren alle Sinne, mit Ausnahme des Gesichts, das bei den Vögeln seine höchste Ausbildung erreicht hat, höher entwickelt, als bei allen andern Tierklassen.

Der Geruchsinn erreicht seine höchste Vervollkommnung bei den Raubtieren und Wiederkäuern, fehlt aber andrerseits einigen Cetaceen gänzlich. Wer je Rotwild beschlichen hat, wird die sorg-

---

*) Vergl. *Animal Intelligence.*

samen Vorsichtsmassregeln kennen, die man anzuwenden hat, um
zu verhindern, dass das Wild den Jäger unter den Wind bekomme;
ein Neuling wird jene Massregeln leicht für abergläubische Übertreibung der Bedeutung des Geruchsinnes halten, bis er selbst erfahren hat, auf welche unglaubliche Entfernung hin das Wild ihn
zu wittern vermag. Bei den Raubtieren ist indessen der Geruchsinn womöglich noch stärker entwickelt, weil er ihnen zur Aufspürung der Beute dienen muss. Mit meinem Terrier machte ich
eines Tages einen Versuch, welcher besser wie alles andere das
fast übernatürliche Geruchsvermögen der Hunde darzulegen imstande sein dürfte. An einem Feiertage, als die breiten Spazier-
wege von Regents Park von Menschen wimmelten, nahm ich meinen
Hund, dessen feine Nase mir bekannt war, mit spazieren, und als
ich seine ganze Aufmerksamkeit durch einen fremden Hund ge-
fesselt sah, machte ich rasch eine Anzahl Zickzack-Gänge durch
die breiten Alleen und stellte mich dann auf eine Bank, um meinen
Hund zu beobachten. Nachdem derselbe herausgefunden, dass ich
nicht die frühere Richtung innegehalten, ging er bis zu der Stelle
zurück, wo er mich zuletzt gesehen hatte, · nahm daselbst meine
Spur auf und folgte derselben über alle von mir gemachten
Biegungen und Windungen, bis er mich gefunden hatte. Hierbei
musste er aber meine Witterung von mindestens hundert ebenso
frischen und vielen tausend weniger frischen, nach allen Seiten sich
kreuzenden andern unterscheiden.

Bei dieser erstaunlichen Vollkommenheit des Geruchs bei Hunden
wird die äussere Welt sich diesen Tieren ganz anders darstellen
als uns, da ihr ganzer Ideenaufbau durch diesen seiner hohen Entwicklung nach uns ganz neuen Sinn stark beeinflusst sein muss.

Jede weitere Spekulation über diesen Gegenstand scheint jedoch gänzlich nutzlos, gegenüber der Thatsache, dass der Geruchs-
sinn bei Hunden nicht etwa nur als eine bedeutende Steigerung
unsres eigenen Geruchsvermögens aufzufassen ist; denn wenn dies
der Fall wäre, so bliebe es z. B. unerklärlich, dass fein erzogene
Jagdhunde, im Besitz der feinsten Nase, das höchste Vergnügen
darin finden, sich im Kot zu wälzen, der für unsere Nasen doch
bis zu einem geradezu peinlichen Grade stinkt.

Der Hörsinn ist bei Säugetieren im allgemeinen sehr scharf, und es ist bemerkenswert, dass diese Klasse allein bewegliche Ohren besitzt. Wie Paley berichtet, sind die Ohrmuscheln bei Raubtieren in der Regel nach vorn gerichtet, während sie bei den Tieren, die ihnen zur Beute dienen, leicht nach rückwärts gestellt werden können. Mit Ausnahme des singenden Affen (*Hylobates agilis*) gibt es wohl, abgesehen vom Menschen kein Säugetier, welches eine feine Wahrnehmung der Tonhöhe hätte; indessen hörte ich einst einen Hund, der jeden Gesang mit seinem Geheule zu begleiten pflegte, den gezogenen Tönen der menschlichen Stimme annähernd gleichstimmig folgen, und Dr. Huggins, der ein gutes Ohr hat, erzählte mir, dass seine grosse Dogge „Kepler", es gegenüber den langgezogenen Tönen einer Orgel gerade so mache.

Der Geschmackssinn ist bei den Säugetieren weit mehr entwickelt, als bei irgend einer andern Klasse, und dasselbe gilt auch hinsichtlich des Tastsinns. Im allgemeinen bestehen die Organe des letzteren aus Schnauze, Lippen und Zunge, auch die modifizierten Bart- oder Schnurrhaare sind allgemein verbreitet. Bei den Nagetieren, einigen Musteliden und sämtlichen Primaten bildet die Hand das hauptsächliche Tastorgan, und es scheint, als ob die starke Modifikation, welche dieses Organ bei den Cheiropteren erlitten, mit einer entsprechend starken Erhöhung ihres Tastvermögens Hand in Hand gegangen sei, denn durch den bekannten Versuch von Spallanzani (seitdem von verschiedenen andern Beobachtern wiederholt und bestätigt) wurde festgestellt, dass, wenn man eine Fledermaus ihrer Augen beraubt und ihre Ohren mit Baumwolle verstopft, sie immer noch ohne Schwierigkeit umher zu fliegen vermag, unter Vermeidung aller Hindernisse, selbst wenn dieselben aus ganz dünnen, durch das Zimmer gezogenen Fäden bestehen.

Die einzige Erklärung für diese überraschende Thatsache besteht darin, dass die mit Nerven überaus reichlich versehene Flughaut des Tieres eine so starke Empfindlichkeit für Berührung, Temperatur, oder für beides, entwickelt hat, dass sie das Tier noch vor der Berührung von der Nähe eines festen Körpers unterrichtet — sei es nun durch Vermehrung des Luftdrucks, wenn der Flügel in rascher Annäherung an den festen Körper begriffen ist, oder durch den Unterschied im Wärmeaustausche einerseits zwischen dem Flügel und dem fremden Körper, anderseits zwischen Flügel und Luft. Wenn wir uns unsern Weg durch ein dunkles Zimmer suchen, so vermögen selbst wir einen grossen, festen Körper wie z. B. die Wand, zu fühlen, ehe wir ihn berühren, namentlich mittelst der Gesichtshaut. Wahrscheinlich ist es nur eine hohe Ausbildung dieses Vermögens, welches jene Nachttiere zur Vermeidung eines so unbedeutenden Körpers, wie des ausgespannten Fadens, befähigt. Wenn wir aber die Raschheit und Genauigkeit bedenken, mit der diese Empfindung hier eintreten muss, so dürfen wir wohl diese Entwicklungsstufe des Tastsinns als gleich-, wenn nicht höhergestellt erachten, als diejenige andrer Sinnesorgane, wie wir sie z. B. in der Sehkraft des Geiers oder dem Geruche des Hundes antrafen. Allerdings haben Haeckel und andere das Bedenken erhoben, ob diese Thatsache nicht die Vermutung irgend eines zusätzlichen, uns unbekannten Sinnes rechtfertige. Ich halte es aber für sicherer, eine solche fremdartige Hypothese nur anzunehmen, wenn wir durchaus dazu gezwungen sind. Aus diesem Grunde kann ich auch Haeckels Ansicht nicht teilen, dass der Heimatssinn gewisser Tiere irgend einem neuen unerklärlichen Sinne zuzuschreiben sei. Meine näheren Erläuterungen über diesen Punkt werde ich aber auf ein späteres Kapitel verschieben.

Nach diesem kurzen Überblick über das spezielle Sinnesvermögen bei den verschiedenen Tierklassen will ich den gegenwärtigen Abschnitt mit einer kurzen Beleuchtung einiger allgemeinen, mit der Empfindung zusammenhängenden Prinzipien schliessen.

Beim Muskelsinn, dem Sinn für Hunger und Durst und andren Sinnen ähnlicher allgemeiner Art werden wir uns nicht aufhalten, denn obwohl ihre Verursachung noch ziemlich dunkel ist, so wissen wir doch zum mindesten, dass sie auf nervösen Anpassungen beruhen; da sie ferner für die Tiere von so grosser Wichtigkeit sind, so schliessen wir daraus, dass ihre Ausbildung nach den allgemeinen Prinzipien neuromuskularer Entwicklung erfolgte, die wir bereits in früheren Kapiteln erörtert haben. Dagegen möchte ich die Mechanismen einiger speziellerer Sinne vom Standpunkte jener allgemeinen Prinzipien aus einer näheren Betrachtung unterziehen.

Was erstens den Temperatursinn betrifft, so sind gute Gründe dafür vorhanden, dass bei uns selbst, wie auch bei allen höheren Tieren, Wärmeempfindungen nur durch die Nervenendungen in der Haut und den angrenzenden Teilen der Schleimhäute erlangt werden; denn wenn die Nervenfasern oberhalb ihrer Endigungen, wie z. B. an der Oberfläche einer offenen Wunde, durch Hitze oder Kälte gereizt werden, so ist die dadurch hervorgerufene Empfindung lediglich die des Schmerzes. Es liegen aber auch Anzeichen vor, dass nicht nur die Nervenendigungen, sondern die ganzen dazu gehörigen Nervenstränge zur Aufnahme von thermalen Eindrücken spezialisiert sind. Diese empfangenen Eindrücke sind nicht von absoluter Art, sondern werden nur im Verhältnis zur Temperatur der sie empfangenden Teile empfunden: Je grösser der Temperaturunterschied zwischen dem Teile und dem ihn berührenden Gegenstande ist, desto stärker sind die Eindrücke; je grösser überdies die empfangende Oberfläche, desto grösser ist der Eindruck, sodass wenn man z. B. die ganze Hand in Wasser von $39^0$ C eintaucht, die Temperatur des Wassers irrigerweise höher geschätzt wird, als das Wasser von $40^0$, in welches zu gleicher Zeit ein Finger der andern Hand getaucht wird; dem analog werden kleine Temperaturdifferenzen besser durch die ganze Hand abgeschätzt, als durch einen einzelnen Finger. Nach Weber ist die linke Hand bedeutend empfindlicher für Temperatur als die rechte; überhaupt differieren verschiedene Teile des Körpers in dieser Beziehung stark untereinander. Je plötzlicher zudem der Temperaturwechsel eintritt, desto stärker wird der Sinneseindruck. Es fehlt uns übrigens jeder Anhalt, die Geltung dieser Thatsachen auf die Wirbellosen oder auch auf die kaltblütigen Wirbeltiere auszudehnen; jedoch ist kaum zu bezweifeln, dass sie sich im allgemeinen bei allen Warmblütern finden lassen. Die Thatsachen zeigen uns unzweifelhaft eine ausgebildete Vorsorge für die Schätzung lokaler Temperaturwechsel auf diesem oder jenem Teile der äusseren Oberfläche; wir haben deshalb die wahrscheinlichen Ursachen ihrer Entstehung und Entwicklung zu untersuchen, wobei wir jedoch die allgemeine Behaglichkeit oder Unbehaglichkeit eines

Körpers unter normaler oder nicht normaler Temperatur unberücksichtigt lassen wollen.

Beim ersten Blicke scheinen wir hier vor einer Schwierigkeit zu stehen, die zu meiner Verwunderung bisher noch von keinem Gegner der Entwicklungslehre aufgeworfen wurde. In der Natur bewegen sich die Temperaturunterschiede zwischen den Tieren und den Gegenständen, mit denen sie gewöhnlich in Berührung zu kommen pflegen, lediglich zwischen Eis und von der tropischen Sonne erhitzten Dingen; ja, kein wildes Tier hat wohl jemals Gelegenheit, Temperaturwechsel auch nur in dieser Ausdehnung zu erfahren, denn in arktischen Gegenden gibt es keine tropische Sonne, in den Tropen findet man kein Eis und in der gemässigten Zone ist die Hitze mässig. Seit der Feuerfindung namentlich ist der Temperatursinn einzelnen Tierarten hinsichtlich der Prüfung ihrer Nahrung u. s. w., von grossem Nutzen geworden und für den Menschen selbst ist er von unschätzbarem Werte. Dagegen könnte es mit Rücksicht auf die Vorgänger jener Tiere, sowie des Menschen, wohl auffällig erscheinen, dass eine so ausgebildete Vorsorge entwickelt worden sei, und ich bin, wie gesagt, erstaunt, dass diese Thatsache noch von keinem Gegner der Entwicklungslehre hervorgehoben wurde; denn sie erweckt den Anschein, als hätten wir hier einen verwickelten organischen Mechanismus vor uns, der ausdrücklich zum Zwecke der Kochkunst und der warmen Bäder späterer Zeiten vorgesehen worden sei. Ich glaube aber, dass dieser Umstand aus dem Entwicklungsprinzip heraus erklärt werden kann, wenn wir festhalten, dass es nicht der einzige Nutzen des Temperatursinns ist, die Nahrung zu prüfen. Wir wissen, dass Temperaturdifferenzen auf der Oberfläche des Körpers die Blutzirkulation in den affizierten Teilen stark modifizieren; deshalb musste es für Tiere stets von Vorteil sein, mit einem Empfindungsapparat auf der Oberfläche ihres Körpers ausgerüstet zu sein, der sie stets sofort von jenen Differenzen in Kenntnis setzte. Seine Entwicklung längs besonderer Linien (so dass einige Teile des Körpers empfindlicher für Temperaturwechsel wurden, als andre) ist durch die Wirkungen der Gewohnheit oder der Übung leicht zu erklären. So muss z. B. aus der Thatsache, dass die Lippen des Menschen mit ihrer so

überaus feinen, für jeden Druck empfindlichen Haut nichtsdestoweniger fähig sind, einen plötzlichen Temperaturwechsel zu ertragen,
der für die Gesichtshaut schon sehr schmerzhaft wäre, geschlossen
werden, dass die Lippennerven sich durch Übung dazu angepasst
haben, einem plötzlichen Temperaturwechsel zu widerstehen, und
zwar jedenfalls seit dem Auftreten der Kochkunst.

Grant Allen gibt einen allgemeineren Überblick über diesen
Gegenstand und sagt:*) „Für das animale Leben bedeutet Kälte,
Tod, Wärme Leben. Daher ist es nicht erstaunlich, dass schon
Tiere einen Sinn stark entwickelt haben, der sie von einem in ihrer
Umgebung eintretenden Temperaturwechsel unterrichtet; dazu gehört,
dass dieser Sinn sich gleichmässig über den ganzen Organismus
verbreitet . . . . . . Sobald lebende Wesen überhaupt zu fühlen
begannen, begannen sie auch Wärme und Kälte zu fühlen." Die
Wahrheit einer so allgemeinen Aufstellung ist unverkennbar und
der Schritt von einem gleichmässig über den ganzen Organismus
verteilten Temperatursinne zu einer Spezialisation der Nervenendigungen im ausschliesslichen Dienste dieses Sinnes ist kein
grosser. Nicht grösser ist aber auch der weitere Schritt zur Entwicklung eines rudimentären Sehorgans, denn die Ablagerung eines
dunkelgefärbten Pigments in besonders ausgesetzten Teilen der Haut
musste den Tieren von Vorteil sein, indem sie infolge der dadurch ermöglichten Absorption von Hitze die Nervenendigungen
in jenen Teilen empfindlicher gegen Temperaturwechsel werden
liess. Mit der Pigmentablagerung in jenen Teilen entsteht aber
eine günstige Vorbedingung zur Bildung eines Auges oder doch
eines Organs, dessen Temperatursinn hinreichend entwickelt ist, um
es zwischen Hell und Dunkel unterscheiden zu lassen, oder, wie
Herr Prof. Haeckel sehr schön sagt: „Die gewöhnlichen Hautnerven, welche an jene dunklen Farbstoffzellen oder Pigmentzellen
der Haut herantreten, haben bereits die ersten Stufen der glänzenden Laufbahn betreten, auf der sie sich zum höchsten Sinnes-
nerven, zum Sehnerven entwickeln."

---

*) Grant Allen, der Farbensinn. Sein Ursprung und seine Entwick-
lung. Leipzig 1880. Ernst Günthers Verlag.

Was nun den Farbensinn anlangt, so scheint derselbe, nach
den bereits erwähnten Versuchen Engelmanns, schon bei den
niedersten protoplasmatischen und einzelligen Organismen vorzukommen, insofern verschiedene Arten derselben eine besondre Vorliebe für gewisse Strahlen des Spektrums zeigen. Da diesen Organismen jedoch spezielle Sinnesorgane und wohl auch die Anfänge
von Bewusstsein fehlen, so glaube ich nicht, dass eine wirkliche
Analogie zwischen diesen Erscheinungen und denen eines eigentlichen Farbensinnes besteht; es fehlen uns vielmehr Zeugnisse für
das Vorhandensein eines wirklichen Farbensinns, bis wir zu den
Krustazeen gelangen. Hier liefern uns die direkten Versuche
Sir John Lubbocks den Beweis dafür, dass *Daphnia pulex* gewisse
Strahlen des Spektrums andern vorzieht*); die Chamäleon-Garneele
(*Mysis chameleo*) verändert bekanntlich ihre Farbe je nach der Oberfläche, auf der sie ruht, vorausgesetzt, dass sie weder blind, noch sonstwie verhindert ist, jene Oberfläche zu sehen. Ähnliche Thatsachen
liefern die Cephalopoden (*Octopus*), Batrachier (gemeiner Frosch), die
Reptilien (Chamäleon) und Fische (Schollen); in allen diesen Fällen
treten indessen die gedachten Wirkungen nicht ein, wenn die Tiere
erblindet sind. Pouchet fand ausserdem, dass bei den Pleuronek-
toiden der den nachahmenden Farbenwechsel vorbedingende Mechanismus bilateral angelegt ist, so dass, wenn nur ein Auge des Tieres
durch farbiges Licht gereizt wird, auch nur eine Seite des Tieres
die Farbe ändert. Fredericq fand später, dass dieselbe Erscheinung beim *Octopus* vorkommt, was später durch mich und andre
bestätigt wurde. Reizung des einen Auges durch Licht bringt ein
plötzliches Erröten über die ganze entsprechende Seite des Tierkörpers hervor, ohne dass jedoch der Farbenwechsel über die
Mittellinie hinausginge.

Als ferneren Beweis für einen wohlentwickelten Farbensinn bei
einigen Artikulaten können wir die schon wiederholt veröffentlichten
Versuche Sir John Lubbocks an Hymenopteren heranziehen.

---

*) Vergl. *Journ. Linn. Soc.* 1881 und die Widerlegung einer Kritik
dieser Versuche durch Merejkowsky (*Comptes Rendus* XCIII, 160) in *Journal
Linn. Soc.* 1883.

Es geht u. a. daraus hervor, dass wir nur diesem Sinne der Insekten die Farbenpracht der Blumen und Insekten zu verdanken
haben. In betreff der Fische mache ich darauf aufmerksam, mit
welcher Sorgfalt die Angler ihre Fliegen anstecken und bald diese,
bald jene Farbenzusammenstellung, je nach Art oder Tageszeit,
auswählen; woraus zu ersehen ist, dass diejenigen, welche mit den
Gewohnheiten der Forellen, Salmen und andern Süsswasserfischen
vertraut sind, keinen Augenblick an dem Vorhandensein des Farbensinns bei jenen Tieren zweifeln. Bezüglich der Seefische im allgemeinen besitzen wir das wertvolle Zeugnis von Prof. H. N. Moseley, wonach der Farbenreichtum der Seetiere zum weitaus
grössten Teile entweder zum Schutze oder behufs Anlockung der
Beute erworben wurde, und zwar hauptsächlich mit Rücksicht auf
die Augen der Fische und Krustaceen.

Dass die Vögel Farbensinn besitzen, unterliegt gar keinem
Zweifel und diese Thatsache geht Hand in Hand mit der auffallenden Färbung der zu ihrer Nahrung dienenden Früchte; denn wie
in dem analogen Falle die Befruchtung der farbigen Blumen von
den sie besuchenden Insekten abhängt, so hängt die Aussaat der
auffällig gefärbten Früchte davon ab, dass letztere von Vögeln und
Säugetieren gefressen werden. Ich habe bereits erwähnt, dass
nirgends im Tierreich die schützende und nachahmende Färbung
eine solche Genauigkeit erreicht, als dort, wo sie durch die Augen
der Vögel bedingt wird. Schliesslich liefert die ausgeprägte Färbung der Vögel selbst, sowie das Vergnügen, welches einige Arten
darin finden, ihre Nester zu schmücken, einen Beweis für die hohe
Entwicklung, die der Farbensinn in dieser Klasse erreicht hat.

Wenn auch vielleicht nicht in so hohem Grade, gilt das eben
Gesagte im allgemeinen auch für die Säugetiere. Hier dürfen wir
aber nicht an den Spekulationen von Gladstone und Dr. Magnus
vorübergehen, denen zufolge der Farbensinn des Menschen innerhalb der letzten zweitausend Jahre eine grosse Erweiterung erfahren
hätte, insofern vor jener Zeit der Mensch nur die unteren Farben
des Spektrums, Rot, Orange und Gelb, wahrgenommen habe, für
die oberen, Grün, Blau und Violett, aber farbenblind gewesen sei.

Auch Prof. Haeckel neigt sich dieser Annahme zu, während ich selbst sie aus nachfolgenden Gründen für unwahrscheinlich halte.*)

Vor allem scheint mir jene Theorie lediglich auf etymologischer Grundlage zu stehen, die mir jedoch bei einem derartigen Gegenstande ziemlich unsicher zu sein scheint. Denn der Mangel an bestimmten Farbewörtern in einer Sprache liefert höchstens ein negatives Zeugnis dafür, dass die Menschen, welche diese Sprache redeten, blind für jene Farben waren; die Abwesenheit solcher Worte kann also ebensowohl der Unvollkommenheit der Sprachen, wie der Unvollkommenheit des Gesichtssinnes zugeschrieben werden. So z. B. erwähnt Prof. Blackie, dass die Hochländer sowohl den Himmel, als auch das Gras „*gorm*" nennen und nichts destoweniger imstande sind, zwischen Blau und Grün zu unterscheiden. Sodann ist es mit Rücksicht auf die herrschenden Entwicklungsprinzipien von vornherein unwahrscheinlich, dass eine erhebliche Änderung in dem menschlichen Sehapparate innerhalb eines so kurzen Zeitraums Platz gegriffen haben sollte — namentlich gegenüber der Thatsache, dass die andern Säugetiere, Vögel und sogar einige Wirbellose unzweifelhaft sowohl die oberen, wie die unteren Strahlen des Spektrums zu unterscheiden wissen. Endlich hat sich Grant Allen die Mühe gegeben, mittelst einer an gebildete Europäer in allen Teilen der Welt adressierten Fragetabelle zu erforschen, ob einige der noch lebenden wilden Stämme des Vermögens beraubt seien, die Spektrumfarben zu unterscheiden, und die Antwort lautete übereinstimmend verneinend.**) Deshalb glaube ich denn auch, dass wir die Ansichten von Gladstone und Dr. Magnus als allen vertrauenswürdigen Zeugnissen widersprechend, fallen lassen können.

---

*) Dass Prof. Häckel jener Annahme, wenigstens in dem angedeuteten Umfang, zuneige, ist vollständig unerwiesen. Im Gegenteil stimmt die Anschauung des Verfassers in geradezu auffallender Weise mit der von Haeckel gegebenen Auffassung überein. (Vergl. Haeckel, Vorträge II. S. 162.) — Eine gründliche Widerlegung der Theorie von Gladstone lieferte übrigens vor allen zuerst Dr. Ernst Krause (Kosmos I. S. 264 und 423), der leider auch schon Grant Allen gegenüber Veranlassung hatte, seine Priorität in energischer Weise zu wahren (Vgl. Grant Allen, der Farbensinn, sein Ursprung und seine Entwicklung. Einleitung.)  Der Übersetzer.

**) Grant Allen, a. a. O. Kap. 10.

Damit will ich aber nicht die an Gewissheit grenzende Wahrschein-lichkeit in Abrede stellen, dass mit dem Fortschritte der Zivili-sation und der schönen Künste auch der Farbensinn eine fort-während Vervollkommnung erfährt, insofern er eine immer voll-kommnere Fähigkeit erlangt, zwischen feineren Schattierungen zu unterscheiden, womit die Vorbedingung zu einer immer höhern Ausbildung des ästhetischen Denkens und Fühlens gegeben ist. Dies ist auch die wahre Erklärung für die von Prof. Haeckel bei-gebrachte Thatsache, dass wir „noch heute bei den zurückge-bliebenen Wilden eine Roheit des Farbensinns sehen, die den ge-bildeten Schönheitssinn erschreckt. Aber auch die Kinder lieben die schreiende Zusammenstellung greller Farben, ebenso wie die Wilden, und die Empfänglichkeit für die Harmonie zarter Farben-töne ist erst das Produkt ästhetischer Erziehung!"

Prof. Preyer veröffentlichte in den letzten Jahren eine sehr interessante Theorie bezüglich des Ursprungs und der Entwicklung des Farbensinnes, deren Hauptpunkte ich hier mitteilen will. Die Theorie geht nämlich dahin, dass der Farbensinn einen speziellen und hochentwickelten Grad des Temperatursinnes darstelle. Um diese Theorie zu stützen, vergleicht Prof. Preyer zunächst die Em-pfindlichkeit der Haut gegen Temperatur mit der der Retina gegen Licht und weist darauf hin, dass diese Analogie schon von Künstlern erkannt worden sei, die auch von „kalten" und „warmen" Farben sprechen. Die warmen Farben rufen Empfindungen entgegenge-setzter Art hervor, wie die kalten Farben, ganz ebenso wie heisse und kalte Empfindungen der Hauttemperatur sich einander gegenüber-stehen, und je mehr wir dieser Analogie nachspüren, desto über-einstimmender wird sie gefunden werden. Daher drängt sich uns die Vermutung auf, „dass der Farbensinn aus dem Temperatursinn entstanden sei", indem er eine hochverfeinerte Funktion darstellt, die ihr strukturelles Korrelativ in der überaus differenzierten und fein organisierten Ausdehnung der Nervenendigungen in der Netz-haut findet.

Eine weitere Analogie liefern die Kontraste. Ein erwärmter oder durchkälteter Finger behält das betreffende Temperaturgefühl noch einige Zeit, nachdem die Erwärmung oder Durchkältung aufgehört hat, was in Parallele mit den positiven Nachbildern bei Farbenempfindungen gestellt werden kann. Ferner, während die Nachwirkung der Erwärmung oder Durchkältung in dem betreffenden Hautteil noch zurückbleibt, ist der Temperatursinn dieses letzteren in der Weise alteriert, dass er z. B. nach einer vorgängigen Durchkältung die Temperatur jeden Gegenstandes bei der Berührung überschätzt und umgekehrt. Es ist dies analog der Erscheinung bei warmen Farben, auf welche man die Augen öffnet, nachdem diese kurz vorher auf kalten geruht hatten. Derselbe Fall wiederholt sich auch bei plötzlichen Kontrasten. Es ist bekannt, dass eine kleine farblose Fläche, die sich zwischen zwei Flächen von kalten oder warmen Farben befindet, umgekehrt, warm oder kalt, koloriert erscheint, und Prof. Preyer hat durch Versuche gefunden, dass, wenn ein kleines Stück der Haut überall von einer kalten oder warmen Fläche eingefasst ist, dasselbe Kälte empfindet, wenn die benachbarten Teile erhitzt werden, und umgekehrt.

Nachdem Preyer auf diese Weise gezeigt, dass Beleuchtung für den Farbensinn das bedeutet, was Berührung für den Temperatursinn, und noch mehrerer dahin gehöriger Analogieen erwähnt hat, geht er zu einer wichtigen Thatsache bezüglich seiner Theorie über, dass nämlich verschiedene Teile der Haut in ihrer Temperaturschätzung grosse Unterschiede bezüglich der Feststellung des Punktes aufweisen, den er den „neutralen Punkt" nennt, d. i. der Punkt, bei welchem man nicht bestimmen kann, ob ein Körper warm oder kalt empfunden wird. Die Netzhaut stellt nun vermutlich nur eine Nervenausbreitung mit einem höheren „neutralen Punkt" in ihrer Temperaturschätzung (Ätherschwingungen) dar, als ihn die Nervenausstrahlungen in der Haut besitzen, und die Farbenblindheit erklärt sich sonach dadurch, dass die Netzhaut des betreffenden Individuums ihren neutralen Punkt entweder ober- oder unterhalb der Norm hat. „Ein überwarmes Auge wird für Gelb oder Blau, ein überkaltes für Rot und Grün blind sein." Gänzliche Farbenblindheit, die ein physiologisches Merkmal für gewisse Nachttiere ist, hat ihre Parallele in dem beim Menschen zuweilen vorkommenden pathologischen Mangel an Temperatursinn, ohne gleichzeitige Beeinträchtigung des Tastsinns.

Schliesslich gilt doch vor allem, dass eine richtige physiologische Hypothese mit den morphologischen Thatsachen übereinstimmen muss. Dies ist aber nicht der Fall mit der Young-Helmholtzschen Theorie, welche den Farbensinn den Funktionen dreier Netzhaut-Elemente zuschreibt; denn es ist nachgewiesen, dass die Anzahl der Fasern im Sehnerv, unmittelbar vor seinem Eintritte in die Netzhaut, weit kleiner ist, als die Anzahl der in letzteren befindlichen Zapfen und Stäbchen. Dagegen halte ich die Preyersche Theorie in ihren Hauptzügen für wahrscheinlich und auf jeden Fall für sehr plausibel. Ich begreife allerdings noch nicht ganz, warum der sogenannte „neutrale Punkt" des Farbenblinden nicht einfach nach einem andern Punkt des Spektrums verlegt sein kann; auch ist mir die der Analogie widerstrebende Erklärung der Thatsache, dass warme Farben die langsamsten und nicht die raschesten Schwingungen besitzen, noch unklar. Jedoch hat die Theorie wenigstens den Vorteil der Wahrscheinlichkeit für sich voraus, wenn wir bedenken, dass der Gesichtssinn durch allmähliche Ausbildung der Nerven-endigungen in verschiedenen Teilen der Haut entstand, welche vor ihrer speziellen Ausbildung vermutlich dem Tast- und Temperatur-sinn dienten.

Diese Bemerkung leitet mich aber zu der letzten Aufgabe des gegenwärtigen Kapitels. Wir haben jetzt morphologische Beweise genug, welche uns zeigen, dass alle speziellen Sinnesorgane ihren Ursprung in spezieller Ausbildung der Hautnerven haben. Denn nach dem übereinstimmenden Resultat der histologischen und embryo-logischen Forschung kommen alle speziellen Sinnesorgane, wo sie auch vorkommen und welchen Ausbildungsgrad sie in dem erwachsenen Tiere auch erreichen mögen, darin überein, dass ihre rezeptive Oberfläche aus mehr oder weniger modifizierten Epithel-zellen zusammengesetzt ist, welche ursprünglich einen Teil der äusseren Schicht des Tieres bildeten. So besteht z. B. der Ursprung der Geruchsmembran bei dem Wirbeltier-Embryo in einer kleinen Hautvertiefung am vorderen Ende des Kopfes, die sodann durch die allgemeine Schicht von Epidermiszellen bedeckt wird. Mit dem darauf folgenden Wachstum der umgebenden Teile des Gesichts bildet sich diese Zellenlage zu den Nasenhöhlen aus. In ähnlicher Weise beginnen die Hörorgane als ein Paar Grübchen an beiden Seiten des Kopfes, die ebenfalls durch Zellen der allgemeinen Decke belegt werden. Diese Grübchen vertiefen sich rasch, so dass ihr Belag schliesslich von der allgemeinen Hautdecke, von welcher er ursprünglich einen Teil bildete, abgeschnürt und getrennt wird; die tiefe Grube wird zu einem geschlossenen Sack und indem die benachbarten Gewebe zunächst verknorpeln und schliesslich verknöchern, wird der Sack innerhalb des Schädels von Knochenwänden wohl eingeschlossen. Während seine Struktur noch weitere anatomische und histologische Änderungen erfährt, bildet sich das Trommelfell, die Kette der Gehörknöchelchen und das äussere Ohr aus, bis das Hörorgan schliesslich vollendet ist. Beim Auge besteht die erste Andeutung ebenfalls in einer Vertiefung der oberen Hautdecke, der Zellenbelag derselben ist aber nicht dazu bestimmt, wie in den vorigen Fällen, die Sinneseindrücke aufzunehmen; denn nachdem er sich noch beträchtlich weiter vertieft, erfährt er unterschiedliche Veränderungen, welche zur Bildung der Hornhaut, der Wasserhaut und der Krystalllinse führen, während die Netzhaut als eine sackartige Abzweigung des Hirns entsteht, die sozusagen auf einem dünnen Stiele der Krystalllinse entgegen wächst. Anfänglich erscheint die Vorderseite dieses Sackes konvex, in der Folge wird aber die hintere Seite in die Höhlung des Sackes hineingedrängt, wodurch die vordere Seite dann stark konkav wird. Der Sack gleicht nun, nach Prof. Huxley, einer doppelten Nachtmütze; die Stelle für den Kopf wird aber von dem Glaskörper eingenommen, während die nächste Kappenschicht zur Retina wird. Hiernach werden die Zapfen und Stäbchen der Retina nicht unmittelbar aus den Epidermiszellen der Oberhaut gebildet; aber insofern das Hirn selbst aus einer Einfaltung der Epidermisschicht entsteht, so stammen die Zapfen und Stäbchen der Retina dennoch schliesslich von jenen Epidermiszellen der Oberhaut ab. Oder, um wiederum Prof. Huxley anzuführen, „die Zapfen und Stäbchen des Wirbeltier-Auges sind ebenso modifizierte Epidermiszellen, wie die Krystallzäpfchen des Insekten- oder Krustazeen-Auges." Demnach hat sich, um mit den Worten Prof. Haeckels zu schliessen, „als allgemeines Endergebnis schliesslich herausgestellt, dass beim Menschen und bei allen Tieren die Sinneswerkzeuge überall wesentlich in derselben Weise entstehen, nämlich als Teile der äussern Körperbedeckung, der Oberhaut. Die äussere Hautdecke ist das ursprüngliche und universale Sinnesorgan und erst allmählich schnüren sich die höheren Sinnesorgane von dieser ihrer Ursprungsstätte ab, indem sie sich mehr oder weniger in das geschützte Innere des Körpers zurückziehen. Aber bei vielen niederen Tieren bleiben sie selbst zeitlebens in der äusseren Hautdecke liegen; so z. B. bei den Würmern."*)

Ich bin auf diese Thatsachen näher eingegangen, weil es nicht allein im Sinne der Entwicklungslehre, sondern auch für die Philosophie der Empfindung von Wichtigkeit ist, aus all diesen direkt historischen Quellen zur Erkenntnis zu kommen, dass alle speziellen Sinnesorgane Differentiationen des allgemeinen Tastsinns darstellen.

---

*) Haeckel a. a. O.

Achtes Kapitel.

## Freude, Schmerz, Gedächtnis und Ideenverbindung.

In meinem Diagramm stellte ich die Gefühle von Freude und Schmerz, ihrem Ursprung nach, auf eine Stufe, die nicht weit von derjenigen entfernt ist, auf der die Empfindung entsteht; auch zwischen Empfindung und dem Anfang von Wahrnehmung liess ich nur einen kurzen Zwischenraum, welcher in der Spalte daneben vom Gedächtnis und den primären Instinkten ausgefüllt wird. Ehe ich nun dazu übergehe, die Entstehung der Wahrnehmung aus der Empfindung zu untersuchen, will ich noch der Betrachtung der Freude, des Schmerzes, des Gedächtnisses und der Ideenverbindung ein Kapitel widmen.

### A. Freude und Schmerz.

Über diesen Gegenstand habe ich eigentlich wenig dem hinzuzufügen, was wir Herbert Spencer*) und seinem Schüler Grant Allen zu verdanken haben. Schmerz kann, wie Spencer nachweist, ebensowohl einem Mangel, als einem Überfluss an Thätigkeit entspringen. Es ist bemerkenswert, dass Spencer an einem Extrem die positiven Schmerzen der übermässigen Thätigkeit, am andern die negativen der Unthätigkeit findet, woraus folgt, dass Freude alle die Thätigkeiten begleitet, welche zwischen diesen beiden Extremen die Mitte halten. Grant Allen behauptet**), dass die „akuten Schmerzen" im allgemeinen der Thätigkeit um-

---

*) Prinzip der Psychologie. Kap. IX.
**) *Physiological Aesthetics.*

gebender destruktiver Kräfte zuzuschreiben seien, wogegen die „chronischen Schmerzen" aus übermässiger Funktionierung oder ungenügender Ernährung entstünden und, wenn ins Extrem gesteigert, in die akuten übergingen, so dass beide Arten ihren Grenzen nach unbestimmt und nicht sowohl in Wirklichkeit verschieden seien, als vielmehr eine wünschenswerte Unterscheidung bezeichneten. Es folgt ferner daraus, dass beide Schmerzarten als subjektive Begleiterscheinungen einer wirklichen Trennung oder doch einer dahin zielenden Tendenz in diesem oder jenem Körpergewebe auftreten, vorausgesetzt, dass das Gewebe durch Cerebrospinalnerven in ununterbrochener Verbindung mit dem Hirn steht. Die Ansicht desselben Verfassers bezüglich der Freude stimmt ganz mit derjenigen Spencers überein. Freude besteht hiernach aus der Begleiterscheinung einer normalen, d. h. nicht übermässigen Thätigkeit im Gesamtorganismus oder irgend einem Teile desselben, nebst dem wichtigen Zusatze, dass die grössten Freuden aus der Erregung der bedeutendsten nervösen Organe entstehen, wo die Thätigkeiten am intermittierendsten sind, so dass der Betrag an Freude im geraden Verhältnis zu der Zahl der beteiligten Nervenfasern und im umgekehrten zu der Häufigkeit der Reizung steht. Die „höchste Freude" erreicht hiernach selten oder nie die Stärke „des höchsten Schmerzes," weil der Organismus wohl bis zur Aufhebung der Ernährung und bis zur Erschöpfung heruntergebracht, seine normale Thätigkeit dagegen nicht allzuhoch über den Durchschnitt gehoben werden kann. Ebenso kann ein besonderes Organ oder Nervengeflecht jeden Grad gewaltsamer Unterbrechung oder Auszehrung erleiden, was ausserordentlich akute Schmerzen mit sich führen kann; wogegen Organe sehr selten so stark ernährt oder so lange ihres eigentümlichen Reizes beraubt werden können, um eine entsprechend starke akute Freude zu verursachen. Diese Verallgemeinerungen leiten uns aber zu der wahrscheinlich ausnahmslos gültigen Schlussfolgerung, dass Schmerzen als subjektive Begleiterscheinungen solcher organischen Veränderungen auftreten, die dem Organismus oder der Art schädlich sind, während die Freuden von vorteilhaften organischen Veränderungen begleitet werden. Je weiter wir diesen Satz verfolgen, um so unfraglicher erscheint uns seine Zuverlässigkeit.

So besteht also nicht nur ein allgemein qualitatives, sondern auch
ein gewisses quantitatives Verhältnis zwischen dem Betrag an Freude
und dem Grad von Zuträglichkeit, sowie zwischen dem Quantum
Schmerz und dem Schädlichkeitsgrade. Wie Allen bemerkt, vermag nichts der Wirksamkeit des Mechanismus einen grösseren Ab-
bruch zu thun, als der Verlust einer seiner konstituierenden Teile;
daher finden wir, dass die Beraubung eines Körpers um einen
seiner Teile bis zu einem gewissen Grade dem Wert entspricht,
den das Glied für den ganzen Körper hat. Denken wir nur z. B.
an den Schmerz, den die Trennung eines Beines, bezw. eines
Armes, eines Auges, eines Fingernagels, eines Haares oder eines
Stückchens Haut verursacht. Ebenso verhält es sich mit den
Freuden; die geringsten derselben verschaffen uns solche Thätigkeiten unseres Organismus, welche für sein Wohl oder das seiner
Art am wenigsten wichtig sind, während die stärkste Lust mit der
Befriedigung von Hunger, Durst und der geschlechtlichen Triebe
verbunden ist, besonders wenn, mit Allens Worten, „die Bedürfnisse, denen diese starken Begehrungen dienen, lange unbefriedigt
blieben, so dass der Organismus entweder in der Gefahr der Ent-
kräftung schwebt, oder sich in der geeignetsten Lage befindet, seine
Art fortzupflanzen.“ Freuden geistiger Art, obwohl denselben Ge-
setzen der Ernährung und Erschöpfung unterworfen, werden noch von
komplizierten Nervenzuständen mit geistiger Voraussicht künftiger
Möglichkeiten etc. bedingt, und bleiben im Interesse der Klarheit
unserer Forschung hier besser unberücksichtigt.

Der oberflächliche und nur scheinbare Einwurf gegen diese
Doktrin, der von der Thatsache ausgeht, dass die Gefühle von
Freude und Schmerz keineswegs unfehlbare Anzeichen von dem
seien, was dem Organismus nützlich oder schädlich ist, wird leicht
durch die Betrachtung beseitigt, dass in allen angeführten Aus-
nahmefällen der Fehler nicht an der Theorie, sondern an ihrer
Anwendung liegt. So sagt Grant Allen: „Jede Handlung ist, so
lange sie uns zur Freude gereicht, insofern auch gesund und nützlich; dagegen krankhaft oder zerstörend, soweit sie Schmerz verursacht.“ Die Täuschung beruht nur in der voreiligen Anwendung
der Worte „schädlich“ und „nützlich“. Das Nervensystem ist, kurz

gesagt, kein Prophet. Es unterrichtet uns von dem Zustande, in dem es sich augenblicklich befindet, nicht aber von den Nachwirkungen dieses Zustandes. Wenn wir Bleizucker zu uns nehmen, so empfinden wir anfänglich ein Gefühl der Süsse, weil die unmittelbare Wirkung auf die Geschmacksnerven einen gesunden Reiz ausübt. Späterhin, wenn das Gift zu wirken beginnt, werden wir der Kolikschmerzen bewusst, weil andre Teile des Nervensystems alsdann durch die direkte oder indirekte Wirkung des irritierenden Mittels wirklich in Verfall geraten.

Wenn hiernach die Theorie ganz allgemein auf alle Fälle von Freude und Schmerz anwendbar gefunden wird, so ist die daraus hervorgehende Folgerung ziemlich augenscheinlich. Freude und Schmerz müssen als subjektive Begleiterscheinungen von Vorgängen entwickelt worden sein, welche dem Organismus nützlich bezw. schädlich sind und zwar zu dem Zwecke, damit der Organismus das eine suche und das andere vermeide. Oder, mit Spencers Worten: „Wenn wir für das Wort Freude den gleichwertigen Satz substituieren: ein Gefühl, welches wir ins Bewusstsein zu bringen und darin festzuhalten suchen, und wenn wir für das Wort Schmerz den andern äquivalenten Satz unterlegen: ein Gefühl, das wir aus dem Bewusstsein zu entfernen oder von ihm fernzuhalten suchen — so sehen wir ohne weiteres ein, dass, wenn irgend ein Geschöpf diejenigen Bewusstseinszustände festzuhalten streben würde, welche die Korrelative von schädlichen Einwirkungen sind, dagegen diejenigen Bewusstseinszustände fernzuhalten suchte, welche die Korrelative von ihm zuträglichen Einwirkungen wären, dasselbe infolge dieses Festhaltens am Nachteiligen und Vermeidens des Zuträglichen sehr bald zu Grunde gehen müsste. Mit andern Worten, nur diejenigen Arten der empfindenden Wesen konnten überleben, bei denen im Durchschnitt angenehme oder erwünschte Gefühle Hand in Hand mit Thätigkeiten gingen, welche zur Aufrechterhaltung des Lebens beitrugen, während unangenehme und in der Regel vermiedene Gefühle mit solchen Thätigkeiten verliefen, die unmittelbar oder mittelbar das Leben zu zerstören geeignet waren; stets aber mussten, unter sonst gleichen Verhältnissen, bei denjenigen Arten die meisten überlebenden und am längsten lebenden In-

dividuen zu finden sein, bei welchen die Anpassung der Gefühle an
die äusseren Einwirkungen am vollständigsten durchgeführt und noch
weiter entwicklungsfähig war. Sehen wir vom Menschengeschlecht
und seinen nächsten Verwandten im Tierreich ab, bei denen die
Voraussicht fern liegender Folgeerscheinungen ein die Sache kom-
plizierendes Element hineinbrachte, so ist es doch unleugbar, dass
jedes Tier seiner Gewohnheit gemäss solche Thätigkeiten fortsetzt,
welche ihm während der Ausübung Freude bereiten, und andrerseits
solche Thätigkeiten aufgibt, die ihm Schmerz verursachen. Auch
ist es einleuchtend, dass für die Geschöpfe von niedrigster Intelligenz,
welche keinerlei verwickelte Folgewirkungen zu überschauen vermögen, überhaupt kein anderes leitendes Prinzip existieren kann.

Wir ersehen hieraus deutlich, dass die Beigabe von angenehmen
oder schmerzhaften Bewusstseinszuständen bei günstigen bezw. nachteiligen Veränderungen im Organismus eine notwendige Funktion
bildete, um das Überleben des Passendsten zu Wege zu bringen.
Wir können ferner daraus entnehmen, dass das zoologische Prinzip
des Überlebens des Passendsten, als es diese Anpassung bewirkte,
dabei sehr wesentlich durch das physiologische Prinzip unterstützt
gewesen sein muss, nach welchem Freude ebenso dazu neigt, den normalen Verlauf organischer Thätigkeit zu begleiten, wie Schmerz mit dem
abnormen Verlauf derselben verbunden zu sein pflegt. Denn wie die Organe selbst dem Organismus durchweg zum Vorteil gereichen, so muss
ihm auch deren normale Thätigkeit stets zuträglich sein, während umgekehrt ihre abnorme Thätigkeit, indem sie dazu hinneigt, Ursache, wenn
nicht Folge seines Zerfalls zu werden, dem Organismus stets schädlich sein muss. Für das Überleben des Passendsten ist somit durch
ein ausgebildetes Prinzip der Psychophysiologie gesorgt, dessen Ausbildung es in früheren Zeiten selbst gefördert haben mag, welches
aber, wenn einmal vorhanden, wesentlich zum Überleben des Passendsten beigetragen haben muss, indem es jedem besonderen organischen Vorgange den geeigneten Bewusstseinszustand zuteilte.

Noch ein anderes Prinzip der Psychophysiologie wird die
Wirksamkeit der natürlichen Züchtung in dieser Richtung mächtig
unterstützt haben. Dasselbe besteht in dem, was wir Wohl-
geschmack und Ekel nennen. Hierzu bemerkt Spencer: „Es ist

Thatsache, dass Freude und Schmerz erworben und gewissermassen bestimmten Gefühlen aufgepfropft werden können, welche
sie ursprünglich nicht mit sich brachten. Raucher, Schnupfer oder
Tabakkauer bieten uns bekannte Beispiele dafür, inwiefern längeres
Beharren bei einer Empfindung, die ursprünglich keineswegs angenehm war, diese zu einer angenehmen macht, während doch die
Empfindung selbst dabei unverändert blieb. Das Gleiche zeigt
sich bei mancherlei Speisen und Getränken, die anfänglich wider-
lich, später, nach häufigem Genuss, oft ausserordentlich wohl-
schmeckend werden. Alltägliche Aussprüche über die Folgen der
Gewöhnung zeigen uns schon die allgemeine Anerkennung dieser
Wahrheit auch in betreff der Gefühle anderer Art. Dass in ähnlicher Weise auch heftige Schmerzen auf Gefühle gepfropft werden
können, die ursprünglich angenehm oder wenigstens indifferent waren,
vermögen wir zwar nicht zu beweisen, wir haben aber Beweise
dafür, dass der Bewusstseinszustand, den man Ekel nennt, in engster
Verbindung mit einem Gefühl stehen kann, das einst angenehm war."

Wenn nun, selbst zu Lebzeiten des Individuums, die freudigen
und schmerzhaften Bewusstseinszustände ihren Charakter bezüglich
derselben organischen Veränderungen oder Empfindungen umzukehren vermögen, so geht daraus hervor, dass der natürlichen
Züchtung ein ausserordentlich plastisches Material zur allmählichen
Ausbildung einer Bewusstseinsform zu Gebote gestanden hat, welche
mit Rücksicht auf die Wohlfahrt des Organismus am besten zu den
verschiedenen äusseren Lebensbedingungen passte.

Indem nun das Überleben des Passendsten, in Verbindung mit
jenen Prinzipien der Psychophysiologie, seine Wirkung entfaltete,
musste dies eine stete Vervollkommnung der bezeichneten Anpassungen an sein eignes anpassendes Wirken, d. h. zwischen angenehmen oder unangenehmen Bewusstseinszuständen und wohl-
thätigen oder schädlichen äusseren Reizen, zur Folge haben. Und
so kommt es, dass die Organismen in ihrem Entwicklungsprozesse
eine gewisse Übereinstimmung zwischen ihren verschiedenen Organen herstellten, sodass schliesslich das, was sich im grossen und
ganzen für ein Organ verderblich erweist, auch auf die mit ihm
in Berührung kommenden Nerven schädlich und deshalb auch un-

angenehm auf das Bewusstsein wirkt, obgleich dies in Wirklichkeit nur der Fall ist, wenn das Schädliche hinreichend oft in der Umgebung auftritt, um einer Art, mit genügender Anpassung dasselbe zu unterscheiden und zurückzuweisen, dadurch einen weiteren Vorteil zu verschaffen.*) Im Vorhergehenden haben wir eine so vollständige Erklärung von Freude und Schmerz, als wir nur wünschen können. Die einzige Schwierigkeit liegt in dem richtigen Verständnis der Beziehungen zwischen der objektiven Thatsache des Vorteils oder Nachteils und den entsprechenden subjektiven Bewusstseinszuständen, bezw. in der Frage: Wie kommt es, dass Schädlichkeit oder ihr Gegenteil in die Empfindungen von Schmerz oder Freude übersetzt wird? Es ist dies aber im Grunde nichts anderes, als die alte Schwierigkeit hinsichtlich der Verbindung zwischen Körper und Geist. Wie aber auch diese unbegreifliche Verbindung in Wirklichkeit beschaffen sein möge, die Vermutung ist wenigstens zulässig, dass die primäre Ursache dieser Verbindung, d. i. des Auftauchens der Subjektivität, gerade in dem Bedürfnis bestanden haben mag, die Organismen dazu zu bringen, Schädliches zu vermeiden und Nützliches aufzusuchen. Der Seinsgrund des Bewusstseins besteht also vielleicht in dem Hinzutreten dieser Vorbedingung zu den Gefühlen der Freude oder des Schmerzes. Sei dem, wie ihm wolle, soviel scheint gewiss, dass die Verbindung von Freude und Schmerz mit organischen Zuständen und Vorgängen, welche dem Organismus nützlich bezw. schädlich sind, die wichtigste Funktion des Bewusstseins im Schema der Entwicklung bildet.

Aus diesem Grunde habe ich den Ursprung von Freude und Schmerz auf eine sehr frühe Stufe der Skala des bewussten Lebens gesetzt. Denn mit Rücksicht auf das Subjekt werden wir es schwierig oder gar unmöglich finden, eine Bewusstseinsform auszudenken, die,

---

*) Grant Allen, a. a. O. — Diese Betrachtung entwaffnet jede Kritik, welche gegen unsere Theorie mit Rücksicht auf den angenehmen Geschmack gewisser Gifte vorgebracht werden könnte. Es ist aber erstaunlich, wie rasch selbst in diesem Falle der dienliche Widerwille nach der Erfahrung der unheilbringenden Wirkung entsteht; ein Beispiel dazu liefert der Widerwille gegen Wein, der selbst bei leidenschaftlichen Weintrinkern hervorgerufen werden kann, wenn man in dieses Getränk heimlich *nux vomica* mischt.

wenn auch noch so unentwickelt, nicht wenigstens mit dem Vermögen verbunden wäre, einige ihrer Zustände andern vorzuziehen, d. h. eine Unterscheidung zwischen Ruhe und Unbehaglichkeit zu empfinden, die beim Hinzutreten weiterer Geisteselemente sich zu einem lebhaften Kontraste von Freude und Schmerz entwickelt. Mehr glaube ich zur Rechtfertigung meines Diagramms in dieser Beziehung nicht hinzuzufügen zu brauchen.

### B. Gedächtnis und Ideenverbindung.

Ohne Zweifel ist das Gedächtnis eine Fähigkeit, die schon sehr früh in der Entwicklung des Geistes auftritt. *A priori* ist dies erforderlich, weil Bewusstsein ohne Gedächtnis nutzlos wäre, und *a posteriori* finden wir, dass dies auch wirklich der Fall ist, mögen wir nun die Stufenreihe der geistigen Entwicklung im Tierreich oder beim heranwachsenden Kinde ins Auge fassen. Ich glaubte demnach den Ursprung des Gedächtnisses unmittelbar nach der Stufe, die von der Entstehung von Freude und Schmerz eingenommen wird, setzen zu müssen.

Im dritten Kapitel habe ich zu zeigen versucht, dass, noch vor dem Auftreten des Bewusstseins, häufig geübte nervöse Anpassungen ein zwingendes Zeugnis dafür abgeben, dass der mit ihnen in Verbindung stehende nervöse Mechanismus mehr oder weniger organisch dazu befähigt wird, die anpassenden Thätigkeiten auszuführen und auf diese Weise die objektive Seite des Gedächtnisses darzustellen, welche ich als Gangliengedächtnis bezeichnete. Inzwischen veröffentlichte Ribot sein vortreffliches Buch über Krankheiten des Gedächtnisses, in welchem er der starken Analogie zwischen dem objektiven Gangliengedächtnis — oder „organischem Gedächtnis", wie er es nennt — und den physischen Veränderungen in den Hirnhemisphären, die bei dem wahren oder bewussten Gedächtnis beteiligt sind, volle Rechnung trägt.[*]

---

[*] Ich kann nicht umhin, meiner Befriedigung darüber Ausdruck zu verleihen, dass meine Übereinstimmung mit Ribot sich bis in die Einzelheiten erstreckt; denn es spricht immer zu Gunsten unserer Resultate, wenn sie unabhängig von einem andern Forscher auf demselben Gebiete erlangt wurden.

Ich darf hier noch hinzufügen, dass ich mit Ribot auch in der Auffassung übereinstimme, dass die Erscheinungen des Gedächtnisses, ob „organischer oder psychologischer" Art, keinerlei Analogie mit solchen rein physikalischen Thatsachen bieten, wie es z. B. die permanenten Wirkungen des Lichtes auf eine photographische Platte oder ähnliche Erscheinungen ohne Beteiligung lebender Organismen, sind. Ich stimme ferner mit ihm darin überein, dass die früheste Analogie, die wir für das Gedächtnis finden können, in lebendigem, nicht-nervösem Gewebe zu suchen sind, ja dass wir ihr sogar schon im Protoplasma begegnen. Ribot bezieht sich dabei auf Hering, nach welchem Muskelfasern durch Übung verhältnismässig stärker werden. Ich muss indessen auf den Mangel an Belegen dafür hinweisen, dass individuelle Muskelfasern durch Übung an Stärke gewinnen. Ich glaube vielmehr, dass eine bessere und allgemein gültigere Parallele durch die Thatsache geliefert wird, dass, wenn man einen konstanten galvanischen Strom auf kurze Zeit der Länge nach durch ein Bündel Muskelfasern leitet, eine Veränderung in der Erregbarkeit der Fasern eintritt, insofern dieselben nun für einen wiederum in derselben Richtung durchgehenden Strom weniger reizbar sind als früher, dagegen reizbarer für einen in der entgegengesetzten Richtung durchgehenden. Dieses Gedächtnis eines Muskels bezüglich der Richtung, die der galvanische Strom eingeschlagen hat, dauert etwa eine oder zwei Minuten nach der Unterbrechung des letzteren (Frosch). Ich fand, dass diese merkwürdige Thatsache für das Muskelgewebe der verschiedensten Tiere, von der Meduse an aufwärts, gilt.*)

Ferner teile ich Ribots Ansicht darüber, dass die physische Grundlage des Gedächtnisses zum Teil in einer mehr oder weniger permanent molekularen Veränderung oder einem „Eindruck" auf

---

*) *Phil. Trans.* 1880. — *Journal of Anatomy and Physiology*, X. — Ein anderes gutes Beispiel von sogenanntem protoplasmatischem Gedächtnis liefert die Thatsache von der sogen. „Summierung der Reize," die mehr oder weniger in jedem erregungsfähigen Gewebe , d. h. überall da stattfindet, wo lebendes Protoplasma vorkommt. Diese Thatsache besteht darin, dass wenn eine Folge von Reizen auf erregbares Gewebe fällt, die Antworten des letzteren nicht nur stets rascher, sondern auch immer energischer erfolgen; jeder Reiz hinterlässt eine organische Erinnerung an sein Auftreten.

das durch den erinnerten Reiz affizierte Nervenelement, zum Teil auch auf der Herstellung beständiger Verbindungen zwischen den verschiedenen Gruppen der Nervenelemente besteht. Dagegen kann jene Ansicht nicht entschieden genug zurückgewiesen werden, die kurzweg behauptet, dass die erste jener physischen Bedingungen für sich allein zur Erklärung aller Thatsachen des Gedächtnisses genüge und eine gegebene Erinnerung sozusagen in einer besonderen Zelle, als ein eigentümlicher „Eindruck" auf die Substanz derselben, aufbewahrt werden könne. Im Gegenteil, wie Ribot zeigt, ist eine jede der vorausgesetzten Einheiten (Erinnerungen) aus zahllosen, heterogenen Elementen zusammengesetzt; sie stellt eine Assoziation, eine Gruppe, eine Fusion, einen Komplex, eine Vielfachheit dar.

Das Gedächtnis setzt aber nicht nur eine Modifikation von Nervenelementen, sondern auch die Herstellung bestimmter Verbindungen zwischen ihnen für jeden besondern Akt voraus. Allerdings dürfen wir nicht vergessen, dass dies alles reine Hypothese ist, die, wenn auch im höchsten Grade zweckdienlich, doch keineswegs eine irgendwie definitive Erkenntnis des physischen Gedächtnissubstrats in sich schliesst.

So tief nun unsere Unkenntnis in Betreff des physischen Substrats des Gedächtnisses ohne Zweifel auch ist, so meine ich doch, dass wir dieses Substrat immer für das gleiche halten dürfen, mögen wir es nun als Ganglien- oder organisches, oder auch als bewusstes oder psychologisches Gedächtnis betrachten, zumal die Analogien zwischen beiden so zahlreich und genau sind. Bewusstsein ist nur etwas Zusätzliches, welches entsteht, wenn die physischen Prozesse, infolge der Seltenheit von Wiederholungen oder der Kompliziertheit ihres Wirkens oder aus andern Ursachen, das mit sich bringen, was ich oben „Ganglienreibung" genannt habe. Diese Anschauung findet ihre Bestätigung in der allgemeinen, schon im dritten Kapitel erwähnten Thatsache, dass bewusstes Gedächtnis durch Wiederholung zu unbewusstem degradiert werden kann, indem ursprünglich geistige Assoziationen in automatische übergehen. Nachdem wir im bisherigen die physische Grundlage des Gedächtnisses behandelt haben, wollen wir nun zur Betrachtung der Entwicklung des Gedächtnisses auf der psychologischen Seite übergehen.

Die früheste Stufe des wahren oder bewussten Gedächtnisses kann in der Nachwirkung eines Reizes auf einen sensorischen Nerven gefunden werden, welche, so lange sie dauert, kontinuierlich nach dem Sensorium geleitet wird. Dies ist z. B. der Fall bei Nachbildern auf der Netzhaut, bei der Nachwirkung eines Schlages u. s. w.*)

Die nächste unterscheidbare Stufe des Gedächtnisses bietet sich uns in dem Gefühle, dass eine gegenwärtige Empfindung gleich einer vergangenen ist. Um dieses Gefühl entstehen zu lassen, bedarf es keines Gedächtnisses für die Empfindung einer Aufeinanderfolge zweier Fälle, noch einer besonderen Ideenverbindung; die Empfindung wird vielmehr bei ihrem zweiten, dritten oder vierten Auftreten nur als eine bekannte oder gewohnte erkannt. So scheint, nach Sigismund, der der Psychogenese bei Kindern grosse Aufmerksamkeit schenkte, die Erinnerung an den süssen Geschmack der Milch bei Neugeborenen im allgemeinen eine Vorliebe für Süssigkeiten zu verursachen. Diese Vorliebe überdauert in der Regel noch die Zeit der Entwöhnung und erhält sich durch die ganze Kindheit; das Interessante dabei ist aber, dass sie sich im frühen Kinderleben zu einer Zeit bemerklich macht, wo wir noch keine Ideenverbindungen voraussetzen dürfen. Sigismund meint, dass das Gedächtnis für Milchgeschmack mit der Wahrnehmung unmittelbar verbunden werde, und Preyer behauptet nach eigenen Beobachtungen, dass die Vorliebe für süssen Geschmack sich schon am ersten Tage zeige.

Die darauf folgende Gedächtnisstufe wird erreicht, wenn, immer noch ohne Hinzutreten einer Ideenverbindung, eine gegenwärtige Empfindung als unähnlich mit einer früheren wahrgenommen wird. Wenn wir uns dabei wieder auf Sigismund und Preyer berufen dürfen, so scheint es, dass nachdem der gewohnte Milchgeschmack durch eine Reihe von Saugakten im Gedächtnis recht befestigt worden ist, das einige Tage alte Kind

---

*) Vergl. Wundt, Grundzüge der philosophischen Psychologie. S. 791.

eine Veränderung der Milch zu erkennen imstande ist. Ich finde hierzu unter Darwins Manuskripten folgende Bemerkungen:

„Es wird versichert (durch Sir B. Brodie), dass ein Kalb oder ein Kind, das niemals von seiner Mutter gesäugt worden, sehr viel leichter aufgefüttert werden kann, als wenn es nur ein einzigesmal gesaugt hat. So konstatieren auch Kirby und Spencer (in Réaumurs Entomologie, Bd. I, S. 391), dass Larven, die eine Zeit lang an einer Pflanze gezehrt haben, eher sterben, als dass sie zu einer andern übergehen, die vollkommen annehmbar für sie gewesen wäre, wenn sie von Anfang an an sie gewöhnt worden wären."

Wenn wir diese Gedächtnisstufen bei sehr jungen Kindern, wo noch von keiner Ideenverbindung die Rede sein kann, berücksichtigen, so drängt sich uns die Frage auf, ob das Gedächtnis wirklich eine Folge der individuellen Erfahrung ist, oder eine ererbte Mitgift d. h. ein Instinkt. Hier scheint es angemessen, uns auf das alte, hochinteressante Experiment Galens zu beziehen, welches diese Frage mit Bezug auf die Tiere ein- für allemal beantwortet hat. Galen nahm nämlich ein Böcklein, bald nach der Geburt, bevor es noch gesaugt hatte, und stellte eine Reihe einander ganz ähnlicher Schalen vor es hin, gefüllt mit Milch, Wein, Öl, Honig und Mehl. Nachdem das Böcklein alle Schalen berochen, wandte es sich schliesslich derjenigen zu, die Milch enthielt. Mit diesem Falle steht ohne Zweifel die Thatsache des ererbten Gedächtnisses oder des Instinktes des Böckleins fest; es ist deshalb wahrscheinlich, dass dasselbe, wenigstens teilweise, auch für das Kind gilt, um so mehr, als dafür auch die Versuche des Professors Kussmaul sprechen, welcher fand, dass selbst schon vor der aus dem Milchsaugen gewonnenen individuellen Erfahrung neugeborene Kinder grosse Vorliebe für Süssigkeiten zeigen. Denn je nachdem ihre Zunge mit Zucker oder mit Salzlösungen, Essig, Chinin, benetzt wurde, vollführten neugeborene Kinder verschiedenartige Grimassen, indem sie sich von der Zuckerlösung erfreut zeigten, den andern Substanzen gegenüber aber eine saure bezw. bittere Miene u. dergl. machten.

Obwohl wir nun zugeben müssen, dass die Erinnerung an die Milch wenigstens zum grossen Teil erblich ist, stellt sie sich doch

in jedem Fall als ein Gedächtnis besonderer Art dar und tritt
ohne Ideenverbindung auf. Mit andern Worten, crerbtes Gedächtnis
oder Instinkt gehört zu den Erscheinungen der zweiten und dritten
Stufe bewussten Gedächtnisses, und zwar im weitesten Sinne des
Wortes: wo also, ohne Hinzutreten einer Ideenverbindung, eine
gegenwärtige Empfindung als ähnlich oder unähnlich einer früheren
empfunden wird. Es macht keinen wesentlichen Unterschied, ob die
frühere Empfindung durch das Individuum selbst oder durch seine
Vorfahren in Erfahrung gebracht wurde, denn es ist im Grunde genommen gleichgültig, ob die nervösen Veränderungen, als Kehrseite
der wahrnehmenden Fähigkeit, zu Lebzeiten des Individuums oder
der Art veranlasst und nachmals durch Vererbung auf das Indivi-
viduum übertragen wurden. In jedem Falle ist der physiologische
wie der psychologische Erfolg derselbe; eine gegenwärtige Empfindung wird von seiten des Individuums stets als gleich oder ungleich
einer früheren wahrgenommen werden. Es fällt nicht schwer, die
Wahrheit dieser Behauptung von vornherein zu begreifen, wenn
man die Quelle der Schwierigkeit, als in der mangelhaften Unterscheidung zwischen Gedächtnis und Ideenverbindung liegend, erkannt
hat. Das Gedächtnis auf seinen niedern Stufen hat nichts mit Ideenverbindungen zu thun, sondern nur mit der Wahrnehmung einer
Empfindung, und zwar als gleich oder ungleich einer vergangenen,
die in der Zwischenzeit niemals den Gegenstand einer Idee gebildet haben kann und nicht einmal eine ideelle Erinnerung entstehen lässt, wenn die Empfindung noch einmal auftritt. Mit andern Worten, ein bewusster Vergleichungsakt zwischen den beiden
Empfindungen ist nicht vorhanden, ja es findet nicht einmal eine
Ideenbildung statt; die frühere Empfindung hat sich indessen dem
Nervengewebe des Tieres in solcher Weise eingeprägt, dass wenn
sie wiederkehrt, sie im Bewusstsein als ein Gefühl auftaucht, das ihm
wohl bekannt ist. Ob nun derartige bekannte oder unbekannte Gefühle
in der Erfahrung des Individuums oder der Art auftauchen, macht,
wie gesagt, keinen wesentlichen Unterschied, mögen wir den Fall von
der physiologischen oder von der psychologischen Seite betrachten.

Um die genaue Verbindung zwischen ererbtem Gedächtnis
oder Instinkt und dem individuell erworbenen Gedächtnis zu zeigen,

nehme ich Bezug auf einige sehr interessante Versuche Professor Preyers an neu ausgebrüteten Hühnchen, welchen gekochtes Eigelb, gekochtes Eiweiss und ein wenig Hirse vorgelegt wurde. Das Hühnchen pickte nach allen dreien, nach den beiden letzteren jedoch nicht häufiger als nach Stückchen Eierschale, Sandkörnern und den Flecken und Spalten des Holzbodens, auf dem es sass. Nach dem Eidotter dagegen pickte es oft und nachdrücklich. Preyer entfernte darauf jene drei Substanzen und legte sie erst nach Verlauf einer Stunde dem Hühnchen wieder vor. Dasselbe erkannte sie sofort wieder, was es dadurch bewies, dass es sich sofort darüber hermachte, während es alle andern, nicht essbaren Gegenstände gänzlich unbeachtet liess. Und doch hatte das Hühnchen bei seinem ersten Versuche nur einmal das Eiweiss gekostet und bloss ein klein wenig Hirse genommen. Das Experiment zeigt uns also, wie ein junges Hühnchen durch eigene individuelle Erfahrung zu lernen vermag, während nach Professor Preyer die ursprüngliche Bevorzugung des Eigelbes noch für eine vererbte Geschmacksunterscheidung spricht.

Diese Versuche leiten uns zu der Gedächtnisstufe, bei welcher zum erstenmal eine Ideenverbindung beteiligt ist — ein Prinzip, welches für alle nachfolgenden Stufen des Gedächtnisses hindurch als vital bezeichnet werden kann; denn das Hühnchen, welches zuerst nach nicht essbaren Dingen, in Gegenwart von essbaren, pickte und eine Stunde später zwischen diesen beiden Arten von Gegenständen zu unterscheiden wusste, musste sich doch eine bestimmte Ideenverbindung zwischen den einzelnen Objekten seiner früheren Erfahrung, mit Rücksicht auf ihren essbaren oder nicht essbaren Charakter, gebildet haben. Da die Herstellung bestimmter Assoziationen aber so schnell erfolgte, und zwar als das Resultat einer einzigen individuellen Erfahrung, so können wir die Schlussfolgerung kaum abweisen, dass die Vererbung einen sehr grossen, wenn nicht den grössten Anteil an diesem Prozess hat, wie denn der oben mitgeteilte Fall bezüglich der sofortigen Unterscheidung des gekochten Eigelbs jedenfalls ausschliesslich der Vererbung zuzuschreiben ist.*)

---

*) Es scheint mir jedoch zweifelhaft, ob sich die Vererbung hier, wie Preyer vermutet, auch hinsichtlich der Geschmacksunterscheidung geltend

Dies zeigt, in wie naher Beziehung die Erscheinungen des ererbten mit denen des individuellen Gedächtnisses stehen, und es ist denn auch in der That unmöglich, auf dieser Stufe der mnemonischen Entwicklung, wo die einfache Ideenverbindung zum erstenmal bei sehr jungen Tieren auftritt, die Wirkung des ererbten Gedächtnisses von demjenigen des individuellen auseinanderzuhalten.

## C. Ideenverbindungen.

Einem späteren Kapitel über „Einbildungskraft" behalte ich zwar eine vollständigere Abhandlung der Ideenbildungen vor; bei der Untersuchung des Gedächtnisses können wir aber nicht umhin, auch der Ideenverbindungen zu gedenken, obwohl es einige Schwierigkeiten bietet, die Ideen mit Bezug auf ihre Assoziationen zu behandeln, ehe festgestellt ist, was Ideen an sich selbst sind. Die Wahrheit ist, dass man sich hier wie anderwärts in der schwierigen Lage befindet, bei der Erforschung der geistigen Eigenschaften, in ihrer wahrscheinlichen Entwicklungsreihe, dieselben getrennt behandeln zu müssen, obwohl sie doch in Wirklichkeit nicht getrennt oder nacheinander entstanden sind. Man pflegt dieser Schwierigkeit dadurch zu begegnen, dass man die allgemeinen und wohlbekannten Prinzipien vorweg nimmt und deren eingehendere Betrachtung späteren Kapiteln vorbehält. Eine ähnliche Verlegenheit nötigt uns jetzt, eine etwas vorzeitige Behandlung dessen vorzunehmen, was ich die Elemente der Ideenbildung nenne.

Im vorliegenden Buche bediene ich mich des Wortes „Idee" in seinem weitesten Sinne. Da wenige Ausdrücke eine verschiedenere Auslegung gefunden haben, so will ich vorausschicken, was ich für seine allgemeinste Bedeutung halte und in welcher ich es auch stets anwenden werde.

Wenn vor unser geistiges Auge das Bild eines kurz vorher geschauten Baumes tritt, so sagen wir, dass wir uns des Baumes

---

macht, namentlich wenn wir bedenken, dass in der Natur ein junges Hühnchen niemals Gelegenheit gehabt hat, gekochtes Gelbei zu kosten. Wahrscheinlich trägt die hellgelbe Farbe etwas zu dieser Auswahl bei, zumal auch viele Samen mehr oder weniger gelb gefärbt sind.

erinnern, dass wir ihn uns einbilden, dass wir eine Idee von ihm haben. Die Idee ist in diesem Falle einfach oder konkret, das blosse Gedächtnis einer vorangegangenen sinnlichen Wahrnehmung. Zwischen diesem und dem höchsten Produkte der Ideenbildung liegt nun das ganze Feld der höchsten und niedersten Geistesentwickelung. Das Bedeutungsgebiet, über welches sich demnach der Ausdruck „Idee" ausbreitet, schien manchen Forschern viel zu gross und sie haben es deshalb verschiedentlich einzugrenzen gesucht; da aber alle dergleichen Versuche rein willkürliche und künstliche sind, so werde ich dem Ausdrucke selbst keine Grenze setzen, sondern wo sich die Gelegenheit bietet, die verschiedenen Ideenklassen durch passende Adjektive, als konkret, abstrakt oder allgemein, bezeichnen, und zwar in einem Sinne, wie ich dies später noch näher erläutern werde. Wo ich das Wort „Idee" aber allein anwende, fasse ich es im Gattungssinne auf.

Wir haben schon früher bei der Behandlung der physiologischen Seite der Ideenbildung darauf hingewiesen, wie leicht einzelne Ideen gruppenweise zu einer zusammengesetzten sich vereinigen und wie leicht sie sich in ähnlicher Weise auch zu ganzen Ideenfolgen verketten, so dass das Auftreten des ersten Gliedes das Auftreten der nachfolgenden bedingt. Physiologisch betrachtet ist dies einerseits ganz analog der Koordinierung von Muskelbewegungen im Raume d. h. der Gruppierung von Muskelbewegungen zur Herstellung eines gleichzeitigen Aktes, wie z. B. des Schlagens, und andererseits zu der Koordinierung von Muskelbewegungen in der Zeit, d. h. der Gruppierung solcher Bewegungen zu einer Reihe von Akten, wie z. B. beim Erbrechen. Nun zeigt die Beobachtung, dass dieser Ideenzusammenhang entweder durch Aneinandergrenzen oder durch Ähnlichkeit bedingt wird, eine Thatsache, welche zu gut und zu allgemein bekannt ist, um für eine blosse Behauptung zu gelten.

Assoziation durch Kontiguität oder Aneinandergrenzen ist ursprünglicher als diejenige durch Ähnlichkeit, denn zu letzterer gehört, dass die Ähnlichkeit wahrgenommen werde; dies erfordert aber eine höhere Stufe geistiger Entwicklung, als eine Assoziation durch Kontiguität, die, wie wir gesehen haben, selbst in nicht-nervösen Vorgängen stattfindet, wo von einer Assoziation durch Ähnlichkeit noch gar nicht die Rede sein kann.*)

Es ist aber zu beobachten, dass sogar die Ideenverbindung durch Kontiguität von möglichst einfacher Art eine höhere Entwicklung des Erinnerungsvermögens in sich schliesst, als irgend eine der drei bis jetzt erwähnten Gedächtnisstufen. Denn wir haben es hier nicht mit der blossen Erinnerung an eine frühere Empfindung zu thun, die sich etwa schlafend verhielte, bis sie durch eine andere ähnliche oder nicht ähnliche geweckt wurde, sondern vielmehr mit einer Erinnerung an mindestens zwei Dinge, sowie mit einem Gedächtnis für ein früheres Folgeverhältnis zwischen denselben, was uns zur Aufstellung einer weiteren deutlichen Stufe in der Gedächtnisentwicklung berechtigt.

Ist diese Stufe zu einer gewissen Vollkommenheit gelangt, so dass zahlreiche konkrete und zusammengesetzte Ideen zu einer aus zahlreichen Gliedern bestehenden Kette verbunden sind, so ist eine hinreichende Anzahl psychologischer Daten zur Erreichung der nächsten Gedächtnisstufe, der der Assoziation durch Ähnlichkeit, gegeben. Professor Bain bemerkt hierzu: „Die Kraft der Kontiguität verknüpft im Geiste zusammen ausgesprochene Worte, die der Ähnlichkeiten dagegen erweckt Erinnerungen aus verschiedenen Zeiten, an verschiedene Umstände und Verknüpfungen, und bildet so eine neue Reihe aus vielen alten."**) Und wie auf diesen höheren Gebieten des menschlichen, so ist es auch auf den niederen des

---

*) Die stärkste Annäherung an eine solche Analogie ist vielleicht in der merkwürdigen Thatsache zu finden, dass, wenn man in jede Hand einen Bleistift nimmt und seine gewöhnliche Unterschrift mit der rechten Hand von links nach rechts niederschreibt, indem man diese Bewegung in der entgegengesetzten Richtung mit der Linken nachahmt, die von der linken Hand rückwärts niedergeschriebene Signatur, vor einen Spiegel gehalten, im Charakter der Handschrift übereinstimmend gefunden wird. Da die linke Hand diese Fertigkeit vielleicht vorher niemals ausübte und sie auch nur auszuüben vermag, wenn die rechte Hand zu gleicher Zeit in Wirksamkeit tritt, so erinnert der Fall allerdings an eine Assoziation durch Kontiguität. Derselben Quelle ist auch die grosse Schwierigkeit zuzuschreiben, beide Hände mit einander in entgegengesetzter Richtung zu bewegen, wie z. B. beim Wollekratzen.

**) *Sensus and Intellect* 469.

tierischen Gedächtnisses; Assoziation durch Ähnlichkeit bringt eine bessere Entwicklung der Ideenbildung mit sich, als diejenige durch Kontiguität.

Die folgende und letzte Stufe des Gedächtnisses wird erreicht, wenn das Nachdenken den Geist befähigt, die Zeit eines erinnerten Vorkommnisses in der Vergangenheit zu lokalisieren. Dies ist die Gedächtnisstufe, die wir „Rückerinnerung" nennen; dieselbe kommt in allen Fällen vor, wo der Geist weiss, dass irgend eine besondere Ideenverbindung vorher stattgefunden hat, und deshalb im stande ist, das Gedächtnis zu durchsuchen, bis jene verlangte besondere Verbindung ins Licht des Bewusstseins getreten ist.

Ich brauche wohl kaum zu bemerken, dass ich den Grenzen, die ich bei dieser Übersicht der Gedächtnisentwicklung zwischen den aufeinanderfolgenden Stufen zog, nur einen rein willkürlichen Charakter beimesse, indem ich ihnen höchstens das Verdienst zuschreibe, eine allgemeine Idee von Wachstum einer sich fortdauernd entwickelnden Fähigkeit zu geben. Ehe ich das Kapitel schliesse, will ich nun noch einen kurzen Rückblick auf die Entwicklung des Gedächtnisses bei Tieren und beim heranwachsenden Kinde werfen.

Mit Bezug auf das Kind bezeichnete ich die siebente Woche als dasjenige Alter, in welchem das erste Zeugnis für das Gedächtnis in der Ideenverbindung auftritt. Ich beobachtete nämlich, dass um diese Zeit das mit der Flasche aufgezogene Kind diese zum erstenmal erkennt. Dabei handelt es sich um einen künstlichen Gegenstand ohne Geruch oder sonstige Eigenschaften, die irgend welche Instinkte wachzurufen vermöchten, einen Gegenstand übrigens, den kleine Kinder in der Regel stets früher zu erkennen scheinen, als jeden andern. Schon Locke erwähnte, dass die Erkennung der Flasche gleichzeitig mit der Erkennung der Rute auftrete. Da jedoch unsere Ansichten über Erziehung seitdem einige Verbesserungen erfuhren, so hält es uns schwer, diese Behauptung zu bestätigen. Bei meinem eigenen Kinde beobachtete ich, dass die Fähigkeit zu Ideenverbindungen sich in der neunten Woche von der Flasche auf das Lätzchen ausdehnte, das ihm vorher stets und zwar ausschliesslich vor der Fütterung vorgebunden wurde: sobald es dasselbe anhatte, hörte es auf, nach der Flasche zu schreien. Um dieselbe Zeit beobachtete ich auch, dass wenn ihm sein wollener Schuh auf die Hand gelegt wurde, es aufmerksam nach demselben hinschaute, als ob es bemerke, dass irgend eine merkwürdige Veränderung mit dem gewöhnlichen Aussehen der Hand vor sich gegangen sei. Mit zehn Wochen kannte es seine Flasche so gut, dass es den Pfropfen selbst in den Mund steckte und auch die Flasche während des Saugens mit eignen Händen zu halten vermochte. Übrigens schlugen seine Versuche, den Pfropfen in den Mund zu stecken, häufig fehl, offenbar wegen mangelhaften Koordinierungsvermögens seiner Muskeln; der Pfropfen streifte infolge dessen über verschiedene Teile seines Gesichts und das Kind schrie dann nach der Amme um Hilfe. Preyer sagt, dass sein Kind mit acht Monaten im stande war, sämtliche Glasflaschen vermöge ihrer Ähnlichkeit, oder insofern sie zu derselben Klasse von Gegenständen wie seine Saugflasche gehörten, zu klassifizieren. Ich kann hinzufügen, dass mein Kind mit sieben Wochen zu schreien begann, wenn man es im Zimmer für einige Minuten allein liess, eine Thatsache, die ebenfalls für ein gewisses Vermögen, Ideen miteinander zu verbinden, und für die daraus resultierende Wahrnehmung eines Wechsels in der gewohnten Umgebung spricht.

Wenn wir uns nun zum Tierreich wenden, so finden wir das erste Zeugnis des Vorhandenseins eines Gedächtnisses bei den Gasteropoden, und zwar besteht dasselbe bei der Schüsselmuschel darin, dass sie von ihren Exkursionen zur Aufsuchung ihrer Nahrung immer wieder in ihre Felsenspalte zurückkriecht. Diese Thatsache beweist offenbar ein Erinnerungsvermögen bezüglich des Ortes und da ein solcher Gedächtnisgrad kaum als der früheste gelten kann, dürfen wir vermuten, dass diese Fähigkeit noch auf einer niedrigeren Stufe des Tierreiches vorkommt, obwohl uns keine Beobachtungen darüber zu Gebote stehen. Da Austern durch individuelle, in „Austernschulen" erworbene Erfahrung ihre Schalen für eine weit längere Zeit geschlossen zu halten erlernen, wie es bei unerzogenen Individuen der Fall ist, so müssen wir daraus schliessen, dass auch bei der Abteilung der Mollusken ein schwaches Erinnerungsvermögen besteht. Eine noch höhere Stufe der

Gedächtnisentwicklung wird von der Schnecke erreicht, wenn die Beobachtung Lonsdales richtig ist, dass eine *Helix pomatia*, welche unter Zurücklassung ihres kranken Gefährten über eine Gartenmauer kletterte, am nächsten Tage an die Stelle zurückkehrte, wo sie jenen verlassen hatte. Die höchste Gedächtnisentwicklung unter den Mollusken findet man indessen bei den Cephalopoden; denn nach Hollmann erinnerte sich ein *Octopus* in auffallender Weise seiner früheren Begegnung mit einem Hummer, und dasselbe Tier soll, nach Schneider, sogar seinen Wärter kennen lernen.

Während somit das Vorhandensein des Gedächtnisses bei Mollusken ausser Frage steht, blieben neue Versuche zur Feststellung desselben bei den Echinodermen ohne allen Erfolg. Man berichtete jedoch von andrer Seite, dass ein Seestern, den man von seinen Eiern entfernte, wieder zu der Stelle zurückkroch, wo sich diese befanden. Diese Behauptung würde, wenn sie sich bestätigte, für das Gedächtnis bei Echinodermen beweisend sein; meine eigenen Lehrversuche beim Seestern sind indessen, wie gesagt, bis jetzt resultatlos geblieben. Noch mehr überraschte mich aber mein Misserfolg in dieser Richtung bei den höheren Krustazeen, denen ich bisher nicht die einfachsten Dinge beizubringen vermochte. So setzte ich z. B. einen Eremitenkrebs in einen Wasserbehälter und nachdem er seinen Kopf aus dem Schneckenhause, in dem er seine Wohnung aufgeschlagen, herausgestreckt hatte, bewegte ich eine offne Schere langsam auf ihn zu und liess ihm vorläufig Zeit, den glänzenden Gegenstand zu beobachten. Nachdem ich darauf behutsam einen seiner Fühler zwischen die Schneiden gebracht, schnitt ich plötzlich die Spitze desselben ab. Natürlich zog sich das Tier sofort in seine Schale zurück und blieb für eine geraume Zeit darin. Als es wieder zum Vorschein kam, wiederholte ich die Operation in derselben Weise und so fort, noch verschiedene Male, bis seine Fühler nach und nach sämtlich abgeschnitten waren. Trotzdem lernte das Tier die Erscheinung der Schere nicht mit der darauffolgenden Wirkung verbinden und zog sich nie eher zurück, als bis der Schnitt vollzogen war. Dass nichtsdestoweniger Gedächtnis bei den höheren Krustazeen vorkommt, wird durch eine Beobachtung bezeugt, derzufolge ein Hummer auf einem Haufen

Schindeln, unter welchen er vorher etwas Futter verborgen hatte, Wache hielt.

Bei einer andern Klasse der Artikulaten findet sich das Gedächtnis zu einem ausserordentlich hohen Grade ausgebildet und überragt in dieser Richtung dasjenige aller andern Wirbellosen, und zwar meine ich hier die Insekten und unter diesen wieder ganz besonders die Hymenopteren. So sind z. B. Ameisen und Bienen unzweifelhaft im stande, sich der Stellen zu erinnern, wo sie viele Monate vorher Honig, Zucker u. dgl. erhielten; ebenso werden sie, wenn es die Gelegenheit erfordert, zu Nestern bezw. Stöcken zurückkehren, die sie im Jahre vorher verlassen hatten. Eine grosse Anzahl lehrreicher Beobachtungen liegt auch über die Erwerbung besondrer Erinnerungen, sowie über die Länge oder Dauer derselben bei jenen Tieren vor.*) Zu den interessantesten dieser Beobachtungen gehören wohl diejenigen von Sir John Lubbock bei Bienen, welche letztere den Unterschied zwischen einem offenen und einem geschlossenen Fenster allmählich kennen lernten, sowie die von Bates und Belt bei den Sandwespen, die sich (indem sie sich gewisse Punkte in der Landschaft merken) sorgfältig über die Lokalitäten unterrichten, wohin sie zurückzukehren gedenken, um sich die Beute zu sichern, welche sie zeitweilig dort verbergen. Aber auch andern Klassen angehörige Insekten, wie Käfer, Ohrwürmer und die gemeine Stubenfliege, besitzen nachweisbar Gedächtnis.**)

Indem wir uns nun den Wirbeltieren zuwenden, finden wir zwar das Gedächtnis auch bei Fischen, es erreicht hier aber nie einen höhern Entwicklungsgrad, als nötig ist, um sich auf eine Reihe von Jahren der Örtlichkeiten zum Laichen zu erinnern, Lockspeisen zu vermeiden, die Jungen von einem Neste zu entfernen, wo sie gestört wurden und den Ton einer Glocke mit der Ankunft von Futter zu verbinden.

Batrachier und Reptile vermögen sich sowohl der Örtlichkeiten zu erinnern, als auch Personen zu identifizieren. Die jährliche Wanderung der Schildkröten beweist die Dauer eines Gedächtnisses auf mindestens ein Jahr.

---

*) Vergl. *Animal Intelligence. Chap. III u. IV.*
**) Ebendas.

**Romanes, Entwicklung des Geistes.**       9

Bei den Vögeln hat das Gedächtnis beträchtliche Fortschritte gemacht; und zwar beschränkt es sich bei ihnen keineswegs, wie z. B. bei der Schwalbe, auf eine Erinnerung von Jahr zu Jahr an die genaue Lage ihrer Nester oder an gewisse Personen; vielmehr lassen die schon oben mitgeteilten Thatsachen bezüglich der Erinnerung von Tönen, Worten und Sätzen nicht nur auf eine ausserordentlich entwickelte Fähigkeit zu speziellen Ideenverbindungen, sondern auch auf ein wirkliches Erinnerungsvermögen von grosser Ausdehnung schliessen, insofern die Tiere das fehlende Glied in der Kette der früher bestandnen Assoziationen kennen und es ausdrücklich wieder zu erlangen suchen. Sorgfältige Beobachtungen haben in dieser Richtung festgestellt, dass der Bildungsprozess jener speziellen Ideenverbindungen ganz identisch mit dem beim Menschen ist.

Unter den Säugetieren finden wir die höchste Entwicklung des Gedächtnisses beim Pferde, beim Hunde und beim Elefanten. Es liegen unzweifelhafte Zeugnisse dafür vor, dass ein Pferd sich noch nach acht Jahren einer Strasse oder eines Stalles erinnerte, dass ein Hund die Stimme seines Herrn nach fünf Jahren und den den Ton einer Halsbandschelle nach drei Jahren wiedererkannte, ja, dass ein Elefant, nachdem er fünfzehn Jahre lang in der Wildnis zugebracht, seinen früheren Wärter noch nicht vergessen hatte. Aller Wahrscheinlichkeit nach würde sich auch bei Affen ein nachhaltiges Gedächtnis beobachten lassen, wie man denn auch schon gefunden hat, dass es hier ausserordentlich genau ist und sogar durch absichtliche Anstrengungen der Tiere selbst unterstützt wird.

Neuntes Kapitel.

## Wahrnehmung.

ch verzeichnete bei der 18. Stufe des Diagramms das Entstehen der Wahrnehmung aus der Empfindung. In Übereinstimmung mit der allgemeinen Auffassung verstehe ich unter jenem Ausdrucke das Wiedererkennungsvermögen. „Der ganze Unterschied zwischen Empfindung und Wahrnehmung ist kein anderer, als der zwischen den empfindenden und den wiedererkennenden, intellektuellen, oder Erkenntnis liefernden Funktionen" (Bain). „Wahrnehmung besteht in der Herstellung spezifischer Beziehungen zwischen Bewusstseinszuständen, was wohl zu unterscheiden ist von der Herstellung der Bewusstseinszustände selbst", welche vielmehr durch die Empfindung bedingt werden (Spencer). „Bei der Wahrnehmung wird das Empfindungsmaterial durch den Geist bearbeitet, welcher in seiner gegenwärtigen Stellung alle Resultate seines vergangenen Wachstums verkörpert" (Sully).

Empfindung schliesst daher keine intellektuelle, vom Bewusstsein verschiedene Fähigkeit in sich, wogegen die Wahrnehmung das notwendige Vorkommen eines intellektuellen oder erkennenden Prozesses, wenn auch von der einfachsten Art bedingt. Der Ausdruck „Wahrnehmung" lässt sich deshalb auf alle die Fälle anwenden, welche mit einem Erkenntnisprozess verbunden sind, mag dieser nun direkt oder indirekt aus der Empfindung entspringen. Daher dürfen wir gleicherweise von der Wahrnehmung des Rosenduftes, wie von der Wahrnehmung der Richtigkeit oder Wahrscheinlichkeit einer Behauptung sprechen. Wir können den Unterschied zwischen Empfindung und Wahrnehmung auch folgendermassen ausdrücken: Eine Empfindung ist ein elementarer oder unzerlegbarer Bewusst-

9*

seinszustand; eine Wahrnehmung aber schliesst einen Prozess ein, der die Empfindung in Ausdrücken früherer Erfahrung geistig interpretiert.

Es liegt z. B. ein geschlossnes Buch vor mir auf dem Tische; meine Augen ruhten lange Zeit auf dem Umschlag, während ich über die Anordnung des Materials für das gegenwärtige Kapite nachdachte. Diese ganze Zeit über empfing ich eine Gesichts-empfindung von besonderer Art; da ich aber keine Aufmerksamkeit darauf verwandte, enthielt die Empfindung kein Element der Er-kenntnis und diente somit zu keinem Wahrnehmungsakt. Auf ein-mal wurde ich mir bewusst, dass der besondere Gegenstand meiner Empfindung ein Buch sei, und damit war ein Wahrnehmungsakt vollzogen. Mit andern Worten: Ich interpretierte in Gedanken die Empfindung in Ausdrücken einer früheren Erfahrung; ich vollzog eine geistige Zusammenfassung der Eigenschaften jenes Gegenstan-des und rechnete es zu der Klasse von Dingen, die früher eine gleiche Empfindung in mir hervorgebracht hatten.

Die Wahrnehmung besteht also in der Klassifizierung von Em-pfindungen in Ausdrücken früherer Erfahrung, sei sie nun ange-stammt oder individuell; sie ist Empfindung *plus* dem geistigen Ingredienz der Interpretation. Als Vorbedingung der Möglichkeit dieser Zuthat ist die Existenz eines Gedächtnisvermögens durchaus erforderlich, denn nur mittelst eines Gedächtnisses für vergangne Erfahrungen kann der Prozess in der Weise vor sich gehen, dass gegenwärtige Empfindungen oder Erfahrungen als ähnlich mit frühe-ren identifiziert werden. Deshalb setzte ich im Diagramm das Auf-tauchen des Gedächtnisses gerade unter die Stufe, auf welcher das Wahrnehmungsvermögen entsteht. Sowohl Empfindung, als Wahrnehmung zeigen sich also in jener Darstellung von einer be-deutenden senkrechten Ausdehnung von der Basis bis zur Spitze, d. h. von ihrem ersten Ursprung bis zu ihrer vollkommnen Ent-wicklung. Die Richtigkeit dieser Darstellung wird zugegeben wer-den müssen, wenn wir bedenken, ein wie grosser Unterschied zwischen den empfindenden Fähigkeiten einer Meduse und eines Adlers, oder zwischen den wahrnehmenden Fähigkeiten einer Schnecke und eines Menschen besteht, ja man könnte sogar einwerfen, ich hätte diese Unterschiede in meinem Diagramm nicht genügend hervorgehoben und die vertikale Ausdehnung dieser Zweige noch zu niedrig gehalten. Jedoch dürfen wir auch nicht vergessen, dass der Fortschritt in der Empfindung von den frühesten bis zu den spätesten Stufen in morphologischer Hinsicht aus einer immer grösseren Spezialisation der Nervenendorgane besteht, und ich glaube, dass der Grad dieses Fortschritts hinreichend in der von mir dargestellten Höhe zum Ausdruck kommt, namentlich wenn man bedenkt, um wie viel schwieriger und komplizierter die Entwicklung der Nervengewebe sein muss, welche bei der Ausbildung der nächsten und aller folgenden Fähigkeiten beteiligt sind. In betreff der Wahrnehmung aber müssen wir berücksichtigen, dass diese Fähigkeit auf ihren entwickelteren Stufen allmählich in die höheren Zweige, wie die der Einbildungskraft u. s. w., übergeht, so dass der mit „Wahrnehmung" bezeichnete Zweig nicht alles das umschliessen soll, was dieser Ausdruck möglicherweise enthalten könnte, wenn wir die höheren Fähigkeiten, welche ich angeführt habe, nicht für sich benennen wollten.

Bezüglich der Entwicklung der Wahrnehmung möchte ich nun eine allgemeine Bemerkung machen, welche in erster Linie auf die eben besprochene Stufe geistiger Entwicklung Anwendung finden kann, ausserdem aber auch für alle andern Fähigkeiten zutrifft, die wir im folgenden noch zu betrachten haben: es betrifft dies die Thatsache, dass uns alle morphologischen Daten — wie sie uns hinsichtlich der Empfindung und der vorgeistigen Anpassungen zur Seite standen — zur Abschätzung des Ausbildungsgrades jenes geistigen Vermögens fehlen. Dass die morphologische Entwicklung hier, wie früher bei der Empfindung, stets mit der psychischen Hand in Hand gegangen ist, wird im allgemeinen durch die fortschreitende Kompliziertheit der Centralnervenorgane hinreichend bewiesen; aber gerade wegen dieser so grossen Kompliziertheit und der damit zusammenhängenden Verfeinerung in der morphologischen Entwicklung befinden wir uns, der letztern gegenüber, in der grössten Unsicherheit; ja, wir sind sogar unfähig, den Mechanismus, den wir vor Augen haben, auch nur dunkel zu verstehen. Um deshalb die aufsteigenden Grade der Vollkommenheit dieser Mechanismen zu beurteilen, müssen wir die Resultate ihrer Wirksamkeit in Betracht ziehen, wir müssen die geistigen Äquivalente als Anhaltspunkte bei der Beurteilung der morphologischen Thatsachen benutzen.

Wir haben bisher gesehen, dass die Wahrnehmung im wesentlichen darin besteht, Empfindungen in Ausdrücken einer vergangenen, angestammten oder individuellen, Erfahrung geistig zu interpretieren. Wir wollen nun ihre aufeinander folgenden Entwicklungsstufen betrachten.

Die erste Stufe der Wahrnehmung beschränkt sich darauf, einen äusseren Gegenstand als einen solchen wahrzunehmen, sei es mit Hilfe des Tast-, Geschmack-, Geruch-, Gehör- oder Gesichtsinnes. Beschränken wir uns der Kürze wegen, auf den Gesichtssinn, so erhebt sich die Wahrnehmung in diesem Stadium einfach auf eine Erkenntnis des Gegenstandes im Raume, der hier in einer gewissen Beziehung zu andern Gegenständen der Wahrnehmung und besonders zu dem wahrnehmenden Organismus steht.

Die nächste Stufe der Wahrnehmung ist erreicht, wenn die einfachsten Eigenschaften eines Gegenstandes als ähnlich oder unähnlich den Eigenschaften eines solchen aus vergangener Erfahrung erkannt werden. Die allgemeinsten dieser Eigenschaften beziehen sich auf Form, Farbe, Licht, Schatten, Ruhe und Bewegung; weniger allgemeine Eigenschaften sind Temperatur, Härte, Weichheit, Glätte und ähnliche zum Tastsinn gehörende Qualitäten, sowie auch die Eigenschaften, welche den Geruch-, Geschmack- und Gehörsinn betreffen. Diesen allgemeinen Eigenschaften gegenüber ist der Anteil, den der Geist an dem Vorgang nimmt, insofern er sie als zu den Aussendingen gehörig erkennt, unmittelbar oder automatisch, und „entspricht", wie Sully bemerkt, „den beständigsten und best organisierten Erfahrungsverknüpfungen".

Die dritte Stufe in der Ausbildung der Wahrnehmung besteht in der gedanklichen Gruppierung der Gegenstände mit Bezug auf ihre Eigenschaften, wie wir z. B. Kälte, Geschmack etc. einer besondern Frucht mit ihrem Umfang, ihrer Form und Farbe in Verbindung bringen. Je häufiger wir eine gewisse Klasse von Eigenschaften mit einer andern aus der Vergangenheit in Beziehung bringen, desto sicherer und automatischer wird die wahrnehmende Verbindung hergestellt; wo aber die Eigenschaften nicht so häufig und konstant mit vergangenen Erfahrungen in Beziehung gestanden

haben, vermögen wir durch Nachdenken die wahrnehmende Assoziation „als eine intellektuelle Verarbeitung des durch die Vergangenheit gelieferten Materials zu erkennen".

Einer weiteren Entwicklungsstufe des Wahrnehmungsvermögens
begegnen wir in den Fällen, wo die Eigenschaften der Dinge zu zahlreich und kompliziert wurden, um sämtlich zu gleicher Zeit wahrgenommen zu werden. Bei solchen Fällen ergänzt dieses Vermögen, während
es einen Teil der Eigenschaften mittelst Empfindung wahrnimmt, die so
gewonnene unmittelbare Auskunft durch die aus früherer Erkenntnis
abgeleitete, und die nicht unmittelbar durch die Empfindung erkannten
Eigenschaften werden erschlossen. Bei meiner Wahrnehmung des geschlossenen Buches zweifle ich z. B. nicht, dass sein Umschlag eine
Anzahl gedruckter Seiten umschliesst, obwohl keine dieser Seiten
wirklich Objekte meiner gegenwärtigen Empfindung sind; oder wenn
ich ein wildes Knurren höre, so schliesse ich unmittelbar auf das
Vorhandensein eines Gegenstandes, der eine so komplizierte Gruppe
ungesehener Eigenschaften besitzt, wie sie sich in einem gefährlichen
Hunde zusammen vorfinden. In einem späteren Kapitel werde ich
noch näher auf diesen Punkt eingehen, den ich das Stadium der
Wahrnehmung durch Schlussfolgerung nennen möchte; für jetzt will
ich es indessen bei dem oben Gesagten bewenden lassen.

Natürlich gehen diese verschiedenen Grade der Wahrnehmung
ineinander über, so dass sie nicht etwa als wirklich getrennte Stufen
erkennbar sind, sondern vielmehr eine einzige allgemeine und zusammenhängende Entwicklungsreihe darstellen, bei der ich, wie z. B.
beim Gedächtnis, nach Willkür jene verschiedenen Grade ange-
merkt habe. Erklärlicherweise ist der Ausdruck „Wahrnehmung"
in Wirklichkeit ein weitumfassender, ja, man könnte sagen, dass er
das ganze Gebiet der Psychologie, von der untersten Grenze einer
fast ungefühlten Empfindung bis zur Erkenntnis einer verborgnen
wissenschaftlichen bezw. philosophischen Wahrheit, in sich schliesse.
Es ist deshalb auch diese Bezeichnung von einigen Psychologen
verworfen worden, da sie zu ausgedehnt und zu allgemein in ihrer
Bedeutung sei, um dabei noch irgend eine besondere Fähigkeit unterscheiden zu lassen; nichtsdestoweniger können wir ohne jenen
Ausdruck durchaus nicht auskommen und wenn wir in seiner Anwen-

dung recht sorgfältig verfahren — sei es bezüglich der niederen oder der höheren Geistesfähigkeiten, — so kann er keinen Schaden stiften.

Ich habe oben behauptet, dass die Wahrnehmung auf ihren höchsten Entwicklungsstufen Schlussfolgerungen in sich schliesse, während ich schon früher erwähnte, dass die niedrigste Stufe wenigstens Gedächtnis erfordre. Ich muss noch besonders hervorheben, dass die Wahrnehmung je nach ihrem Aufsteigen auch ein sich steigerndes Gedächtnis mit sich bringt. So bedingt z. B. bei einem neugebornen Kinde die Wahrnehmung eines süssen Geschmacks, als Unterschied von sauren und andern Geschmäcken, jene unterste Gedächtnisstufe, die darin besteht, dass man eine Empfindung in der Gegenwart als ähnlich mit einer in der Vergangenheit erkennt. Ferner schliesst die Erkennung eines Wechsels in der Milch auch die Erkennung einer gegenwärtigen Empfindung als unähnlich mit einer vergangenen in sich. Wenn dann das Gedächtnis soweit fortschreitet, um neben einander liegende Ideen zu assoziieren, so erreicht auch die Wahrnehmung das Stadium, in welchem Objekte mit ihren Eigenschaften und Beziehungen hinsichtlich des Neben- oder Nacheinander wieder erkannt werden, was wieder zu der Fähigkeit führt, Objekte, Qualitäten und Relationen durch ihre Ähnlichkeit zu erkennen, ein Vermögen, von dem, wie wir gesehen haben, die nächste Stufe des Gedächtnisses abhängt. Von diesem Punkt aufwärts beruht aber die Wahrnehmung überhaupt lediglich noch auf Ideenverbindungen, wie verfeinert und ausgebildet dieselben auch werden mögen. Die wichtige Thatsache, dass die Wahrnehmung immer und überall mit Gedächtnis verbunden ist, muss man sich recht klar machen; denn wenn Gedächtnis so zur Gewohnheit wird, dass es automatisch und unbewusst auftritt, so können wir leicht die Verbindung zwischen ihm und der Wahrnehmung aus dem Gesichte verlieren. Wie Spencer bemerkt, sagen wir darum z. B. nicht, dass wir uns erinnern, dass die Sonne scheine, sondern wir sprechen von einer Wahrnehmung des Sonnenscheins. In der That erinnern wir uns, dass die Sonne scheint; bei allen habituellen Erscheinungen der Erfahrung werden aber die Erinnerungen derart mit unsren Wahrnehmungen verschmolzen, dass sie sozusagen einen intepretierenden Teil der letzteren bilden.

Setzen wir z. B. den Fall, wir sähen einen Mann, dessen Gesicht wir kennen, während wir uns doch nicht erinnern können, wer der Mann ist. Hier ist die Wahrnehmung, dass das gesehene Objekt ein Mann und nichts andres aus den zahllosen Naturdingen ist, so innig mit einer gut organisierten Ideenassoziation verbunden, dass wir nicht an die Wahrnehmung, als in Wirklichkeit vom Gedächtnis abhängig, denken. Nur wenn wir uns zu der unvollkommen organisierten Ideenverbindung zwischen dem besondern Gesicht und dem besondern Individuum wenden, erkennen wir, dass die Unvollständigkeit dieses Teils der Wahrnehmung von der Unvollständigkeit des Gedächtnisses abhängt.

So selbstverständlich diese Betrachtungen nun auch erscheinen mögen, so bilden sie doch die erste Stufe zu einer Meinungsverschiedenheit in einer wichtigen Prinzipienfrage, welche noch auffälliger werden wird, wenn ich die höheren geistigen Fähigkeiten abzuhandeln haben werde, und welche sich leider auf die Schriften von Spencer bezieht. In seinem Kapitel über Gedächtnis äussert Spencer die Ansicht, dass „so lange psychische Veränderungen durchaus automatisch sind, das Gedächtnis, wie wir es verstehen, noch nicht existieren kann, da jene irregulären psychischen Veränderungen noch nicht möglich sind, die man in der Ideenverbindung erkennt". Ich habe bereits meinen Grund dafür angegeben, warum ich den Ausdruck „Gedächtnis" nicht auf die Ideenverbindungen beschränke; wenn wir aber auch über diesen Punkt hinweggehen, so kann ich ebensowenig zugeben, dass wenn psychische (zum Unterschiede von physiologischen) Veränderungen durchaus automatisch sind, sie deshalb nicht als mnemonisch zu betrachten sein sollten. Wenn ich die Sonne so oft scheinen gesehen habe, dass mein Gedächtnis für dieses Scheinen automatisch geworden ist, so ist das noch kein Grund dafür, dass meine Erinnerung an diese Thatsache, nur wegen ihrer Vervollkommnung, nicht Gedächtnis genannt werden sollte. Der gleiche Fall gilt aber für alle wohl organisierten Erinnerungen, die einen integrierenden Teil der Wahrnehmungen ausmachen. Insofern sie wirkliche „psychologische Veränderungen" mit sich bringen und deshalb die Gegenwart einer bewussten Erkenntnis, zum Unterschied von Reflex-

thätigkeit, in sich schliessen, insofern meine ich, dürfte keine Grenzlinie zwischen diesem und irgend welchem weniger vollkommenen
Gedächtnis gezogen werden. Ich werde hierauf noch näher zurückkommen, wenn ich zur Betrachtung von Spencers Ansichten
über Instinkt und Vernunft gelange.

Ein anderer Punkt, den wir dagegen hier noch zu berücksichtigen haben, ist der Anteil, den die Vererbung an der Ausgestal-
tung der wahrnehmenden Fähigkeit des Individuums vor seiner
eigenen Erfahrung genommen hat. Wir haben bereits gesehen, dass
die Vererbung eine bedeutende Rolle bei der Ausbildung von Gedächtnis für angestammte Erfahrungen spielt, woher es kommt, dass
viele Tiere bereits mit stark entwickeltem Wahrnehmungsvermögen
auf die Welt kommen. Dies zeigt sich nicht nur bei Galens Böcklein und Preyers Hühnchen, sondern bei der ganzen Schar von
Instinkten, die bei neugebornen oder neu ausgebrüteten Tieren zu
Tage tritt. Ich werde dieses Thema in dem Kapitel über Instinkt
noch ausführlich behandeln; alsdann werden wir finden, dass der
Reichtum an fertig gebildeten Informationen und infolge dessen zur
Anwendung bereitem Wahrnehmungsvermögen bei neugebornen oder
neuausgebrüteten Tieren so umfassend und genau ist, dass er kaum
noch der Unterstützung durch die nachfolgende individuelle Erfahrung
bedarf. Bei den verschiedenen Tierklassen variieren diese vererbten
Eigenschaften indessen stark und zwar der Art, wie dem Grade nach.

So z. B. bezieht sich die vererbte Wahrnehmung im allgemeinen
bei Säugetieren in den frühesten Entwicklungsstadien auf Geruch
und auf Geschmack; denn während viele Säugetiere blind, einige
wahrscheinlich taub, sicher aber alle hinsichtlich ihres Bewegungs-
vermögens sehr mangelhaft geboren werden, zeigen sie doch stets
mehr oder weniger Geschmacksvermögen und sehr häufig einen gut
ausgebildeten Geruchsinn. Dies gilt sowohl für Galens Böcklein,
als auch in einem noch höheren Grade für den Hund, dessen Vorfahren in umfassender Weise von einer Vervollkommnung des Geruchsinns abhängen, sodass z. B. ein spezieller Geruchseindruck, wie
der Duft einer Katze, neugeborne Hunde schon zum Schnaufen und
Prusten bringt. Mit einem besseren Wahrnehmungsvermögen, als alle
andern Tiere kommen aber die Vögel auf die Welt. Denn sie befinden

sich fast gleich nach der Ausbrütung im Vollbesitz aller Sinne und
sind, wie wir noch später sehen werden, alsdann sofort im stande sich
ihrer so vollständig wie in späterer Zeit zu bedienen. Auch Reptile werden mit nahezu vollkommen entwickeltem Wahrnehmungsvermögen ausgebrütet, und dasselbe gilt zum grössten Teile auch für die Wirbellosen.

Ich habe nun noch einige Bemerkungen über die Physiologie
der Wahrnehmung oder, richtiger gesagt, über die die Wahrnehmung begleitenden physiologischen Vorgänge nachzuholen.

In früheren Kapiteln habe ich bereits konstatiert, dass der
einzige bekannte physiologische Unterschied zwischen einer bewussten und einer unbewussten Nerventhätigkeit in einer Zeitdiffe-
renz besteht. Ich werde nun die experimentellen Thatsachen anführen, welche diese Behauptung zu begründen geeignet sind.

Prof. Exner hat die Zeit, welche ein Nervencentrum beim
Menschen zur Ausübung seines Anteils am Zustandekommen einer
Reflexthätigkeit nötig hat, bestimmt.*) Das heisst, wenn die Fort-
pflanzungszeit eines Reizes längs eines Nerven bekannt ist und ebenso
die Länge der bei einem besondern Reflexakte in Betracht kommenden ab- und zuleitenden Nerven, nebst der „latenten Periode“
im Muskel, so wird die vom Nervencentrum für seinen Thätigkeits-
anteil benötigte Zeit bestimmt, indem man die Durchgangszeit des
Reizes längs der ab- und zuleitenden Nerven *plus* der Latenzzeit
des Muskels von der Gesamtzeit zwischen Einfall des Reizes bis zum
Eintritte der Muskelkontraktion abzieht. Bei der reflektorischen
Schliessung des Augenlides schwankt diese Zeit zwischen 0,0471
und 0,0555 Sekunden, je nach der Stärke des Reizes. In ähnlicher Weise berechnet Exner die zu einer centralen Nerventhätigkeit nötige Zeit bei einer einfachen Empfindung, indem er die
Empfindung und den zur Kundgebung der Wahrnehmung derselben
nötigen Willensakt ins Auge fasst. Wird jemandem ein elektrischer
Schlag auf die eine Hand appliziert und dies so rasch als möglich mittelst der andern signalisiert, so kann man die Zeit, die das
Nervencentrum zu seiner Beteiligung an diesem Vorgang braucht, nach
der vorerwähnten Art messen, und zwar wurden in einem bestimmten

---

*) Archiv f. die ges. Physiol. 1874 u. 1877.

Fall 0,0828 Sekunden gefunden, also nahezu doppelt soviel, als ein Nervencentrum zum Vollzuge einer Reflexthätigkeit erfordert.

Wahrnehmungsakte, bei denen verschiedene Sinne beteiligt sind, beanspruchen auch eine verschiedene Zeitdauer. Nach Donders beträgt die gesamte Reaktionszeit (vom Einfall des Reizes bis zur Beantwortung desselben) im grossen und ganzen, für den Tastsinn $^1/_7$, für den Hörsinn $^1/_6$, für den Gesichtssinn $^1/_5$ Sekunde. Die Beobachtungen Wittichs, v. Vintschgaus und Höning-Schnieds lehren, dass die Reaktionszeit des Geschmacksinnes zwischen 0,1598 und 0,2351 Sekunde, je nach der Art des Geschmackes, schwankt. Am kürzesten ist sie für Salz, länger für Zucker und am längsten für Chinin. Ein auf die Zunge wirkender konstanter elektrischer Strom ergibt eine Reaktionszeit von 0,167 Sekunde für den Geschmackseindruck. Hiehergehörige Versuche mit Bezug auf den Geruch sind mir unbekannt. Exner hat an sich selbst die Reaktionszeit für Gefühl, Gehör und Gesicht genauer festgestellt und nachfolgende Zahlen gefunden. In allen Fällen gab die rechte Hand das Zeichen durch einen Druck auf einen elektrischen Schlüssel:

| | | |
|---|---|---|
| Direkte elektrische Reizung der Netzhaut . . | 0,1139 | Sekunde |
| Elektrischer Schlag auf die linke Hand . . | 0,1276 | „ |
| Plötzlicher Ton . . . . . . . . . . | 0,1360 | „ |
| Elektrischer Schlag an die Stirn . . . . . | 0,1370 | „ |
| Elektrischer Schlag auf die rechte Hand . . | 0,1390 | „ |
| Gesichtseindruck vom elektrischen Funken . | 0,1506 | „ |
| Elektrischer Schlag auf die linke Fusszehe . | 0,1749 | „ |

Es ist bemerkenswert, dass, obwohl die durch einen elektrischen Funken verursachte Lichtempfindung weit stärker ist, als die durch eine elektrische Reizung des Sehnerven hervorgebrachte, der Zeitraum zwischen der Reizung und der Wahrnehmung im ersteren Falle trotzdem weit länger ist. Da wir, bei der Kürze des Sehnerven, die Ursachen dieser Differenz nicht auf einen durch die Fortleitung längs der Nerven verursachten Zeitverlust schieben können, so müssen wir sie in der Zeit suchen, die die Nervenendigungen in der Netzhaut gebrauchen, um alle jene Veränderungen durchzumachen, worin ihre Beantwortung des Lichtreizes besteht. So wird z. B. beim Hören, wie oben angegeben, weniger Zeit für den ganzen Wahrnehmungsakt verbraucht, als beim Sehen durch die in der

Netzhaut vorsichgehenden peripherischen Veränderungen beansprucht wird. Je komplizierter das Objekt einer Gesichtswahrnehmung ist, desto grösser muss, nach Helmholtz und Baxt, die Dauer seines Bildes auf der Netzhaut sein, um jene Wahrnehmung hervorzubringen; dagegen steht diese Wahrnehmungszeit innerhalb gewisser Grenzen in keiner Beziehung zur Intensität des Bildes*). Der letztgenannte Verfasser fand, dass die Wahrnehmung einer Reihe von 6 oder 7 Buchstaben eine Dauer von $^1/_{20}$ Sekunde beansprucht. Andere Versuche haben das Verhältnis der Kompliziertheit eines Wahrnehmungsaktes zu der zu seinem Vollzug erforderlichen Zeit dargethan. Wird, nach Donders, ein Versuch in dem Sinne angestellt, dass nicht eine, sondern mehrere Wahrnehmungen signalisiert werden sollen, so verlängert dies die Reaktionszeit und zwar infolge der zur Ausführung der komplizierteren psychischen Prozesse benötigten Zeitdauer, da hier zu unterscheiden ist, welcher von den erwarteten Reizen wahrgenommen wurde, um bestimmen zu können, ob die Antwort zu geben oder noch zurückzuhalten sei. Diese dem Geiste gebotene Aufgabe nannte Donders ein „Dilemma" und veröffentlichte darüber folgende Resultate*):

Dilemma zwischen zwei Stellen der Haut; rechter oder linker Fuss durch einen elektrischen Schlag gereizt; Signal nur in einem dieser Fälle zu geben . . . 0,066 Sek.

Dilemma von Gesichtswahrnehmungen zwischen zwei plötzlich gezeigten Farben; Signal nur beim Erscheinen der einen Farbe, nicht bei dem der andern . . . 0,184 „

Dilemma zwischen zwei Buchstaben; Signal nur beim Erscheinen des einen . . . . . . . . . . . 0,166 „

Dilemma zwischen fünf Buchstaben, Signal wie vorstehend 0,170 Sek.

Dilemma von Gehörswahrnehmungen; zwei Vokale werden plötzlich genannt; Signal nur beim Anhören des einen 0,056 „

Dilemma zwischen fünf Vokalen; Signal wie vorstehend 0,088 „

Diese Tabelle gibt nicht den ganzen Zeitverlauf zwischen dem Auftreten des Reizes und dessen Beantwortung an, sondern vielmehr den Zeitunterschied, den die Beantwortung eines bestimmten Reizes und diejenige eines von zwei oder mehreren möglichen Reizen in Anspruch nimmt. Hiernach ist die durch das Dilemma

---

*) Archiv f. Anat. und Physiol. 1868, S. 657—81.

bedingte Zeit um $^1/_{20}$ — $^1/_5$ Sekunde länger, als die, welche zur Signalisierung einer einfachen Wahrnehmung erforderlich ist.

Diese „Dilemma-Zeit" wurde auch, soweit andere Sinne dabei beteiligt waren, von Kries und Auerbach berechnet und dabei folgendes festgestellt:

Lokalisation durch das Gesicht . . . . . . . . 0,011 Sek.
Unterscheidung von Farben . . . . . . . . . 0,012 „
Lokalisation durch das Gehör (kleinstes Intervall) 0,015 „
Unterscheidung der Tonhöhe (hohe Noten) . . . 0,019 „
Lokalisation durch Berührung . . . . . . . 0.021 „
Unterscheidung der Tonhöhe (tiefe Noten) . . . 0,034 „
Lokalisation durch Gehör (grösstes Intervall) . . 0,062 „

Wenn eine grössere Anzahl von Alternativen durch vorherige Verabredung festgestellt wird, so erfordert die Beantwortung noch längere Zeit.

Die für die Wahrnehmung nötige Zeit ist bei allen Sinnen je nach den Personen verschieden und wird unter dem Namen „persönliche Gleichung" von den Astronomen sorgfältig in Rechnung gezogen. Sie wächst mit dem Alter, bei besondern Krankheiten und nach besondern Arzneien; dagegen ist sie nicht notwendig geringer bei jungen, kraftvollen Leuten, als bei solchen von weniger kräftigem oder lebhaftem Temperament. Nach Exner bringen Personen, die gewohnt sind, ihren Gedanken sehr freien Lauf zu lassen, ihre Wahrnehmungen verhältnismässig langsam fertig oder zeigen wenigstens eine längere Reaktionszeit zwischen der Aufnahme und der Beantwortung eines Reizes. Um diesen Unterschied in der Reaktionszeit klar zu machen, gibt er folgende, von sieben Individuen gewonnene Tabelle*):

| Alter | Reaktionszeit | Bemerkungen |
|---|---|---|
| 26 | 0,1337 | Starker, flinker Arbeitsmann, |
| 23 | 0,3311 | Rasch in Bewegungen, aber von etwas langsamem Auffassungsvermögen, |
| 76 | 0,9952 | Schwach und nicht intelligent, |
| 24 | 0,1751 | Langsam und bedächtig in seinen Bewegungen, |
| 20 | 0,2562 | Langsam und von etwas unsicheren Bewegungen, |
| 22 | 0,1295 | Langsam und von sehr präziser Bewegung, |
| 35 | 0,1381 | An Handarbeit gewöhnt. |

*) Archiv f. d. ges. Psych. 1877 S. 612.

Bezüglich der arzneilichen Wirkung genügt die Bemerkung, dass zwei Flaschen Rheinwein bei Exner die Reaktionszeit von 0,1904 auf 0,2269 steigerten; ich selbst beobachtete auf der Jagd, dass eine Quantität Alkohol, die lange nicht hinreicht, irgend welche zum Bewusstsein kommende psychische Wirkung hervorzubringen, dennoch leicht zu Schüssen hinter das Wild Veranlassung geben kann. Mit Bezug auf die persönliche Gleichung kann ich noch einige Beobachtungen beibringen, die einen geradezu überraschenden Unterschied zwischen verschiedenen Individuen, hinsichtlich der zum Lesen gebrauchten Zeit, dokumentieren. Offenbar schliesst das Lesen ausserordentlich verwickelte Wahrnehmungsprozesse sensorischer und intellektueller Art in sich; wenn wir aber für diese Beobachtungen Personen wählen, die an vieles Lesen gewöhnt sind, so können wir sie, was ihre Praxis darin anbelangt, fast gleichstellen, so dass die Unterschiede in ihrer Lesezeit unbedenklich auf Differenzen in derjenigen Zeit zu beziehen sind, die sie zu komplizierten Wahrnehmungen in rascher Aufeinanderfolge erfordern. Meine Versuche bestanden darin, dass ich einen kurzen Abschnitt aus einem Buche auswählte, welches die betr. Personen niemals gelesen haben konnten. Dieser nur gewöhnliche Thatsachen enthaltende Abschnitt war am Rande mit Bleistift angestrichen. Das Buch wurde dann offen vor den Leser hingelegt, die Seite jedoch mit einem Blatt Papier überdeckt. Nachdem ich nun auf diesem Blatte Papier den darunter befindlichen Abschnitt der betreffenden Buchseite kenntlich gemacht, zog ich plötzlich das Blatt mit einer Hand zurück, während ich mit der andern den Zeitmesser in Bewegung setzte. Da ich 20 Sekunden zum Durchlesen des Abschnitts (10 Zeilen Oktavformat) zugegeben, legte ich das Papierblatt nach Ablauf dieser Frist ebenso plötzlich wieder auf die Druckseite, übergab das Buch dem nächsten Leser und wiederholte das Experiment wie zuvor. Inzwischen schrieb der erste Leser alles, dessen er sich aus seiner Lektüre erinnern konnte, nieder, und so fort der Reihe nach.

Das Resultat dieser Versuche war, dass ein erstaunlicher Unterschied in der Maximalleistung der verschiedenen Leser bestand, die alle an vieles Lesen gewohnt waren. Der Unterschied schwankte zwischen 1 und 4; d. h. in der gegebenen Zeit vermochte ein Individuum viermal mehr zu lesen, als ein andres. Auch gingen Langsamkeit im Lesen und Kraft der Assimilation keineswegs zusammen; im Gegenteil, wenn die ganze Anstrengung darauf gerichtet war, in der gegebenen Zeit so viel als möglich vom Inhalt der Lektüre sich anzueignen, wussten die schnelleren Leser durchschnittlich einen besseren Bericht von dem Inhalt der Lektüre zu geben, als die langsameren. Auch bestand keine Beziehung zwischen der auf diese Weise geprüften Schnelligkeit des Verständnisses und der sonst bewiesenen geistigen Regsamkeit; denn ich versuchte dasselbe Experiment bei einigen höchst ausgezeichneten Männern der Wissenschaft und Litteratur und fand, dass die Mehrzahl von ihnen langsame Leser waren. Schliesslich muss ich noch bemerken, dass jeder, der das Experiment versuchen will, die Erfahrung machen wird, dass es selbst bei äusserster Anstrengung des Gedächtnisses unmöglich ist, sich unmittelbar nach Durchlesung eines Abschnittes sämtlicher Gedanken desselben sofort zu entsinnen. Wenn der Abschnitt aber ein zweites Mal gelesen wird, so wird man die vergessenen Gedanken sofort als solche erkennen, die dem Geiste schon beim erstmaligen Lesen gegenwärtig waren. Dies beweist, dass die Erinnerung an eine vollständige Wahrnehmung sofort durch rasch aufeinander folgende Wahrnehmungen soweit verdrängt werden kann, dass sie latent wird, obschon sie durch die Wiederholung derselben Wahrnehmung sofort wieder zurückgerufen werden kann.

So variiert demnach die persönliche Gleichung bei verschiedenen Individuen um so mehr, je grösser die Anzahl und je verwickelter die Wahrnehmungen innerhalb einer gegebenen Zeit sind. Allerdings kann die persönliche Gleichung bei demselben Individuum durch Übung bestimmter Wahrnehmungen stark reduziert werden. Es ist dies besonders den Astronomen hinsichtlich gewisser einfacher Wahrnehmungsakte wohlbekannt; auch zeigt es sich bei allen den obenerwähnten Untersuchungen über Zeitmessungen, dass Übung stets die Herabsetzung der Reaktionszeit zur Folge hat. Der hierdurch herbeigeführte Reduktionsgrad selbst wurde nun wieder von Exner zum Gegenstand einer neuen Untersuchung gemacht. Derselbe bediente sich des in einer der obigen Tabellen erwähnten alten Mannes, der gewöhnlich eine Reaktionszeit von 0,9952 Sekunden hatte. Nach etwas mehr als 6 Monate langer Übung in rascher Signalisierung eines elektrischen Schlages setzte sich die Reaktionszeit auf 0,1866 Sekunden herab.

Diese allgemein gültige Thatsache, dass Wiederholung in umfassender Weise dazu beiträgt, die zur Herstellung der einfachsten physischen Vorgänge erforderliche physiologische Zeit herabzusetzen, ist von grosser Bedeutung. Dass sie aber auch für die mannigfaltigsten und verwickeltesten Wahrnehmungen gilt, beweist die alltägliche Erfahrung, wie z. B. bei Bankbeamten, mit Rücksicht auf ihre Fertigkeit im Zusammenzählen grosser Zahlenreihen, bei Musikern, bezügl. ihres raschen Überlesens verwickelter Partituren u. s. w. Einer der ausgezeichnetsten Fälle dieser Art ist der bekannte Erfolg, den der bekannte Taschenspieler Houdin bei seinem Sohne erzielte[*]). Die Dressur bestand darin, dass er den Knaben sehr schnell vor einem Schaufenster vorbeigehen und soviel Gegenstände als nur immer möglich darin wahrnehmen liess. Nach mehreren Monaten war der Knabe imstande, so viele Gegenstände auf einen Blick zu erfassen, dass sein Vater von ihm verkündigte, „er sei mit einem wunderbaren zweiten Gesicht begabt und könne bei verbundenen Augen jeden ihm von den Anwesenden vorgezeigten Gegenstand bezeichnen". Der Knabe vermochte in der That, ehe seine Augen verbunden wurden, alle Gegenstände in dem betr. Raume, die ihm möglicherweise vorgezeigt werden konnten, wahrzunehmen. Interessant ist die Bemerkung Houdins, welcher der Ausbildung des Wahrnehmungsvermögens eine so besondre Aufmerksamkeit schenkte, dass Frauen in der Regel eine grössere Raschheit in dieser Beziehung entwickelten, als Männer, ja, dass er Damen kennen gelernt habe, die „während sie eine andere ihres Geschlechts in einem schnell fahrenden Wagen vorbeipassieren sahen, genügende Zeit fanden, deren Toilette vom Hut bis zu den Schuhen zu analysieren, und nicht nur Façon und Qualität der Stoffe zu beschreiben, sondern auch zu sagen wussten, ob die Spitzen echt oder unecht waren". Ich führe diese Behauptung Houdins deshalb an,

---

[*]) *Memories of Robert Houdin II.* 9.

weil auch bei meinen Leseversuchen die Damen fast stets den Sieg davon trugen.

Dr. G. Buccola wies in einer kürzlich veröffentlichten Abhandlung nach, dass die Reaktionszeit bei gebildeten Personen in der Regel kürzer ist, als bei ungebildeten, am grössten aber bei Idioten.[*]

Ich habe mich bei diesen Wahrnehmungen länger aufgehalten, weil sie für die Lehre vom Entstehen des Bewusstseins und die physiologische Seite der geistigen Entwicklung im allgemeinen von der höchsten Bedeutung sind. Sie beweisen, dass die einfachsten psychischen Akte langsam sind im Vergleich zu den Reflexthätigkeiten; dass sie zwar durch Übung beschleunigt, aber doch niemals so schnell werden, wie letztere. Ein weiteres Beispiel für die Erfolge der Übung bietet die Beschleunigung des Wahrnehmungsaktes auf den höheren Stufen dieses Prozesses. Denn die Wirkung vorhergehender Wahrnehmungsakte besteht überall darin, den Geist sozusagen in Bereitschaft zu setzen, um Thätigkeiten derselben Art auszuführen. Die Geisteslage in Bezug auf diese besondern Akte der Wahrnehmung nennt Lewes passend „Vorwahrnehmung"[**]. Wenn diese Stufe der Vorwahrnehmung wohlbegründet ist, entsteht das Gedächtnis oder, je nachdem, das Gedächtnis nebst Schlussfolgerung, in oder zugleich mit dem Akt der Wahrnehmung, und zwar als ein wesentlicher Teil derselben. Dem Mangel an spezieller Erfahrung ist es zuzuschreiben, dass kleine Kinder so langsam in Wahrnehmungen sind, die über den niedrigsten Grad der Kompliziertheit hinausgehen; wie Spencer bemerkt, bedürfen sie einer langen Zeit, um ein fremdes Gesicht oder sonst einen ungewöhnlichen Gegenstand zu „integrieren", und das bedeutet nichts anderes, als dass bei ihnen die Geisteslage mit Bezug auf die Vorwahrnehmung dieser oder jener Klasse von Dingen noch nicht vollständig erreicht ist; die Prozesse des Gedächtnisses der Klassifikation und Schlussfolgerung erfolgen nicht sofort im Akte der Wahrnehmung, und deshalb wird die vollständige geistige Inter-

---

[*] *Rivisti di Filos. Scientif. I. p.* 2.
[**] *Problems of Life and Mind. III.* 107.

pretierung des wahrgenommenen Gegenstandes nur nach und nach erreicht. In derselben Weise kann bei Erwachsenen das Wahrnehmungsvermögen durch Übung in gewissen Richtungen bis zu einem bedeutenden Grade gesteigert werden, wie wir dies schon bei Houdins Sohn gesehen und wie dies auch aus der Thatsache hervorgeht, dass ein Künstler Details sieht, wo für andre Augen nur eine unbestimmte oder verworrene Masse existiert. Eine anhaltende Aufmerksamkeit hat den mächtigsten Einfluss auf die Entwicklung der Raschheit und Genauigkeit des Wahrnehmungsvermögens, worin gerade sein höchster Vorzug besteht.

Wir haben nun noch die wichtige Frage vor uns, ob Wahrnehmung aus Reflexthätigkeit entspringt, oder Reflexthätigkeit aus Wahrnehmung, oder ob überhaupt irgend ein genetischer Zusammenhang zwischen beiden besteht? Es ist dies eine sehr schwierige Frage, die wir, meiner Meinung nach, mit einiger wissenschaftlichen Zuversichtlichkeit noch nicht zu beantworten vermögen. Nach Spencer entsteht das Wahrnehmungsvermögen aus Reflexthätigkeiten, wenn diese eine gewisse Stufe der Verwicklung in ihrem organischen Bau erreicht haben oder wenn ihr Vorkommen bis zu einem gewissen Grade selten geworden ist. „Sobald," sagt Spencer, „infolge der fortschreitenden Kompliziertheit und der abnehmenden Häufigkeit der zu beantwortenden äusseren Beziehungen, Gruppen von inneren Beziehungen auftreten, die unvollkommen organisiert sind und immer mehr hinter der automatischen Regelmässigkeit zurückbleiben, taucht dasjenige vor uns auf, was wir Gedächtnis nennen."*) Jedoch scheint mir die Thatsache noch sehr fraglich, ob diese Kompliziertheit, zusammen mit der Seltenheit des Vorganges, die einzigen Faktoren sind, welche zur Differenzierung psychischer Nervenprozesse aus Reflexprozessen heraus führen; denn offenbar gibt es bei uns selbst wirkliche Reflexthätigkeiten von grosser Kompliziertheit und ungemein seltenem Vorkommen, wie z. B. das Erbrechen oder Gebären. Das einzige, was wir mit einiger Sicherheit sagen können, ist, dass der einzige beständige physiologische Unterschied zwischen einem bewussten und einem unbewussten Nervenprozesse in der Zeit be-

---

*) Spencer, Prinzipien der Psychologie I. 466.

steht. In sehr vielen Fällen ist dieser Unterschied ohne Zweifel durch die Kompliziertheit oder die Neuheit des vom Bewusstsein begleiteten Nervenprozesses bedingt, wir sind aber nach dem Gesagten kaum berechtigt, dieselben für die einzigen Faktoren zu halten, obgleich sie gewiss ausserordentlich wichtig sind; denn auf der andern Seite wird die natürliche Auslese oder auch irgendwelche andre Ursachen die zur Entstehung des Bewusstseins (und demzufolge auch der Wahrnehmung von Freude und Schmerz) erforderlichen physiologischen Bedingungen geschaffen haben, ohne dass dabei die Verwicklung oder Seltenheit der Vorgänge in Frage zu kommen brauchten; in diesem Falle hätten sich die zeitlichen Beziehungen, denen jene Bedingungen begegnen mussten, mit diesen zusammen entwickeln müssen. Zu Gunsten dieser Ansicht spricht, wie ich glaube, die Thatsache, dass der Bau der Hirnhemisphären in einigen Punkten sehr auffällig vom Bau der Reflexcentren abweicht.

Mögen die Faktoren übrigens sein, welche sie wollen, es ist immerhin wichtig, den sichren experimentellen Grund zu besitzen, auf dem die Thatsache beruht, dass im allgemeinen psychische Prozesse eine verhältnismässige Verzögerung der Ganglienthätigkeit bedingen; denn es ergibt sich daraus die schon in einem früheren Kapitel erwähnte notwendige Folgerung, dass psychische Prozesse den subjektiven Ausdruck für objektive Zusammenstösse molekularer Kräfte bilden; Reflexthätigkeit kann mit der raschen Bewegung einer wohlgeölten Maschine verglichen werden, Bewusstsein dagegen gleicht der durch innere Reibung einer ähnlichen Maschine entwickelten Hitze, und psychische Prozesse dem Lichte, welches eine solche bis zur Rotglut gesteigerte Hitze ausstrahlt. Vermutlich entstehen psychische Prozesse mit einer den Betrag der Ganglienreibung proportionalen Lebhaftigkeit und Zusammengesetztheit, wie auch aus den obenerwähnten Experimenten Donders' hervorzugehen scheint. Nun ist es sicher, dass durch Häufigkeit der Wiederholung — d. h. durch Übung im Vollzuge eines besondern psychischen Aktes — der Betrag dieser Ganglienreibung herabgesetzt werden kann (wie aus der möglichen Herabsetzung der zur Ganglienwirkung erforderlichen Zeit hervorgeht) und dass, gemeinschaftlich mit dieser Veränderung auf der objektiven Seite, auch eine Veränderung auf der subjektiven Seite auftritt, insofern die vorher bewusst gewesene Thätigkeit dazu hinneigt, automatisch zu werden.

Aus diesen Betrachtungen wird aber gefolgert werden dürfen, dass Reflexthätigkeit und Wahrnehmung wahrscheinlich zusammen fortschreiten, indem eine jede Entwicklungsstufe der einen als Grundlage zur nächsten Entwicklungsstufe der andern dient. Eine Bestätigung dieser Anschauung bietet schliesslich die allgemeine Thatsache, dass durch das ganze Tierreich hindurch beständig ein gegenseitiges Verhältnis zwischen der Kompliziertheit der Reflexthätigkeiten eines Organismus und der Stufe seiner psychischen Entwicklung besteht.

## Zehntes Kapitel.

### Einbildungskraft.

Es ist schon im zweiten und dritten Kapitel darauf hingewiesen, was ich unter einer „Idee" verstehe, und dabei
zugleich das Prinzip der Ideenverbindung im physiologischen wie psychologischen Sinne festgestellt worden.

Die einfachste Form einer Idee ist die Erinnerung an eine
Empfindung. Dass eine Empfindung erinnert werden kann, auch
ohne stattgefundene Wahrnehmung, wird nicht nur durch die schon
früher erwähnte Thatsache bewiesen, dass ein ein bis zwei Tage
altes Kind eine Veränderung der Milch zu unterscheiden vermag,
sondern auch durch die allgemein bekannte Erscheinung, dass wir
einige Minuten nach einer nicht wahrgenommenen Empfindung mittelst Nachdenkens uns an jene Empfindung zu erinnern vermögen.
Man kann z. B. bei der Lektüre eines Buches eine Uhr von eins
bis fünf und vielleicht noch mehr schlagen hören, ohne den Ton
wahrzunehmen; trotzdem ist man in der Regel nach einer oder zwei
Minuten imstande, sich der vergangenen Empfindung zu erinnern
und gar die Zahl der Stundenschläge noch namhaft zu machen;
in einfacheren Fällen lässt sich das Gedächtnis an eine Empfindung
aber auf eine noch weit längere Zeit ausdehnen.

Da die einfachste Idee in Form einer Erinnerung an eine vergangne Empfindung (zum Unterschied von einer Erinnerung an eine
vergangne Wahrnehmung) auftritt, so folgt daraus, dass die frühesten Stufen der Ideenbildung den frühesten Stufen des schon beschriebenen Gedächtnisses entsprechen, wobei noch keine Ideen-

verbindung, sondern nur die Wahrnehmung einer gegenwärtigen Empfindung, als ähnlich oder unähnlich einer vergangenen, stattfindet. Man kann daher wohl sagen, dass eine Idee in ihrer elementarsten Form in dem schwachen Wiederaufleben einer Empfindung bestehe. Diese Ansicht ist schon mehrfach, durch Spencer, Prof. Bain und andren, klar ausgesprochen worden und ebenso die Behauptung, dass aller Wahrscheinlichkeit nach die cerebrale Veränderung, welche die Idee einer vergangnen Empfindung begleitet, nach Art und Ort, wenn auch nicht der Intensität nach, mit derjenigen übereinstimmt, welche die Begleiterin der ursprünglichen Empfindung ist.

Auf der nächsten Entwicklungsstufe kann die Ideenbildung als die Erinnerung an eine einfache Wahrnehmung angesehen werden und unmittelbar darnach tritt das Prinzip der Assoziation durch Kontiguität oder Aneinandergrenzen auf. Später entsteht die Assoziation durch Ähnlichkeit und von da ab steigt die Ideenbildung durch Abstraktion, Generalisation und symbolische Konstruktion auf Wegen und in Graden, die ich in meinem künftigen Werke des nähern darlegen will.

Aus dieser kurzen Skizze ist zu ersehen, dass wir mit unserer Untersuchung über Gedächtnis- und Ideenverbindung auch bereits die untersten Stufen der Ideenentwicklung erledigt haben. Indem wir also die Untersuchung auf dem Punkte wieder aufnehmen, wo wir sie dort verlassen haben, werde ich dieses Kapitel einer Betrachtung der höheren Phasen der ideenbildenden Fähigkeit widmen, die wir am besten unter dem Ausdruck der Einbildungskraft zusammenfassen. Unter dieser allgemeinen Bezeichnung verstehen wir eine Mannigfaltigkeit von geistigen Zuständen, die, obwohl sie alle untereinander verwandt sind, doch dem Grade der geistigen Entwicklung nach so sehr differieren, dass wir mit einer Analyse derselben beginnen müssen.

Im gewöhnlichen Leben versteht man unter „Einbildungskraft" die höchste Ausbildung der Fähigkeit, vergangne Eindrücke absichtlich zu verbildlichen. In diesem Sinne sprechen wir von der Einbildungskraft der Dichter oder des Herzens, von dem wissenschaftlichen Nutzen der Einbildungskraft u. s. w., wobei wir durchweg sowohl ein hohes Abstraktionsvermögen, als auch absichtliche ideale Kombinationen früherer wirklicher Eindrücke voraussetzen. Ich brauche wohl kaum hinzuzufügen, dass diese Fähigkeit, auch beim Menschen, lange bevor sie jene Entwicklungshöhe erreicht, in niedrigeren Graden zum Vorschein kommt. In der That verhält sich jene höchste Entwicklungsstufe zu den niederen, wie eine vollkommne Rückerinnerung zum einfacheren Gedächtnis; sie schliesst die innerliche Durchforschung des Geistes mit dem bewussten Zwecke, eine ideale Struktur herzustellen, in sich. Ebenso aber, wie der vollkommnen Rückerinnerung das einfache Gedächtnis, oder der absichtlichen Assoziation die empfindende Assoziation vorhergeht, so geht auch der Einbildungskraft von der absichtlichen Art diejenige der empfindenden Art voraus.

Nach dieser Betrachtung dürfen wir wohl zum Zwecke unsrer Untersuchung die Grade der Einbildungskraft in vier Klassen teilen:

1. Bei der Anschauung eines Gegenstandes, wie z. B. einer Orange, werden wir sofort auch an den Geschmack derselben erinnert — wir haben eine Einbildung dieses Geschmackes, welche lediglich durch die Kraft einer empfindenden Assoziation hervorgerufen wird. Dies ist die niedrigste Stufe der geistigen Verbildlichung.

2. Sodann haben wir die Stufe, auf der wir uns ein geistiges Bild von einem abwesenden Gegenstande machen, der uns durch ein anderes Objekt nahe gelegt wird, wie uns etwa Wasser die Idee des Weines eingibt.

3. Auf einer noch höhern Stufe vermögen wir eine Idee unabhängig von irgend einer offenbaren Veranlassung von aussen her zu bilden, wie z. B. ein Liebhaber an den Gegenstand seiner Verehrung denkt, trotz aller äusseren Ablenkung. Der Verlauf der Ideenbildung ist in diesem Falle selbständig und ist für seine geistigen Bilder (Ideen) nicht mehr abhängig von den Eingebungen einer unmittelbaren Sinneswahrnehmung. Auf dieser Stufe hat man Träume im Schlafe, während deren der Prozess der Ideenbildung in einem fortlaufenden Strome weiterläuft, wenn auch alle Sinneskanäle verschlossen sind.

4. Auf der letzten Stufe sind wir im stande, nach Willkür gei-

stige Bilder herzustellen, zu dem ausdrücklichen Zwecke, neue ideale Kombinationen zu erhalten.

Mit Rücksicht auf diese weitgreifenden Differenzen in den Graden, welche die Einbildungskraft erreichen kann, habe ich den betreffenden Zweig im Diagramm stark verlängert und ihm die Stufen von Nr. 19 bis 38 zugewiesen. Die Spitze des Zweiges reicht deshalb bis zur Abstraktion hinauf, in ungefähr $^2/_3$ Höhe der Generalisation und über den Ausgangspunkt der Reflexion hinaus. Natürlich zeigen diese vergleichsweisen Abschätzungen hier wie anderwärts, in oberflächlicher Annäherung an die relative Wahrheit, nur den ungefähren Grad der Ausbildung jener geistigen Arten, die wir Fähigkeiten nennen. Ich betrachte, wie gesagt, diese Arten selbst als etwas Künstliches und der Übereinkunft Unterworfenes; die von uns so genannten Fähigkeiten sind viel mehr Abstraktionen unsrer selbst, als objektive und für sich bestehende Wirklichkeiten; deshalb ist auch die Klassifizierung derselben durch die Psychologen nur in einem sehr beschränkten Sinne als eine natürliche anzusehen. Immerhin ist es die brauchbarste Klassifizierung, um eine geistige Entwicklungsstufe mit der andern zu vergleichen, und es kann deshalb nichts schaden, wenn wir sie mit dem Vorbehalt adoptieren, dass mein diagrammatischer Baum, wie schon oft gesagt, nur ganz im allgemeinen die Beziehungen der verschiedenen, durch die Psychologie festgestellten Geistesfähigkeiten unter einander darstellen soll. Bei alle dem erwächst mir die Verpflichtung, zu erklären, warum ich den Gipfel der Einbildungskraft dieselbe Stufe erreichen lasse, wie den Gipfel der Abstraktion, denn die Psychologen könnten natürlich daraus schliessen, dass ich unachtsamerweise damit die Doktrin des Realismus adoptierte. Dies ist jedoch nicht der Fall. Ich gebe zwar zu, dass wenn wir jede Abstraktion uns einbilden könnten, dieser Realismus die einzige rationelle Theorie wäre; indessen liegt es mir fern, durch mein Diagramm eine so absurde Idee zu unterstützen. Vielmehr hoffe ich in einem künftigen Werke noch Gelegenheit zu finden, zu beweisen, dass ich mich streng in den Grenzen des Nominalismus zu halten weiss.

Wenden wir uns nun zu den seitlichen Kolumnen, so wird man sehen, dass ich die Klassen der Mollusken, Insekten, Arachniden, Krustazeen, Cephalopoden und die kaltblütigen Wirbeltiere auf eine Stufe mit dem Ursprunge der Einbildungskraft stelle. Meine Rechtfertigung dafür habe ich schon an andrer Stelle gegeben*). So musste doch jener *Octopus*, der in der Verfolgung eines Hummers, mit dem er in einem angrenzenden Wasserbehälter gekämpft hatte, mühsam die senkrechte Scheidewand zwischen beiden Behältern emporkletterte, durch ein dauerndes geistiges Bild oder eine Erinnerung an seinen Gegner dazu angetrieben worden sein. Die Spinnen, welche Steine an ihrem Gewebe befestigen, um dasselbe während der Stürme festzuhalten, müssen in ähnlicher Weise, vermöge einer Art Einbildungskraft, dazu veranlasst werden; ganz dasselbe ist mit der Krabbe der Fall, die, wenn ein Stein in ihre Höhle gerollt ist, andre Steine aus der Nähe des Randes entfernt, damit sie nicht ebenfalls hineinrollen; ebenso muss die Schüsselmuschel, welche von ihrer Nahrungssuche nach Hause zurückkehrt, notwendigerweise eine schwache Erinnerung oder ein geistiges Bild von der betreffenden Örtlichkeit besitzen.

Die nun folgende zweite Stufe der Einbildungskraft, auf der ein Gegenstand oder eine Reihe von Umständen einen andern ähnlichen Gegenstand oder eine andre Reihe von Umständen anregt, kommt nach meiner Erfahrung zuerst bei den Hymenopteren vor. Für die hierher gehörigen, überaus zahlreichen Fälle von Ideenverbindung, die zu einer von der unmittelbaren Wahrnehmung mehr oder weniger entfernten geistigen Verbildlichung führen, namentlich bei den Ameisen Bienen und Wespen, verweise ich ebenfalls auf mein früheres Buch.**) Bei den höheren Tieren ist diese Art Einbildungskraft sehr häufig und stark ausgeprägt. So berichtet, um nur ein Beispiel anzuführen, Thompson***) von einem Hunde, „der trocknes Brot zurückwies und gewöhnlich nur kleine, in Sauce getauchte Stückchen vom Teller seines Herrn erhielt; er schnappte aber begierig nach trocknem Brot, mit dem man nur in ähnlicher Weise über den Teller fuhr, und that dies, bei einem ausdrücklich deshalb

---

*) *Animal Intelligence.*
**) *Ibid. p.* 122—140 u. 181—191.
***) *Passions of Animals* (59).

angestellten Versuche, so oft, bis sein Hunger gestillt war. Offenbar trug in diesem Fall die Einbildungskraft des Tieres über seinen Geruch und Geschmack den Sieg davon". Hierher gehört auch die Vorsicht und Scheu der wilden Tiere. Leroy, der als Jäger eine grosse Erfahrung in dieser Beziehung besitzt, sagt: „In den ersten Stunden der Nacht, wenn die Dunkelheit an sich schon den Fuchs in seinen Absichten begünstigt, wird ihn das entfernte Gebell eines Hundes mitten in seinem Lauf aufhalten. Alle Gefahren, die er bei verschiedenen Gelegenheiten durchgemacht, steigen vor ihm auf; naht aber die Morgendämmerung, so gewinnt der Hunger über jene Furchtsamkeit die Oberhand; das Tier wird dann kühn durch Not. Es rennt der Gefahr entgegen, da es durch seine voraussehende Einbildungskraft weiss, dass es beim Anbruch des Tages doppelt gefährdet ist." Dem durch die Menschen so furchtsam gemachten Wolfe schreibt derselbe Autor als Frucht der Einbildungskraft Täuschungen und falsche Urteile zu. Erstrecken sich diese letzteren nun auf eine grössere Anzahl von Gegenständen, so werden sie das Tier zu endlosen Irrtümern verleiten, obwohl diese mit den Prinzipien, welche in seinem Geiste Wurzel gefasst haben, vollständig übereinstimmen. Er sieht Fallen, wo keine sind, und seine durch Furcht verzerrte Einbildungskraft verwirrt den Zusammenhang seiner verschiedenen Empfindungen und täuscht ihm Gestalten vor, denen er den abstrakten Begriff von Gefahr beilegt."*)

---

*) Indem ich hierzu auf desselben Verfassers *Intelligence des animaux* verweise, füge ich hier noch einen mir von Dr. C. M. Fenn in San Diego mitgeteilten Fall hinzu: An der Südküste von San-Francisco wurde ein Farmer durch den Verlust seiner Hühner in grossen Ärger versetzt. Seine Hunde hatten schon mehrere herumschweifende *Coyotes* (eine Art kleiner Wölfe) gefangen; einer derselben hatte sich aber beständig seinen Verfolgern zu entziehen gewusst, indem er nach dem Strande zu entkam, wo sich jede Spur von ihm verlor. Infolge dessen teilte eines Tages der Farmer seine Hunde und nahm mit zweien oder dreien derselben Stellung in der Nähe des Ufers. Bald näherte sich der Wolf dem Meere, verfolgt von den übrigen Hunden. Der Farmer bemerkte nun, dass das Tier den zurückweichenden Wellen so nahe als möglich folgte und keine Fussspur in dem Sande hinterliess, die nicht sofort durch die Flut wieder verlöscht wurde. Als er nun seiner Vermutung nach weit genug gelaufen war, um jede Spur zu vernichten, wandte er sich schleunigst landeinwärts.

Ich lasse hier noch einen Beweis zu dieser zweiten Klasse von Einbildungskraft folgen, der um so überzeugender ist, als er ein Tier betrifft, das sich im allgemeinen nicht durch grosse Intelligenz auszeichnet, ich meine das wilde Kaninchen. Wer diese Tiere schon einmal mit Frettchen gejagt hat, wird wissen, dass die Kaninchen eines schon früher auf dieselbe Weise heimgesuchten Geheges sehr schwer aus ihrem Baue zu jagen sind, indem sie sich lieber durch die Frettchen ernstlich angreifen lassen, als dass sie sich den draussen drohenden Gefahren aussetzen. Es geht daraus hervor, dass die Kaninchen (dank früherer Erfahrung) das Eindringen eines Frettchens in ihren Bau mit dem Vorhandensein eines draussen wartenden Jägers verbinden, und das Bild des aussenstehenden Feindes ist dabei lebhaft genug, um das Tier lange Zeit den unmittelbaren Schmerz und Schreck unter den Zähnen und Klauen des Frettchens erdulden zu lassen, ehe es dazu gebracht werden kann, sich dem entfernteren, aber noch tödlicheren Schmerz auszusetzen, welchen es aus der Hand des Menschen zu erfahren fürchtet.

Wir kommen nun zu der dritten Stufe der Einbildungskraft, mit welcher die Fähigkeit der Ideenbildung, unabhängig von deutlichen Anregungen von aussen her, verbunden ist, und wollen zuerst untersuchen, auf welche Weise dieselbe, auch bei einem Tiere, zum Ausdruck kommen kann. Abgesehen von artikulierten Ausdrücken oder intelligenten Geberden sind die objektiven Anzeichen dieser Art von Einbildungskraft offenbar so wenig zahlreich, dass man sie fast gänzlich vermisst. Selbst wenn wir sie bei irgend einem Tiere voraussetzen, wird es uns schwer werden, die Art der Aktion zu erraten, welche sie veranlasst und als unverkennbarer Beweis für jene Fähigkeit angesehen werden könnte. Was wir hier nötig haben, ist irgend eine Klasse von Thätigkeiten, welche einzig und allein auf Einbildungskraft bezogen werden könnte. Ich kenne nur drei solcher Klassen, welche das Vorhandensein dieser Fähigkeit bei Tieren endgültig konstatieren liessen. Es ist fast unnötig hinzuzufügen, dass eine derartige Einbildungskraft bei Tieren von niedern Stufen wohl vorhanden sein mag, wenn sie sich hier auch nicht in der Weise dokumentieren kann, wie es bei höheren Tieren der Fall ist. Als erste jener Thätigkeiten nenne ich den Traum.

Wo derselbe vorkommt, liefert er einen sicheren Beweis für die Existenz der Einbildungskraft der von mir sogenannten dritten Stufe. Dass die Hunde träumen, ist eine Thatsache, die schon vor langen Zeiten von Seneca und Lucrez beobachtet wurde. Nach Dr. Lauder Lindsay träumt auch das Pferd, wie es durch sein Zittern, Schauern, Zucken oder Beben beweist. Dieselben Erscheinungen begleiten oder folgen im wachen Zustande auf starke Erregung, Furcht, Eifer, Ungestüm oder Ungeduld; daher ist die Schlussfolgerung Montaignes und anderer vollständig berechtigt, dass dieselben Gefühle oder geistigen Zutsände auch während des Schlafens und Träumens entstehen und wahrscheinlich beim Rennpferde mit vorgestelltem Rennen, wie beim Jagdhund mit vorgestelltem Hetzen in Verbindung zu bringen sind.

Nach Autoritäten wie Cuvier, Jerdon, Houzeau, Bechstein, Bennet, Thompson, Lindsay und Darwin träumen auch Vögel. Nach Thompson träumen sogar Krokodile; da er aber keine sicheren Beweise dafür gibt, so habe ich das Träumen in meinem Diagramm erst bei den Vögeln, als der niedrigsten Stufe seines unzweifelhaften Vorkommens, beginnen lassen. Nach dem letztgenannten, im allgemeinen zuverlässigen Verfasser zeigen sich von den Vögeln der Storch, der Kanarienvogel, der Adler und der Papagei, von den Säugetieren der Elefant, das Pferd und der Hund in ihren Träumen zu Bewegungen angetrieben. Bennet berichtet, dass Wasservögel im Schlafe ihre Beine wie beim Schwimmen bewegen, und Hennabe hörte den *Hyrax* im Traume einen schwachen Schrei ausstossen. Bechstein beschrieb das alpähnliche Träumen eines Dompfaffen, „wobei das während des Schlafes auftretende Entsetzen derart war, dass die Besitzerin des Vogels einschreiten musste, um üblen Folgen vorzubeugen. Das Tier fiel dabei auch wiederholt von seiner Stange, beruhigte sich aber bei der Stimme seiner Herrin sofort wieder." Schliesslich versichert Houzeau, dass Papageien im Schlafe bisweilen sprechen.*)

---

*) Nach Guer, Lindsay u. a. führt dieLebhaftigkeit des Traumes bei Tieren manchmal zum Somnabulismus. So behauptet Guer, dass ein somnambuler Hofhund eingebildete Fremde oder Feinde verfolge und eine ganze Reihe pantomimischer Handlungen dabei zur Schau trage, einschliesslich der Bellens.

Eine weitere Thatsache, die ich zum Beweise der Existenz dieser dritten Stufe der Einbildungskraft anführen möchte, besteht in den vorkommenden Illusionen oder Halluzinationen. Dr. Lauder Lindsay schreibt in Bezug hierauf sehr richtig: „Bei den Tieren nehmen die Gesichtstäuschungen, ganz wie beim Menschen, die Gestalt von Phantomen oder Hirngespinsten an, . . . . von eingebildeten Persönlichkeiten, Tieren oder Sachen. Ja, es scheint dieselbe Art von gespenstischen Bildern zu sein, die bei Tieren wie beim Menschen vorkommt, bei der Tollwut der Hunde, wie bei der menschlichen Wasserscheu." Über denselben Gegenstand schreibt Flemming: „Ein toller Hund schien wie von schrecklichen Phantomen heimgesucht . . . . zuweilen war es, als ob er die Bewegungen von irgend jemand auf dem Fussboden verfolgte, er sprang dann plötzlich vorwärts und biss in die leere Luft, als ob er etwas Feindliches vor sich hätte." In der That sind diese auf Gesichtshalluzinationen zurückzuführenden Erscheinungen so gewöhnlich und für die Tollwut der Hunde so charakteristisch, dass sie in der Regel das erste und sicherste Symptom dieser Krankheit bilden. Mein Freund Walter Pollock sendet mir nachstehenden Bericht über eine in seinem Besitz befindliche schottische Hündin: „Sie hatte einen merkwürdigen Hass oder Furcht vor jedem ungewöhnlichen Gegenstande; so z. B. dauerte es lange Zeit, ehe sie das Anschlagen einer Glocke vertragen konnte, die anfänglich eine neue Erfahrung für sie bildete. Sie drückte durch Knurren und Bellen ihr Missfallen oder ihre Furcht darüber aus, wobei sich ihre Haare emporsträubten. Zuweilen benahm sie sich ebenso, nachdem sie scheinbar starr nach irgend etwas im leeren Raume gesehen hatte. Dies erweckte meine Aufmerksamkeit und ich beschloss sie zu beobachten, ohne jedoch in irgend einer Weise meinerseits zu einer Wiederholung dieses eigentümlichen Gebahrens beizutragen. Da das Tier nun nach wie vor einen für mich unsichtbaren Feind oder sonstiges Unheilverheissende zu erblicken schien und seine Gefühle in der beschriebenen Weise an den Tag legte, so schloss ich daraus, dass es bei dieser Gelegenheit das Opfer irgend einer optischen Täuschung sein müsse. Wie bereits bemerkt, brachte ich dieselbe Wirkung bei ihm hervor, wenn ich irgend etwas Unerwar-

tetes oder Unvernünftiges vornahm, bis es sich schliesslich an diese
Art von Experimenten gewöhnte, obgleich auch später noch das
Sehen irgend einer Art von Phantom fortzubestehen schien. Ich
hatte keine Gelegenheit, zu unterscheiden, ob diese Erscheinungen
in regelmässigen Zwischenräumen oder etwa vorzugsweise nach dem
Schlafe oder zu andern Zeiten vorkamen." — Pierquin beschreibt
einen weiblichen Affen, der von einem Sonnenstich befallen, später
von Schreckanfällen infolge von irgend welchen Halluzinationen
heimgesucht wurde. Auch pflegte er nach eingebildeten Dingen
zu schnappen und that so, als ob er etwa nach Insekten im Fluge
haschen wollte.*)

Ich verzichte auf die Anführung weiterer Beispiele dieser Art
und wende mich zu einer dritten Klasse von Thatsachen, die für
jene in Rede stehende dritte Stufe der Einbildungskraft bei Tieren
sprechen. Zu dieser Klasse gehören Tiere, welche durch ihre
Handlungen zeigen, dass sie in ihrem geistigen Auge ein Bild oder
eine Vorstellung von abwesenden Dingen haben. Es wird z. B.
schon manchem der um so viel grössere Eifer aufgefallen sein, mit
dem Arbeitspferde abends nach Hause streben, im Vergleich zu
der Schwerfälligkeit und dem Mangel an Energie, mit dem sie
morgens an ihre Tagesarbeit gehen. Es lässt sich dies nur durch
die Annahme erklären, dass die Tiere ein Bild von ihrem Stall, in
Verbindung mit Futter und Ruhe, geistig vor Augen haben. Die
Sehnsucht nach ihren alten Wohnplätzen, welche viele Tiere zur Schau
tragen, lässt sich ebenso nur dadurch erklären, dass sie ein geistiges
Bild oder eine Vorstellung von ihrer früheren glücklichen Erfahrung
besitzen. Die Anregungen dieser Einbildungskraft sind manchmal
so stark, dass sie die Tiere dazu anspornen, den Gefahren und
Mühseligkeiten einer Reise von hunderten von Meilen zu trotzen,
und zwar nur zu dem Zweck, um den Schauplatz wieder zu erreichen, der ihre Einbildungskraft so sehr beschäftigt: „Tauben,
Hunde, Katzen und Pferde, welche man von ihren Aufenthaltsorten
entfernt, geben alltägliche Beispiele für jene Eigenschaft. Derselbe
erdrückt und überwältigt die geistigen Fähigkeiten und lähmt zu-

---

*) *Traité de la folie des animaux I. 93.*

weilen jede körperliche Energie. Viele gefangne Vögel z. B. werden geistig so vollständig gebrochen, dass sie jede Nahrung verweigern, sich abhärmen und sterben. . . . . Ein in erwachsnem Zustande gefangener Brüllaffe wird melancholisch, verschmäht jede Nahrung und stirbt in wenigen Wochen; dasselbe ist mit dem Puma der Fall, und Burdach behauptet, dass der Tod unter diesen Umständen zuweilen so plötzlich eintrete, dass er nur einem plötzlichen und heftigen geistigen Eindrucke zugeschrieben werden kann."*)

Obwohl man nun einwerfen könnte, dass dieses Abhärmen in der Gefangenschaft lediglich aus der Beraubung der Freiheit oder durch veränderte Lebensbedingungen, ohne jede geistige und gegensätzliche Vorstellung einer früheren Erfahrung entstehe, so dürfte doch in den nachfolgenden analogen Fällen dieses Bedenken gänzlich ausgeschlossen erscheinen. Es sind dies alle jene bei Haustieren so häufig beobachteten Fälle, wo ein ähnliches Abhärmen vorkommt, ohne dass ein andrer Wechsel in den Lebensbedingungen stattfände, als die plötzliche Entfernung eines Herrn oder eines Gefährten, an den das Tier sehr attachiert war. Mir selbst ist ein Fall bekannt, dass ein Hund aus meinem eignen Hause bei einer plötzlichen Abreise seiner Herrin für eine Reihe von Tagen alles Futter zurückwies, so dass wir dachten, er müsste sterben. Wir konnten sein Leben nur durch künstliche Fütterung mit rohen Eiern erhalten. Bei alledem blieb seine sonstige Umgebung unverändert und jeder begegnete ihm so wohlwollend wie zuvor. Dass die Ursache seines Kummers nur in der Abwesenheit seiner geliebten Herrin bestand, zeigte sich auch darin, dass das Tier stets vor der Thür ihres Schlafzimmers blieb, obwohl es von ihrer Abwesenheit überzeugt war. Man konnte es nur zur Ruhe bringen, wenn man ihm eins ihrer Kleider zur Unterlage gab. Niemand konnte unter diesen Umständen daran zweifeln, dass das Tier beständig das Bild der Herrin vor seinem geistigen Auge hatte und infolge ihrer Abwesenheit die heftigsten Seelenschmerzen erlitt. Die zahlreich vorkommenden Anekdoten von Hunden, welche unter ähnlichen Umständen wirklich starben, beruhen zum grössten Teil jedenfalls auf Wahrheit.

---

*) Thompson, *Passions of Animals p. 64—65.*

Alle diese Thatsachen — Träume, Sinnestäuschungen, Sehnsucht nach der Heimat und nach Freunden — beweisen das Vorhandensein der sog. dritten Stufe der Einbildungskraft bei höheren Tieren. Man könnte nun fragen, ob ich in meinem Diagramme den Ursprung der Einbildungskraft auf Stufe 19 nicht etwa zu niedrig angesetzt habe, insofern dieselbe den Mollusken oder einem Kinde in der siebenten Woche entspricht. So schwer eine solche Grenzbestimmung allerdings auch ist, so will ich doch in folgendem die Gründe angeben, welche mich zu der Wahl dieser niederen Stufe veranlassten:

Die soeben untersuchte Art der Einbildungskraft entspricht meiner Meinung nach schon einer höheren Entwicklungsstufe; ich weise daher dem Traumvermögen eine Stelle an, die etwa dem dritten Teil des Gesamtabstandes zwischen dem ersten Auftauchen der Einbildungskraft und ihrer höchsten Ausbildung, bei einem Shakespeare oder Goethe, entspricht. Ich bin nämlich der Ansicht, dass mit der Zurücklegung der drei ersten Entwicklungsstufen bis zu der Fähigkeit, geistige Bilder unabhängig von aussersinnlichen Anregungen zu bilden, die Einbildungskraft bereits solche enormen Fortschritte gemacht hat, dass der Rest des noch zu durchlaufenden Weges in der That nur noch als eine Funktion der Abstraktionsfähigkeit betrachtet werden kann. Fügen wir dem Geistesleben des um seine abwesende Herrin trauernden Hundes noch ein ausgebildetes Organ für abstrakte Ideenbildung hinzu, und seine Einbildungskraft wird anfangen mit der des Menschen zu rivalisieren. Freilich wird man erwiedern, dass Abstraktion die Einbildungskraft zur Voraussetzung hat; jedoch sind beide nicht identisch, da zu einem höheren Ausbau der Abstraktion die Sprache oder eine geistige Symbolisierung irgend welcher Art unerlässlich ist; geistige Symbole stellen aber die Kunstgriffe für die Erhaltung der Einbildungskraft dar.

Wenn es uns nun auf den ersten Blick absurd erscheint, einer Molluske Einbildungskraft zuzuschreiben, so müssen wir uns genau erinnern, was wir unter dieser Fähigkeit auf der denkbar niedrigsten Stufe ihrer Entwicklung verstehen. Wir finden sie hier nur in dem Vermögen, ein bestimmtes geistiges Bild zu gestalten, oder irgend eine, wenn auch noch so rudimentäre Erinnerung festzuhalten, vorausgesetzt, dass letztere eine, wenn auch dunkle Idee von einem abwesenden Gegenstande oder einer früheren Erfahrung in sich schliesst und nicht, wie im Falle eines Kindes, dem fremde Milch nicht schmeckt, nur eine unmittelbare Wahrnehmung des Kontrastes zwischen einer gewohnten und einer gegenwärtigen Empfindung. Dass wir aber eine solche Stufe der geistigen Entwicklung schon auf der niedrigen zoologischen Stufe der Gasteropoden finden können, scheint die bereits erwähnte Thatsache zu beweisen, dass die Schüsselmuschel, nachdem sie Nahrung zu sich genommen, wieder in ihre Felswohnung zurückkriecht. Allerdings kann das geistige Bild, welches sich dieses Tier von der letzteren macht, in Bezug auf Lebhaftigkeit oder Kompliziertheit in keiner Weise mit dem Bilde verglichen werden, welches ein Pferd von seinem Stalle oder ein Hund von seiner Hütte zurückbehält; immerhin ist es aber doch ein geistiges Bild und zeigt demnach das Vorhandensein einer Art Einbildungskraft an. Kräftiger und bestimmter ist jedenfalls das geistige Bild, welches sich eine Spinne (20. Stufe) von ihrem Aufenthaltsorte macht, zu dem sie zurückzukehren weiss, wenn man sie auf eine kurze Strecke davon entfernt. Eine noch lebendigere Verbildlichung (21. Stufe) finden wir bei den kaltblütigen Wirbeltieren, wie z. B. bei den wandernden Fischen (namentlich dem Lachs), die zur Laichzeit bestimmte Örtlichkeiten aufsuchen. Auf der folgenden (22. Stufe) finden wir die höheren Krustazeen, die, wie wir bereits gesehen, einer hochgradigen Einbildungskraft fähig sind. Was die Reptilien anbetrifft, so wollen wir folgende Anekdote nach Lord Monboddo mitteilen: „In Madras wurde von dem verstorbnen Dr. Vigot eine gezähmte Schlange gehalten, welche im letzten Kriege von den Franzosen, nach der Eroberung der Stadt, in einem geschlossnen Wagen nach Pondicherry übergeführt wurde, trotzdem aber von dort den Weg in ihre alte Heimat wiederfand, obwohl Madras über 100 engl. Meilen von Pondicherry entfernt liegt. Wenn wir anstatt Meilen Meter setzen, so stehen uns zahlreiche ähnliche Fälle bei Fröschen und Kröten zur Seite, die unmöglich alle unzuverlässig sein können. Dass einige Reptile mit ihrer Einbildungskraft sogar die dritte Stufe erreichen können, zeigt die Pythonschlange, welche nach ihrer Überführung in einen zoologischen Garten ihren früheren Herrn sichtlich betrauerte.

Die Cephalopoden und Hymenopteren sind wir schon durchgegangen. Auf der nächsten (25. Stufe) begegnen wir den Vögeln, deren Zugehörigkeit zur dritten Stufe durch die Erscheinung des Träumens unwiderleglich bewiesen wird. Über diese Stufe hinaus hat der Nachweis der gedachten Fähigkeit kein so grosses wissenschaftliches Interesse mehr, da die weitere Ausbildung bis zum Menschen wahrscheinlich nur in einer fortschreitenden Vervollkommnung innerhalb dieser dritten Stufe besteht und jeder Anhalt dafür fehlt, auch alle Wahrscheinlichkeit dagegen spricht, dass die tierische Einbildungskraft jene Stufe erreicht, welche ich als die vierte bezeichne und für ausschliesslich menschlich halte.

Ehe ich die Einbildungskraft verlasse, möchte ich noch zwei Abzweigungen dieses Gegenstandes kurz beleuchten. Die eine besteht in der Ansicht Comtes, dass bei den höheren Tieren Anklänge an Fetischismus zu finden seien, ein Kapitel, das auch von Herbert Spencer berührt wird. Er schreibt in seinen Prinzipien der Soziologie*): „Ich glaube, Comte sprach die Meinung aus, dass von den höheren Tieren fetischistische Vorstellungen gebildet wurden. Nachdem ich gezeigt, dass der Fetischismus nichts Ursprüngliches, sondern etwas Abgeleitetes ist, kann ich dieser Ansicht nicht beistimmen; indessen glaube ich, dass das Verhalten intelligenter Tiere auf die Entstehung desselben ein Licht werfen kann. Ich selbst bin Zeuge von zwei hierhergehörigen Fällen gewesen. Der eine betrifft einen grossen Hund, der einst mit einem Stock spielte und sich dabei das eine Ende gegen den Gaumen stiess; er bellte, liess den Stock fallen, lief eine Strecke weit fort und verriet eine Bestürzung, welche bei einem so grossen und gefährlich aussehenden Tiere geradezu lächerlich war. Erst nach wiederholter vorsichtiger Annäherung und längerem Zögern konnte er dazu vermocht werden, sich des Stockes wieder zu bemächtigen. Dieses Verhalten beweist offenbar, dass das Tier den Stock nicht als

---

*) Deutsche Ausgabe, S. 536.

selbstthätiges Agens ansah, so lange dieser keine andere, als die ihm bekannten Eigenschaften zeigte; als er ihm aber auf einmal einen Schmerz verursachte, den es nie zuvor von seiten eines leblosen Gegenstandes erfahren, wurde es für eine Zeitlang dazu verleitet, ihn unter die belebten Gegenstände zu reihen, die es für fähig hielt, ihm Schaden zuzufügen. Im Geiste des primitiven Menschen, der von den natürlichen Ursachen kaum mehr weiss, als der Hund, lässt das ungewöhnliche Verhalten eines früher für leblos gehaltnen Gegenstandes in ähnlicher Weise auf stattgefundne Beseelung schliessen. Die Vorstellung einer willkürlichen Thätigkeit wird erweckt und man beginnt den Gegenstand zu fürchten, der sich auf irgend eine unerwartete und vielleicht unheilbringende Weise wiederum bemerklich machen könnte. Der so entstandne unbestimmte Begriff einer Beseelung wird leicht einen bestimmteren Charakter annehmen, je mehr sich die Geistertheorie befestigt und damit eine spezielle Kraft geschaffen wird, der man das ungewöhnliche Verhalten des Gegenstandes zuschreiben kann."

Den andern hierher gehörigen Fall beobachtete Spencer bei einem intelligenten Hühnerhunde. Da dieser durch seine Pflichten als Jagdhund soweit gebracht worden war, das Holen des Wildes mit dem Vergnügen des Jägers in Verbindung zu bringen, so erkannte er dies bald als geeignetes Mittel, sich das Wohlwollen seines Herrn zu erwerben; demgemäss pflegte er nun, nachdem er erst mit dem Schwanz gewedelt und gegrinst hatte, diesen Akt auch ohne toten Vogel so gut auszuführen, als es unter bewandten Umständen nur möglich war. Eifrig umhersuchend, nahm er ein dürres Blatt oder irgend einen andern kleinen Gegenstand auf und überbrachte ihn mit erneuten Bezeugungen seiner freundlichen Gesinnung. Ein ähnlicher Geisteszustand ist es, wie ich glaube, welcher den Wilden zu gewissen fetischistischen Gebräuchen von aussergewöhnlicher Art antreibt.

Diese Beobachtungen erinnern mich an einige Versuche, die ich vor einigen Jahren über denselben Gegenstand anstellte. Ich wurde dazu geführt durch den von Darwin in seiner „Abstammung des Menschen" erwähnten Fall des grossen Hundes, welcher einen vom Winde über eine Wiese gewehten und dadurch belebt scheinenden Sonnenschirm anbellte. Der Hund, mit dem ich experimentierte, war ein ausnahmsweise gescheites Tier, dessen psychologische Fähigkeiten schon wiederholt den Anlass zu Veröffentlichungen in Zeitschriften gegeben hatten. Da alle meine Versuche auf dasselbe Resultat hinausliefen, so will ich nur einen derselben hier anführen. Mein Hund pflegte, wie viele andre seiner Art, mit Knochen zu spielen, indem er sie in die Höhe schleuderte, sie eine Strecke weit von sich warf und ihnen dadurch den Anschein einer Belebung verlieh, wobei er sich das eingebildete Vergnügen verschaffte, sie zu würgen. Eines Tages nun reichte ich ihm zu diesem Zwecke einen Knochen, an dem ich einen langen, dünnen Faden befestigt hatte. Nachdem er ihn eine kurze Weile in die Höhe geschleudert, benutzte ich die Gelegenheit, als er eine Strecke weit von ihm weg gefallen war, ihn mittelst des langen, unsichtbaren Fadens langsam fortzuziehen. Sofort wechselte der Hund sein ganzes Benehmen Der Knochen, mit dem er früher nur so gethan hatte, als ob er ihn für belebt hielte, wurde es nun wirklich in seinen Augen und sein Erstaunen darüber kannte keine Grenzen. Er näherte sich ihm zuvörderst mit grosser Vorsicht, wie S p e n c e r auch im vorhergehenden Falle beschreibt; als aber die langsame Rückwärtsbewegung nicht nachliess und es ganz sicher für ihn wurde, dass die Bewegung nicht mehr auf Rechnung der Kraft gesetzt werden konnte, die er selbst mitgeteilt hatte, verwandelte sich sein Erstaunen in Entsetzen und er rannte fort, um sich unter dieses oder jenes Möbel zu verbergen und dem so unbegreiflichen Schauspiel eines lebendig gewordenen Knochens aus der Ferne zuzusehen.

Gegenüber diesem wie allen übrigen Versuchen habe ich nun nicht den geringsten Zweifel, dass das Betragen des Hundes aus einem S i n n e f ü r d a s G e h e i m n i s v o l l e entsprang, zumal er von einer hervorragend streitsüchtigen Natur und stets bereit war, mit einem Tiere von jeder beliebigen Grösse und Wildheit den Kampf aufzunehmen; allein die Anzeichen von Willkür in einem ihm so wohlbekannten unbelebten Gegenstande erfüllten ihn mit Gefühlen des Entsetzens, die ihn seiner Kraft gänzlich beraubten. Dass aber nichts Fetischistisches dabei beteiligt war, geht schon daraus hervor, dass der Hund über die unmittelbare Verursachung nicht mehr oder minder unterrichtet war, als der primitive Mensch, der eine Sache, die er nach seiner ganzen übereinstimmenden Erfahrung für leblos halten musste, sich plötzlich bewegen sieht, er muss dasselbe bedrückende und beunruhigende Gefühl von etwas Geheimnisvollem empfunden haben, wie es auch der unkultivierte Mensch unter ähnlichen Umständen empfindet. Wir sind übrigens bei diesem Hunde nicht lediglich auf prioristische Folgerungen angewiesen, denn ein andrer Versuch wird uns zeigen, dass das Gefühl des Geheimnisvollen bei diesem Tiere schon an und für sich hinreichend stark war, um sein Benehmen zu erklären. Eines Tages liess ich ihn nämlich in ein mit einem Teppich belegtes Zimmer, wo ich eine Seifenblase aufblies und diese dann mittelst eines geeigneten Luftzugs über den Boden gleiten liess. Er zeigte sich sofort stark dafür interessiert, schien sich jedoch nicht darüber entscheiden zu können, ob das Ding lebend sei oder nicht. Anfänglich war er sehr vorsichtig und folgte ihm nur in einer gewissen Entfernung; als ich ihn aber ermutigte, näherte er sich mit gespitztem Ohre und eingekniffenem Schweife, anscheinend mit grossem Misstrauen, und retirierte sofort, wenn es sich wieder zu bewegen begann. Nach einiger Zeit, währenddem ich stets wenigstens eine Blase auf dem Teppiche gehalten, fasste er mehr Mut, und während der wissenschaftliche Geist bei ihm über das Gefühl für das Geheimnisvolle die Oberhand erhielt, wurde er schliesslich so kühn, sich vorsichtig einer Seifenblase zu nähern und sie mit seiner Pfote zu berühren. Die Blase barst natürlich sofort, und niemals sah ich eine stärker ausgeprägte Überraschung. Nach Ersetzung der geplatzten Seifenblase blieb meine Aufmunterung zur Annäherung längere Zeit umsonst; endlich kam er doch wieder und streckte vorsichtig seine Pfote aus, wie zuvor, natürlich mit demselben Erfolge. Nach diesem zweiten Versuche konnte ihn aber nichts mehr bewegen, einen solchen zu wiederholen und auf mein erneutes Andringen rannte er zum Zimmer hinaus, in das ihn kein Schmeicheln zurück zu bringen vermochte.

Ein weiteres Beispiel wird genügen zu zeigen, wie stark der Sinn für das Geheimnisvolle bei diesem Tiere ausgebildet war. Als ich mich einst allein in einem Zimmer mit ihm befand, versuchte ich, welche Wirkung wohl eine Reihe hässlicher Grimassen auf ihn machen würde. Anfänglich dachte er, ich mache bloss Spass; als ich aber fortdauernd sein Schmeicheln und Winseln ausser acht liess und fortfuhr, das Gesicht auf die unnatürlichste Weise zu verzerren, wurde er ängstlich, schlich sich unter ein Möbel und zitterte wie ein erschrecktes Kind. Er blieb in dieser Lage, bis ein andres Glied der Familie ins Zimmer trat, worauf er aus seinem Versteck hervorkam und eine grosse Freude bezeigte, als er mich wieder bei richtigem Verstande erblickte. Bei diesem Versuche vermied ich natürlich jeden Laut und andere Gestikulationen, die ihn zu dem Gedanken hätten verleiten können, dass ich ärgerlich wäre. Seine Handlungen lassen sich darnach nur durch seine schreckhafte Überraschung über ein anscheinend unvernünftiges Benehmen erklären, d. h. durch die Verletzung seiner Ideen von der Gleichförmigkeit in psychologischen Dingen. Ich muss indessen hinzufügen, dass dasselbe Experiment bei weniger intelligenten oder empfindlichen Hunden kein anderes Resultat gab, als dass sie mich anbellten.

Ich halte dafür, dass das Gefühl für das Geheimnisvolle auch die Ursache des Schreckens ist, den viele Tiere beim Donner zeigen. Ich sehe mich hierzu veranlasst, weil ich einst einen Hühnerhund besass, der vor seinem Alter von 18 Monaten niemals donnern gehört hatte; als er ihn dann zum ersten Male vernahm, glaubte ich, er stürbe vor Furcht, wie ich es bei andern Tieren unter verschiedenartigen Umständen thatsächlich beobachtete. Übrigens war der von dem ausserordentlichen Schreck hinterlassene Eindruck so gewaltig, dass wenn das Tier in der Folge aus einer gewissen Entfernung Artilleriefeuer vernahm, er es für Donner hielt; er bot dabei einen jämmerlichen Anblick und verkroch sich entweder, oder stürzte nach Hause. Nachdem er aber zu wiederholten Malen wirklichen Donner gehört hatte, wurde seine Furcht vor Kanonenschlägen grösser denn je, so dass, obwohl er Freude an der Jagd hatte, nichts ihn dazu bewegen konnte, seine Hütte zu verlassen, aus Furcht, dass die Übung beginnen könnte, wenn er eine Strecke vom Hause entfernt wäre. Der in der Aufzucht von Hunden sehr erfahrene Wärter versicherte mich indessen, dass wenn ich ihn einmal dicht an die Batterie heranführen wollte, um ihn mit der wahren Ursache des donnerähnlichen Geräusches bekannt zu machen, er wieder jagdfähig werden würde. Das Tier starb jedoch, ehe ich den Versuch machen konnte.*)

Hiernach können wir also einem intelligenten Hunde unbedenklich einen Sinn für das Geheimnisvolle zuschreiben; ebenso auch manchen Pferden, die auf einer dunklen Strasse, sich selbst überlassen, fremdartige Laute hören oder einem ungewohnten Anblicke begegnen. Derselbe Fall trifft auch bei Kindern zu, bei denen, unter ähnlichen Umständen, die unbestimmte Einbildung irgend eines unerwarteten Leids jenes Gefühls eines unvernünftigen Schreckens erweckt, welches wir hier wie dort als Sinn für das Geheimnisvolle bezeichnen dürfen.

---

*) Dass die erwähnte Folge nicht ausgeblieben wäre, bezweifle ich nicht im geringsten; denn als einst Äpfel auf den gedielten Boden der Vorratskammer geschüttet wurden, verursachte dies ein Geräusch ähnlich einem entfernten Donner; der Hund fühlte sich infolge dessen stark beunruhigt; als ich ihn aber mit in den Vorratsraum nahm und er die wirkliche Ursache des Geräusches kennen lernte, verliess ihn seine Furcht sofort und auf seinem Wege nach Hause that dasselbe Geräusch seiner Munterkeit weiter keinen Eintrag.

# Elftes Kapitel.

## Instinkt.

### A. Definiton.

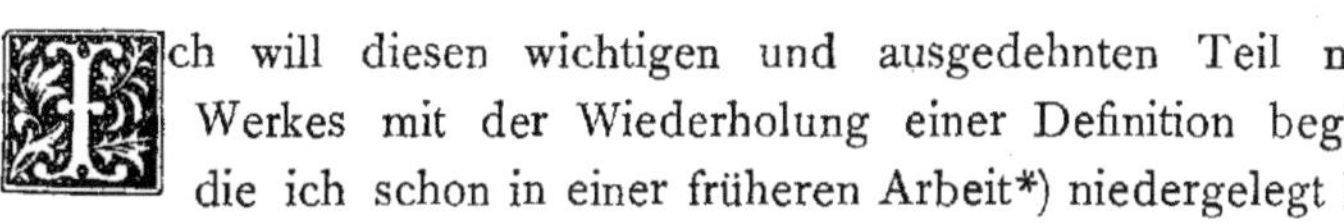ch will diesen wichtigen und ausgedehnten Teil meines
Werkes mit der Wiederholung einer Definition beginnen,
die ich schon in einer früheren Arbeit*) niedergelegt habe:
Instinkt ist Reflexthätigkeit, in die ein Bewusstseinselement hineingetragen ist. Der Ausdruck ist deshalb ein die Gattung be-
treffender, insofern er alle geistigen Fähigkeiten umfasst, welche bei
einer der individuellen Erfahrung vorausgehenden bewussten und
anpassenden Handlung beteiligt waren, ohne notwendige Kenntnis
der Beziehungen zwischen den angewandten Mitteln und dem erreichten Zwecke, aber ähnlich ausgeführt unter ähnlichen und häufig
wiederkehrenden Umständen bei allen Individuen ein und derselben Art.

Aus dieser Definition des Instinkts folgt, dass ein Reiz, welcher
eine Reflexthätigkeit hervorruft, über eine Empfindung nicht hinausgeht**); dagegen verursacht ein Reiz, der eine instinktive Thätigkeit zur Folge hat, eine Wahrnehmung. Nach dem, was ich schon
im neunten Kapitel über die Unterscheidung zwischen einer Empfindung und einer Wahrnehmung gesagt habe, wird meine Ansicht
hier nicht mehr missverstanden werden. Wenn eine Wahrnehmung

---

*) *Animal Intelligence* p. 10—17.

**) Ich behaupte dies, weil ein solcher Reiz auch weniger als eine
Empfindung sein kann, und er auch niemals das Feld des Bewusstseins zu
kreuzen braucht.

sich von einer Empfindung dadurch unterscheidet, dass sie ein geistiges Element enthält, und wenn eine Instinkthandlung in ganz derselben Weise von einer Reflexhandlung zu unterscheiden ist, so ist es einleuchtend, dass ein durch Empfindung hervorgebrachter Reiz sich zu einer Reflexthätigkeit genau ebenso verhält, wie ein durch Wahrnehmung hervorgebrachter Reiz zu einer instinktiven Thätigkeit; denn wenn eine blosse Empfindung einer anscheinenden Instinkthandlung als Reiz zu Grunde läge, so könnte *ex hypothesi* (meiner Definition gemäss) die Handlung nicht wirklich instinktiv sein, und umgekehrt, wenn eine Wahrnehmung als Reiz zu einer anscheinenden Reflexhandlung zu wirken vermöchte, so könnte (nach obiger Definition) diese Handlung keine wirklich reflektorische sein. Wenn wir demnach das Wort „Instinkt“ auf Nervenprozesse beschränken, welche ein geistiges Elnment enthalten, so folgt daraus, dass dieses Element eben Wahrnehmung ist, und dass sich dieselbe stets in jedem Reize findet, der zu einer Instinkthandlung führt.

Mit Bezug auf die allgemeinen Grundsätze der Klassifizierung will ich noch folgendes anführen: Der an erster Stelle zu beachtende Punkt ist, dass Instinkt geistige Operationen einschliesst; denn nur so ist es möglich, instinktive Thätigkeit von Reflexthätigkeit zu unterscheiden. Wie schon auseinandergesetzt, ist Reflexthätigkeit eine nicht-geistige, neuromuskulare Anpassung an geeignete Reize; instinktive Thätigkeit aber ist dies und noch etwas mehr, denn in ihr steckt das geistige Element. Allerdings ist es oft schwer oder gar unmöglich zu unterscheiden, ob eine gegebene Handlung die Gegenwart eines geistigen Elementes, d. h. eine bewusste Anpassung, zum Unterschiede von einer unbewussten, in sich schliesst oder nicht; dies ist jedoch eine Sache für sich und hat nichts mit der Aufgabe zu thun, dem Instinkte eine Definition zu geben, welche einerseits die Reflexthätigkeit, andrerseits vernünftiges Denken ausschliesst. Wie Virchow richtig bemerkt, ist es sehr sshwierig, wenn nicht unmöglich, eine Grenze zwischen Instinkt- und Reflexhandlung zu ziehen; diese Schwierigkeit kann aber wenigstens auf gewisse Fälle eingeengt werden, in denen man zu unterscheiden hat, ob eine Handlung unter diese oder jene Kategorie der Defi-

nition zu setzen sei; denn es liegt hier kein Grund zu der Annahme
vor, dass irgend eine Zweideutigkeit in der Definition selbst vorhanden sei, welche zu Schwierigkeiten führen könnte. Deshalb ist
es mein Bestreben, die theoretische Grenze zwischen instinktiver und
Reflexthätigkeit so scharf als möglich zu ziehen, und diese Grenze
liegt, wie schon gesagt, zwischen nicht-geistiger oder unbewusster
anpassender Thätigkeit und einer solchen, bei welcher Bewusstsein
oder Geist beteiligt ist.

Ich werde nun an einigen ausgewählten Beispielen zeigen, was
man unter der Vollkommenheit oder Unvollkommenheit des Instinktes
zu verstehen hat, um zuletzt die wichtige Frage nach dem Ursprung
und der Entwicklung des Instinkts zu behandeln.

### B. Der vollkommne Instinkt.

Ein Instinkt kann als vollkommen bezeichnet werden, wenn er
gegenüber denjenigen Lebensverhältnissen eines Tieres vollständig
angepasst ist, für welche er existiert, und wenn es überhaupt ein
Instinkt ist, so muss sich diese Vollkommenheit unabhängig von
der individuellen Erfahrung des Tieres zeigen. Wir werden dies
am besten erkennen, wenn wir die wunderbare Genauigkeit so vieler
und komplizierter anpassender Thätigkeiten bei den neugebornen
Jungen der höheren Tiere betrachten.

Der verstorbne Douglas Spalding hat in seinen wertvollen
Untersuchungen*) über diesen Gegenstand nicht allein die Irrtüm-
lichkeit jener Anschauung, dass alle bekannten Beispiele von Instinkt nichts andres als Fälle von schnellem Lernen, Nachahmung
oder Unterweisung seien, ausser allen Zweifel gesetzt, sondern auch
nachgewiesen, dass das Junge eines Vogels oder Säugetieres mit
einer erstaunlichen Anzahl genauer, von den Vorfahren erworbener
Kenntnisse zur Welt kommt. Indem er z. B. Hühner aus den Eiern
befreite und mit einer Kappe versah, ehe ihre Augen im stande
waren, einen Sehakt zu verrichten, fand er, dass wenn er die Kappe
nach ein bis drei Tagen entfernte, die Tiere fast ausnahmslos vom

---

*) *Macmillans Magazine. Febr. 1873.*

Lichte betäubt schienen, mehrere Minuten bewegungslos verharrten, und einige Zeit hindurch weniger lebendig waren, als vorher in der Kappe. „Ihr Verhalten sprach indessen jedenfalls gegen die Theorie, nach welcher die Gesichtswahrnehmungen der Entfernung und Richtung das Resultat der Erfahrung oder der in der Geschichte eines jeden individuellen Lebens gewonnenen Assoziationen sei. Oft schon nach zwei Minuten verfolgten die Tiere mit den Augen die Bewegungen kriechender Insekten, indem sie den Kopf mit der ganzen Genauigkeit eines alten Vogels hin und her wandten. Nach zwei bis fünfzehn Minuten pickten sie bereits nach irgend einem Fleck oder Insekt, indem sie dabei nicht nur eine instinktive Wahrnehmung der Entfernung im allgemeinen bewiesen, sondern auch eine ursprüngliche Geschicklichkeit hinsichtlich der genauesten Abmessung der Distanz offenbarten. Sie versuchten keine Dinge zu erlangen, die jenseits ihres Bereichs lagen, wie etwa Kinder, die nach dem Monde greifen; dagegen trafen sie fast unfehlbar genau die Dinge, nach denen sie pickten; sie verfehlten sie nie um mehr als eines Haares Breite und zwar nur dann, wenn die Flecke, nach denen sie zielten, nicht grösser oder sichtbarer waren, als der kleine Punkt eines i. Die getroffnen Dinge in demselben Moment mit der Spitze des Schnabels festzuhalten, schien ihnen indessen weit schwerer zu fallen. Ich sah allerdings ein Hühnchen einmal beim ersten Versuch ein Insekt ergreifen und verschlingen; weit häufiger jedoch kam es vor, dass sie fünf- oder sechsmal darnach stiessen und es ein- oder zweimal aufhoben, ehe es ihnen gelang, ihr erstes Futter zu verschlingen. Das mitgebrachte Vermögen, mit den Augen zu folgen, wurde mir besonders bei einem Hühnchen deutlich, welches, nachdem ich es von der Kappe befreit hatte, etwa sechs Minuten lang mit leidendem Ausdrucke bewegungslos sitzen blieb. Als ich aber meine Hand, die während einiger Sekunden auf ihm gelegen hatte, wegzog, folgte ihr das Huhn sofort mit den Augen, rückwärts und vorwärts und rings um den ganzen Tisch herum. Ein Hühnchen, mit dem ich einige Versuche mit Bezug auf den Gehörsinn angestellt hatte, entkappte ich, als es nahezu drei Tage alt war. Etwa sechs Minuten sass es piepend und um sich blickend da, dann verfolgte

es mit Kopf und Augen eine etwa zwölf Zoll entfernte Fliege; nach
zehn Minuten pickte es nach seinen eignen Zehen; im nächsten
Augenblick stiess es kräftig nach einer Fliege, die in den Bereich
seines Halses gekommen war, und ergriff und verschlang sie auf
den ersten Streich. Sieben Minuten später sass es wieder rufend
und umherschauend da; als eine Biene heranflog, wurde dieselbe
auf den ersten Stoss ergriffen und stark beschädigt eine Strecke
weit hinweggeschleudert. Zwanzig Minuten lang blieb es auf dem
Flecke sitzen, wo seine Augen entschleiert worden waren, ohne dass
es den Versuch gemacht hätte, sich von der Stelle zu bewegen.
Man setzte es darauf auf einen unebnen Boden, innerhalb des Ge-
sichts- und Rufkreises einer Henne, die eine Brut von seinem Alter
anführte; Nachdem es etwa eine Minute piepend dort gestanden
hatte, lief es auf die Henne zu, indem es dabei eine ebenso sichere
Wahrnehmung der Aussenwelt bekundete, wie nur je in seinem späteren Leben. Es hatte niemals nötig, seinen Kopf gegen einen
Stein zu stossen, um die Entdeckung zu machen, dass ‚der Weg
da nicht hinausgehe‘; über kleine Hindernisse in seinem Pfade lief
es hinweg, umging die grösseren und erreichte die Mutter in einer
so geraden Linie, als die Natur des Bodens es nur erlaubte. Und
zwar war dies, wie gesagt, das erste Mal, dass es sehend einen
Schritt machte.

„Als eins von meinen kleinen Zöglingen zwölf Tage alt war,
liess es, während es in meiner Nähe herumlief, den eigentümlichen
Ruf hören, womit die Vögel das Herannahen einer Gefahr ankün-
digen; ich schaute auf und erblickte einen Habicht, der in gewaltiger Höhe über uns seine Kreise zog. Ebenso auffallend war die
Wirkung der zum erstenmal gehörten Stimme des Habichts: Ein
junger Truthahn, den ich an mich genommen hatte, als er in dem
noch unerbrochnen Ei zu piepen begann, war am Morgen seines
zehnten Lebenstages gerade damit beschäftigt, sein Frühstück aus
meiner Hand entgegenzunehmen, als ein junger Habicht in einem
Kasten dicht neben uns ein helles Schip, Schip ertönen liess; wie
ein Pfeil schoss der arme Truthahn nach der andern Seite des
Raumes und stand dort bewegungslos· und betäubt vor Schreck,
bis der Habicht einen zweiten Schrei von sich gab, worauf jener

aus der offnen Thüre nach dem äussersten Ende des Ganges lief und dort still in einer Ecke verkrochen zehn Minuten lang verblieb. Noch mehrere Male im Laufe des Tages hörte er jene beunruhigenden Laute und jedesmal mit denselben Äusserungen der Furcht.

„Häufig sah ich Hühner ihre Flügel erheben, wenn sie nur wenige Stunden alt waren, d. h. sobald sie nur ihren Kopf aufrecht halten konnten, selbst wenn sie noch am Gebrauch ihrer Augen verhindert waren. Die Kunst nach Futter zu scharren, die, wie man denken könnte, eher als alles andere durch Nachahmung erworben sein müsste (denn eine Henne mit Küchlein bringt ja die Hälfte ihrer Zeit damit zu, ihnen vorzuscharren), bildet nichtsdestoweniger ein zweifelloses Beispiel von Instinkt. Ohne irgend eine Gelegenheit zur Nachahmung, beginnen Hühner, die gänzlich isoliert gehalten wurden, im Alter von zwei bis sechs Tagen zu scharren. In der Regel war die Gestalt des Bodens einladend dazu; ich habe öfters erste Versuche davon gesehen, welche wie eine Art nervösen Tanzes auf einem glatten Tische aussahen."

Ich möchte hierzu eine interessante Beobachtung einschalten, die mir von Dr. Allen Thomson mitgeteilt wurde. Derselbe liess einige Hühnchen auf einem Teppich ausbrüten, auf dem er sie dann mehrere Tage lang weiter hielt. Sie zeigten keine Neigung zu scharren, wahrscheinlich weil der Reiz, den der Teppich auf die Sohlen ihrer Füsse ausübte, zu fremdartig war, um den erblichen Instinkt in Wirksamkeit treten zu lassen. Als aber Dr. Thomson etwas Kies aufstreute und den geeigneten oder gewohnten Reiz dadurch herstellte, begannen die Hühner sofort ihre scharrenden Bewegungen. Indem wir nun wieder zu Spaldings Versuchen zurückkehren, erfahren wir folgendes:

„Als ein Beispiel von nicht erworbener Geschicklichkeit kann ich erwähnen, dass, als ich vier, einen Tag alte Entchen zuerst an die freie Luft setzte, eine derselben sofort nach einer Fliege schnappte, die sie auch am Flügel ergriff. Noch interessanter scheint mir jedoch die wohlüberlegte Kunstfertigkeit, mit der der schon erwähnte, noch nicht anderthalb Tage alte Truthahn die Fliegenjagd betrieb. Er zielte bedächtig mit seinem Schnabel nach Fliegen und andern kleinen Insekten, ohne wirklich nach ihnen zu picken, und während er dies that, zitterte sein Kopf, ähnlich einer Hand, die man mit Anstrengung unbeweglich zu halten sucht. Ich bemerkte und verzeichnete dies, als ich die Bedeutung davon noch nicht verstand; denn erst später fand ich, dass es eine unabänderliche Gewohnheit des Truthahns ist, wenn er eine Fliege auf irgend einem Gegenstand sitzen sieht, sich langsam und bedächtigen Schritts an das ahnungslose Insekt heranzuschleichen und seinen Kopf ganz behutsam und sicher bis auf etwa einen Zoll Entfernung nach seiner Beute vorzustrecken, die er dann mit einem plötzlichen Stosse ergreift."

Spalding stellte in der Folge noch mehrere Versuche mit ähnlichem Erfolge bei neugebornen Säugetieren an. So fand er z. B., dass neugeborne Ferkel beinahe unmittelbar nach der Geburt zu saugen suchen; wenn man sie etwa zwanzig Fuss von der Mutter entfernt, so winden sie sich sofort zu ihr zurück, wie es scheint, geleitet durch deren Grunzen. Spalding steckte ein Ferkel unmittelbar nach der Geburt in einen Sack, hielt es sieben Stunden lang im Dunkeln und legte es dann ausserhalb des Stalles, zehn Fuss von seiner Mutter entfernt nieder. Es ging sofort zu dieser hin, obwohl es an fünf Minuten zu thun hatte, um sich noch unter einer Stange durchzudrängen. Ein Ferkel, dem man bei seiner Geburt die Augen verbunden hatte, lief frei umher, obwohl es überall anstiess; am nächsten Tage wurde ihm die Binde abgenommen, worauf es im Kreise herumlief, als ob es das Sehvermögen gehabt, aber plötzlich verloren hätte. Nach zehn Minuten war es von den andern, die stets zu sehen vermochten, kaum mehr zu unterscheiden; auf einen Stuhl gesetzt, wusste es die Höhe desselben abzuschätzen, liess sich auf seine Kniee nieder und sprang hinunter . . . . .

„Eines Tages, als ich meinen Hund gestreichelt hatte, senkte ich meine Hand in einen Korb, der vier blinde, drei Tage alte Kätzchen enthielt; der Geruch meiner Hand brachte sie zu einem Pusten und Pfauchen, das höchst komisch war."

Dem, was Spalding über das schon so frühe Auftreten der instinktiven Antipathie zwischen Hund und Katze anführt, kann ich noch hinzufügen, dass ich vor einigen Monaten einen Versuch mit

Kaninchen und Frettchen machte, ganz ähnlich mit dem von ihm beschriebenen mit Hand und Katze; in einem Anbau, der ein weibliches Kaninchen mit einer ganz jungen Familie enthielt, liess ich ein Frettchen los; die Mutter verliess ihre Jungen und sobald die letzteren das Frettchen witterten, begannen sie in einer so lebhaften Weise herum zu kriechen, dass man die Ursache dieser Bewegung offenbar auf Furcht zurückführen musste und nicht etwa auf das blosse Unbehagen, welches aus der zeitweiligen Abwesenheit der Mutter entstand.

Mit Bezug auf die instinktiven Anlagen bei Kätzchen darf ich auch noch folgendes anführen, was ich unter Darwins Manuskripten finde: „Die vielen Fälle von angeborner Furcht oder Wildheit bei jungen Tieren, gegenüber besondren Dingen, sowie auch der Verlust dieser individualisierten Leidenschaften, erscheint mir ausserordentlich merkwürdig. Möge jeder, der an ihrem Vorhandensein zweifelt, nur einmal eine Maus einem schon früh von seiner Mutter genommnen Kätzchen geben, das niemals eine gesehen hat, und beobachten, wie bald es mit gesträubtem Haar und in einer Weise knurrt, die ganz verschieden ist von derjenigen, wenn es spielt oder wenn man ihm sein gewöhnliches Futter reicht. Wir können unmöglich annehmen, dass das Kätzchen das Bild einer Maus eingraviert in seinem Geiste mit auf die Welt bringe. Wie aber ein alter Jagdhund beim ersten Tone des Jagdhorns eifrig schnaubt und uns deshalb die Annahme nahe legt, dass die alten Assoziationen ihn fast ebenso schnell erregen, wie wenn ein plötzliches Geräusch ihn stutzen macht: so, denke ich mir, zittert das Kätzchen ohne bestimmten vorgefassten Begriff vor Aufregung bei dem Geruche der Maus, nur mit dem Unterschied, dass ihr die Einbildungskraft vererbt wurde, statt nur durch Gewohnheit befestigt zu sein.“

Von den andern Beobachtungen Spaldings sind nur noch diejenigen anzuführen, welche experimentell beweisen, dass jungen Vögeln nicht, wie gewöhnlich angenommen wird, das Fliegen gelehrt wird, sondern dass sie instinktiv fliegen. Diese Thatsache ergab sich, als Spalding junge Schwalben gefangen hielt, bis sie flügge waren, und sie sodann entwischen liess. Wenn wir bedenken,

welche komplizierte Muskelkoordinationen zum Fliegen erforderlich
sind, so bietet uns die Thatsache, dass flügge gewordene Vögel
beim ersten Versuche zu fliegen verstehen, gewiss ein weiteres bemerkenswertes Beispiel von vollkommnem Instinkte. Allerdings werden unter gewöhnlichen Umständen die Alten ihre Nachkommenschaft zum Fliegen ermuntern; die erwähnten Beispiele zeigen uns aber,
dass eine solche Ermutigung oder Bevormundung nicht erforderlich
ist, um die jungen Vögel zur Ausübung jener Kunst zu befähigen.

Die merkwürdigsten hiehergehörigen Fälle finden wir indessen
bei den Insekten; wir brauchen somit auch nur einige wenige
davon anzuführen. Réaumur und Swamerdam behaupten, dass
eine junge Biene, sobald ihre Flügel trocken sind, Honig sammle
und eine Zelle baue, so gut wie die ältesten Bewohner ihres Korbes. Zahllose Insekten bekommen niemals ihre Eltern zu sehen
und führen dennoch instinktive Handlungen in vollkommner Weise
aus, obwohl dieselben vielleicht nur einmal in ihrem Leben vorkommen; so legt z. B. die Schlupfwespe ihre Eier in den Körper
einer zwischen den Schuppen eines Tannenzapfens verborgnen Larve,
die sie niemals gesehen haben kann und doch aufzufinden weiss.
Eine andre Art, die Wirbelwespe, *Bembex*, welche ihre in eine
Zelle eingeschlossnen Jungen mit Futter versieht, hat neuerdings
den Gegenstand einiger interessanter Versuche Fabres gebildet,
über die wir folgenden Auszug bringen: „Wenn dieses Insekt von
Zeit zu Zeit frische Nahrung zu seinen Jungen bringt, so ist es bemerkenswert, wie gut es sich des Eingangs der Zelle zu erinnern
weiss, obwohl derselbe für unsre Augen mit demselben Sande genau
so bedeckt ist, wie die ganze Umgebung; dennoch wird es sich niemals darin irren oder sich im Wege täuschen." Dagegen fand
Fabre, dass wenn er den Zugang vom Sande befreite, sodass Zelle
und Larve frei dalagen, das Tier gänzlich in Verwirrung geriet und
seine eigne Nachkommenschaft nicht erkannte. Scheinbar kannte
es die Thüren, die Kinderstube und den Zugang, nicht aber sein
Kind. Einen andern scharfsinnigen Versuch machte Fabre mit der
Mörtelbiene, *Chalicodoma*. Diese Art befindet sich in einer Zelle
aus Erde eingeschlossen, durch die sich das junge Tier nach er-
langter Reife hindurch frisst. Fabre fand, dass wenn er ein Stück

Papier um die Zelle klebte, das Insekt sich ohne Schwierigkeit hindurchfrass; wenn er aber die Zelle mit einer Papierlage in der Weise umgab, dass ein Zwischenraum von nur wenigen Linien zwischen ihr und der Zelle bestehen blieb, so bildete das Papier ein wirkliches Gefängnis, denn der Instinkt des Insekts lehrte es wohl eine Umhüllung durchbeissen, es besass aber nicht Witz genug, um es ein zweites Mal zu thun."

Ein Beispiel von vollkommnem Instinkt aus der Insektenwelt, welches ich für höchst merkwürdig halte, scheint mir, gerade wegen seiner Häufigkeit, seither ganz übersehen worden zu sein; ich meine die ungeheure Masse der Instinkte, die sämtlich mit den verschiedenartigen Lebensgewohnheiten jener Insekten verknüpft sind, welche eine vollständige Metamorphose durchmachen und sofort fertig in Aktion treten, sobald das vollkommene Tier aus seinem Puppenstadium heraustritt. Der Unterschied zwischen dem früheren Leben als Larve und seinem neuen Leben als Insekt ist sicher ebenso gross, als der Unterschied zwischen zwei Tieren, die ganz verschiedenen Abteilungen angehören, und die vollständige Anpassung, mit welcher die neue Klasse von Instinkten den Anforderungen des neuen Lebens entgegenkommt, ist gewiss nicht minder merkwürdig, wie diejenige der neuen anatomischen Strukturen an die veränderten Bedürfnisse des Tieres.

## C. Der unvollkommene Instinkt.

Ich werde vorerst an einigen Beispielen zeigen, dass der Instinkt kein unfehlbarer Führer ist, und wähle zu diesem Zwecke die Verirrungen jener Instinkte, die wir im allgemeinen für die befestigtesten halten, weil sie für die Wohlfahrt der Tiere bezw. ihrer Nachkommenschaft von der höchsten Wichtigkeit sind: ich meine die Instinkte der Fortpflanzung und des Herbeischaffens von Futter.

Die Schmeissfliege (*Musca carnaria*) legt ihre Eier in die Blüten der Aaspflanze (*Stapelia hirsuta*), deren Geruch faulem Fleische ähnelt und hierdurch die Fliege täuscht.*) Auch hat man schon beobachtet, dass die Stubenfliege ihre Eier in Schnupftabak legte.

---

*) Er. Darwin, *Zoonomia* I, § 16, 11.

Der Rev. Mr. Bevan und Miss C. Shuttleworth schreiben mir, unabhängig von einander, dass sie Wespen und Bienen auf gemalte Tapetenblumen fliegen sahen, und Trevellian beobachtete denselben Irrtum bei einer Motte. Swainson berichtet in seinen *„Zoological Illustrations"* über einen ähnlichen Fall bei einem Wirbeltiere. Ein australischer Papagei, welcher seine Nahrung aus den Blüten des *Eucalyptus* nimmt, versuchte seine Gelüste an den Abbildungen jener Blüte auf einem Kattunkleide zu befriedigen. Ebenso teilt mir Prof. Moseley mit, dass honigsuchende Insekten auf die hellgefärbten Lockfliegen zuflogen, die er während des Fischens an seinen Hut gesteckt hatte, und Burton schreibt in der *„Nature"**), dass ein Schwärmer, das Karpfenschwänzchen (*Macroglossa stellatarum*), die künstlichen Blumen auf einem Damenhute für wirkliche hielt; Couch beobachtete sogar, dass eine Biene eine Seeanemone (*Tealia crassicornis*), die nur an ihrem Rande mit Wasser umgeben war, für eine Blume hielt, in den Mittelpunkt der Scheibe drang, „und obwohl sie die grössten Anstrengungen machte, wieder frei zu kommen, doch zurückgehalten, ertränkt und dann verzehrt wurde".

Die von Darwin im Anhange dieses Buches erwähnte Thatsache, dass die Arbeiter der Hummeln die Eier ihrer eignen Königin zu verzehren suchen, verdient ebenfalls als ein bemerkenswertes Beispiel von unvollkommnem Instinkte hervorgehoben zu werden. Huber sah einst eine Biene ihre Zelle in falscher Richtung bauen, und andere Bienen sie deshalb wieder zerstören. Auch hat man schon beobachtet, dass Bienen, statt Pollen, feines Roggenmehl sammelten, wenn es feucht war. Das Pollensammeln ist nach Gebien überhaupt die schwache Seite bei Bienen; sie sollen nämlich „nutzlose Haufen davon zurücklegen, welche sie von Jahr zu Jahr vermehren, und zeigen dadurch in der That einen Mangel an Klugheit".

Darwins Notizen enthalten einen kurzen Bericht über eine Reihe von Beobachtungen bei Ameisen (*Formica rufa*), die Puppenhäute unter einem grossen und anscheinend nutzlosen Aufwande

---

*) XVII. p. 262.

von Mühe weit weg vom Neste, selbst auf Bäume tragen. Er
nahm einigen Trägern die Häute weg und legte sie wieder in die
Nähe des Nestes; die nächsten daran vorbeikommenden Ameisen
schafften sie indessen wieder fort. Dies scheint, wie jene Notizen
hinzusetzen, ein Fall von fehlerhaftem Instinkte zu sein. Dieselbe
Bezeichnung verdient nach Moggridge der Irrtum einsammelnder
Ameisen, welche Galläpfel einer kleinen Art *Cynips* in ihren Vor-
ratskammern aufspeicherten, sie offenbar für Nüsse haltend. In
einer ähnlichen Täuschung befangen, sammelten sie auch kleine
Perlen, die Moggridge, zur Prüfung ihres Instinkes, in ihren Ernte-
feldern ausgestreut hatte.

Unter den Vögeln finden wir einen irreführenden Instinkt beim
Kuckuck, wenn er zwei Eier in dasselbe Nest legt, mit dem unaus-
bleiblichen Erfolge, dass das eine der Jungen später das andere
hinauswirft. In dieselbe Kategorie gehört das Verlegen der Eier
seitens des amerikanischen Strausses; ferner der Irrtum, dass kleine
Vögel einen grösseren, ungewohnten Vogel häufig für einen Habicht halten, wie ihre Angriffe auf ihn bezeigen. Zahllose Fälle
von irrtümlichem Instinkte kommen auch beim Nesterbau in Bezug
auf die Auswahl ungünstiger Lage, unpassenden Materials u. s. w. vor.

Bei Säugetieren muss es als ein irrtümlicher Instinkt erachtet
werden, wenn der norwegische Lemming dazu verleitet wird, bei
seinen Wanderungen in die See hinauszuschwimmen, infolge dessen
diese Tiere zu Millionen zu Grunde gehen. Unter gewissen Umständen zeigt sich der unvollkommne Instinkt auch darin, dass die
Vierfüssler in Südafrika, wie Darwin im Anhange bemerkt, sich
auf die Wanderung begeben, obwohl sie sehen, dass sie sich dadurch der Verfolgung aussetzen. Die ebenfalls von Darwin im
Anhange erwähnte Spitzmaus, welche „sich stets durch Schreien
verrät, wenn man sich ihr nähert", liefert ein anderes und vielleicht
noch besseres Beispiel. Die Instinkte der Kaninchen bei Angriffen
von Wieseln scheinen mir gleichfalls unvollkommen oder wenigstens
nicht vollständig ausgebildet zu sein, denn ich selbst war Zeuge
davon, wie diese Raubtiere sie auf freiem Felde abzufangen pflegen
und zwar geht dies einfach so zu, dass das Kaninchen langsam
einhertroddelt, das Wiesel bequem hinterdrein, bis jenes sich end-

lich geduldig überholen lässt. Es scheint hier bezüglich der Instinkte dieser schnellfüssigen Tiere ein auffallender Mangel an natürlicher Züchtung zu bestehen; ein Mangel, dem mit der Zeit
ohne Zweifel abgeholfen werden würde, wenn sich die Wiesel
gegenüber der zahlreichen Nachkommenschaft des Kaninchens hinreichend vermehrten, um der natürlichen Züchtung Gelegenheit zu
geben, den Fluchtinstinkt vor diesem eigentümlichen Feinde zu
vervollkommnen.

Viele andre Beispiele von unvollkommnem Instinkte könnten
noch angeführt werden; ich halte aber die gegebenen für genügend,
um den Hauptpunkt ausser Zweifel zu stellen, dass, obwohl gut
ausgebildete Instinkte in der Regel mit erstaunlicher Genauigkeit
bestimmten und häufig wiederkehrenden Umständen angepasst sind,
die Anpassung lediglich für diese letzteren gilt, so dass eine ganz
kleine Abweichung davon hinreicht, den Instinkt auf Abwege zu
führen. Auch ist die weitere, hierher gehörige Thatsache von
Interesse, dass kleine Abänderungen im Organismus selbst, welche
sich bilden, wenn derselbe sich eine Zeit lang nicht im normalen
Verkehr mit der Umgebung befindet, schon genügen, den feinen
Mechanismus des Instinkts ausser Gang zu setzen, wenn in der
Folge die früheren normalen Verhältnisse wieder eintreten. Diese
Thatsache trifft z. B. häufig bei gezähmten Tieren zu, die sich, wenn
sie wieder in ihre ursprüngliche Behausungen zurückkehren, hier
anfänglich keineswegs zu Hause fühlen; sie zeigt sich aber noch viel
schlagender in einigen Versuchen Spaldings. Derselbe schreibt:

„Ehe ich auf die Theorie des Instinkts eingehe, glaube ich
auf einige unerwartete und noch nicht genügend beobachtete, jedoch
sehr anregende Erscheinungen im Laufe meiner Versuche aufmerksam machen zu dürfen, welche mich in der Meinung bestärkt haben,
dass die Tiere nicht bloss lernen, sondern dass sie auch vergessen
können und zwar sehr schnell das, was sie niemals praktisch aus-
führten. Ferner scheint mir, dass irgend eine frühe Unterbrechung
ihres normalen Lebenslaufes ihre geistige Konstitution ganz und gar
zu derangieren vermag und eine Reihe von Manifestationen hervorruft, die oft vollständig und seltsam verschieden von denjenigen
sind, welche sich unter den gewöhnlichen Bedingungen gezeigt haben

würden. Daher bin ich zu der Annahme geneigt, dass die Tierpsychologen darauf bedacht sein sollten, die Fähigkeiten ihrer Versuchstiere unter möglichst gewöhnlichen Lebensumständen zu prüfen. Wahrscheinlich liegt es nur an der nicht hinlänglichen Beobachtung dieses Punktes, dass einige Versuche gegen die Realität des Instinkts zu sprechen schienen. Ohne den Beweis für diese Sätze antreten zu wollen, möchte ich nur ein paar hiehergehörige Thatsachen erwähnen. Ohne Anleitung dazu vermag das neugeborne Kind zu saugen — eine Reflexthätigkeit; (Herbert Spencer hält jeden Instinkt für zusammengesetzte Reflexthätigkeit). Nun ist es aber eine bekannte Thatsache, dass wenn das Kind künstlich genährt und nicht an die Brust gelegt wird, es bald die Fähigkeit, die Brust zu nehmen, verliert. Ebenso hört ein Hühnchen nicht mehr auf den Ruf der Mutter, wenn es denselben nicht in den ersten acht bis zehn Tagen seines Lebens vernahm. Ich bedaure, dass in dieser Richtung meine Nachweise nicht so vollständig sind, wie ich es wünsche oder wie sie sein könnten; ich finde jedoch die Notiz von einem Hühnchen, welches nicht zur Mutter zurückgebracht werden konnte, als es zehn Tage alt war; die Henne folgte ihm und versuchte es in jeder Weise anzulocken, jedoch verliess es dieselbe beständig und lief zu dem Hause oder zu irgend einer Person, die ihm vor die Augen kam; dabei blieb es, obwohl es mit einem dünnen Zweige wiederholt zurückgetrieben und sogar hart misshandelt worden war, und wenn man es der Mutter nachts untersetzte, verliess es dieselbe wiederum am frühen Morgen. Noch merkwürdiger war der Fall mit drei Hühnchen, die ich unter der Kappe hielt, bis sie vier Tage alt waren. Als ich sie von jener befreite, zeigten alle das grösste Entsetzen vor mir und liefen sofort weg, wenn ich mich ihnen zu nähern versuchte. Der Tisch, auf dem sie von der Kappe befreit worden waren, stand vor einem Fenster und jedes stürzte gegen das Glas, wie ein wilder Vogel. Eins schoss hinter einige Bücher und blieb dort, in eine Ecke gedrückt, lange Zeit niedergekauert sitzen. Es könnte uns wohl gelingen, die Bedeutung dieser seltsamen und ausnahmsweisen Wildheit zu erforschen, indessen mag für unsern gegenwärtigen Zweck einstweilen die merkwürdige Thatsache genügen. Was auch immer

ihr Sinn gewesen sein mag, so viel steht fest, dass wenn ich die
Kappe am Tage vorher entfernt hätte, sie zu mir, statt von mir
weg gerannt sein würden. Ihr abweichendes Benehmen konnte aber
keine Wirkung der Erfahrung sein, sondern ist unbedingt als durch
Veränderungen in ihrem Organismus bedingt aufzufassen."

In der Folge hielt Spalding versuchsweise junge Enten einige
Tage, nachdem sie ausgebrütet waren, vom Wasser fern; als er sie
dann zu einem Teiche brachte, bezeigten sie einen ebenso grossen
Widerwillen gegen das Wasser, wie junge Hühner.

Die Veränderungen, welche sich in den Instinkten männlicher
Tiere nach der Kastration zeigten, gehören ebenfalls hierher,
namentlich die Neigung von Hähnen zum Brüten und andere Gewohnheiten der Hennen. Nachstehendes entnehme ich einer neuerdings veröffentlichten Arbeit von Dr. J. W. Stroud von Port Eli-
zabeth, welcher die Folgen des Kapaunisierens sehr sorgfältig beobachtete:

„Schon Aristoteles erzählt uns von einem Hahn, der alle
Pflichten einer Henne erfüllte (*Hist. An. Lib.* IX. 42). Auch Pli-
nius spricht von der mütterlichen Sorgfalt, die ein Hahn jungen
Hühnchen zuwandte. Er that alles für sie, sagt er, gleich der wirklichen Henne, welche sie ausgebrütet hatte, und hörte auf zu krähen.
(*Trans.* I. 299.) Albertus Magnus bezeugt dasselbe, und Aelian
(*Hist.* IV. 29) berichtet von einem Hahn, der beim Tode einer
brütenden Henne sich der Eier annahm, auf denselben sass und
die Hühnchen ausbrütete. Willoughby erzählt (*Nat. hist.*), wie
er mehr denn einmal, nicht ohne Vergnügen und Verwunderung,
Zeuge davon war, wie ein Kapaun eine Brut Hühnchen aufzog, sie
gleich einer Henne lockte, sie fütterte und sie unter seine Flügel
nahm, mit einer ebenso grossen Sorgfalt und Zärtlichkeit, wie es
nur Hennen thun können. Einmal an diese Pflicht gewöhnt, sagt
Baptista Rosa (*Magia Nat.* IV. 26), wird ein Kapaun sie niemals
vernachlässigen, und wenn eine Brut aufgewachsen ist, so kann ihm
eine neue Brut frisch ausgebrüteter Hühnchen anvertraut werden;
er wird sich ihrer annehmen und dieselbe Sorgfalt auf sie verwenden, wie auf die erste. Réaumur weiss von ähnlichen Thatsachen
zu berichten, auch von der Neigung der Kapaunen zum Brüten."

In Darwins Manuskripten finde ich noch folgendes Beispiel hierüber:

„April 1862. Wir hatten ein saugendes Kätzchen, als es einen Monat alt war, von seiner Mutter weggenommen und an eine andere Katze gelegt. Von dort wiederum entfernt, saugte es noch an zwei andern; dann war jedoch sein Instinkt so verwirrt und mit Vernunft oder Erfahrung vermischt, dass es wiederholt an drei oder vier Kätzchen seines Alters Saugversuche machte, was, so viel ich weiss, noch niemand bei einer andern jungen Katze gesehen hat. So kann angeborner Instinkt durch Erfahrung abgeändert werden."

In seiner „Naturgeschichte der Säugetiere von Paraguay" erzählt Dr. Rengger noch ein merkwürdiges Beispiel von widernatürlichem Instinkt, der durch veränderte Lebensverhältnisse des Individuums hervorgebracht war. Eine Art von in Paraguay einheimischer Katzen kann, nach der angegebnen Quelle, in der Gefangenschaft niemals zur Fortpflanzung gebracht werden, und als gelegentlich ein Herr Nozeda ein trächtiges Weibchen fing und einschloss, brachte es wohl vier Junge zur Welt, frass sie aber alsbald auf. Dies geschah in ihrem eignen Heimatlande und zeigt, dass selbst ein so tief wurzelnder Instinkt, wie der mütterliche, in hohem Grade alteriert werden kann, wenn sich das Individuum nur wenige Monate in veränderten Lebensverhältnissen befindet. Ähnliche Fälle beim Hausschwein, bei Mäusen und andern Tieren die dem Einflusse der Domestikation ausgesetzt sind, giebt es natürlich noch viele.

Ich halte es für überflüssig, noch weitere Beweise für den allgemeinen Satz beizubringen, dass eine Störung der instinktiven Organisation entstehen kann, wenn ein Tier aufhört, in normalen Beziehungen zu seiner Umgebung zu stehen. Dagegen möchte ich hier noch ein bemerkenswertes Beispiel von Störung der instinktiven Organisation bei einem Tiere anführen, welches anscheinend in vollständig normalen Beziehungen zu seiner Umgebung sich befand, und zwar war die Störung so bedeutend, dass sie ganz passend als ein Fall von Wahnsinn bezeichnet werden darf. Obwohl demnach ein pathologisches Beispiel, ist es nichtsdestoweniger brauchbar, um uns die Unvollkommenheit des Instinktes zu zeigen;

der einzige Unterschied zwischen ihm und den oben erwähnten
Fällen besteht nur darin, dass die abändernden Ursachen innerliche statt äusserliche waren. Der Fall wurde mir von einer Dame
mitgeteilt, die der Natur der Sache nach ungenannt zu bleiben
wünscht; ich bediene mich jedoch ihrer eignen Worte:

„Eine weisse Pfauentaube lebte mit ihrem Stamme in einem
Taubenschlage auf unserm Hofe. Männchen und Weibchen waren
ursprünglich aus Sussex gebracht worden und lebten, angesehen und
bewundert, lange genug, um ihre Kinder in der dritten Generation
zu sehen, als der Täuber plötzlich das Opfer einer Bethörung
wurde, die ich jetzt erzählen will. Keinerlei Excentrizität war in
seinem Betragen bemerkt worden, bis ich eines Tages irgendwo
im Garten zufällig eine Bierflasche von gewöhnlichem braunen Stein-
gute fand. Ich warf sie in den Hof, wo sie unmittelbar unter dem
Taubenschlage niederfiel. In demselben Augenblicke flog der Pater-
familias herab und begann zu meinem nicht geringen Erstaunen
eine Reihe von Kniebeugungen, augenscheinlich zu dem Zwecke,
der Flasche seine Verehrung zu bezeigen. Er stolzierte um sie
herum, indem er sich verbeugte, scharrte, girrte und die spasshaf-
testen Possen vollführte, die ich jemals von seiten eines verliebten
Täubrichs gesehen habe; auch hörte er damit nicht auf, bis wir
die Flasche entfernten, und dass diese eigentümliche Instinktver-
irrung zu einer vollkommnen Sinnestäuschung geworden war, erweist
sich durch sein weiteres Benehmen; denn so oft die Flasche in
den Hof gebracht wurde, einerlei ob sie horizontal zu liegen oder
aufrecht zu stehen kam, begann die lächerliche Szene von neuem;
der Täuber kam sofort und zwar mit derselben Schnelligkeit, als
wenn ihm seine Erbsen vorgestreut würden, heruntergeflogen, um
seine lächerlichen Bewerbungen fortzusetzen, so lange die Flasche
überhaupt dortblieb. Manchmal dauerte dies stundenlang, während
die andern Mitglieder seiner Familie seine Bewegungen mit der
verächtlichsten Gleichgültigkeit behandelten und keinerlei Notiz von
der Flasche nahmen. Wir hatten demnach gute Gelegenheit, unsre
Gäste mit den Liebesbezeugungen des verrückten Täubers einen
ganzen Sommertag zu unterhalten. Ehe der nächste Sommer heran-
kam, war er nicht mehr.“

Es ist einleuchtend, dass der Täuber von einer ausgebildeten und anhaltenden Monomanie hinsichtlich jenes eigentümlichen Gegenstandes befallen war. Obwohl bekanntlich Wahnsinn bei Tieren nichts Ungewöhnliches ist, so ist dies doch der einzige mir bekannte Fall von augenfälliger Störung der instinktiven Fähigkeiten zum Unterschiede von denen der vernünftigen — wenn wir nicht die Symptome des Liebeswahnsinns, der Kindesmordmanie u. s. w. hierher zählen dürfen, die bei den Tieren vielleicht noch öfter vorkommen, als bei Menschen.

Mit Bezug auf den unvollkommnen Instinkt haben wir übrigens noch wichtigere Punkte berücksichtigen, als eine Aufzählung von Fällen, in denen der Instinkt sich, wie wir gesehen haben, fehlerhaft zeigt; denn mit der allgemeinen Bezeichnung der Unvollkommenheit des Instinkts umfassen wir zwei ganz verschiedene Arten von Erscheinungen. Instinkte sind nämlich unvollkommen, entweder, weil sie noch nicht vollständig entwickelt wurden, oder sie erscheinen so, weil sie nicht durchaus einem Wechsel jener Lebensverhältnisse entsprechen, mit Rücksicht auf welche sie zur vollen Entwicklung gelangten. Wenn nun Instinkte überhaupt entwickelt worden sind, so müssen sie offenbar verschiedne Stufen der Unvollkommenheit durchlaufen haben, ehe sie zur Vollkommenheit gelangten; deshalb dürfen wir erwarten, einigen noch nicht vollkommenen Instinktformen zu begegnen, Formen, die von den bereits erwähnten insofern abweichen, als ihre Fehlerhaftigkeit nicht aus der Neuheit der Erfahrungen entsteht, mit Rücksicht auf welche der Instinkt nicht entwickelt wurde, sondern aus der thatsächlich noch nicht vollständigen Ausbildung des Instinkts. Dies dürfte besonders bei Instinkten der Fall sein, deren Vollkommenheit nicht von vitaler Wichtigkeit für die Art ist, und die deshalb durch die natürliche Züchtung nicht so scharf ausgeprägt zu sein pflegen. Eine gute Illustration dazu bietet der Instinkt der Bienen, die Drohnen zu töten; offenbar besteht der Zweck dieser Schlächterei darin, nutzlose Mäuler los zu werden. Eine schwierigere Frage ist aber die, warum jene nutzlose Mäuler überhaupt je in die Existenz kamen? Man vermutet, dass das enorme Missverhältnis zwischen der bestehenden Anzahl der Männchen und dem einzigen fruchtbaren Weibchen auf eine Zeit zurückweist, in welcher die sozialen Instinkte noch nicht so kompliziert und befestigt waren, und die Bienen deshalb in kleineren Gemeinschaften lebten. Diese Erklärung klingt sehr wahrscheinlich, obwohl man vielleicht hätte erwarten dürfen, dass die Bienen einen ausgleichenden Instinkt ausbilden konnten, ehe diese Entwicklungsperiode erreicht war, sei es um die Königin nicht so viele Drohneneier legen zu lassen, oder um die Drohnen noch während ihres Larvenzustandes zu vernichten. Wir dürfen auch nicht übersehen, dass bei den Wespen die Männchen arbeiten, wenn auch hauptsächlich für häusliche Zwecke, wogegen sie von ihren fouragierenden Schwestern gefüttert werden; sonach ist es möglich, dass auch bei der Honigbiene die Drohnen ursprünglich nützliche Glieder der Gemeinschaft waren und erst später ihre anfänglich nützlichen Instinkte verloren. Welche Erklärung nun auch die richtige sein möge, immerhin bleibt es merkwürdig, dass wir in diesem Falle bei Tieren, welche mit Recht als im Besitze der höchsten Vollkommenheit des Instinktes angesehen werden, das flagranteste Beispiel von unvollkommnem Instinkt antreffen. Es ist um so auffallender, dass jener Drohnen-tötende Instinkt sich nicht wenigstens in der Richtung entwickelte, die Drohnen zu einer vorteilhafteren Zeit zu töten, nämlich in ihrem Larven- oder Eierzustande, als derselbe Instinkt in vielen Beziehungen zu einem hohen Grade unterscheidender Feinheit ausgebildet wurde.

Als letztes hierher gehöriges Beispiel wählen wir das folgende von Spalding: „Noch eine andere anregende Klasse von Erscheinungen, die zu meiner Kenntnis kam, kann als unvollkommner Instinkt aufgefasst werden. Mein eine Woche alter Truthahn traf auf eine sich gerade in seinem Pfade befindende Biene, wahrscheinlich die erste, die er je gesehen; er stiess dabei den eigentümlichen, Gefahr andeutenden Ruf aus, stand einige Sekunden mit vorgestrecktem Halse, legte einen starken Ausdruck von Furcht an den Tag und wandte sich dann nach einer andern Richtung. Auf diese Andeutung hin machte ich eine grosse Anzahl von Versuchen mit Hühnern und Bienen. In der Mehrzahl der Fälle gaben die Hühner eine instinktive Furcht vor jenen stacheltragenden Insekten zu erkennen; die Resultate waren jedoch nicht gleichmässig, und die einzige genaue Auskunft, die ich im allgemeinen geben kann, ist die, dass sie sich ungewiss, scheu und misstrauisch zeigten. Natürlich genügte es, dass sie ein einziges Mal gestochen wurden, um ihren Argwohn für immer zu rechtfertigen. Ziemlich häufig kommt es auch vor, dass sie in derselben Weise Ameisen ausweichen, besonders wenn dieselben in grosser Anzahl herumschwärmen.‟

In ähnlicher Weise und zu Lebzeiten des Individuums fand Spalding bei dem bereits angeführten fliegenfangenden Truthahn einen in der Entwicklung begriffenen Instinkt, und ganz analoge Fälle finden sich auch in der Entwicklung der Instinkte des Kindes. So z. B. kann das Balancieren des Kopfes in aufrechter Stellung beim Menschen instinktiv genannt werden, denn das Vermögen dazu wird erst nach fortgesetzten Anstrengungen, etwa in der zehnten Woche, erworben und in der Folge von der Willkür unabhängig. Preyer beschreibt den stufenreichen Gang, der zu jenem letzten, vollkommensten Stadium führt und dessen Durchlaufen etwa sechs Wochen in Anspruch nimmt. Derselbe Autor sagt, dass das Kind zuerst zufällig den Vorteil jener Haltung finde und dieselbe deswegen immer beständiger annehme, bis sie durch Übung instinktiv werde. Auch verzeichnet er ganz damit übereinstimmende Thatsachen bezüglich der Erlernung von Sitzen, Laufen, Kriechen, Stehen, Gehen u. s. w.*) Bei Tieren im Naturzustande dürfen wir meines Erachtens alle Instinkte, welche offenbar von keinem oder nur geringem Nutzen sind, als unvollkommen betrachten, insofern sie keinem augenscheinlichen Bedürfnis der jeweiligen Lebensbedingungen der Tiere entsprechen. Solche Instinkte sind nicht sehr zahlreich und können, wie Darwin im Anhange bemerkt, als ein Einwurf gegen seine Theorie von der Entwicklung des Instinkts durch natürliche Züchtung benutzt werden. Ich werde später noch auf diese Schwierigkeit näher eingehen; hier habe ich mich nur auf die Thatsache zu beschränken, dass Instinkte von anscheinend zweckloser Art vorkommen, und dass sie, als zwecklos, auch unvollkommen sind; dahin gehört z. B. der Instinkt der Henne, zu gackern, wenn sie ein Ei gelegt hat; des Fasanenhahnes, kurz vor

---

*) Preyer, Seele des Kindes, S. 66 u. f.

dem Schlafengehen zu krähen; der des Rindes und des Elefanten, ihre kranken oder verwundeten Gefährten aufzuspiessen. Ferner gewisse Instinkte, die auf die Exkremente Bezug haben, wie z. B. das Verscharren oder das regelmässige Absetzen derselben an bestimmten Stellen, und andre von Darwin im Anhange erwähnte Fälle. Das bisher Gesagte führt uns aber zu einer Klasse der wichtigsten Betrachtungen: Wenn Instinkte durch Entwicklung ausgebildet werden, so dürfen wir wohl auch erwarten, Fällen zu begegnen, in denen sie sich noch im Zustande der Entwicklung oder der Unvollkommenheit befinden. Wir haben gesehen, dass diese Erwartung vollständig gerechtfertigt ist. Erfordert der Instinkt noch eine gewisse Intelligenz, um in Wirksamkeit zu treten, so ist er als unvollkommen und in der Ausbildung begriffen, jedenfalls als ein noch nicht an alle möglichen Lebensumstände vollkommen angepasster Instinkt aufzufassen. Deshalb gehören auch alle Fälle der Instinktausbildung durch Intelligenz — gleichviel ob sie das Individuum oder die Art betreffen — in diese Kategorie. Die Betrachtung dieses Gegenstandes leitet uns aber direkt zu einer noch grösseren und höheren Aufgabe, nämlich der Erforschung des Ursprungs und der Entwicklung des Instinkts im allgemeinen. Zu dieser Aufgabe wollen wir uns denn nun zunächst wenden.

Zwölftes Kapitel.

## Ursprung und Entwicklung der Instinkte.

hren Ursprung und ihre Entwicklung verdanken die Instinkte wahrscheinlich einem oder dem andern der beiden folgenden Prinzipien:

I. Der natürlichen Zuchtwahl oder dem Überleben des Passendsten: Insofern nämlich fortwährend Handlungen beibehalten werden, welche, obwohl niemals intelligent, dennoch zum Vorteil der Tiere welche sie zufällig zum erstenmal verrichteten, ausschlugen; hierher gehört z. B. der Brütungsinstinkt. Es ist ganz unmöglich, dass jemals ein Tier seine Eier warm gehalten haben kann, in der bewussten Absicht, deren Inhalt auszubrüten; sonach können wir denn auch nur vermuten, dass der Brütungsinstinkt damit begann, dass warmblütige Tiere ihren Eiern jenen Grad von Aufmerksamkeit zuwandten, dem wir noch oft bei kaltblütigen Tieren begegnen; so z. B. tragen Krebse und Spinnen oft ihre Eier zu Schutzzwecken mit sich herum. Als die Tiere nach und nach warmblütig wurden, und einige Arten aus diesem oder jenem Grunde eine ähnliche Gewohnheit annahmen, wird die Übertragung der Wärme zu dem Umherschleppen der Eier hinzugekommen sein; da aber diese Wärmeübertragung den Brütungsprozess beschleunigte, so müssen jene Individuen, welche am beständigsten über ihren Eiern sassen oder brüteten, *ceteris paribus* am erfolgreichsten in der Aufzucht ihrer Nachkommenschaft gewesen sein. Auf diese Weise wird sich der Brütungsinstinkt entwickelt haben, ohne dass sich jemals die Intelligenz bei dieser Sache beteiligt hätte.

II. Mit der andren Entstehungsweise verhält es sich folgendermassen: Durch die Wirkung der Gewohnheit werden bei aufeinander folgenden Generationen Handlungen, die ursprünglich intelligent waren, in bleibende Instinkte verwandelt. Ebenso wie zu Lebzeiten des Individuums ursprünglich intelligent angepasste Handlungen infolge häufiger Wiederholung automatisch werden, so können während des Bestehens der Art ursprünglich intelligente Handlungen durch häufige Wiederholung und Vererbung ihre Wirkung derart dem Nervensystem einprägen, dass das letztere, auch vor aller individueller Erfahrung, in den Stand gesetzt ist, angepasste Handlungen, die von früheren Generationen in bewusster Weise vollzogen wurden, mechanisch zu verrichten. Diese Entstehungsweise der Instinkte hat man passend „das Ausfallen oder Zurücktreten der Intelligenz"*) genannt.

In der Folge werde ich die Instinkte, welche ohne Hinzutreten einer Intelligenz, auf dem Wege der natürlichen Züchtung erworben werden, als primäre Instinkte bezeichnen, während ich diejenigen, welche durch den Ausfall der Intelligenz entstehen, sekundäre Instinkte nenne.

Wenden wir uns nun zu den Gründen, die uns *a priori* dazu führen, den wahrscheinlichen Ursprung der Instinkte auf diese Prinzipien zurückzuführen. In Betreff der primären Instinkte können die Gründe in Kürze zusammengefasst werden, wie folgt:

a) Viele Instinkthandlungen werden von Tieren verrichtet, die zu tief stehen, als dass wir vermuten könnten, die nun instinktiven Handlungen könnten jemals intelligent gewesen sein.

b) Bei höheren Tieren werden instinktive Handlungen in einem Alter verrichtet, ehe von Intelligenz oder der Fähigkeit, durch individuelle Erfahrungen zu lernen, die Rede sein kann.

c) Mit Rücksicht auf die grosse Wichtigkeit der Instinkte für die Art, sind wir zu der Erwartung berechtigt, dass dieselben grossenteils dem Einfluss der natürlichen Züchtung unterliegen werden. Wie Darwin bemerkt, „wird es allgemein zugegeben werden, dass Instinkte für die Wohlfahrt einer jeden Spezies unter

---

*) S. Lewes, *Problems of Life and Mind: „lapsing of intelligence"*.

ihren gegenwärtigen Lebensbedingungen ebenso wichtig sind, wie ihr körperlicher Organismus. Unter veränderten Lebensbedingungen ist es wenigstens möglich, dass leichte Instinktänderungen für eine Art nützlich sein können; wenn wir aber sehen, dass Instinkte, wenn auch noch so wenig, variieren, dann sehe ich keine Schwierigkeit darin, dass die natürliche Züchtung Abänderungen des Instinkts beibehalten und fortwährend aufhäufen konnte, soweit es nützlich und vorteilhaft war."

Dass Instinkte durch Ausfall der Intelligenz entstehen, wird *a priori* wahrscheinlich gemacht durch alle die Thatsachen, welche die Ähnlichkeit zwischen Instinkten und intelligenten Gewohnheiten aufweisen. Um nur einige wenige Beispiele zu diesem Zwecke beizubringen, kann ich nichts besseres thun, als eine Stelle aus Darwins Manuskripten anzuführen, aus welcher hervorgeht, wie tief und weitgehend die Ähnlichkeit zwischen Gewohnheit und Instinkt ist:

„Wenn wir etwas auswendig hersagen oder eine Melodie singen, so fühlen wir, wenn man uns unterbricht, dass es leicht ist, etwas zurückzugreifen, aber sehr schwer, den Faden, wenige Schritte weiter, nach der fallengelassnen Stelle, sofort wieder aufzunehmen. P. Huber berichtet von einer Raupe, welche mittelst einer Reihe von Prozessen ein sehr kompliziertes Gewebe zu ihrer Metamorphose herstellt. Er fand nun, dass wenn er eine Raupe, welche ihr Gewebe etwa bis zur sechsten Stufe seiner Vollendung fertig hatte, in ein solches setzte, welches nur bis zur dritten Stufe vollendet war, die Raupe durchaus nicht in Verlegenheit geriet, sondern die vierte, fünfte und sechste Stufe des Baues wiederholte. Wenn er aber eine Raupe aus einem Gewebe der dritten Entstehungsstufe in ein solches brachte, das bis zur neunten Stufe fertig war, so dass das Tier also eines grossen Teils seiner Arbeit überhoben gewesen wäre, so schien es, weit davon entfernt diesen Vorteil einzusehen, im Gegenteil in grosse Verwirrung zu geraten und in die Notwendigkeit versetzt, die bereits gethane Arbeit noch einmal vorzunehmen, indem es von der dritten Stufe, die es vorher verlassen hatte, ausging, um das Gewebe zu vollenden. In gleicher Weise scheint auch die Honigbiene beim Wabenbau eine unabänderliche Reihenfolge in ihren Arbeiten festzuhalten. Fabre gibt noch ein andres merkwürdiges Beispiel davon, wie eine instinktive Thätigkeit unabänderlich der andern folgt: Eine Sandwespe macht eine Höhle, fliegt nach Beute aus, die, durch einen Stich wehrlos gemacht, an den Eingang der Höhle gebracht wird. Die Sandwespe dringt nun, bevor sie die Beute hineinschleppt, stets zuerst in die Höhle, um zu sehen, ob hier alles in Ordnung ist. Während die Sandwespe in ihrer Höhle war, brachte Fabre die Beute auf eine kurze Entfernung abseits. Als die Sandwespe wieder herauskam, fand sie bald die Beute und brachte sie wiederum an den Eingang der Höhle, worauf jedoch der instinktive Zwang eintrat, die eben untersuchte Höhle abermals zu untersuchen; und so oft Fabre die Beute entfernte, so oft folgte auch das Weitere aufeinander, so dass die unglückliche Sandwespe im gegebenen Fall ihre Höhle vierzigmal untersuchte. Als Fabre die Beute darauf gänzlich wegnahm, fühlte sich die Sandwespe, statt nach neuer Beute auszugehen und dann ihre vollendete Höhle zu benutzen, in die Notwendigkeit versetzt, dem Rhythmus ihrer Instinkthandlungen zu folgen. Ehe sie eine neue Höhle machte, schloss sie die alte gänzlich zu, als ob alles dort in Ordnung wäre, obwohl in Wirklichkeit völlig zwecklos, da sie ja keine Beute für ihre Larve enthielt.[*)]

Auf einem andern Wege erkennen wir vielleicht die Beziehungen zwischen Gewohnheit und Instinkt, insofern nämlich der letztere eine grosse Macht erlangt, wenn er auch nur ein- oder zweimal auf kurze Zeit ausgeübt wird. So z. B. wird versichert, dass ein Kalb oder ein Kind, das niemals an seiner Mutter gesogen hat, viel leichter mit der Flasche aufzuziehen ist, als wenn es auch nur einmal angelegt war.[**)] Auch Kirby behauptet, dass eine Larve, die eine Zeit lang von einer bestimmten Pflanze ihre Nahrung bezog, eher zu Grunde geht, als dass sie von einer andern frisst, die vollkommen annehmbar für sie gewesen wäre, wenn sie sich von vorn herein an sie gewöhnt hätte.

---

[*)] *Anal. des Sc. Nat. 4. ser., tome VI,* p. 148. Bezüglich der Bienen siehe Kirby und Spence; wegen der Hängematten-Raupe siehe *Mem. Soc. Phys. de Genève VII,* p. 154

[**)] *Zoonomia,* p. 140.

Dies sind einige der Gründe *a priori*, die dafür sprechen, dass die Instinkte aus einer oder der andern dieser beiden Quellen — der natürlichen Züchtung oder dem Ausfall der Intelligenz — entstanden sein müssen. Es erübrigt uns nun noch der Beweis *a posteriori*, dass sie wirklich so entstanden sind. Ich werde vorerst einen kurzen Abriss davon geben, wie ich bei diesem Beweis zu verfahren gedenke.

Der Beweis für eine **primäre** Entstehungsweise der Instinkte hat darzuthun:

1. Dass nicht-intelligente Gewohnheiten von nicht-angepasstem Charakter bei Individuen vorkommen;

2. dass solche Gewohnheiten sich vererben können;

3. dass solche Gewohnheiten abändern können, und

4. dass wenn sie abändern, auch die Abänderungen vererbt werden können;

5. dass wenn solche Abänderungen vererbt werden, dieselben auch, nach allem was wir von analogen Fällen bezügl. des organischen Körperbaues wissen, befestigt und durch natürliche Züchtung in vorteilhafter Richtung gekräftigt werden können.

Der Beweis für einen **sekundären** Ursprung der Instinkte hat dagegen zu zeigen:

6. Dass häufig geübte absichtliche bezw. intelligente Anpassungen automatisch werden, indem sie entweder überhaupt kein bewusstes Nachdenken mehr erfordern, oder, als bewusst angepasste Gewohnheiten, nicht denselben Grad von Bewusstheit nötig haben wie im Anfange;

7. dass automatische Thätigkeiten und bewusste Gewohnheiten vererbt werden können.


## A. Primäre Instinkte.

Indem wir nun zu den einzelnen Punkten übergehen, fällt es uns nicht schwer, die Richtigkeit des ersten derselben festzustellen, da er eine Thatsache der täglichen Beobachtung bildet. „Sonderbare Angewohnheiten" kommen so oft in Ammenstuben und Schulzimmern vor, dass es gewöhnlich keiner geringen Mühe von seiten der Eltern bedarf, sie auszumerzen; wenn ihre Vertilgung aber nicht in der Kindheit gelingt, so können sie sich durch das ganze Leben fortsetzen, vorausgesetzt, dass sie nicht später durch die Anstrengung des Individuums selbst unterdrückt werden. Wenn aber eine solche Angewohnheit nicht schädlich oder nicht ungewöhnlich genug ist, um zu ihrer Unterdrückung aufzufordern, so kann sie sich auch leicht festsetzen; woher es kommt, dass fast jeder von uns gewisse leichte Eigentümlichkeiten in den Bewegungen darbietet, die wir geradezu als für ihn charakteristisch anerkennen. *)

Solche Eigentümlichkeiten der Bewegung, denen wir im gewöhnlichen Leben begegnen, sind zwar wenig ausgesprochen, aber ihre Bedeutung in Bezug auf den Instinkt drängten sich mir besonders stark auf, als ich sie in einer weit auffallenderen Form bei Idioten beobachtete. Es ist dies eine Klasse von Personen, die von besonderem Interesse für die geistige Entwicklung sind, weil wir in ihnen einen menschlichen Geist vor uns haben, der sowohl in seiner Entwicklung zurückgehalten, als auch in seinem Wachstum auf andere Bahnen geleitet wurde und deshalb in vieler Beziehung dem vergleichenden Psychologen ein anregendes Material zu seinem Studium darbietet. Eine der auffallendsten Thatsachen für den Besucher einer Idiotenanstalt ist der merkwürdige Charakter und die Mannigfaltigkeit der sinnlosen Angewohnheiten, die ein jeder dort um ihn herum an den Tag legt. Diese Angewohnheiten, oft lächerlich, bisweilen peinlich, aber in der Regel sinnlos, sind stets individuell und zum Verwundern beständig. Auf einer je niedrigern Stufe der Idiot steht, um so ausgeprägter ist diese Eigentümlichkeit, so dass, wenn man einen Patienten fortwährend auf- und abwandeln oder anderweitige rhythmische Bewegungen vollbringen sieht, man sicher sein kann, einen schlimmen Fall vor

---

*) D. Carpenter (*Mental Physiology*, p. 373) sagt: „Was für sonderbare Gewohnheiten ein Individuum annehmen kann, hängt sehr vom Zufall ab; so z. B. waren in früheren Zeiten herabhängende Uhrketten mit zahlreichen Petschaften u. dgl. ein beliebtes Spielzeug etc." Mit Bezug auf den Einfluss derartiger Angewohnheiten auf die Ausbildung der primären Instinkte ist diese Bemerkung nicht ohne Wert, denn wir ersehen daraus, dass selbst zwecklose Bewegungen durch unsere Umgebung bedingt und gewohnheitsmässig werden.

sich zu haben. Aber auch bei den geistig etwas höher stehenden Idioten, ebenso wie bei den Schwachsinnigen, sind seltsame gewohnheitsmässige Bewegungen der Hände, Glieder oder Gesichtszüge ausserordentlich häufig.

Bei Tieren kann man ähnliche Thatsachen beobachten. Es dürfte kaum vorkommen, dass zwei Jagdhunde in ganz derselben Weise das Wild anzeigen, obwohl ein jeder von ihnen seine besondere Haltung das ganze Leben hindurch bewahrt. Fast alle Haustiere zeigen kleine, aber individuelle und beständige Unterschiede in der Bewegung, wenn sie geliebkost oder bedroht werden, wenn sie spielen u. s. w. Noch auffälliger wird dies bei Betrachtung der neuromuskularen Erscheinungen, die zu den eigentümlichen Bewegungen führen, welche wir unter der Bezeichnung „Disposition" bezw. „Idiosynkrasie" zusammenfassen. So zeigen viele Hunde die mit der ganzen Kraft eines beginnenden Instinkts auftretende, bedeutungslose Gewohnheit, bellend um einen Wagen herum zu springen. Einige Katzen liegen mit Begierde dem Mäusefang ob, während andere niemals zu diesem Sport gebracht werden können. Wer junges Geflügel hält, wie überhaupt Haustiere jeder Art, wird die Verschiedenheit ihrer Anlagen bei ihren Spielen, bei Bethätigung ihres Mutes, ihrer Liebenswürdigkeit u. s. w. bemerkt haben. W. Kidd, der eine sehr lange Erfahrung für sich hat, sagt, dass die Verschiedenheit bei Lerchen und Kanarienvögeln auch bei Jungen zu Tage treten, die zur Aufzucht aus dem Neste genommen wurden.

Ausserdem sind noch Beispiele von individuellen Abänderungen des Instinkts beim Nesterbau bekannt.*)

---

*) Der Nusshacker z. B. baut in den hohlen Ast eines Baumes, wobei er die Öffnung desselben mit Lehm verstopft. Hewetson fand jedoch ein Paar, welches viele Jahre hindurch in einem Mauerloch nistete, und Bond beschreibt ein andres Nest, welches sich an der Seite eines Heuschobers befand und mit Hilfe einer Lehmmasse von nicht weniger als elf Pfund Gewicht erbaut war, während das Nest dreizehn Zoll in der Höhe mass (*Zoologist II. Ser.*, p. 2850). Das Goldhähnchen zeigt ebenfalls häufige Verschiedenheiten bezügl. des Baues und der Lage seines Nestes. Der Goldadler baut in der Regel auf steile Felsspalten; indessen beschreibt D. E. Knox ein Nest, welches er selbst auf einer Tanne, kaum zwanzig Fuss über dem Erdboden, untersuchte. Couch sagt, dass oft mehr als ein Paar Vögel sich zusammen thun und ein

Selbst auf der niedrigen Stufe der Insekten bleiben wir nicht ohne Nachweis von Instinktveränderungen; so z. B. bemerkte Forel grosse bauliche Verschiedenheiten bei *F. Truncicola,* insofern die Nester bald mit einer Kuppel versehen, bald unter Steinen, bald in den Höhlungen alter Baumstämme zu finden waren. Auch Büchner bemerkt, dass die eine Ameise sich eher töten, denn ihre Puppe nehmen lässt, während eine andere die letztere im Stiche lassen und feige davon laufen wird; ähnliches wird auch von Moggridge bestätigt.

Um jedoch die verschiednen individuellen Unterschiede in den Anlagen, sowie auch die Thatsache deutlich zu machen, dass diese Unterschiede zu nutzlosen oder wunderlichen Handlungen führen, welche die ganze Stärke angehender Instinkte besitzen, glaube ich in erster Linie auf jene Fälle hinweisen zu müssen, in denen ein Tier eine starke, wenn auch sinnlose Anhänglichkeit für ein Tier von einer andern Art fasst. So fand ich z. B. eines Tages eine verwundete Pfeifente am Ufer und nahm sie nach Hause in meinen Geflügelhof. Nach einiger Zeit heilten ihre Wunden, worauf ich ihr die Flügel beschnitt und sie als Hausvogel bei mir behielt. Das Tier wurde bald vollständig zahm und fasste mit der Zeit eine starke, dauernde und nicht nachlassende Anhänglichkeit an einen Pfauhahn; wo der Pfau ging, folgte ihm die Ente gleich einem

---

Nest besetzen, indem sie entweder ihre Brut in Gemeinschaft aufziehen oder eines dem andern die Sorge für deren Zukunft überlässt (*Illustr. of Instinkt,* p. 233). S. Stone schreibt über die Misteldrossel: Nach allem, was bisher bekannt ist, scheint es zweifellos, dass einige Individuen Lehm oder Mörtel zum Aufbau ihres Nestes benutzen, während andere es ohne dergleichen ausführen; es stimmt dies mit meinen eignen Beobachtungen, denn obgleich ich Nester gefunden habe, die keinerlei Mörtel enthielten, wies der grössere Teil derer, welche ich antraf — und es waren nicht wenige — eine Art Vermauerung auf, die zwischen den Zweigen und Flechten der Aussenseite und den feinen Gräsern, welche stets die innere Ausfütterung bilden, angebracht war; es ist dies besonders der Fall, wenn der Vogel die horizontalen Zweige eines Baumes zu seinem Sitze auserwählt hat." (*Field, Jan.* 8. 1861. Es bildet dies eine Notiz, welche ich unter Darwins Manuskripten fand.) Wie oben bemerkt, könnten diese Beispiele bis ins Unendliche vermehrt werden. Da jedoch eine grosse und sorgfältige Auswahl von Fällen im Anhang dieses Buches von Darwin beigebracht wird, so kann ich mich auf das Gesagte beschränken.

Schatten, so dass während des Tages der eine Vogel nie ohne den andern zu sehen war. Wenn man sie trennte, fühlte sich die Ente sehr unglücklich und pfiff unaufhörlich, bis sie wieder hinter dem Pfau herwatscheln konnte. Diese hingebende Anhänglichkeit war um so merkwürdiger, als sie von seiten des Pfaues durchaus nicht erwidert wurde. Derselbe schenkte seiner beständigen Gefährtin nicht die geringste Beachtung, noch schien er überhaupt zu bemerken, dass sie stets hinter ihm war. Nachts pflegte er auf dem Giebel eines Häuschens zu sitzen; die arme Ente vermochte nicht dorthin zu folgen und selbst wenn sie es gekonnt hätte, wäre sie wahrscheinlich nicht im stande gewesen auf dem Giebel zu sitzen; sie hielt sich jedoch stets so nahe, als es die Umstände erlaubten; sobald jener zu seinem Giebel hinaufflog, kauerte sie sich gerade unter ihm auf die Erde — eine Ergebenheit, die ihr in der Folge das Leben kostete, da sie dabei einer herumstreifenden Katze zur Beute fiel. Hier haben wir also einen Vogel, der anfangs wild gewesen und später eine heftige Neigung zu einem für ihn vollständig nutzlosen Gefährten aus einer andern, ganz verschiednen Vogelklasse fasste; wobei ich noch bemerken muss, dass die Ente den Pfau aus einer grossen Anzahl anderer Hausvögel desselben Hofes auswählte. In ähnlicher Weise liieren sich Katzen oft mit Pferden, manchmal auch mit Hunden, Ratten, Vögeln und andern ihnen ganz unähnlichen Tieren. Cuvier erzählt einen Fall, wo ein Dachshund so grossen Gefallen an der Gesellschaft eines Löwen fand, dass als der Löwe starb, der Hund sich abhärmte und ebenfalls starb. Thompson erzählt, dass Pferde „eine starke Anhänglichkeit für Hunde und Katzen hatten und Gefallen daran fanden, sie im Stalle auf ihrem Rücken zu haben".*) Rengger berichtet von einem Affen, der so verliebt in einen Hund war, dass er während der Abwesenheit seines Freundes vor Kummer schrie, ihn bei seiner Rückkehr liebkoste und ihn in seinen Händeln mit andern Hunden unterstützte. „Ein Pekari aus dem Pariser Tiergarten schloss ein inniges Freundschaftsbündnis mit einem Hunde des Aufsehers, und eine Robbe an demselben Ort nahm einen kleinen

---

*) Thompson, *Passions of Animals*, p. 360—61.

Wasserhund zum Spielgefährten und liess sich sogar Fische von ihm aus dem Maule nehmen, was sie sehr übel aufnahm, wenn es etwa andere Robben aus demselben Teiche versuchten; Hunde lebten auf freundschaftlichem Fusse mit Möven und Raben . . . und eine Ratte machte Aufsehen, die ihren Herrn auf seinen Spaziergängen begleitete etc."*)

Colonel Montagu erzählt in einem Anhang seines ornithologischen Wörterbuchs folgendes merkwürdige Beispiel von der Freundschaft zwischen einer chinesischen Gans und einem Vorstehhunde. „Der Hund hatte den männlichen Vogel getötet; wegen dieses Vergehens war er sehr hart bestraft und ihm schliesslich der tote Körper seines Opfers auf den Nacken gebunden worden. Die vereinsamte Gans verfiel wegen des Verlustes ihres einzigen Gefährten in grosse Trauer und wahrscheinlich durch den Anblick ihres toten Gefährten zum Hundestalle gelockt, verfolgte sie den Hund unter fortdauerndem Geschrei. Nach kurzer Zeit aber trat eine enge Freundschaft zwischen den ungleichartigen Tieren ein; sie frassen aus demselben Troge, lebten unter demselben Dache und dasselbe Strohbündel hielt beide warm; und wenn der Hund mit auf die Jagd genommen wurde, nahmen die Klagen der Gans kein Ende." Derselbe Autor berichtet Fälle von Anhänglichkeit zwischen einer Taube und einem Huhn, einem Dachshund und einem Igel, einem Pferd und einem Schwein, einem Pferd und einer Henne, einer Katze und einer Maus, einem Fuchs und Windhunden, einem Alligator und einer Katze etc., die alle von ihm selbst beobachtet wurden.

Es ist nicht unmöglich, dass die sogenannten Haustiere vieler Ameisenarten in Wirklichkeit eine nutzlose Beigabe des Nestes bilden, und vielleicht ein wunderlicher Geselligkeitstrieb bei diesen Ameisen durch ererbte Gewohnheit instinktiv wurde. Dieselbe Erklärung gilt jedenfalls für die Thatsache, dass verschiedene Vogelarten sich gelegentlich zusammenthun, wie z. B. Perlhühner und Rebhühner, und nach Yarell auch Rebhühner und Rallen. Solche ungewöhnliche Fälle bei wilden Vögeln sind von besonderm Interesse, weil

---

*) Thompson, a. a. O.

sie als die eigentlichen Anfänge einer so festen und wahrhaft instinktiven Verbindung angesehen werden müssen, wie sie zwischen Krähen und Staaren besteht.*)

Das Gesagte dürfte wohl zur Unterstützung des ersten Punktes genügen; nämlich: dass nicht-intelligente Gewohnheiten von nicht-angepasstem Charakter bei Individuen vorkommen. Wir wollen nun zu dem zweiten Punkte übergehen: dass solche Gewohnheiten auch vererbt werden können.

Dass dies z. B. mit menschlichen Angewohnheiten der Fall ist, kann man fast in jeder Familie beobachten, und wurde auch schon längst von John Hunter hervorgehoben. Darwin teilt in seinen Manuskripten einen von ihm selbst beobachteten Fall mit, „für dessen Genauigkeit er bürgen kann": „Ein Kind hatte schon in seinem fünften Jahre, wenn seine Einbildungskraft in angenehmer Weise erregt war, die ganz eigentümliche Gewohnheit, die Finger seiner an die Wangen gelegten Hände rasch seitwärts hin und her zu bewegen, und sein Vater besass, unter denselben Umständen, genau die nämliche Angewohnheit, die er sogar in vorgerücktem Alter noch nicht ganz hatte besiegen können; dabei konnte jedoch von einer Nachahmung durchaus nicht die Rede sein."**)

Dass die häufigeren und stärker ausgedrückten Gewohnheiten bei Idioten ebenfalls vererbt werden können, ist höchst wahrscheinlich. Es fehlen indessen genügende Nachweise darüber, da Idioten in Kulturländern nicht leicht zur Heirat zugelassen werden. Bei Tieren sind dagegen Nachweise in Menge vorhanden. So finde ich in Darwins Manuskripten folgenden Fall: „Der Rev. W. Darwin Fox erzählt mir, dass er einen weiblichen Terrier hatte, welcher beim Bitten seine Pfoten in ganz ungewöhnlicher Weise rasch hin

---

*) Prof. Newton benachrichtigt mich, dass er häufig Scharen von Goldhähnchen im Winter in Gemeinschaft mit Scharen von Kohlmeisen beobachtete. Ebenso suchten Bluthänflinge und Zeisige zeitweise gern diese Gesellschaft auf und umgekehrt. Die Vereinigung von Saatkrähen und Dohlen kommt täglich vor, ebenso für einige Monate der Anschluss von Staaren und in manchen Fällen auch der Kiebitze.

**) Dieser Fall wird auch, in andrer Fassung, in „Variieren der Tiere und Pflanzen", Band I, p. 472, erwähnt.

und her bewegte. Ihr Junges, welches jedoch niemals seine Mutter
bitten gesehen, vollführte, als es ausgewachsen war, dieselbe eigentümliche Bewegung in ganz derselben Weise."*)

Was die Erblichkeit der Anlage betrifft, so brauchen wir nur
die mannigfachen Hunderassen mit ihren charakteristischen, scharf
hervorstechenden Unterschieden ins Auge zu fassen. Wir dürfen
übrigens nicht vergessen, dass wir es gegenwärtig nur mit der Vererbung nutzloser, nicht-intelligenter oder nicht-angepasster Bewegungen zu thun haben, nicht aber mit den nützlichen, intelligenten
Gewohnheiten, die mittelst künstlicher Züchtung und Dressur unsern
verschiedenen Hunderassen anerzogen werden. Aber auch bei ganz
bedeutungslosen Charakterzügen, die weder dem Tiere, noch dem
Menschen zum Vorteil gereichen, ist der Einfluss der Erblichkeit
unverkennbar; so ist z. B. die nutzlose und selbst lästige Gewohnheit des Anbellens von Wagen, der wir bei verschiedenen Hunderassen begegnen, ganz besonders stark beim Spitz ausgeprägt und
ihm geradezu angeboren. Dies wird besonders durch die Thatsache bezeugt, dass ein Spitz, der von klein auf niemals andere
Hunde Pferde anbellen gesehen, nichtsdestoweniger aus freiem
Antrieb es thun wird. Noch viele andere nutzlose Charakterzüge
oder eigentümliche Anlagen könnte ich hier anführen; ich will jedoch lieber zu einem der merkwürdigsten Beispiele übergehen, das
ich bezüglich der Vererbung einer durchaus sinnlosen psychologischen Eigentümlichkeit bei Hunden gefunden habe. Ich beziehe
mich dabei auf eine vor einigen Jahren seitens Dr. Huggins an
Darwin gerichtete Mitteilung, die ich mit den eignen Worten des
Beobachters wiedergebe:

„Ich möchte Ihnen einen merkwürdigen Fall von vererbter
geistiger Eigentümlichkeit mitteilen: Ich besitze eine englische Dogge
(Mastiff) Namens Keppler, welche von dem berühmten Türk und
der Venus abstammt. Im Alter von sechs Wochen kam der Hund

---

*) Hierzu muss ich bemerken, dass ich mehrere Hunde derselben Rasse
beim Bitten dieselben Bewegungen machen sah, so dass die betreffende Handlung eine Art psychologischer Rassenunterschied und nicht nur eine individuelle Eigentümlichkeit zu sein scheint; deshalb verweise ich auf die gleich
nachher im Text zu besprechenden hieher gehörigen Fälle.

aus dem Stalle, in dem er geboren war. Als ich ihn zum erstenmal mitnahm, machte er beim ersten Fleischerladen, den er jemals gesehen, erschrocken kehrt und lief nach Hause. Ich fand bald heraus, dass er eine heftige Antipathie gegen Fleischer und Fleischerläden hatte. Als er sechs Monate alt war, nahm ihn ein Dienstmädchen mit sich auf einen Ausgang. Kurz, ehe sie an ihr Ziel kam, hatte sie einen Fleischerladen zu passieren; der Hund (der an der Leine war) legte sich sofort nieder und weder Zureden, noch Drohungen vermochten ihn dazu zu bringen, an dem Laden vorbeizugehen. Da das Tier zu schwer war, um getragen zu werden, und bald eine Masse Menschen sich zusammen fand, so blieb dem Mädchen nichts übrig, als wieder zurückzukehren und später den Gang ohne ihn zu machen. Dies geschah vor ungefähr zwei Jahren und die Antipathie dauert noch heute fort, wenn auch der Hund jetzt näher an den Laden heran zu bringen ist als früher. Vor ungefähr zwei Monaten entdeckte ich in einem kleinen Buch von Dean, welches über Hunde handelt, dass dieselbe merkwürdige Antipathie auch bei Kepplers Vater, Türk, bestand. Ich schrieb darauf an Herrn Nicholls, den früheren Besitzer von Türk, um näheres über diesen Punkt zu erfahren. Er antwortete mir: „Ich kann sagen, dass dieselbe Antipathie auch bei dem Vater von Türk, bei Türk selbst, bei Punsch, Türks Sohn von der Meag, und bei Paris, Türks Sohn von der Juno, besteht. Paris besitzt von allen die grösste Antipathie, da er wohl kaum in eine Strasse zu bringen sein dürfte, in der ein Fleischerladen besteht. Wenn ein Fleischerkarren in die Nähe des Hauses kommt, so geraten alle, auch wenn sie ihn nicht zu sehen bekommen, in die grösste Aufregung und suchen ihre Kette zu zerreissen. Ein mit einem gewöhnlichen bürgerlichen Anzug gekleideter Fleischermeister kam eines Abends zu Paris' Herrn, um den Hund zu sehen. Er hatte kaum das Haus betreten, als der Hund so aufgeregt wurde, dass man genötigt war, ihn in eine Scheuer zu sperren, und der Fleischermeister musste das Haus verlassen, ohne den Hund gesehen zu haben. Dasselbe Tier sprang einst in Hastings auf einen im Gasthof einkehrenden Fremden los; sein Herr riss ihn zurück und entschuldigte sich, mit dem Hinzufügen, dass der Hund nie ein ähnliches Verhalten gezeigt hätte, ausser wenn ein Fleischer ins Haus käme, worauf der Fremde sofort erwiderte, dass dies sein Geschäft sei!"

Wir ersehen daraus, dass nicht-intelligente Gewohnheiten von nicht-angepasster, nutzloser Art bei Haustieren in sehr deutlicher Weise vererbt wurden. Zum Beweis, dass dasselbe auch bei wilden Tieren vorkommt, berufe ich mich auf Humboldt, welcher behauptet, dass die Indianer, welche Affen feilhalten, sehr wohl wissen, dass diejenigen, welche gewisse Inseln bewohnen, sich leicht zähmen lassen, während andere derselben Art, von dem benachbarten Festlande, vor Schreck oder Wut sterben, wenn sie sich in der Gewalt des Menschen befinden. In Darwins Manuskripten finde ich ferner die Notiz, dass „verschiedenartige Anlagen in Krokodilfamilien zu herrschen scheinen". Eines der merkwürdigsten Beispiele, von nutzloser Abweichung eines stark vererbten Instinktes, welches mir vorgekommen ist, finde ich in einem an Darwin gerichteten Briefe aus dem Jahre 1860, von Mr. Thwaits in Ceylon. Mr. Thwaits sagt darin, dass seine Hausenten ihre natürlichen Instinkte für das Wasser verloren hätten und nur mit Gewalt hinein zu treiben seien. Die Jungen, die man in einen Zuber mit Wasser setzte, waren ganz erschreckt und mussten rasch wieder herausgenommen werden, da sie Gefahr liefen zu ertrinken. Mr. Thwaits fügt hinzu, dass diese Eigentümlichkeit sich nicht auf alle Enten der Insel erstrecke, sondern nur auf eine bestimmte Brut.

In Darwins Manuskripten finde ich noch die folgende Bemerkung: „So viele von einander unabhängige Autoren versichern, dass Pferde in verschiedenen Teilen der Welt eine künstliche Gangart erben, dass ich die Thatsache kaum bezweifeln darf. Dureau de la Malle behauptet, dass diese verschiedenen Gangarten seit der klassischen Römerzeit erworben seien, und dass sie, seiner eignen Beobachtung gemäss, vererbt würden*) . . . . Tümmler (Pur-

---

*) Nach zahlreichen Nachweisen hierüber in einer Fussnote schliesst Darwin die letztere folgendermassen: „Ich kann hinzufügen, dass es mir vor Zeiten auffiel, dass kein Pferd auf den Grasebenen des La Plata den natürlichen hohen Gang einiger englischen Pferde besitzt." Wegen anderer Beispiele über Vererbung von Eigenschaften beim Pferd siehe „Das Variieren des Tiere und Pflanzen etc." I. Band.

zeltauben) bilden ein ausgezeichnetes Beispiel für eine während der Domestikation erworbene instinktive Handlung, die nicht erlernt sein kann, sondern auf natürlichem Wege erschienen sein muss, obwohl man sie später wahrscheinlich durch fortgesetzte Züchtung derjenigen Vögel, welche die stärkste Neigung dazu zeigten, sehr vervollkommnet hat, und zwar besonders im Orient, wo der Taubenflug s. Z. hochgeschätzt wurde. Tümmler haben die Gewohnheit, in dichtgeschlossner Schar bis zu einer grossen Höhe aufzufliegen und dann kopfüber zu purzeln. Ich habe Junge von ihnen aufgezogen und fliegen lassen, die nie vorher einen Tümmler gesehen haben können; nach wenigen Versuchen purzelten sie ebenfalls in der Luft. Nachahmung unterstützt jedoch den Instinkt, denn alle Liebhaber stimmen darin überein, dass es höchst vorteilhaft ist, junge Vögel mit erprobten Alten fliegen zu lassen. Noch merkwürdiger sind die Gewohnheiten der indischen Unterrasse der Bodenpurzler, über die ich schon bei einer früheren Gelegenheit in eingehender Weise berichtete. Dieselben zeigen uns, dass jene Vögel seit wenigstens 250 Jahren auf der Erde purzeln, wenn man sie leise schüttelt, und so lange fortpurzeln, bis man sie aufnimmt und anbläst. Da diese Rasse sich schon so lange fortpflanzt, kann die Gewohnheit kaum eine Krankheit genannt werden. Ich habe kaum nötig zu bemerken, dass es ebenso unmöglich sein würde, einer Taubenart das Purzeln zu lehren, wie einer andern etwa das Aufblasen des Kropfes zu einem so enormen Umfange, wie es die Kropftaube zu thun pflegt.[*])

Tümmler und Kropftauben geben somit ein sehr interessantes und wohlgeeignetes Beispiel für unsere Beweisführung, denn jene Bewegungen sind für die Tiere selbst völlig nutzlos und dabei doch in so hohem Grade mit ihnen verwachsen, dass sie geradezu typisch d. i. kennzeichnend für die verschiedenen Rassen geworden und von wirklichen Instinkten in keiner Weise zu unterscheiden sind.[**])

Im Anhang werden verschiedene interessante Fälle ähnlicher

---

[*]) Wegen weiterer Einzelheiten über den Purzelinstinkt siehe „Variieren der Tiere und Pflanzen", Bd. I, 162 u. ffg.

[**]) Vor einigen Jahren nahmen „Rattler", die in einem Käfig des zoologischen Gartens gehalten wurden, die anscheinend nutzlose Gewohnheit an, kopfüber zu purzeln. Wenn nun ihre Nachkommenschaft eine Anzahl Gene-

Art angeführt; wie z. B. die abyssinische Taube, welche, wenn
man nach ihr schiesst, so tief herabstürzt, dass sie den Jäger fast
berührt, um darauf zu einer ungeheuren Höhe emporzusteigen;*)
die Viscacha, die allerhand Abfälle, Knochen, Steine, trocknen
Dünger u. s. w. in der Nähe ihrer Höhle aufhäuft; das Guanako,
welches die Gewohnheit hat, stets an denselben Ort zurückzukehren,
um seine Exkremente niederzulegen; Pferde, Hunde und Klipp-
dachs, die eine ähnliche, gleichfalls nutzlose Neigung zeigen; Hennen,
die über ihre Eier gackern u. s. w. Hiernach halte ich die Behauptung, dass sinn- und nutzlose Gewohnheiten vererbt und für
Rassen geradezu charakteristisch und zu zwecklosen Instinkten werden, für reichlich erwiesen.

Wenn wir nun zu dem dritten und vierten Punkte übergehen, die
besagen, dass solche Gewohnheiten auch abändern und in diesem Falle die Abänderungen vererbt werden, so finden wir
den Nachweis davon bereits im Obigen geliefert. Die mannigfachen
Gangarten des Pferdes in verschiedenen Teilen der Welt stellen
ebenso viele Rasseverschiedenheiten dieses Tieres dar; die Boden-
tümmler zeigen eine ererbte Abänderung im Vergleich zu den Luft-
tümmlern, und wenn Tümmler an der Ausübung ihrer Kunst verhindert werden, so erleiden sie die Abänderung, dass der betreffende Instinkt erlischt, wie wir das bald auch bei vielen anderen
wirklichen Instinkten sehen werden. Die verschiedenen Anlagen
einer und derselben Art von Affen auf verschiedenen Inseln beweisen,
dass die Anlage der Voreltern in der Nachkommenschaft abgeändert
und sodann in dem abgeänderten Zustande kontinuierlich auf die einzelnen Linien der Abkömmlinge weiter vererbt worden sein muss.

Der Natur der Sache nach hält es schwer, eine grössere Anzahl Beispiele von ererbten Abänderungen nutzloser Gewohnheiten
aufzufinden; auch halte ich dies für unwesentlich. Dass nicht-intelligente und zwecklose Gewohnheiten vererbt werden, ist vollauf bewiesen, und das ist die Hauptsache; denn dass solche ererbte Ge-

---

rationen hindurch denselben Lebensbedingungen ausgesetzt würde, so würden
sie wahrscheinlich einen ähnlichen Instinkt für Überschlagungen in der Luft
entwickeln, wie die Tümmler.

*) Eine ähnliche Neigung beobachtete ich häufig beim Kiebitz.

wohnheiten variieren, unterliegt keinem Zweifel, da wir täglich sehen, dass solches sogar mit intelligenten und nützlichen Gewohnheiten der Fall ist. Wenn die letzteren aber im Laufe der Vererbung Abänderungen unterworfen sind, so muss das umsomehr mit den ersteren der Fall sein, insofern dieselben einer zufälligen Laune der organischen Entwicklung ihr Dasein verdanken, deshalb stets ausserordentlich abänderungsfähig sind, und diese Eigenschaft weder von seiten der Intelligenz, noch der natürlichen Züchtung gehindert wird.

Auch der fünfte Punkt erfordert nur noch wenige Erläuterungen. Wenn unter einer Anzahl bedeutungsloser, mehr oder weniger erblicher oder abänderungsfähiger Gewohnheiten die eine oder andere von vornherein oder im Laufe der Zeit zufälligerweise sich so ändert, dass sie dem Tiere vorteilhaft wird, so ist anzunehmen, dass die natürliche Züchtung die Gewohnheit oder ihre vorteilhaften Abänderungen befestigt.

Der Beweis, dass ein solcher Vorgang Platz greift, wird durch die Thatsache bewiesen, dass es viele Instinkte gibt — wie z. B. der obenerwähnte Instinkt des Brütens — die allem Anschein nach in keiner andern Weise entwickelt worden sein können. Mag dieser Instinkt mit einer zum Schutz der Eier geeigneten Gewohnheit angefangen haben oder nicht — sicher ist, dass er nicht mit dem bewussten Zweck der Ausbrütung unternommen worden sein kann, und nicht weniger gewiss ist es, dass, ehe der Instinkt seinen gegenwärtigen Grad von Vollkommenheit erreichte, er eine lange Stufenreihe von Abänderungen erfahren haben muss, bei denen, wenn überhaupt, nur zum geringen Teil eine intelligente Absicht von seiten der Vögel zu Grunde liegen konnte. Ein fernerer Beweis ist, wie schon bemerkt, mit der Thatsache gegeben, dass viele Instinkte von Tieren ausgeübt werden, die zu tief in der zoologischen Stufenreihe stehen, als dass von einer Intelligenz dabei die Rede sein könnte. Um nur ein Beispiel zu geben, so lebt die Larve der Köcherfliege (*Phryganea*) im Wasser und baut sich einen röhrenförmigen, aus mannigfachen zusammengeklebten Partikelchen bestehenden Behälter. Wenn nun während des Baues dieses Gehäuse zu schwer befunden wird, d. h. wenn sein spezifisches Gewicht grösser als dasjenige des Wassers ist, so wählt sie ein Stückchen

Blatt oder Stroh vom Grunde des Stromes aus und heftet es an
den Bau; ist dagegen der letztere zu leicht, so dass er fortschwimmen könnte, so wird ein kleines Steinchen als Ballast zu Hilfe genommen.*) In diesem Falle scheint es doch ganz unmöglich, dass
ein zoologisch so tief stehendes Tier jemals bewusster Weise er-
wogen haben könnte, dass einige Partikelchen ein höheres spezifisches Gewicht haben als andere, und dass durch Hinzunahme
eines Partikelchens von diesem oder jenem Stoff das spezifische
Gewicht des ganzen Baues dem des Wassers angepasst werden
könne. Und doch sind jene Handlungen offenbar etwas mehr als
ein blosser Reflex; sie sind instinktiv und können nur durch natürliche Züchtung entwickelt worden sein. Prof. Duncan stellte in
einer Vorlesung vor der britischen Akademie im Jahre 1872 die
Behauptung auf, dass der Instinkt der Mauer-Lehmwespe (*Odynerus*)
— die einen röhrenförmigen Vorraum mit Vorratskammer baut
und denselben mit angestochnen Larven zu Gunsten ihrer künftigen
Nachkommenschaft anfüllt, die sie niemals zu Gesicht bekommt —
wahrscheinlich in derselben Weise entsteht. Fabre beobachtete
dass die indische Wirbelwespe (*Bembex indica*) ein Ei in eine Kammer legt, dessen Brutzeit nur sehr kurze Zeit dauert. Das Insekt
besucht dann täglich seine lebendige Nachkommenschaft und bringt
ihr kleine Larven mit, welche sie vorher ansticht, um sie bewegungslos zu machen. Nun kann dieser Instinkt bei der Mauer-Lehmwespe infolge der eingetretnen Verlängerung der Brutzeit sehr leicht
eine Änderung insofern erfahren haben, als anfänglich eine Reihe
von Opfern, dem ursprünglichen Instinkte gemäss, in die Vorratskammer getragen wurde, wodurch dann eine Abänderung des Instinktes entstand.

Zahlreiche andere Instinkte, deren Ursprung lediglich dem Einfluss der natürlichen Züchtung zugeschrieben werden kann, werden
wir noch im Anhange erwähnt finden. Ich darf mich daher hier
weiterer Erläuterungen über die primären Instinkte enthalten und
gehe zu der folgenden Klasse über.

---

*) *A Monographic Revision and Synopsis of the Trichoptera of the
European Fauna,* 1881, by Robert M'Lachlan, F. R. S.

## B. Sekundäre Instinkte.

Die Beweise zu der zweiten Reihe unsrer Aufstellungen werden auch noch manches Licht auf die erste Reihe derselben zurückwerfen. Zunächst haben wir zu zeigen, dass häufig geübte intelligente Anpassungen automatisch werden, und zwar entweder bis zu einem Grade, dass sie gar kein bewusstes Nachdenken mehr bedürfen, oder, als bewusst angepasste Gewohnheiten, doch nicht denselben Grad von bewusster Anstrengung erfordern, wie ursprünglich.

Der letzte Teil dieses Satzes hat seine Beweise schon in einem frühern Kapitel dieses Buches gefunden. Dass „Übung den Meister macht" ist, wie schon gesagt, eine Thatsache der täglichen Beobachtung. Ob wir einen Taschenspieler, einen Piano- oder Billardspieler, ein seine Aufgabe lernendes Kind, oder einen seine Rolle wiederholenden Schauspieler, oder eins von tausend ähnlichen Beispielen nehmen, wir werden stets finden, dass eine gewisse Wahrheit in dem cynischen Ausspruch steckt, dass der Mensch ein „Bündel von Gewohnheiten" sei. Dasselbe trifft natürlich auch für die Tiere zu. Die Dressur eines Tieres ist im wesentlichen dasselbe, wie die Erziehung eines Kindes, und wie wir sehen werden, bilden auch Tiere im Naturzustand ganz spezielle, in Beziehung zu lokalen Bedürfnissen stehende Gewohnheiten aus.

Die Ausdehnung, bis zu welcher Gewohnheit oder Wiederholung auf diese Weise über bewusste Anstrengungen den Sieg davon tragen, ist ein beliebtes Thema bei Psychologen; einige Beispiele darüber habe ich bereits in dem Kapitel über „die physische Grundlage des Geistes" mitgeteilt und brauche deshalb hier nicht wieder darauf zurückzukommen.

Es bleibt aber noch eine andere Klasse erworbener geistiger Gewohnheiten zu erwähnen, die für die Instinktfrage eine um so grössere Bedeutung haben, als sie rein geistiger Natur und nicht mit mechanisch unterscheidbaren Bewegungen verbunden sind. So macht Prof. Alison[*] die Bemerkung, dass das Schamgefühl beim

---

[*] Todd's *Cyclo. of Anat. Art. „Instinct"*, vol. III, 1839.

Menschen kein wahrer Instinkt sei, weil es weder angeboren, noch bei allen Mitgliedern unsrer Species zu finden sei, vielmehr im allgemeinen nur als eine Eigenschaft der zivilisierten Rassen betrachtet werden könne. Obwohl es also lediglich eine angelernte geistige Gewohnheit bei moralisch kultivierten Personen darstellt, tritt es nichts desto weniger mit der ganzen Stärke und Präzison eines richtigen Instinktes auf. In ähnlicher Weise macht sich der Einfluss der Verfeinerung und des guten Geschmacks, welche von Kindheit an auf das Individuum wirken, so mächtig und unabweisbar bemerklich, dass die daraus hervorgehende ausserordentlich genaue, unwillkürliche und rasche Anpassung an hoch komplizierte Bedingungen selbst in der gewöhnlichen Unterhaltung sofort als instinktive Nötigung empfunden wird; denn wir pflegen zu sagen, dass jemand die Instinkte eines „wohlerzogenen“ Menschen habe oder aber dass er von schlechter Erziehung sei. Der letztere Ausdruck führt uns jedoch zu einer Seite unsres Gegenstandes, die wir einem eigenen Abschnitte vorbehalten, zu dem wir jetzt übergehen wollen.

Indem wir sonach den sechsten Punkt als zweifellos hinnehmen, liegt es uns ob, noch den siebenten Satz zu begründen: **dass automatische Handlungen und bewusste Gewohnheiten vererbt werden können.***)

---

*) **Darwins** Manuskripte enthalten Nachweise darüber, dass Personen von schwachem Intellekt sehr leicht gewohnheitsmässigen oder automatischen Bewegungen verfallen, die, dem Willen nicht unterworfen, eher Reflexhandlungen gleichen, als willkürlichen oder bedachten Bewegungen. Diesen Zusammenhang beobachtet man auch bei Tieren. **Darwin** kannte einen geistesschwachen Hund, dessen Instinkt, vor dem Niederlegen sich im Kreise herumzubewegen (wahrscheinlich ein Rest des Instinkts, sich ein Lager im hohen Grase zurecht zu machen), so stark ausgebildet oder von der Intelligenz so wenig im Zaume gehalten war, „dass er sich oft wohlgezählte zwanzig Male herumdrehte, ehe er sich niederlegte“. — Dieses Sichherumbewegen ist ohne Zweifel als das Überbleibsel eines sekundären Instinkts zu betrachten. Sekundäre Instinkte bestehen aber aus einem Herabsteigen von intelligenter Thätigkeit durch gewohnheitsmässige Thätigkeit zur Reflexthätigkeit; es ist deshalb interessant, dass, wenn dieselben, wie in diesem Falle, vollständig ausgebildete Instinkte geworden sind, sie automatischen Gewohnheiten gleichen, die in ungezügelter Weise auftreten, wo die Intelligenz geschwächt oder sonstwie gestört ist.

Wir haben bereits gefunden, dass dies z. B. der Fall ist bei automatischen Handlungen, die zufällig oder ohne bewussten Zweck entstanden sind; es wäre aber seltsam, wenn es sich mit automatischen Handlungen, die absichtlich erworben werden, anders verhielte; auch ist der Beweis dafür, dass die Thatsache sich hier nicht anders verhält, unwiderleglich.

Betrachten wir zuerst den Menschen. „Auf welchem merkwürdigen Zusammenwirken von Körperbau, geistigem Charakter und Erziehung," sagt Darwin, „beruht die Handschrift! Und doch wird schon jedermann gelegentlich die grosse Ähnlichkeit der Handschrift bei Vater und Sohn bemerkt haben, obschon der Vater im allgemeinen in dieser Richtung nicht einzuwirken pflegt ... Hofacker berichtet über die Erblichkeit der Handschrift in Deutschland, und man behauptet sogar, dass englische Knaben, die in Frankreich erzogen werden, ungezwungen an ihrer englischen Handschrift festhalten." Dr. Carpenter schreibt, dass ihn Miss Cobbe versichert habe, in ihrer Familie sei ein ganz charakteristischer Zug in der Handschrift durch fünf Generationen zu verfolgen, und in seiner eignen Familie komme der merkwürdige Fall vor, dass „ein Mitglied, dessen Handschrift einen ausgesprochenen Charakter besass durch einen Zufall seinen rechten Arm verlor; im Laufe weniger Monate lernte er mit der Linken schreiben und in kurzer Zeit wurden die so geschriebenen Briefe ganz ununterscheidbar von seinen früheren Briefen." Dieser Fall erinnerte mich an eine häufig von mir und gewiss auch anderwärts beobachtete Thatsache: nämlich dass, wenn ich in einer ungewöhnlichen Richtung schreibe, wie z. B. senkrecht an einer Cylinderform herunter, der Charakter der Handschrift ganz unverändert bleibt, obwohl Hand und Auge in einer höchst ungewohnten Weise arbeiten. Nimmt man, wie schon in einem früheren Kapitel bemerkt, in jede Hand einen Bleistift und schreibt dasselbe Wort mit beiden Händen zugleich (mit der Linken von rechts nach links), so wird, wenn man das rückwärts Geschriebene vor einen Spiegel hält, die Übereinstimmung der Handschrift sofort erkannt werden.

Die Beispiele bezüglich der Stärke der Vererbung. von geistigen Errungenschaften beim Menschen sind ausserordentlich zahl-

— 211 —

reich*) und könnten mit Hinsicht auf die Tiere noch beliebig vermehrt werden. So z. B. werden in Norwegen die Ponies ohne
Zügel geritten und angelernt, der Stimme zu gehorchen; infolge
dessen hat sich bereits eine Rasseeigentümlichkeit herausgebildet;
denn Andrew Knight berichtet, dass „die Bereiter, und gewiss
aus gutem Grunde, darüber klagen, dass es unmöglich sei, diese
Pferde durch das Maul zu regieren; nichtsdestoweniger sind sie
sehr gelehrig und ungewöhnlich folgsam, sobald sie die Befehle
ihres Herrn verstehen."**) Lawson Tait erzählt mir, dass er eine
Katze besitze, welche angelernt wurde, gleich einem Hündchen zu
bitten, sodass sich die Gewohnheit bei ihr ausbildete, diese für eine
Katze so ungewöhnliche Haltung anzunehmen, so oft sie Futter
verlangte. Aber auch ihre sämtlichen Jungen nahmen dieselbe Gewohnheit an, und zwar unter Umständen, die jede Möglichkeit einer
Nachahmung ausschlossen, da sie schon sehr jung an Freunde ver-
schenkt wurden. Ihre neuen Eigentümer waren denn auch nicht wenig
überrascht, als ihre Kätzchen, wenige Wochen später, aus freien
Stücken zu „bitten" begannen.***)

Um zu zeigen, dass dieselben Grundsätze auch für das Tier
im Naturzustand gelten, genügt es, auf die Erblichkeit der Wildheit
und Zahmheit als auf eins der überzeugendsten Beispiele hinzu-
deuten. Wildheit oder Zahmheit sind nämlich nichts anderes, als

---

*) Vgl. Carpenter, *Mental physiology*, p. 393, wo auch über erbliche Anlagen für Musik und Malerei abgehandelt wird; ferner Galtons *Here-
ditary Genius*, bezügl. der in manchen Familien vorkommenden hohen geistigen Eigenschaften, sei es in ein und derselben oder in verwandten Richtungen.
Auch Spencer (*Psychology I.*) berichtet über psychologische Rasseeigen-
schaften beim Menschen.

**) *Phil. Trans.* 1839, p. 369.

***) Da die Handlung des „Bittens" so ungewöhnlich für eine Katze ist,
so scheint das oben erzählte Beispiel von erblicher Übertragung auffallender,
als ähnliche Fälle beim Hund. Vgl. Lewes, *Problems of life and kind I*,
und ein Bericht von Hurt in der „*Nature*" (1872, 1. Aug.), wonach ein
Pinscher, dem er mit grosser Mühe das „Bitten" beigebracht hatte, diese Gewohnheit später bei jedem Wunsche in Anwendung brachte. Hurt fügt hinzu:
„Eins seiner Jungen, das niemals seinen Vater gesehen, hat die beständige Gewohnheit angenommen, aufrecht zu sitzen, obwohl ihm dies niemals gelehrt
wurde und er es auch nie bei andern sah!"

14*

eine gewisse Gruppe von Ideen oder Anlagen mit dem Charakter eines Instinkts, so dass wir mit Recht sagen können, ein wildes Tier „schrecke instinktiv" vor dem Menschen oder einem andern Feinde zurück, während bei einem zahmen Tier das Gegenteil der Fall sei. Eines der typischsten und bemerkenswertesten Beispiele von Instinkt ist in der That die angeborne Furcht vor Feinden, wie sie z. B. von Hühnern beim Anblick eines Habichts, von Pferden beim Geruch eines Wolfes, von Affen beim Erscheinen einer Schlange an den Tag gelegt wird. In dieser Richtung ist eine ungeheure Masse von Material vorhanden, welches beweist, dass diese Instinkte sowohl durch Nichtgebrauch verloren, wie auch durch erbliche Übertragung der elterlichen Erfahrungen als Instinkte erworben werden können.

Einen schlagenden Beweis, dass natürliche instinktive Wildheit durch Nichtgebrauch für eine Art verloren gehen kann, liefern die Kaninchen. Wie Darwin bemerkt, „ist kaum irgend ein Tier so schwierig zu zähmen, als das Junge eines wilden Kaninchens, während es kaum ein zahmeres Tier gibt als das Junge des zahmen Kaninchens; und doch kann ich kaum glauben, dass die Hauskaninchen lediglich wegen ihrer Zahmheit gezüchtet worden seien; wir müssen daher wenigstens zum grösseren Teil die ererbte Veränderung von äusserster Wildheit bis zur äussersten Zahmheit der Gewohnheit und der lange fortgesetzten engen Gefangenschaft zuschreiben".*) In den Manuskripten findet sich noch der Zusatz:

„Kapitän Sulivan brachte einige junge Kaninchen von den Falklandsinseln mit, wo diese Tiere seit Generationen wild lebten, und ist überzeugt, dass sie leichter zu zähmen sind, als die echten wilden Kaninchen in England. Die verhältnismässige Leichtigkeit, mit der sich die wilden Pferde in La Plata zureiten lassen, lässt sich wohl auf dasselbe Prinzip zurückführen, wonach einige Wirkungen der Domestikation jener Rasse noch lange inhärent geblieben sind." Dazu bemerkt Darwin in seinen Manuskripten, dass ein grosser Gegensatz zwischen der natürlichen Zahmheit der zahmen Ente und der natürlichen Wildheit der wilden besteht.**)

---

*) „Entstehung der Arten" S. 294.

**) Mit Rücksicht darauf ziehe ich folgendes aus Darwins Manuskrip-

Die noch bemerkenswerteren Gegensätze zwischen unseren Haushunden, Katzen und Rindvieh werde ich noch später beleuchten, denn es ist sehr wahrscheinlich, dass bei ihnen das Prinzip der Auslese eine wichtige Rolle gespielt hat. Hier haben wir es jedoch vorläufig nur mit den Beweisen für die Bildung sekundärer Instinkte zu thun, d. h. mit dem Herabsteigen der intelligenten zur instinktiven Thätigkeit, ohne Hilfe der natürlichen Züchtuug.

Wir haben gesehen, dass der Instinkt der Wildheit durch blossen Nichtgebrauch, ohne den Beistand des Prinzips der Auslese, ausgemerzt werden kann, und dass diese Wirkung entweder anhält oder auch allmählich wieder verschwindet, wenn die Tiere mehrere aufeinanderfolgende Generationen hindurch ihren ursprünglichen Lebensbedingungen zurückgegeben werden. Im Gegensatz dazu habe ich nun zu zeigen, dass die Instinkte der Wildheit durch erbliche Übertragung neuer Erfahrungen, ebenfalls ohne Hilfe der Auslese, erworben werden können. Den bündigsten Beweis liefert die ursprüngliche Zahmheit der Tiere auf unbesuchten Inseln; dieselbe geht stufenweise in einen erblichen Instinkt von Wildheit über, je nachdem die speziellen Erfahrungen über die menschlichen Neigungen sich häufen. Wenn die Auslese auch hier und da eine Rolle hierbei spielen mag, so kann es doch nur eine sehr untergeordnete sein. Ich könnte ganze Seiten mit den hierher gehörigen Berichten von Reisenden füllen; der Kürze wegen verweise ich indessen nur auf die Bemerkungen Darwins am Ende dieses Bandes,

---

ten: „Das wilde Kaninchen, sagt Sir J. Sebright, ist weitaus das unzähmbarste Tier, welches ich kenne; ich nahm die Jungen vom Nest und versuchte sie zu zähmen, es gelang mir aber nie. Dagegen ist das Hauskaninchen wohl leichter zu zähmen, denn irgend ein anderes Tier, mit Ausnahme des Hundes. Ein ganz ähnlicher Fall steht uns in den Jungen der wilden und zahmen Ente zur Seite." Eine interessante Bestätigung dieser Behauptung findet sich in einem Briefe von Dr. Rae („*Nature*" 19. Juli 1883): „Wenn die Eier einer wilden Ente, zusammen mit denen einer zahmen, einer Henne untergelegt werden, so werden die Jungen der ersteren, an demselben Tage, an dem sie das Ei verlassen, sich sofort zu verbergen oder beim Herannahen einer Person nach dem nächsten Gewässer zu entkommen trachten, während die Jungen aus den Eiern der zahmen Ente sich durchaus nicht erschreckt zeigen — ein klares Beispiel von Instinkt oder ‚ererbtem Gedächtnis‘."

denen ich noch die Andeutung beifügen möchte, dass die Entwicklung der Feuerwaffen in Verbindung mit der Ausbildung der Jagd, wie. jedem Jäger bekannt, allem Wild eine instinktive Kenntnis dessen beigebracht hat, was man unter einer „sicheren Entfernung" versteht; dass aber eine solche instinktive Anpassung an neu entwickelte Bedingungen im grossen und ganzen ohne die Hilfe der Auslese stattfindet, geht aus der Kürze der Zeit oder der geringen Anzahl der Generationen hervor, die zu dieser Abänderung genügen. Als Beweis dessen diene das folgende Beispiel, welches ich den sorgfältigen Beobachtungen Andrew Knights verdanke. Derselbe schreibt in einer Abhandlung über erblichen Instinkt: „Ich bin Zeuge davon gewesen, dass innerhalb eines Zeitraumes von 60 Jahren eine sehr grosse Änderung in den Gewohnheiten der Waldschnepfe Platz gegriffen hat. Anfänglich war sie kurz nach ihrer Ankunft im Herbst sehr zutraulich; wenn sie gestört wurde, stiess sie nur ein leises Glucksen aus und flog auf eine ganz kurze Entfernung davon. Heute ist sie, und zwar schon seit einer ganzen Reihe von Jahren, ein verhältnismässig sehr scheuer Vogel, der sich gewöhnlich schweigend erhebt und einen weiten Flug macht, aufgeregt, wie ich glaube, durch die infolge von Vererbung stärker gewordene Furcht vor dem Menschen."*)

Die Macht oder der Einfluss der Erblichkeit auf dem Gebiet des (primären oder sekundären) Instinkts zeigt sich indessen vielleicht am stärksten bei den Wirkungen der Kreuzung. Freilich ist es nicht leicht, derartige Beweise bei wilden Arten zu bekommen, da hybride Formen im Naturzustande selten sind. Wenn aber eine wilde Art mit einer zahmen gekreuzt wird, so ist die gewöhnliche Folge, dass die hybride Nachkommenschaft gemischte Geistes-Eigenschaften darbietet. Noch zwingender wird der Beweis einer solchen Mischung, wenn zwei verschiedene Rassen von Haustieren gekreuzt werden, welche verschiedene erbliche Gewohnheiten oder, wie es Darwin nennt, „domestizierte Instinkte" besitzen. So wird eine Kreuzung zwischen einem Hühnerhund (Setter) und einem Vorstehhund (Pointer) die eigentümlichen Bewegungen und Ge-

---

*) *Phil. Trans.* 1837, p. 369.

wohnheiten beider Rassen vermischen; Lord Alfords berühmte
Windhunde erlangten einen grossen Mut infolge einer einzigen
Kreuzung mit einem Bulldog, und „eine vor Generationen stattgefundene Kreuzung zwischen einem Stöber und einem Schäferhund
wird dem letzteren die Neigung verleihen, Hasen zu jagen."*)

Knight sagt weiter: „In einem Falle sah ich einen sehr jungen Hund, den Mischling eines Springhunds mit einem Hühnerhund, der sich, wenn er die Spur eines Rebhuhns kreuzte, niederlegte, wie sein Vater gethan haben würde, und dann ohne zu bellen
den Vogel ansprang. Als derselbe Hund aber einige Stunden
später eine Schnepfe fand, schlug er frischweg an und verhielt sich
ganz so, wie es seine Mutter in diesem Falle gethan haben würde.
Tiere aus solchen Kreuzungen sind jedoch gewöhnlich wertlos,
und die Versuche und Beobachtungen, die ich mit ihnen anstellte,
sind weder sehr zahlreich, noch interessant."

Darwin schreibt darüber**): „Diese domestizierten Instinkte,
auf solche Art durch Kreuzung erprobt, gleichen natürlichen Instinkten, welche sich in ähnlicher Weise sonderbar mit einander
vermischen, so dass sich auf lange hinaus Spuren des Instinkts
beider Eltern erhalten. So beschreibt Le Roy einen Hund, dessen
Urgrossvater ein Wolf war; dieser Hund verriet die Spuren seiner
wilden Abstammung nur auf eine Weise, indem er nämlich, wenn
er von seinem Herrn gerufen wurde, nie in gerader Richtung auf
ihn zukam." Weiteren Nachweisen wird man im Anhang begegnen.
Ich schliesse das Kapitel mit einem Abschnitt, den ich in einem
andern Teil von Darwins Manuskripten finde:

„Im siebenten Kapitel habe ich einige Thatsachen beigebracht,
die dafür sprechen, dass wenn Rassen oder Arten gekreuzt werden,
in der Nachkommenschaft die Neigung entsteht, aus ganz unbekannten Ursachen auf Charaktere der Vorfahren zurückzugreifen.
Ich möchte vermuten, dass sich dadurch eine leichte Hinneigung
zur ursprünglichen Wildheit bei gekreuzten Tieren bemerklich
mache. Garnett erwähnt in einem Briefe an mich, dass seine Blend-

---

*) Blaine, *Rural Sports*, p. 863, angeführt bei Darwin (II, 293).
**) Entstehung der Arten, S. 294.

linge von der Moschus- und der gemeinen Ente eine eigentümliche
Wildheit verrieten. Waterton*) sagt, dass seine Enten, eine Kreuzung zwischen der wilden und der zahmen, ‚eine merkwürdige
Vorsicht besässen‘. Mr. Hewitt, der mehr Blendlinge aus Fasanen
und Hühnern zog, als irgend ein andrer, spricht sich in seinen
Briefen an mich in den bestimmtesten Ausdrücken über deren wilde,
bösartige und streitsüchtige Anlagen aus; dasselbe trifft auch für
einige zu, die ich selbst gesehen habe. Capitain Hutton teilt uns
ähnliches bezüglich der Nachkommen aus der Kreuzung einer
zahmen Ziege mit einer wilden Art aus dem Westen des Himalaya
mit. Lord Powis' Agent berichtet mir, ohne dass ich ihm eine
Frage darüber vorgelegt hätte, dass Kreuzungen von indischen Haustieren und der gemeinen Kuh wilder seien, als reine Abkömmlinge.
Ich glaube nicht, dass diese vermehrte Wildheit unveränderlich eintritt, es scheint dies, nach Mr. Eyton, z. B. weder der Fall zu
sein mit den Nachkommen aus einer Kreuzung der gemeinen mit
der chinesischen Gans, noch, nach Mr. Brent, mit Blendlingen
vom Kanarienvogel."

*) *Essays on natural history,* p. 197.

## Dreizehntes Kapitel.

### Gemischter Ursprung und Biegsamkeit des Instinkts.

us dem Vorherigen dürfen wir meines Erachtens als feststehend annehmen:

1. Dass gewisse Neigungen oder gewohnheitsmässige Handlungen entstehen und vererbt werden können, ohne Unterweisung von seiten der Eltern etc.; hierher gehören z. B. die „üblen Gewohnheiten“, besondre Anlagen, wie das Purzeln der Purzeltauben u. s. w. In solchen Fällen bedarf es keiner Intelligenz; wenn aber derartige Neigungen und Handlungen in der Natur vorkommen (und wie wir gesehen, ist dies zweifelsohne der Fall), so werden diejenigen, welche den Tieren zum Vorteil gereichen, befestigt und durch natürliche Züchtung vervollkommnet und dann bilden sie das, was ich die primären Instinkte genannt habe.

2. Dass ursprünglich intelligente Anpassungen durch häufige Wiederholungen, sowohl beim Individuum, als bei der Rasse, automatisch werden. Als Beispiele für solche „zurückgetretene Intelligenz“ beim Individuum berief ich mich auf die hochkoordinierten und mühsam erworbenen Thätigkeiten des Gehens, Sprechens u. s. w., und mit Bezug auf die Rasse wies ich auf den erblichen Charakter der Handschrift, besondrer Talente etc. hin, sowie, für die Tiere, auf gewisse eigentümliche Gewohnheiten (z. B. das Grinsen bei Hunden, das Bitten bei Katzen), die auf die Nachkommenschaft vererbt werden; schliesslich auf die noch lehrreicheren Thatsachen hinsichtlich des Verlustes der Wildheit bei domestizierten Tieren und der stufenweisen Erwerbung dieses Instinktes bei Tieren, die

früher von Menschen nicht besuchte Inseln bewohnten. Diese und andere Fälle wählte ich zur Illustration meiner Darstellung, weil bei keinem derselben das Prinzip der Auslese in irgend einem beträchtlichen Grade wirksam gewesen sein kann. Obwohl ich im Interesse der Klarheit jene beiden Faktoren bei der Ausbildung des Instinktes von einander getrennt hielt, muss nun gezeigt werden, dass Instinkte nicht notwendig auf die eine oder die andere dieser beiden Entstehungsweisen beschränkt sind, sondern dass im Gegenteil die Instinkte eine doppelte Wurzel haben, indem das Prinzip der Auslese mit dem des Zurücktretens der Intelligenz zur Bildung eines gemeinschaftlichen Resultats zusammen wirkt. So können erbliche Neigungen oder gewohnheitsmässige Thätigkeiten, die niemals intelligent waren, aber als vorteilhaft von Anfang an durch natürliche Züchtung befestigt wurden, das Material zu fernerer Vervollkommnung liefern oder durch Intelligenz zu vervollkommnetem Gebrauche führen; umgekehrt können Anpassungen, die ursprünglich einem Zurücktreten der Intelligenz zu verdanken sind, durch natürliche Auslese in hohem Grade vervollkommnet oder zu vervollkommnetem Gebrauche geleitet werden.

Ein Beispiel der ersteren Art, d. h. des primären Instinkts, modifiziert und vervollkommnet durch Intelligenz, liefert uns die Raupe, die, ehe sie sich in eine Puppe verwandelt, einen kleinen Raum mit einem Seidengespinst (an dem die Puppe sicher aufgehängt werden kann) durchkreuzt, in eine mit Musselin bedeckte Schachtel gesetzt aber sofort begreift, dass das vorbereitende Gewebe unnötig geworden ist, und deshalb ihre Puppe an dem Musselin befestigt.*) Hierher gehört auch der von Knight beschriebene Vogel, welcher herausfand, dass er sein auf ein Treibhaus gesetztes Nest tagsüber nicht zu besuchen brauche, da die Hitze des Hauses genügte, um die Eier zu bebrüten, stets aber des Nachts auf den Eiern sass, wenn die Temperatur des Hauses fiel. Bei diesen beiden

---

*) Siehe Kirby und Spence, *Entomology* II., p. 476. Offenbar ist das den Bedürfnissen der künftigen Lebensbedingungen als Puppe angepasste Gewebe der Raupe ein Instinkt der primären Art, insofern kein Raupenindividuum, vor der Bildung eines solchen Baues, durch Erfahrung wissen kann, was es heisst, eine Puppe zu sein.

Fällen von primärem Instinkt, modifiziert durch intelligente Anpassungen an besondere Umstände — denen noch hunderte von andern hinzugefügt werden könnten — ist es einleuchtend, dass wenn die besondern Umstände allgemein würden, die Anpassung an dieselben ebenfalls allgemein und mit der Zeit durch Zurücktreten der Intelligenz instinktiv werden würden. Wenn Musselin und Treibhäuser regelmässige Zugaben in der Umgebung der Raupe oder des Vogels wären, so würde auch die erstere aufhören ein Gespinst zu weben und der letztere tagsüber seine Eier zu bebrüten. In jedem Falle würde ein sekundärer Instinkt mit einem früher existierenden primären gemischt und auf diese Weise ein neuer Instinkt doppelten Ursprungs, d. h. aus einer zweifachen Wurzel, entstehen.

Als ein Beispiel von primärem Instinkt, der in ähnlicher Weise mit einem früheren sekundären gemischt erscheint, ist dagegen das folgende zu betrachten: Das Haselhuhn von Nordamerika zeigt den merkwürdigen Instinkt, dicht unterhalb der Schneeoberfläche einen Gang auszuhöhlen. Am Ende dieses Ganges schläft es sicher, denn wenn irgend ein vierfüssiger Feind in die Nähe des Einganges seines Tunnels kommt, so braucht der Vogel nur durch die dünne Schneedecke aufzufliegen, um zu entweichen. Nun begann in diesem Falle das Haselhuhn die Aushöhlungsarbeit wahrscheinlich um seines Schutzes willen oder um sich zu verbergen, oder aus beiden Rücksichten, und insoweit war das Aushöhlen wahrscheinlich ein Akt der Intelligenz. Je länger nun der unterirdische Gang war, um so besser musste er dem Zwecke des Entweichens entsprechen, und deshalb wird die natürliche Züchtung es gewiss dahin gebracht haben, die Vögel, welche die längsten Tunnels bauten, zu erhalten, bis der grösstmögliche Nutzen, den die Tunnellänge bieten konnte, erreicht war.

Wir ersehen daraus, dass bei der Ausbildung der Instinkte zwei grosse Prinzipien in Thätigkeit sind, welche entweder einzeln oder verbunden wirken; diese beiden Prinzipien sind das Zurücktreten der Intelligenz und der Einfluss der natürlichen Züchtung. In dem vorigen Kapitel behandelten wir solche Instinkte, die dem einen oder dem andern dieser Prinzipien zuzuschreiben sind. In dem gegenwärtigen Kapitel wollen wir diejenigen Instinkte betrachten, die der vereinten Wirksamkeit beider Prinzipien zu verdanken sind. Wenn wir aber selbst bei vollkommen ausgebildeten Instinkten, wie z. B. in den obigen Fällen, noch einer kleinen Dosis von Urteil begegnen, so ist es offenbar schwierig, die Wichtigkeit richtig abzuschätzen, welche ihr zuzuschreiben ist, je nachdem sie durch Wiederholung gewohnheitsmässig wird und so den früheren Instinkt verbessert, oder sich mit dem Einfluss der natürlichen Züchtung verbindet. Denn wenn wir, unter Annahme des letzteren Falles, sehen, dass intelligente Handlungen schon durch Wiederholung automatisch werden (sekundäre Instinkte), sodann abändern und ihre Abänderungen in vorteilhafter Richtung durch natürliche Züchtung befestigt werden: welche Rolle wird erst der natürlichen Züchtung bei der weiteren Entwicklung eines Instinkts zufallen, wenn die Abänderungen desselben nicht ganz zufällig sind, sondern als intelligente Anpassungen ererbter Erfahrung an wahrgenommne Bedürfnisse individueller Erfahrung entstehen!

Somit ist es also klar genug, dass die beiden Prinzipien entweder einzeln oder gemeinsam bei der Ausbildung der Instinkte thätig sein können, abgesehen von der historischen Priorität, die in jedem besondren Falle zur Geltung kommen mag. Ich werde deshalb auch künftig diese Prioritätsfrage ganz beiseite lassen, und ohne Wert darauf zu legen, ob in diesem oder jenem Falle die Auslese vor dem Ausfall der Intelligenz, oder dieser vor jener war, wird mein Nachweis sich darauf beschränken, dass die beiden Prinzipien gemeinsam auftreten.

Zum Beweis dessen haben wir noch umfassender, als es in den wenigen bisher beigebrachten Fällen möglich war, zu zeigen, nicht nur, was schon aus dem vorigen Kapitel hervorgeht, dass vollkommen ausgebildete Instinkte abändern, sondern auch, dass ihre Abänderung durch Intelligenz bestimmt werden kann.


### Biegsamkeit des Instinkts.

Schon bei einer früheren Gelegenheit pflegte ich diesen Ausdruck näher zu bezeichnen als die Abänderungsfähigkeit des Instinkts unter dem Einfluss der Intelligenz. Ich werde nun

an einigen ausgewählten Beispielen die Abänderungsfähigkeit nachweisen und dann zu den Ursachen übergehen, welche vorzugsweise
zu der auf den Instinkt wirkenden Intelligenz führen. Ich halte es
nicht für überflüssig, vor allem die Thatsachen der Biegsamkeit des
Instinkts über allen Zweifel zu stellen, nicht nur wegen der aller-
wärts noch vorherrschenden Meinung, dass Instinkte unveränderlich
festständen oder doch einer intelligenten Abänderung unter veränderten Lebensumständen den starrsten Widerstand entgegensetzten,
sondern besonders deshalb, weil gerade dieses Prinzip der Biegsamkeit es ist, welches der natürlichen Züchtung jene vorteilhaften
Instinktänderungen ermöglicht, die zur Ausbildung neuer Instinkte
von primär-sekundärer Natur erforderlich sind. Huber*) bemerkt:
„Wie dehnbar ist der Instinkt der Bienen und wie willig fügt er
sich in die Örtlichkeit, Umstände und die Bedürfnisse des Volkes!"
Wenn dies aber von Tieren gesagt wird, bei denen der Instinkt
seine höchste Vollendung und Kompliziertheit erreicht hat, so können
wir wohl ohne weiteres voraussetzen, dass der Instinkt in jedem
Falle biegsam ist. Übrigens bilden die Bienen auch noch in andrer
Beziehung ein passendes Beispiel für unsern Zweck, weil ihr wunderbarer Instinkt zur Herstellung sechsseitiger Zellen nur als ein Instinkt von primärer Art aufgefasst werden kann. Wie wir sehen
werden, unterliegt aber auch ein so stark befestigter primärer Instinkt durch intelligente Anpassung an neue Umstände noch in
hohem Grade der Abänderung.

Kirby und Spence schreiben in weiterer Ausführung der
Huberschen Beobachtungen: „Eine Wabe, die ursprünglich nicht
fest oben an der Glasdecke des Bienenkorbes befestigt war, fiel
im Laufe des Winters zwischen die übrigen Waben, wobei sie jedoch die parallele Lage mit den letzteren beibehielt. Die Bienen
konnten nun den Zwischenraum zwischen dem oberen Rande der
Scheibe und der Decke des Korbes nicht ausfüllen, weil sie niemals mit altem Wachs bauen, neues Wachs sich aber nicht verschaffen konnten; zu einer günstigeren Jahreszeit würden sie nicht
verfehlt haben, eine neue Wabe auf die alte zu bauen, da es sich

---

*) „Neue Beobachtungen an Bienen", 1859.

aber damals verbot, ihren Honigvorrat auf die Herstellung von
Wachs zu verwenden, so sorgten sie auf andre Weise für die Befestigung der gefallnen Wabe. Sie versahen sich nämlich mit Wachs
aus den andern Waben, indem sie die Ränder der längeren Zellen
abnagten und sich dann haufenweise zum Teil auf den Rand der
gefallnen Wabe, zum Teil an ihre Seiten begaben und sie durch
eine Anzahl Bänder von verschiedener Form einerseits an die be-
nachbarte Wabe, anderseits an die Glaswand des Stockes befestigten;
einige dieser Verbindungen bildeten Pfeiler, andere Stützen, während
die übrigen künstlich verteilte und dem Charakter der verbundnen
Oberflächen angepasste Querbalken bildeten. Auch begnügten sie
sich nicht mit der blossen Wiederherstellung der erlittenen Beschä-
digungen, sondern schützten sich auch noch gegen diejenigen, welche
nachkommen konnten; sie schienen Nutzen aus der Warnung zu
ziehen, die ihnen durch den Herabfall der Wabe zugekommen war
und trafen auch Massregeln, sich gegen weitere derartige Unfälle zu
schützen. Die andern Waben waren nicht von der Stelle gerückt
und schienen an ihrer Basis noch gut befestigt zu sein; Huber
war deshalb nicht wenig erstaunt, als er sah, dass die Bienen die
wichtigsten Verbindungen zwischen denselben verstärkten, indem sie
sie mit altem Wachs verdickten und zahlreiche Bänder und Fäden
anbrachten, um sie noch genauer unter einander und mit den
Wänden des Stockes zu vereinigen. Was noch merkwürdiger war:
alles dies begab sich Mitte Januar, zu einer Zeit, da die Bienen
sich gewöhnlich in der Spitze des Korbes zusammen ballen und
sich mit Arbeiten dieser Art nicht abgeben ... Als Huber gegenüber einer Wabe, an welcher die Bienen bauten, eine Glasscheibe
angebracht hatte, schienen die Tiere sofort zu wissen, dass es sehr
schwierig sein würde, an eine so glatte Oberfläche anzuheften und
statt die Wabe in gerader Richtung weiter gehen zu lassen, bogen
sie sie in einem rechten Winkel ab und befestigten sie dann, mit
Umgehung des Glasstücks, an einen benachbarten Teil des Holz-
werks. Diese Abweichung würde, wenn die Wabe nur eine einfache,
uniforme Wachsmasse gewesen wäre, schon nicht wenig Scharfsinn
erfordert haben, wenn man aber bedenkt, dass eine Wabe auf jeder
Seite aus Zellen besteht, die einen gemeinschaftlichen Boden haben,

und einmal versuchsweise bei einer Wabe das Wachs durch Hitze erweicht, um sie dann nach irgend einer Seite hin im rechten Winkel abzubiegen, so wird man die Schwierigkeiten würdigen lernen, die unsre kleinen Baumeister zu überwinden hatten. Die Hilfsquellen ihres Instinkts hielten sich jedoch auf der Höhe der Aufgabe: Sie machten die Zellen auf der konvexen Seite des gebognen Teils der Scheibe um ein Beträchtliches grösser und die auf der konkaven Seite um so viel kleiner als gewöhnlich, so dass die ersteren drei- bis viermal den Durchmesser der letzteren erreichten. Dies war aber noch nicht alles. Da der Boden der kleinen und grossen Zellen wie gewöhnlich beiden gemeinsam war, wurden die Zellen nicht etwa reguläre Prismen, sondern die kleineren unten beträchtlich weiter als oben, und umgekehrt war es mit den grösseren Zellen. Wie ist eine so wunderbare Biegsamkeit des Instinkts zu begreifen? Können wir, um mit Huber zu fragen, es verstehen, dass ein grosser Haufe von Arbeitern, die zu gleicher Zeit an einem Rande der Wabe beschäftigt sind, sich darüber verständigt, dieselbe Krümmung von einem Ende bis zum andern festzuhalten; oder wie bringen sie es fertig, alle zusammen an einer Seite so kleine Zellen zu bauen, während sie denselben an der andern Seite so grosse Dimensionen geben? Wie sollen wir unsrer Bewunderung über die Kunst ihres Zellenbaues, die so weit geht, dass sie so verschiedenartige Zellen mit einander in Übereinstimmung zu bringen wissen, genügenden Ausdruck verleihen?"

Andere Mitteilungen Hubers zeigen, dass selbst unter gewöhnlichen Umständen Bienen häufig die Gewohnheit haben, die Konstruktion ihrer Zellen zu ändern. So z. B. erfordern die Zellen für Drohnen einen wesentlich grösseren Umfang, als die der Geschlechtslosen; da die Zellenreihen aber alle zusammenhängen, auch dort wo der Übergang von einer Art Zellen zu einer andern Platz greift, so entsteht die komplizierte geometrische Aufgabe, zu verbinden, ohne leere Zwischenräume oder eine Störung in der Regelmässigkeit des Stocks zu veranlassen. Ohne tiefer in die Lösung dieser Aufgabe einzugehen, mag die Bemerkung genügen, dass beim Übergang von einer Zellenform in die andre eine grosse Anzahl Zwischenreihen hergestellt werden, die in der Form nicht nur von der gewöhnlichen Zelle, sondern auch unter einander abweichen. Wenn nun die Bienen bei einer gewissen Stufe in diesem Übergangsprozess angelangt sind, so könnten sie ja einhalten und den Stock nach diesem Muster weiterbauen. Sie gehen aber unaufhaltsam von einer Stufe zur andern über, bis der Übergang von den kleinen zu den grösseren Sechsecken oder umgekehrt vollendet ist. Kirby und Spence schreiben darüber: „Réaumur, Bonnet und andre Naturforscher betrachten diese Unregelmässigkeit als ebensoviele Beispiele von Unvollkommenheit. Wie gross würde ihre Überraschung gewesen sein, wenn sie erfahren hätten, dass diese Anomalie zum Teil berechnet (? angepasst) wäre, dass eine sozusagen bewegliche Harmonie in dem Mechanismus des Zellenbaues besteht!.. Es ist aber noch weit erstaunlicher, dass sie von ihrer gewöhnlichen Routine abzugehen wissen, wenn die Umstände den Bau männlicher Zellen erfordern; dass sie die Grösse und Form eines jeden Teils nach Bedarf abzuändern lernen, um die Rückkehr zur regelmässigen Ordnung wieder zu ermöglichen, so dass, nach dem sie dreissig oder vierzig Reihen männlicher Zellen gebaut haben, sie die regelrechte Anordnung derselben wieder verlassen und durch allmähliche Verkleinerung zu dem Punkt zurückkehren, von wo sie ausgegangen sind ... Das Wunder würde hierbei weniger gross sein, wenn jede Wabe eine bestimmte Anzahl Übergangs- und männlicher Zellen an einer und derselben Stelle aufwiese; dies ist jedoch durchaus nicht der Fall. Das, was allein, zu welcher Zeit es auch eintreffen möge, die Bienen zur Erbauung männlicher Zellen zu bestimmen scheint, ist die Eierablage der Königin. So lange sie Arbeitereier zu legen fortfährt, ist nicht eine einzige männliche Zelle vorgesehen; sowie sie aber im Begriff steht, männliche Eier zu legen, scheinen die Arbeiter dies alsbald zu bemerken und wir sehen sie alsdann ihre Zellen unregelmässig bilden. Wir haben hier also eine ganz bestimmte und überlegte Abänderung in der Bauart der normalen Zellen vor uns und finden, dass diese Abänderung durch ein Ereignis (die Ablage männlicher Eier) bestimmt wird, welches vermutlich alle Bienen zu gleicher Zeit bemerken. Was in dieser Beziehung aber besonders wichtig erscheint, ist, dass während der gewöhnlichen Arbeit der Bienen häufig die Veranlassung für sie entsteht, die Konstruktion ihrer Zellen zu modifizieren, so dass die Instinkte der Tiere also nicht ein für allemal an eine unwandelbare Form der Zellen gebunden sein können. Es besteht im Gegenteil eine bewegliche Harmonie in der Wirksamkeit des Instinkts, die ihnen eine gewisse Freiheit im Bau der Scheibe sichert und bei sich darbietender Gelegenheit ihre Formel ändert; und zwar geschieht das infolge einer intelligenten Wahrnehmung der jeweiligen Bedürfnisse.

Dieselbe Erscheinung zeigte sich in einem noch höheren Grade bei einigen andern Experimenten Hubers, die darin bestanden, dass er die Bienen veranlasste, von der normalen Weise ihres Wabenbaues von oben nach unten abzugehen und sowohl von unten nach oben als auch in horizontaler Richtung weiter zu bauen. Ohne diese Versuche im einzelnen beschreiben zu wollen, will ich nur sagen, dass sein Kunstgriff es den Bienen nur übrig liess, in einer ungewöhnlichen Richtung oder gar nicht zu bauen; die Thatsache aber, dass sie unter solchen Umständen in Richtungen bauten, in der ihre Voreltern niemals gebaut hatten, bietet eines der besten Beispiele von einem durch Intelligenz in hohem Grade abgeänderten primären Instinkte, denn Bienen im Naturzustand müssen wohl häufig die Form ihrer Zellen ändern, sind jedoch niemals genötigt, die Richtung ihres Baues umzukehren.

Hierher gehören nun die nachstehenden Beobachtungen, die wir ebenfalls Huber verdanken. Ein sehr unregelmässiges Stück Wabe schwankte, auf einen glatten Tisch gebracht, fortwährend so heftig, dass die Hummeln auf einer so unbeständigen Grundlage nicht zu arbeiten vermochten. Um das Schwanken zu vermeiden, hielten zwei oder drei der kleinen Tierchen die Wabe fest, indem sie ihre Vorderfüsse auf den Tisch und die Hinterfüsse auf die Wabe stemmten. Sie setzten dies, indem sie sich einander ablösten, drei Tage hindurch fort, bis die Stützpfeiler von Wachs fertig waren. „Nun kann doch," bemerkt Darwin in seinen Manuskripten, „ein solcher Zufall kaum jemals in der Natur vorgekommen sein!"

Andre Hummeln, die man eingeschlossen und dadurch verhindert hatte, Moos zur Bedeckung ihrer Nester zu sammeln, zogen

Fäden aus einem Stück Tuch und machten daraus vermittelst ihrer Füsse eine lockere Masse, die sie statt des Mooses benutzten. In ähnlicher Weise beobachtete Andrew Knight, dass seine Bienen sich einer Art Cement aus Wachs und Terpentin bedienten, womit er abgerindete Bäume bestrichen hatte, indem sie jenes Material statt ihres eignen Vorwachses benutzten, dessen Herstellung sie unterliessen. Neuerdings hat man sogar bemerkt, dass Bienen, „statt Pollen zu sammeln, sich gern einer ganz andersartigen Substanz bedienen, nämlich des Hafermehls."*)

Auch *Osmia aurulenta* und *O. bicolor* sind Bienenarten, die Gänge in harte Erd- oder Thonhügel bauen, in die sie später ihre Eier legen, und zwar jedes einzelne in eine besondere Zelle. Wenn sie aber fertige Gänge finden (wie z. B. in einem Strohdach), so ersparen sie sich die Anwendung ihres bezügl. Instinkts, indem sie sich darauf beschränken, das Rohr der Quere nach in eine Reihe von Einzelzellen abzuteilen. Besonders merkwürdig ist, dass wenn sie zu dem gedachten Zwecke das Gewinde eines Schneckenhauses benutzen, die Zahl der abgeteilten Zellen durch die Grösse des Schneckenhauses bezw. die Länge des Gewindes bedingt wird. Noch mehr, wenn das Gewinde sich an der Öffnung zu weit zeigt, um die Abgrenzungen einer einzelnen Zelle zu bilden, so baut die Biene eine Abteilung rechtwinklig zu den andern und stellt auf diese Weise eine Doppelzelle oder zwei neben einander liegende Zellen her.

---

*) Vergl. „Entstehung der Arten", S. 291. Hierzu ist eine kritische Bemerkung von Kirby und Spence, die gerade in Bezug auf den beregten Punkt den durch Intelligenz modifizierten Instinkt bezweifelt hatten, von Interesse. Diese Autoren fragen nämlich (a. a. O. II, p. 497), warum, im gegebnen Falle, Bienen nicht manchmal Lehm oder Mörtel benutzten, statt des kostbaren Wachses oder der Propolis. „Zeigt uns," riefen sie aus, „nur einen einzigen Fall, wo sie das Wachs durch Lehm ersetzen .... wonach kein Zweifel mehr darüber bestehen kann, dass sie durch Vernunft geleitet werden!" Es ist bemerkenswert, dass dieser Aufforderung so bald Genüge geschehen konnte. Ohne Zweifel ist Lehm ein nicht so gutes Material zu dem erforderlichen Zwecke, als Vorwachs; sobald die Bienen aber im Besitz eines ebenso vortrefflichen Stoffes sind, sind sie auch sofort bereit, ihre Vernunft zu beweisen.

Aus allen diesen Fällen geht klar hervor, dass wenn infolge von Veränderungen in der Umgebung dergleichen Zufälligkeiten im Naturzustand zur Regel würden, die Bienen bald im stande sein würden, sich denselben in intelligenter Weise anzupassen; wenn dieser Zustand aber hinreichend lange andauerte und durch die Naturauslese unterstützt würde, so müsste dies zu dem Instinkt führen, Waben in einer neuen Richtung zu bauen, Waben während ihrer Herstellung zu stützen, Tuchfäden in der angegebenen Weise zu brauchen, Cement statt Wachs und Hafermehl statt Pollen zu benutzen.

Nötigenfalls könnten noch andre Beispiele für die Abänderungsfähigkeit des Instinkts bei Bienen, wie auch bei Ameisen*) beigebracht werden; wir wollen uns indessen jetzt lieber von den Hymenopteren zu anderen Tieren wenden.

Dr. Leech führt, auf die Autorität von Sir J. Banks gestützt, das Beispiel einer Weberspinne an, welche fünf Beine verloren hatte und deshalb nur unvollkommen zu spinnen vermochte. Man beobachtete nun, dass sie die Gewohnheiten der Jagdspinnen annahm die kein Gespinst anfertigen, sondern ihre Beute durch Heranschleichen fangen. Dieser Wechsel in ihren Gewohnheiten dauerte jedoch nur eine Zeitlang, da die Spinne ihre Beine später wieder erhielt. Es ist aber einleuchtend, dass mit Rücksicht auf die Biegsamkeit des Instinkts die Weberspinne zu jeder Zeit in der Lage wäre, die Gewohnheit des Nachstellens anzunehmen, wenn sie aus irgend einem Grunde verhindert wäre, ein Gespinst zu weben — und zwar mittelst plötzlichen Übergangs, während der Lebenszeit eines Individuums.

---

*) Bezügl. der Ameisen will ich hier nur folgenden Nachweis für die Existenz einer „beweglichen Harmonie" bei ihren Bauten anführen. „Ein charakteristischer Grundzug bei den Bauten der Ameise," sagt Forel, „ist die fast gänzliche Abwesenheit eines unveränderlichen, jeder Spezies eigentümlichen Modells, wie es z. B. bei Wespen, Bienen u. a. Tieren der Fall ist. Die Ameisen wissen ihre im allgemeinen wenig vollkommne Arbeit den Umständen anzupassen und Vorteil aus jeder Lage zu ziehen. Überdies arbeitet eine jede für sich, nach einem gegebenen Plan, und wird nur gelegentlich von den andern unterstützt, wenn diese ihren Plan erkannt haben."

Bei den Wirbeltieren fällt es uns nicht schwer, dieselben Prinzipien festzustellen. Dabei beziehe ich mich der Kürze wegen auf den ältesten, beständigsten und deshalb wahrscheinlich befestigtesten Instinkt der Wirbeltiere, nämlich den mütterlichen.

Bezüglich der Vögel wies ich schon im vorigen Kapitel nach, dass individuelle Verschiedenheiten beim Nesterbau nichts Ungewöhnliches sind. Wir wollen nun auch zeigen, dass solche Verschiedenheiten oder Abweichungen von den Gewohnheiten der Voreltern nicht immer das Ergebnis einer blossen Laune, sondern häufig auch einer intelligenten Absicht zu danken sind.

Zur Begründung dessen werden die folgenden Beispiele genügen. Bindfaden und Wollfäden werden jetzt gewohnheitsmässig von mehreren Vogelarten beim Bau ihrer Nester statt Naturwolle und Rosshaar benutzt, welche ihrerseits ursprünglich ohne Zweifel einen Ersatz für Pflanzenfasern und Gräser bildeten;*) dies ist besonders beim Schneidervogel und beim Baltimore-Kirschvogel der Fall, und Wilson glaubt, dass der letztere sich durch Übung im Nestbau vervollkommne, da die älteren Vögel auch die besten Nester verfertigen. Der gemeine Haussperling liefert bei seinem Nestbau ein andres Beispiel von intelligenter Anpassung an die Umstände; denn auf Bäumen baut er ein Nest mit Dach (vermutlich nach dem Typus der Vorfahren), während er in Städten geschützte Höhlungen in Gebäuden bevorzugt, wo er unter Ersparung von Zeit und Mühe ein nachlässig geformtes Nest herstellt. Ähnlich verhält es sich mit dem Goldhäubchen, das sich in dichtem Laub ein offnes, becherförmiges Nest baut, während es sich ein sorgfältiger gearbeitetes, bedecktes Nest mit Seiteneingang anfertigt, wo die gewählte Lage ausgesetzter erscheint. Die Rauch- und Hausschwalben unternehmen den Nesterbau an Kaminen und unter Dächern, infolge eines intelligenten oder plastischen Instinktwechsels, der in Amerika seit höchstens drei Jahrhunderten Platz gegriffen hat. In der That modifizierten, nach Kapitän Elliott Coues, sämtliche Schwalbenarten auf dem amerikanischen Festlande (viel-

---

*) Vergl. hierzu Reichenau, W. v., „Die Nester und Eier der Vögel“, S. 48. Leipzig, 1881, Ernst Günthers Verlag.

leicht mit einer einzigen Ausnahme) den Bau ihrer Nester in Übereinstimmung mit den durch den Anbau des Landes gebotnen neuen Erleichterungen. Der genannte Verfasser schreibt darüber:

„Verschiedene Arten nehmen heute regelmässig die künstlichen Nistplätze an, die ihnen der Mensch mit oder ohne Absicht verschafft. Dies ist besonders der Fall bei mehreren Zaunkönigarten, bei mindestens einer Eulenart, bei einem Blauvogel, einem Fliegenschnäpper und ganz besonders dem Haussperling. Verschiedene andere Vögel, die im grossen und ganzen bei ihren ursprünglichen Gepflogenheiten verharren, wissen sich doch gelegentlich dieselben Bevorzugungen zu verschaffen. Nirgends geht jedoch die Änderung in den Gewohnheiten soweit, wie bei den Schwalben, und zwar fast ohne Ausnahme bei der ganzen Familie . . . . Alle unsre Schwalben mit einziger Ausnahme der Uferschwalbe, sind durch menschlichen Einfluss modifiziert worden . . . . Einige von ihnen befinden sich bei dem neuen Regime, welches mit der Kultivierung des Landes über sie gekommen ist, sozusagen noch in der Lehrzeit . . . . Diejenigen, deren erworbne Gewohnheiten ganz und gar befestigt sind, haften aber jetzt ziemlich beständig an einem einzigen Bauplau; indessen nistet z. B. die violett-grüne Schwalbe heute, den Umständen gemäss, in ziemlich lockrer Weise."*)

Die Beobachtung des ausgezeichneten Naturforschers Pouchet (1870), dass im Laufe der letzten 50 Jahre die Hausschwalbe ihre Bauart zu Rouen merklich verändert habe, wurde nachträglich von M. Noulet als irrtümlich nachgewiesen; jene Behauptung von Kapitän Elliot Coues genügt jedoch, um zu zeigen, dass Thatsachen, wie die von Pouchet behauptete, bei vielen Schwalbenarten in der That vorgekommen sind.

Ich habe schon an andrer Stelle**) auf die bemerkenswerte Intelligenz hingewiesen, die von manchen Vögeln an den Tag gelegt wird, wenn sie ihre Eier oder ihre Jungen von Stellen entfernen, wo sie gestört wurden; ich machte damals darauf aufmerksam, dass wenn ein Vogel so intelligent ist, um seine Jungen fortzu-

---

*) *Birds of Colorado Valley*, p. 292—94.
**) *Animal Intelligence*, p. 288—89.

schaffen — sei es zu Futterplätzen, wie bei den Hühnervögeln, oder von gefahrdrohenden Orten hinweg, wie bei Rebhühnern, Amseln und Zigenmelkern — so wird Vererbung und natürliche Züchtung die ursprüngliche intelligente Anpassung leicht in einen der ganzen Art zukommenden Instinkt umwandeln. Dies trifft in der That bei mindestens zwei Arten von Vögeln zu, der Schnepfe und der wilden Ente, die wiederholt beobachtet wurden, wie sie mit ihren Jungen zu und von den Futterplätzen flogen.

Seit ich obiges geschrieben, fand ich unter Darwins Manuskripten einen Brief von N. N. Haust, datiert von Neu-Seeland, 9. Dezbr. 1862, worin derselbe berichtet, dass die Paradies-Ente, welche gewöhnlich den Fluss entlang am Boden nistet, wenn sie gestört wird, ein neues Nest auf dem Gipfel hoher Bäume baut und dann später ihre Jungen auf dem Rücken herab zum Wasser bringt. Derselbe Fall wurde auch bei der wilden Ente von Guiana beobachtet. Wenn nun die intelligente Anpassung an besondere Umstände soweit geht, einen Vogel nicht allein seine Jungen auf dem Rücken oder, wie bei der Schnepfe, zwischen den Beinen transportieren, sondern sogar einen Wasservogel mit Schwimmfüssen sein Nest auf einen hohen Baume bauen zu lassen, dann werden wir wohl nicht daran zweifeln dürfen, dass wenn das Bedürfnis zu einer solchen Anpassung nur von genügend langer Dauer ist, dieselbe Intelligenz auch zu einer bemerkenswerten Abänderung des ererbten Nestbau-Instinktes führen wird.

Ein merkwürdiges Beispiel von Gewohnheitswechsel hat man neuerdings in Jamaika beobachtet.*) Vor 1854 nistete die Palmenschwalbe (*Tachornis phoenicobea*) ausschliesslich auf den Palmen einiger weniger Distrikte der Insel. Eine Kolonie derselben etablierte sich dann auf zwei Kokuspalmen bei Spanish Town und blieb daselbst bis zum Jahre 1857, als ein Baum durch den Sturm entwurzelt und der andere seines Laubes beraubt wurde. Statt nun andre Palmbäume aufzusuchen, trieben die Vögel die Schwalben, welche sich am Versammlungshause angebaut hatten, weg und nahmen das letztere in Besitz, indem sie ihre Nester an den Mauervorsprüngen und Bal-

---

*) Wallace, *Natural Selection*, Cap. VI.

kenenden desselben anbrachten, welche Stellen sie noch heute in beträchtlicher Anzahl inne haben. Auch wurde beobachtet, dass sie ihre Nester hier mit weit weniger Sorgfalt bauen, als auf den Palmen, wahrscheinlich weil sie weniger exponiert sind.

Wenn wir von dem Instinkt des Nesterbaues zum Bebrütungsinstinkt übergehen, so bieten sich die Resultate einer Reihe von Beobachtungen dar, die ich vor einigen Jahren gemacht und bereits in der „*Nature*" veröffentlicht habe. Die Biegsamkeit des mütterlichen Instinkts zeigt sich dabei schon in der Thatsache, dass derselbe in seiner ganzen Stärke sich mitunter auch auf die Jungen andrer Tiere erstreckt, obwohl deutliche Beweise darüber vorliegen, dass die Pflegemütter den unnatürlichen Charakter ihrer Brut bemerkten. Gerade deswegen ziehe ich aber diese Fälle hier an, die im übrigen eher zu den nicht-intelligenten Abänderungen des Instinkts gezählt werden können, mit denen wir uns im vorigen Kapitel beschäftigt haben. Insofern die Intelligenz der Tiere sich in der Art und Weise offenbarte, mit der sie ihre überkommnen Instinkte den Bedürfnissen der angenommnen Nachkommenschaft anpassten, dienen diese Fälle aber auch als Beweise für die intelligente Abänderung des Instinktes:*)

Spanische Hühner sitzen bekanntlich sehr selten fest, ich zog

---

*) Das heftige Verlangen nach Nachkommenschaft, welches aus dem unbefriedigten elterlichen Instinkt entspringt, leitet selbst den Menschen dazu an Kinder zu adoptieren, und die sprichwörtliche Vorliebe alter Jungfern für Katzen, Hunde und andere Haustiere entspricht augenscheinlich der oben berührten Adoption der Jungen andrer Arten seitens weiblicher Tiere. Ich kann hierzu noch einen Bericht anführen, der mir von einem genau und gewissenhaft beobachtenden Freunde zuging. Es geht daraus hervor, dass auch Vögel im Naturzustand in dem Verlangen nach Nachkommenschaft gelegentlich dazu gebracht werden, gleich den Hausvögeln, die Jungen andrer Arten zu adoptieren: Im Juli 1878 fand ich ein Zaunkönigsnest mit Jungen, die von einem Zaunkönig und einem Sperling gefüttert wurden. Jch versicherte mich, dass die Jungen Zaunkönige waren und bemerkte, dass der Sperling noch fortfuhr, dieselben zu füttern, nachdem sie ihr Nest verlassen hatten. Das Verhalten der beiden Vögel war aber insofern verschieden als der Zaunkönig dreist und unaufhörlich ab- und zuflog, während der Sperling scheu war und das Nest viel weniger häufig besuchte.

indessen einst eine solche Henne auf, die drei Tage lang auf künstlichen Eiern sass, wonach ihre Geduld aber vollkommen erschöpft
war. Sie schien jedoch anzunehmen, dass die von ihr bewiesene
Aufopferung irgend eine Belohnung verdiene; deshalb machte sie
sich nach dem Verlassen des Nestes zur Pflegemutter aller spanischen Hühnchen auf dem Hofe. Es waren sechzehn an der Zahl,
von jedem Alter, von solchen, die von ihrer Mutter eben verlassen
worden, bis zu völlig ausgewachsnen. Auffallend war es jedoch,
dass, obwohl auch Brahma- und Hamburger Hühner auf dem Hof
gehalten wurden, das spanische Huhn nur Brut von seinesgleichen
adoptierte. Es sind nun schon Wochen her, dass diese Adoption
vor sich ging, doch zeigt sich die Mutter noch immer nicht geneigt, ihre Rolle aufzugeben, obwohl die adoptierten Hühnchen inzwischen fast so gross geworden sind, wie sie selbst.

Ein noch besseres Beispiel für die Nachgiebigkeit des Instinkts
ist folgendes: Vor drei Jahren gab ich ein Pfauen-Ei einem Brahma-
Huhn zum Ausbrüten. Das Huhn war schon alt und hatte vordem
schon viele Bruten gewöhnlicher Hühner mit grossem Erfolg aufgezogen. Um nun das Pfauen-Ei auszubrüten, hatte es eine Woche
länger als gewöhnlich zu brüten, doch ist dies nichts Ausserge-
wöhnliches, da dasselbe ja bei jeder Henne der Fall ist, die junge
Enten ausbrütet.*) Meine Absicht bei diesem Versuch ging jedoch
darauf hinaus, zu erforschen, ob die der Bebrütung folgende Periode
der mütterlichen Sorgfalt unter besondern Umständen der Ausdehnung fähig sei; denn ein Pfauhühnchen erfordert eine weit längere
Überwachung, als ein gewöhnliches Hühnchen. Da die Trennung
einer Henne von ihren Küchlein in der Regel damit beginnt, dass
die erstere die letzteren wegtreibt, sobald diese alt genug sind, um
für sich selbst zu sorgen, so durfte ich kaum erwarten, dass die
Henne in dem vorliegenden Fall die Periode der mütterlichen Pflege
verlängern würde, und versuchte in der That das Experiment nur,
weil ich dachte, dass wenn sie es thäte, dieser Fall am besten zu

---

*) Die grösste Ausdehnung der Brütungs-Periode, die mir je vorgekom-
men ist, begegnete mir bei einer Pfauhenne, die vier Monate lang ganz fest
auf tauben Eiern sass, worauf man sie mit Gewalt wegtreiben musste, um ihr
Leben zu retten.

zeigen vermöchte, bis zu welchem Grad der erbliche Instinkt durch besondre individuelle Erfahrung modifiziert werden könnte. Das Resultat war für mich in hohem Grade überraschend. Denn das alte Brahmahuhn blieb einen Zeitraum von 18 Monaten hindurch bei ihrem stets grösser werdenden Pfauenkind und schenkte ihm die ganze Zeit hindurch die ungeteilteste Aufmerksamkeit. Während dieser verlängerten Zeit ihrer mütterlichen Überwachung legte sie keine Eier und wenn man sie gelegentlich ihrer Pflicht enthob, war die Trauer bei Mutter und Hühnchen gleich gross. In der Folge schien indessen eine Entfremdung von seiten des Pfaues auszugehen, doch vergassen sie auch nach der schliesslich erfolgten Trennung einander nicht, wie es anscheinend doch zwischen Hennen und Küchlein der Fall zu sein pflegt. So lange sie zusammen blieben, war der ungewönliche Grad von Stolz, den die Mutter hinsichtlich ihres schönen Kindes an den Tag legte, höchst spasshaft anzusehen. Zudem pflegte die Mutter, und zwar sowohl vor, wie nach der Trennung, den Büschel auf dem Kopf ihres Sohnes auszukämmen: sie auf einem Stuhl oder einem andern entsprechend hohen Gegenstande stehend, und er mit augenscheinlicher Genugthuung seinen Kopf vorwärts beugend. Diese Thatsache ist besonders auffallend, weil die Gewohnheit des Auskämmens der Federbüschel auf dem Kopfe der Jungen von Pfauhennen regelmässig ausgeübt wird. Zum Schluss will ich noch bemerken, dass der von dem Brahmahuhn ausgebrütete Pfau in jeder Richtung schöner ausfiel, als seine von der eignen Mutter ausgebildeten Brüder. Eine Wiederholung des Versuchs im folgenden Jahre mit einer andern Brahmahenne und mehreren Pfauhühnchen fiel jedoch ganz anders aus, denn die Henne verliess ihre Familie zu der für Hennen gewöhnlichen Zeit und alle jungen Pfauen kamen infolge dessen elendiglich um.

Den folgenden Fall verdanke ich einer Korrespondentin, Mrs. L. Mac Farlane von Glasgow, jedoch finde ich denselben auch bei Jesse erwähnt:*) „Eine Henne, die in drei aufeinander folgenden Jahren drei Entenbruten aufgebracht hatte, gewöhnte sich daran, die letzteren ans Wasser zu führen, und flog in der Regel dabe

---

*) *Gleanings, vol.* I, p. 98.

auf einen grossen Stein in der Mitte des Teichs, von wo aus sie
ruhig und zufrieden die um sie herschwimmende Brut bewachte.
Im vierten Jahre brütete sie ihre eignen Eier aus; da sie aber sah,
dass ihre Küchlein nicht gleich den jungen Enten ins Wasser gingen,
flog sie auf den Stein inmitten des Teichs und suchte jene eifrigst
heranzulocken. Diese Erinnerung an die Gewohnheiten ihrer früheren
Pflicht scheint mir höchst beachtenswert.

Meine Korrespondentin teilte mir auch noch einen ganz ähnlichen, von ihrer Schwester beobachteten Fall mit. Dort waren
ebenfalls hintereinander drei Entenbruten von einer Henne ausgebracht worden, die darauf eine Schar von neun Hühnchen ausgebrütet hatte. „Den ersten Tag, an dem sie die letzteren ausführte,“
erzählt meine Korrespondentin, „verschwand sie und erst nach langem
Suchen fand sie meine Schwester am Ufer des Baches, den ihre
kleinen Enten früher zu besuchen pflegten. Vier ihrer Hühnchen
hatte sie bereits in den Bach gebracht, der glücklicherweise damals
sehr wasserarm war. Die übrigen fünf standen am Ufer, während
sie selbst durch alle möglichen Töne, wie durch abwechselnde
Schnabelstösse versuchte, diese ebenfalls ins Wasser zu bringen.“

Nach alledem dürfte sich die Annahme rechtfertigen lassen,
dass im Individualleben eines Huhnes, mit Hilfe einer intelligenten
Beobachtung und des Gedächtnisses, ein dem starken und plötzlichen Wechsel in den Gewohnheiten der Nachkommenschaft ent-
sprechender neuer Instinkt entstehen kann; dass aber in allen vorbe-
zeichneten Fällen die Pflegemutter nicht blind für den unnatürlichen
Charakter ihrer Brut war, wird durch die Thatsache bewiesen, dass
sie ihre Handlungen eigentümlichen Bedürfnissen der letzteren anzupassen wusste. Um nun zu erfahren, bis zu welchem Grad eine
solche Anpassung gehen kann, nahm ich die sich denkbar entferntest stehenden Tiere und überwies das Junge des einen dem
andern zur Pflege. Die beiden Tiere, die ich zu diesem Zwecke
auswählte, war ein Frettchen und eine Henne. Das Ergebnis war
folgendes:

Ein weibliches Frettchen hatte sich bei dem Versuch, sich
durch eine allzuenge Öffnung durchzudrängen, erwürgt und eine
noch sehr junge Familie von drei Waisen hinterlassen. Diese über-

gab ich einer Brahmahenne, die schon seit etwa einem Monat auf künstlichen Eiern sass. Sie nahm sich auch der Jungen sofort an und blieb über 14 Tage lang bei denselben, nach welcher Zeit ich sie trennen musste, da die Henne eins der kleinen Frettchen, auf dessen Hals sie gestanden, erstickt hatte. Während der ganzen Zeit des Beisammenseins hatte die Henne auf dem Neste gesessen, denn die jungen Frettchen waren begreiflicherweise nicht im stande gewesen, ihr gleich jungen Hühnchen zu folgen, die, wie Spalding nachgewiesen hat, einen starken Instinkt für dieses Nachfolgen besitzen. Die Henne war übrigens über die Bewegungslosigkeit ihrer Pflegebefohlnen sehr bestürzt. Zwei- oder dreimal des Tags pflegte sie das Nest zu verlassen und ihre Brut zu locken; wenn diese aber vor Kälte Klagerufe ausstiess, so kehrte sie alsbald wieder zurück und sass geduldig noch weitere sechs oder sieben Stunden. Es bedurfte nur eines einzigen Tages, für die Henne, um den Grund jener Klagerufe kennen zu lernen, denn schon den zweiten Tag lief sie in erregter Weise überall hin, wo ich auch die Frettchen verbergen mochte, so weit sie wenigstens ihre Stimmen hören konnte. Und doch dürfte es wohl kaum einen grösseren Kontrast geben, als den zwischen dem schrillen Piepen von Küchlein und dem heiseren Knurren eines jungen Frettchens. Andrerseits kann ich indessen nicht behaupten, dass die jungen Frettchen jemals die Bedeutung des „Gluckens" zu lernen schienen. Während der ganzen Zeit, dass die Henne auf den Frettchen sass, pflegte sie ihnen das Haar mittelst ihres Schnabels zu kämmen, ganz ebenso wie Hühner die Federn ihrer Küchlein zu kämmen gewohnt sind. Während dieser Beschäftigung hielt sie häufig inne und schaute mit staunendem Blick auf die herumkrabbelnde Besatzung des Nestes. Auch gab ihr zu Zeiten ihre Familie guten Grund, überrascht zu sein; oft flog sie plötzlich mit einem lauten Schrei vom Nest, wenn sie es erleben musste, von den jungen, nach Zitzen suchenden Frettchen angesaugt zu werden. Auch muss ich bemerken, dass es ihr sehr unangenehm zu sein schien, wenn man ihr die Jungen zum Füttern nahm, so dass ich eines Tages dachte, sie würde dieselben gänzlich im Stiche assen. Daher fütterte ich von da ab die Frettchen im Nest, womit die Henne augenscheinlich ganz zufrieden war, wahrscheinlich weil sie glaubte, auf diese Weise einigen Anteil an dem Fütterungsprozess zu haben. Wenigstens pflegte sie stets zu glucken, wenn sie die Milch kommen sah, und überwachte das Füttern mit sichtlicher Befriedigung.

Ich betrachte dies aber zugleich als einen bemerkenswerten Beweis für die Biegsamkeit des Instinkts. Die Henne, wie ich hinzufügen muss, war noch jung und hatte vordem niemals gebrütet. Einige Monate, ehe sie die jungen Frettchen aufzog, war sie von einem aus seinem Kasten entwischten alten Frettchen angegriffen und beinahe getötet worden. Die jungen Frettchen wurden ihr wenige Tage bevor sie offne Augen hatten, genommen.

Zum Schluss will ich noch bemerken, dass ich einige Wochen vorher einen ähnlichen Versuch mit einem Kaninchen anstellte, welches acht Tage zuvor geworfen hatte. Ungleich der Henne bemerkte aber das Weibchen die Täuschung sofort und griff das junge Frettchen so wütend an, dass es ihm zwei Beine brach, ehe ich es entfernen konnte.

Um zu den Säugetieren zurückzukehren, so verweise ich auf die Mitteilung des Rev. Mr. White von Selborne*) über die Aufzucht eines jungen Hasen durch eine Katze. Prichard berichtet von einer Katze, die einen jungen Hund aufzog u. s. w. Indem ich von vielen andern Fällen absehe, will ich nur noch die freiwillige Adoptierung junger Tiere seitens einer Katze anführen, die gewohnt ist, unter gewöhnlichen Umständen jene als ihre Beute zu betrachten.

Vor einigen Jahren führte mich der verstorbene Hon. Marmaduke Maxwell von Terregles in seinen Stall, um mir eine Katze zu zeigen, die gerade eine Familie von fünf Ratten aufzog. Die Katze hatte einige Wochen vorher fünf Junge geworfen; drei davon waren bald nach der Geburt beseitigt worden; am Tage darauf fand man, dass die Alte ihre verlornen Kätzchen durch drei junge Ratten ersetzt hatte, die sie mit den übrig gebliebnen zwei eignen Kindern ernährte. Wenige Tage später wurden ihr auch die beiden letzten Kätzchen genommen, worauf sie alsbald

---

*) Bingley, *Animal Biography* I, 269.

dieselben durch zwei weitere Ratten ersetzte; zu der Zeit, als ich
sie sah, rannten die jungen Ratten, die in einem kleinen Stall gehalten wurden, munter herum und hatten etwa ein Drittel ihrer
Grösse erreicht. Die Katze war gerade abwesend, kam aber zurück,
noch ehe wir den Stall verliessen, sie sprang rasch über den Zaun
in den Stall und legte sich nieder; ihre seltsamen Schutzbefohlnen
rannten sofort unter sie und begannen zu saugen. Was diesen Fall
noch merkwürdiger erscheinen lässt, ist, dass die Katze stets als
eine aussergewöhnlich gute Rattenfängerin galt.

## Vierzehntes Kapitel

## Die durch die Intelligenz bestimmten Abänderungen des Instinkts.

Wir haben bisher gesehen, dass Instinkte einen gemischten Ursprung besitzen können, oder mit andern Worten, dass die mit dem Prinzip der natürlichen Züchtung Hand in Hand gehende intelligente Anpassung bei der Bildung von Instinkten dem ersteren in hohem Masse zu Hilfe kommen muss, insofern sie dem genannten Prinzip Abänderungen darbietet, die nicht lediglich zufälliger Art, sondern von Anfang an angepasst sind.

Ich werde nun die hauptsächlichsten Wege zeigen, auf denen die Intelligenz bei der Bildung von Instinkten allein oder mit der natürlichen Züchtung zusammen thätig ist.

Offenbar besteht die Art und Weise der Mitwirkung der Intelligenz darin, das Tier wahrnehmen zu lassen, dass es sich bei einem Wechsel in seiner Umgebung am besten an die existierenden Lebensbedingungen anpassen kann, wenn es von den ererbten Instinkten etwas abweicht (wie es z. B. der Schneidervogel thut, wenn er zur Anfertigung seines Nestes Baumwollfäden statt der Grashalme benutzt); oder indem es durch intelligente Beobachtung angepasste Handlungen hervorruft, die durch häufige Wiederholung zu einem neuen Instinkt führen (wie es z. B. bei dem Honigkuckuck der Fall ist, der den merkwürdigen Instinkt erworben hat, die Aufmerksamkeit des Menschen auf sich zu ziehen und diese zu den Nestern der Waldbienen zu führen). Es ist aber bei Tieren wie bei Menschen: originelle Ideen zeigen sich nicht immer sofort wenn sie gebraucht werden, deshalb ist auch Nachahmen immer leichter als Erfinden. So will ich denn auch die Nachahmung als ein Hauptmittel, wodurch die Intelligenz einen Instinkt abzuändern vermag, in erster Linie einer näheren Betrachtung unterwerfen, ohne bei den „Originalideen" länger zu verweilen. Wo diese plötzlich und übereinstimmend bei einer grossen Anzahl von Individuen auftreten, wie z. B. dort, wo eine neue Anpassung leicht und einfach von statten geht, bedarf es zu der erforderlichen Abänderung natürlich keiner Nachahmung; dagegen glaube ich, dass in andern Fällen die letztere eine grosse Rolle spielt. Ich muss jedoch gestehen, dass mich bei der Aufsuchung von Nachweisen dafür, dass eine ganze Tierart die vorteilhaften Gewohnheiten einer andern Art nachahmt, die Seltenheit der dahin gehörigen Fälle überraschte, obwohl, wie ich sogleich zeigen werde, die Nachahmung unter Individuen von gleicher oder verschiedener Art häufig vorkommt, mag nun die nachgeahmte Handlung vorteilhaft oder nutzlos sein. Der Unterschied ist wohl dadurch zu erklären, dass in allen Fällen, wo eine solche Nachahmung von Art zu Art in der Vergangenheit stattfand, wir heute nur einen beiden Arten gemeinsamen Instinkt wirken sehen, während uns der Nachweis darüber fehlt, dass er nicht stets gemeinsam gewesen ist. Somit ist diese Art der Nachahmung nur in solchen Fällen festzustellen, wo sie sich noch in ihren ersten Phasen befindet. Nachstehend teile ich die einzigen mir bekannt gewordnen Beispiele dieser Art mit, lasse denselben aber noch eine Anzahl Fälle von individueller Nachahmung folgen, weil dieselben offenbar die Grundlage der Nachahmung unter Arten bilden.

„Bei Gelegenheit einiger Versuche, die ich gerade anstellte," schreibt Darwin in seinen Manuskripten,[*] „hatte ich mehrere Reihen der grossen Schminkbohne zu beobachten und sah nun täglich unzählige Honigbienen sich wie gewöhnlich auf das linke Flügelkronenblatt niederlassen und an den Mündungen der Blüten saugen. Eines Morgens sah ich zum ersten Male auch einige Hummeln (die den ganzen Sommer über sehr selten gewesen waren) die Blüten be-

---

[*] Vergl. dazu „Wirkungen der Kreuz- und Selbstbefruchtung", S. 412.

suchen und bemerkte, wie sie mit ihren Mandibeln Löcher in die untere Seite des Kelches bohrten und so den Nektar saugten; im Laufe des Tages war jede Blüte auf diese Weise durchstochen und den Hummeln dadurch bei ihren wiederholten Besuchen viel Mühe erspart. Am darauffolgenden Tage sah ich alle Honigbienen ohne Ausnahme an den von Hummeln gemachten Löchern saugen. Wie fanden nun die Honigbienen heraus, dass alle Blüten angebohrt waren, und auf welche Weise erlangten sie so rasch die Übung im Gebrauch der Löcher? Obwohl ich mich viel mit diesem Gegenstand beschäftigte, so sah oder hörte ich doch niemals davon, dass Honigbienen Löcher bohrten. Die kleinen, von den Hummeln gemachten Löcher waren von der Mündung der Blüte aus, wo sich die Honigbienen bis dahin ausnahmslos niedergelassen hatten, nicht sichtbar; auch glaube ich, einigen angestellten Versuchen zufolge, nicht, dass sie durch den Geruch des aus jenen Öffnungen entweichenden Nektars stärker angelockt wurden, als durch die Mundöffnung der Blüten. Die Schminkbohne ist zudem eine exotische Pflanze. Ich muss annehmen, dass die Honigbienen entweder die Hummeln jene Löcher bohren sahen, die Bedeutung dessen begriffen und sofort aus ihrer Arbeit Nutzen zogen, oder dass sie bloss den Hummeln nachahmten, nachdem diese die Löcher gebohrt hatten und dann an diesen saugten. Indessen bin ich überzeugt, dass jeder, der den geschichtlichen Hergang nicht kannte und alle Bienen ohne das geringste Bedenken mit grösster Schnelligkeit und Sicherheit eine Blüte nach der andern von der untern Seite her anfliegen und rasch den Nektar saugen sah, dies für einen sehr schönen Fall von Instinkt erklärt haben würde."

Auch die nachstehende Beobachtung Darwins, die ich ebenfalls in seinen Manuskripten finde, gehört noch hierher: „Es ist schwierig zu bestimmen, wie viel Hunde durch Erfahrung und Nachahmung zu lernen vermögen. Es kann kaum zweifelhaft sein, dass die Angriffsweise des englischen Bulldogs instinktiv ist (Rollin, *Mem.* etc. IV, 339). Ich glaube, gewisse Hunde in Südamerika stürzen, ohne dazu erzogen zu sein, nach dem Bauch des Hirsches, den sie jagen, während andre Hunde, wenn sie zum erstenmal mit hinausgenommen werden, um die Köpfe der Peccari herumlaufen. Wir werden zu dem Glauben geführt, diese Handlungen auf Nachahmung zurückzuführen, wenn wir hören, dass die Hunde von Sir J. Mitchell („*Australia*", vol. I. 292) erst am Ende seiner zweiten Expedition lernten, das Emu sicher am Nacken zu fassen. Auf der andern Seite erzählt Couch („*Illustrations of Instinct*" p. 191) von einem Hunde, der nach einem einzigen Kampfe mit einem Dachs die Stelle kennen lernte, wo diesem ein tödlicher Biss beizubringen war, und diese Lektion auch niemals vergass. Auf den Falklands-Inseln scheinen die Hunde die beste Art des Angriffs auf wildes Vieh von einander zu lernen (Sir J. Ross, „*Voyage*", vol. II. p. 246)."

Darwin weist ferner nach, dass viele Arten wilder Tiere sicher die Bedeutung der Gefahr anzeigenden Schreie und Zeichen andrer Arten verstehen und zu benutzen wissen, was zweifellos eine Art von Nachahmung darstellt.*) Auch führt er Beispiele dafür an, dass Vögel verschiedener Arten, sei es im Naturzustand oder in Domestikation, häufig den Gesang anderer nachahmen; der Gesang ist aber doch jedenfalls instinktiv, denn Couch erzählt von einem Distelfink, der niemals den Gesang von seinesgleichen gehört hatte und denselben dennoch, wenn auch versuchsweise und unvollkommen, anstimmte.**)

Yarrell weiss von einem Kirschfink zu erzählen, der den Schlag einer Amsel lernte; er vergass ihn aber später wieder gänzlich, was mit seinem natürlichen Schlage schwerlich der Fall gewesen wäre; diese Thatsache beweist uns, dass die Nachahmung den Instinkt wohl stark zu modifizieren vermag, die Wirkungen davon sich aber doch nicht so stark befestigen, wie diejenigen, welche der Vererbung zu verdanken sind. Selbst der Sperling, dem man kaum nachsagen kann, dass er singe, lernt den Schlag eines Hänflings, und Dureau de la Malle schreibt, dass wilde Amseln in seinem

---

*) So z. B. sagt Darwin, dass die Einwohner der Vereinigten Staaten gern Schwalben an ihre Häuser bauen sehen, da der Schrei derselben bei Sicht eines Habichts auch die Hühner alarmiert, obwohl die letzteren fremdländischen Ursprungs sind.

**) *Illustrations of Instinct* p. 113. — S. auch Bechstein, Stubenvögel, 4. Aufl. S. 7.

Garten die Melodie eines im Bauer gehaltenen Vogels lernten; derselbe lehrte unter anderem einem Star die Marseillaise und von diesem Vogel lernten das Lied alle Stare des Kantons, wohin er ihn gebracht hatte. Auf dieselbe Weise lernen viele Vögel den Gesang ihrer Pflegeeltern von andren Arten. Schliesslich sind neuerdings durch E. E. Fish auch eine Reihe von Beobachtungen über wilde Vögel Amerikas veröffentlicht worden,*) die ihren Gesang gegenseitig nachahmen.

Allerdings haben manche Vögel vor andern eine grössere Fertigkeit voraus, den Gesang verschiedener Arten zu lernen und zu behalten. So z. B. ist es von einer Amsel (Star?) bekannt, dass sie das Krähen eines Hahnes selbst bis zur Täuschung der Hähne nachzuahmen versteht, während Yarrel dasselbe vom Star in betreff des Gegackers der Hühner behauptet. Notorisch ist dasselbe beim Spottvogel (*Turdus polyglottus*) der Fall, sowie auch, wenigstens in der Gefangenschaft, bei den Papageien, Elstern, Dohlen und Staren; diese Thatsachen werden noch merkwürdiger dadurch, dass keiner von diesen Vögeln einen eigenen Gesang hat und deshalb nicht angenommen werden kann, dass sie ein für Vogelmusik entwickeltes Ohr besitzen. Ja, noch mehr, dieselben Vögel sind nicht allein im stande, einen Gesang von ganz ausgesprochen musikalischem Charakter getreu nachzuahmen, sondern lernen und behalten einen solchen auch leichter, als jene Singvögel, welche so sehr befähigt sind, Melodieen zu lernen. Bechstein sagt, dass selbst der Dompfaff eines neun Monate lang regelmässig fortgesetzten Unterrichts bedürfe, um in seinen Leistungen fest zu werden, und dass alle Errungenschaften sehr häufig während der Mauserung wieder verloren gehen. Couch schreibt zwar, dass es sich mit all diesen Vögeln genau so verhalte, wie bei den Menschen: diejenigen, welche sich rasch etwas anzueignen wissen, vergässen es auch ebenso rasch wieder und umgekehrt. In der That gilt dies aber ebenso wenig für die Vögel, wie für den Menschen; denn für jeden der obengenannten sanglosen Vögel würde es ein Zeichen von ungewöhnlicher Beschränktheit sein, wenn

---

*) *Bull. of the Buffalo Soc. of Nat. Sc.* 1881, p. 23—26.

er neun Monate Unterricht brauchte, um eine Melodie zu lernen;
auf der andern Seite vergessen sie aber auch nicht so leicht, was
sie gelernt haben. Den höchsten Grad der Fähigkeit der Stim-
mennachahmung haben aber jene Vögel erreicht, die artikulierte
Worte nachsprechen. In meinem künftigen Werke werde ich diesen Punkt noch näher beleuchten. Vorläufig muss ich mich auf
diese Erwähnung beschränken, unter Hinweis auf die merkwürdige
Begabung, den Instinkt für das Ausstossen eines Krächzens oder eines
Geschreis bis zum Singen einer bestimmten Melodie oder Sprechen
artikulierter Worte abzuändern.

Die Gewohnheiten alter und junger Katzen, ihr Gesicht zu
waschen, ist allem Anschein nach instinktiv; dass sie aber auch
durch Nachahmung erworben werden kann, ergiebt sich durch die
Thatsache, dass junge Hunde, die von Katzen aufgezogen werden,
dieselben Bewegungen vollziehen. Dies wurde zuerst von Au-
douin beobachtet und ist seitdem von mehreren Forschern bestätigt worden. Ich führe dazu folgendes an:

Dureau de la Malle hatte einen Pinscher, der gleich nach
seiner Geburt mit einem 6 Monate älteren Kätzchen auferzogen
wurde. Wohl zwei Jahre lang hatte er keinerlei Gemeinschaft mit
anderen Hunden. Bald begann der Pinscher gleich einer Katze
zu springen und eine Maus oder einen Ball mit den Vorderpfoten
herumzurollen; auch leckte er an seinen Pfoten und strich sich
damit über die Ohren; wenn aber eine fremde Katze in den Garten kam, jagte er sie weg.*) Prichard erzählt ebenfalls von einem
Hunde, der, von einer Katze aufgezogen, an den Pfoten zu lecken
und das Gesicht zu waschen lernte, und der nämliche Fall wird
mir von Mrs. A. Baines mitgeteilt. In Übereinstimmung damit
steht auch eine Zuschrift von Prof. Hoffmann aus Giessen, die
ich unter Darwins Manuskripten fand. Der verstorbene Dr. Routh
aus Oxford schreibt, dass sein King-Charles, der vom dritten Tage
an von einer Katze ernährt und aufgezogen wurde, gleich seiner
Pflegemutter den Regen fürchtete, so dass er, wenn es irgend zu
vermeiden war, seinen Fuss niemals auf einen nassen Fleck setzte;

---

*) *Ann. des Sc. Nat.* XII, 388.

zwei- bis dreimal des Tags beleckte er seine Pfoten, in echter Katzenstellung auf dem Schwanze sitzend, um das Gesicht zu waschen. Stundenlang konnte er ein Mauseloch beobachten und hatte überhaupt alle Manieren und Gewohnheiten seiner Amme. Schliesslich wird in der „*Nature*" (VIII, 79) von einem Hund des Mr. C. H. Jeens berichtet, der, im Alter von einem Monat einer Katze zur Aufzucht überwiesen, Mäuse fangen lernte und wenn er eine erwischt hatte, dieselbe nach der wohlbekannten Art der Katzen behandelte, indem er sie eine Strecke weit laufen liess, dann wieder über sie herfiel, und sofort viele Minuten lang. Anderseits finde ich unter Darwins Manuskripten einen Fall erwähnt, wobei eine Katze von einem Hunde den medizinischen Gebrauch des Krautes *Agrostis canina* lernte.

Ich halte es für wahrscheinlich, dass die folgenden Thatsachen aus Darwins Manuskripten, zum Teil wenigstens, ebenfalls auf Nachahmung zurückzuführen sind, obwohl sie sich innerhalb der Grenzen einer und derselben Art abspielen. Es heisst dort:

„Man hat festgestellt, dass Lämmer, die ohne ihre Mutter ausgeführt werden, leicht in den Fall kommen, giftige Kräuter zu fressen, und es scheint gewiss, dass frisch eingeführtes Rindvieh oft durch giftige Kräuter zu Grunde geht, die schon naturalisiertes Vieh zu vermeiden gelernt hat."*)

Ich halte es für überflüssig, weitere Beispiele von Nachahmung unter Tieren beizubringen und darf nach dem Gesagten wohl ganz allgemein behaupten, dass, da die Fähigkeit zur Nachahmung auf Beobachtung beruht, dieselbe natürlich vorzugsweise bei höheren oder intelligenteren Tieren zu finden ist und den höchsten Grad bei den Affen erreicht, wo sie bekanntlich in ein lächerliches Extrem ausartet. Es ist deshalb auch von Interesse zu beobachten, wie ein Kind schon in sehr frühem Alter nachzuahmen beginnt und dieses Vermögen während der ersten zwölf oder achtzehn Monate weiter entwickelt, wonach eine Zeitlang Stillstand eintritt,

---

*) Vergl. *Ann. and Mag. of Nat. Hist. II. Ser.* vol. II, p. 264, und bezügl. der Lämmer. Youatt, *on Sheep.*, p. 404.

während dessen die gewonnene Fähigkeit bei der Ausbildung der Sprache sehr nützlich verwertet wird.*)

Mit der wachsenden Intelligenz nimmt diese Fähigkeit wieder ab und steht im späteren Leben im umgekehrten Verhältnis zu der Originalität und den höheren Geistesfähigkeiten des betr. Individuums. Deshalb ist die Nachahmung bei niederen (wenn auch nicht allzu tief stehenden) Idioten in der Regel sehr stark ausgeprägt und behält das ganze Leben hindurch das Übergewicht, während selbst bei höheren Idioten oder sogenannten Schwachsinnigen eine merkliche Neigung zur Nachahmung eine konstante Eigentümlichkeit derselben bildet. Dasselbe ist bei vielen Wilden zu beobachten, sodass wir angesichts dieser Thatsachen schliessen müssen, dass die Fähigkeit zur Nachahmung ganz charakteristisch für eine gewisse Epoche der geistigen Entwicklung ist und innerhalb der Grenzen dieser Epoche in nicht geringem Grade zur Bildung von Instinkten führen muss.**)

---

*) Preyer, a. a. O., S. 176—182, wo man eine grosse Anzahl einschlagender Beobachtungen finden wird. Der Verfasser behauptet, dass die erste nachahmende Bewegung in der 15. Woche beginne, indem das Kind alsdann die Lippen vorstreckt, wenn ihm jemand dasselbe vormacht. (Diese Handlung scheint jungen Kindern ganz natürlich zu sein und wahrscheinlich in erblicher Verbindung mit der nämlichen, beim Orang-Utang so stark prononcierten Bewegung zu stehen. Eine Illustration hierzu siehe in Darwins „Ausdruck der Gemütsbewegungen", S. 142.) Gegen das Ende des ersten Jahres werden die nachahmenden Bewegungen zahlreicher und auch rascher erlernt, und das Kind empfindet bei ihrer Darstellung ein wirkliches Vergnügen. Mit 12 Monaten bemerkte Preyer, dass sein Kind im Traume die nachahmenden Bewegungen wiederholte, die ihm im Wachen einen tiefen Eindruck gemacht hatten, wie z. B. das Blasen mit dem Munde. Noch später werden kompliziertere nachahmende Bewegungen aus reinem Vergnügen verrichtet, was allem Anschein nach auch beim Affen der Fall ist.

**) Mit Bezug auf die Nachahmung in Verbindung mit Instinkt halte ich es für wünschenswert, hier wiederholt meine Meinung über die von Wallace in seiner „Natural Selektion" auseinandergesetzte Theorie auszudrücken, wonach die jungen Vögel den Bau des Nestes bewusst nachahmten, in dem sie selbst aufgezogen wurden, und somit das für jede Spezies charakteristische Nest bestehen bliebe. Ich veröffentlichte schon in „Animal Intelligence" verschiedene allgemeine Betrachtungen, die ich für hinreichend halte, um diese

Der Einfluss dieser Fähigkeit auf die Bildung des Instinkts geht aber noch weiter. Die intelligenteren Tiere bedienen sich derselben zu einem eigentümlichen Zweck: Die Eltern jeder neuen Generation unterweisen nämlich absichtlich ihre Jungen in der Verrichtung quasi-instinktiver Handlungen. So z. B. suchen alte Falken ihre Jungen geradezu in der Ausübung ihrer instinktiven Fähigkeiten zu vervollkommnen. Die Art und Weise, mit der diese Raubvögel auf ihre Beute stossen, muss zwar entschieden als instinktiv betrachtet werden. La Malle behauptet indessen, was später auch Brehm bestätigte, dass die alten Vögel die natürlichen Instinkte der Jungen auszubilden suchten, indem sie ihnen Geschicklichkeit und richtiges Abschätzen der Entfernung dadurch beibringen, dass sie anfangs tote Mäuse oder Sperlinge in der Luft fallen lassen (welche von den Jungen anfänglich in der Regel verfehlt werden) und später erst zu lebenden Vögeln übergehen, welche sie los lassen.

---

Theorie *a priori* abzuweisen. Seitdem fand ich jedoch unter Darwins Manuskripten einen Brief, der die Resultate des von Wallace vorgeschlagenen Experiments beschreibt. Dieses Experiment bestand darin, dass man junge Vögel in einem, dem natürlichen ganz unähnlichen, künstlichen Nest ausbrüten liess und dann beobachtete, ob diese Vögel, wenn erwachsen, instinktiv das für ihre Art charakteristische Nest bauen würden. Nun finde ich unter Darwins Manuskripten einen Brief von Mr. Weir, der alle diese Fragen ausser Zweifel zu setzen scheint. Im Mai 1868, schreibt Mr. Weir, nach jahrelanger Erfahrung mit gefangenen Vögeln: „Je mehr ich über Wallaces Theorie, wonach Vögel ihr Nest zu bauen verstehen, weil sie selbst in einem solchen aufgezogen wurden, nachdenke, desto geringer wird meine Neigung, ihr beizustimmen." Er giebt folgende Thatsache an, die gegen die Theorie spricht: „Bei vielen Kanarienvogelzüchtern ist es gebräuchlich, das von den Eltern gebaute Nest auszuheben und eins von Filz an seine Stelle zu bringen; wenn nun die Jungen ausgebrütet und alt genug sind, wird ein anderes, reines Nest, ebenfalls von Filz, der Milben wegen, an die Stelle des alten gebracht. Ich habe aber nie erlebt, dass so aufgezogene Kanarienvögel nicht ihr Nest selbst verfertigt hätten, wenn die Brutzeit gekommen war. Auf der andern Seite wunderte es mich immer zu sehen, wie ähnlich ihr Nest dem der wilden Vögel wurde. Gewöhnlich unterstützt man sie mit einigem Material, wie Moos oder Wolle; sie bedienen sich des Mooses zur Unterlage und füttern mit dem feineren Material, ganz wie es der Distelfink in der Freiheit macht, obwohl die dargebotnen Haare im Käfig genügen würden. Deshalb bin ich überzeugt, dass der Nesterbau ein echter Instinkt ist."

Ähnliches kann man beim Unterricht im Fliegen beobachten. Spalding wies zwar, wie wir gesehen haben, die Überflüssigkeit eines solchen Unterrichts nach, insofern derselbe zur Ausbildung des Flugvermögens nicht unbedingt erforderlich sei, da dasselbe instinktiv ist und der junge Vogel, ob unterrichtet oder nicht, jedenfalls fliegen würde. Indessen muss die Lehre doch von einigem Nutzen sein, da sie bei manchen Arten emsig betrieben wird.*) Der einzige Vorteil, der damit verbunden sein kann, ist aber wohl der, dass die Ausbildung des Flugvermögens auf diese Weise rascher geschieht, als ohne Nachhilfe.

Auch der Gesang der Vögel ist sicher instinktiv; indessen wird er durch Nachahmung und Übung vervollkommnet, wobei die Jungen auf die Alten hören und von ihrem Unterricht profitieren; es geht dies schon aus den oben erwähnten Beispielen hervor, bei denen Vögel, die niemals ihresgleichen singen gehört, dieses nur „versuchsweise und unvollkommen" thun.

Obwohl junge Terrier instinktiv Kaninchen zu jagen beginnen, pflegen doch ihre Eltern, wie ich selbst beobachtete, sie zu lehren oder sie durch Nahahmung auf ihre natürlichen Instinkte zu führen, wobei die erbliche Fähigkeit sich rascher entwickelt, als wenn sie sich selbst überlassen bliebe.

Der Herzog von Argyll*) erzählt einen angeblich authentischen Fall von einem Goldadler, der im Frühjahr 1877 drei Eier legte. Man nahm ihm dieselben weg und legte dafür zwei Gänseeier unter. Der Adler brütete dieselben aus. Eines der Gänschen starb und wurde vom Adler zerrissen, um das überlebende damit zu füttern, welches aber, zur grossen Überraschung der Pflegemutter, den Leckerbissen unberührt liess. . . Im Laufe der Zeit lehrte aber der Adler die Gans Fleisch fressen und rief sie, die stets freien Aus- und Eingang zu seinem Käfig hatte, durch einen scharfen Schrei zu sich, so oft ihm Fleisch gegeben wurde, worauf die Gans auch herbeieilte und mit Begierde alles verschlang, was ihr der Adler reichte. Es liegt ferner ein hinreichender Anhalt dafür vor,

---

*) Sir H. Davy führt einen solchen selbst beobachteten Fall eines mühevollen Unterrichts beim Goldadler an.

**) *Nature* XIX, 554.

dass die Kenntnis, welche die Tiere giftigen Kräutern gegenüber an den Tag legen, eine Art gemischten Instinktes darstellt, der teils intelligenter Beobachtung, teils der Nachahmung, teils der natürlichen Züchtung und teils der Überlieferung zu verdanken ist; denn, wie Darwin im Anhang schreibt: „Lämmer, die ohne ihre Mutter ausgeführt werden, kommen leicht in den Fall, giftige Kräuter zu fressen, und es scheint ausgemacht, dass frisch eingeführtes Rindvieh oft giftigen Kräutern, die heimisches Vieh zu vermeiden gelernt hat, zum Opfer fällt." Allerdings fehlt hierbei jeder Nachweis dafür, dass die Jungen absichtlich von den Alten darin unterrichtet würden; sie lernen vielmehr von selbst, d. h. durch ihre eigne individuelle Erfahrung, und dies ist gerade die Hauptsache, welche durch die absichtliche Erziehung seitens der Eltern nur unterstützt wird. Ich will hierzu noch einige Beispiele anführen, die zeigen sollen, dass viele Instinkte (gewöhnlich sekundären Ursprungs) seitens junger Tiere anfänglich in einer unvollkommnen, nicht völlig ausgebildeten Weise zu Tage treten, dann aber, in der Schule individueller Erfahrung, vervollkommnet werden. Solche Fälle stehen in ausgesprochnem Gegensatz zu den früher erwähnten angebornen vollkommnen Instinkten, deren Kenntnis wir hauptsächlich der sorgfältigen Erforschung Spaldings verdanken.

Es ist ein unzweifelhaft echter Instinkt, der ein Frettchen dazu anleitet, seine langen Eckzähne in das verlängerte Mark seines Opfers zu stossen; jedoch beobachtete Prof. Buchanan,*) dass junge Frettchen, „anstatt allein darauf bedacht zu sein, eine Stellung einzunehmen, um die tödliche Wunde beibringen zu können, sich dagegen in einen Kampf mit Ratten einliessen;" dabei zeigten sie jedoch richtigen Instinkt, wenn auch nicht ganz in der von der Natur gegebenen Ordnung, indem sie den getöteten Ratten die *medulla oblongata* durchbissen. Ähnliches beobachtete ich selbst bei Frettchen, die ich von einer Henne aufziehen liess. Als sie, noch halberwachsen, zum erstenmal mit einem Kaninchen zusammengebracht wurden, schienen sie sofort zu begreifen, dass sich ihr Angriff gegen ein Ende des Kaninchens richten müsse, doch waren sie nicht ganz

---

*) *Ann. and Mag. Nat.-Hist.* vol. XVIII, p. 378.

sicher, gegen welches. Denn nach einigem Zögern griffen sie anfänglich den Rumpf an und wandten sich erst, als sie die Nutzlosigkeit dieses Versuchs einsahen, der bestimmten Stelle zu. Noch interessanter war das Benehmen dieser halberwachsenen Frettchen einem Huhn gegenüber. Sie waren einige Wochen vorher von ihrer Pflegemutter, der Henne, entfernt worden, behielten aber ohne Zweifel noch eine Erinnerung an sie. Als sie sich nun eines Tages einer andern Henne gegenüber sahen, trieb sie ihr ererbter Instinkt zum Angriff, während ihre individuellen Ideenverbindungen sie vom Angriff abhielten. Es entstand bei ihnen ein sichtlicher Widerstreit von Gefühlen, der seinen Ausdruck in einem längeren unentschlossnen Zögern fand, und obwohl sodann die ererbten Instinkte schliesslich über die Ideenverbindungen die Oberhand behielten, liefert das verlängerte Bedenken doch den Beweis, dass die letzteren einen stark modifizierenden Einfluss auszuüben im stande waren.

Darwin sagt in seinen Manuskripten, dass er im Jahre 1840 einige Hühnchen ohne Henne hatte ausbrüten lassen. „Als sie genau vier Stunden alt waren, liefen und hüpften sie herum, piepten und scharrten und duckten sich zusammen wie unter einer Henne; alles Handlungen von ausgeprägtestem Instinkt." Nachdem er dies als ein Beispiel von reinem Instinkt vorausgeschickt, fährt Darwin vergleichend fort: „Man könnte nun denken, dass die Art und Weise, wie Hühner trinken, indem sie ihren Schnabel vollfüllen, den Kopf in die Höhe heben und das Wasser dann vermöge seiner Schwere hinunter gleiten lassen, ganz besonders durch den Instinkt beigebracht worden sei. Dies ist jedoch nicht der Fall, denn ich überzeugte mich positiv davon, dass man bei Hühnchen einer von selbst ausgekommnen Brut gewöhnlich den Schnabel in eine Mulde drücken muss, während in Gegenwart von älteren Hühnern, die trinken gelernt haben, die jüngeren deren Bewegungen nachahmen und so die Kunst sich aneignen."

Im grossen und ganzen können wir also, mit Bezug auf die Art und Weise, in der die Intelligenz auf die Modifizierung des Instinkts wirkt, sagen, dass in allen hierher gehörigen Fällen anfänglich eine intelligente Wahrnehmung bezüglich der Wünschenswürdigkeit der betreffenden Modifikation von seiten bestimmter Individuen vorhanden sein muss, die ihre Handlungen demgemäss abändern. In einigen Fällen hilft das Prinzip der Nachahmung wahrscheinlich zur Veränderung des [Instinkts mit, indem es andere Individuen derselben Art und aus demselben Bezirke dazu führt, dem Beispiel ihrer intelligenteren Gefährten zu folgen; auch kann das Prinzip der Nachahmung schon auf einer früheren Stufe hinzutreten, wenn die Gewohnheiten einer Spezies die Mitglieder einer andern zur Abänderung eines Instinkts anregen. Schliesslich kann die Intelligenz durch absichtliche Erziehung der Jungen durch die Alten wirken.

Der unwiderleglichste Beweis für eine ausserordentliche Abänderung, die der Instinkt infolge individueller Erfahrungen oder veränderter Lebensbedingungen erleiden kann, liegt aber in der gewaltigen Reihe von Thatsachen, auf die uns einige der angeführten Beispiele in natürlicher Weise führen; ich meine nämlich alles das, was mit der Domestikation der Tiere in Verbindung steht. Denn die Wirkungen der Domestikation bei der Modifizierung der Instinkte sind ebenso offenkundig, wie ihre Wirkungen bei Modifizierung des organischen Baues, worauf ja schon vor langer Zeit Dr. Er. Darwin hingewiesen hat. Eine so wichtige und umfassende Reihe von Thatsachen erfordert aber eine getrennte Behandlung. Ich werde deshalb hierzu übergehen, ohne mich ferner speziell auf die Wirkungen der Nachahmung oder der Erziehung auf den Instinkt während der Lebenszeit des Individuums zu beziehen.

Fünfzehntes Kapitel.

## Domestikation.

er Natur der Sache nach können wir nicht voraussetzen, bei wilden Tieren eine reiche Mannigfaltigkeit von Beweisen neuer, unter den Augen des Menschen erworbener Instinkte zu finden, da ihre Lebensbedingungen im allgemeinen in der der menschlichen Beobachtung unterworfnen Zeit ziemlich gleichförmig verlaufen. Glücklicherweise hat sich aber der Mensch schon vor dem Beginne der Geschichte damit beschäftigt, in der Zähmung der Tiere ein Experiment vom grössten Massstabe zu machen. Wenn wir bedenken, dass die zu jenem Zwecke auserlesenen Tiere unter menschlicher Pflege unzählige Reihen von Geneneration hindurch gezeugt und auferzogen und in einigen Fällen die Mitglieder gewisser „Rassen" beständig ausgewählt und dazu angeleitet wurden, bestimmte Arten von Arbeit zu verrichten, so dürfen wir, wenn Instinkte wirklich durch sekundäre Mittel in Verbindung mit primären entstehen, auch Nachweise zu finden erwarten, nicht nur dafür, dass ursprüngliche Instinkte verschwinden, sondern dass sich auch neue und spezielle Instinkte bilden. Offenbar sind künstliche Erziehung und künstliche Züchtung durch den Menschen Einflüsse, die der Art, wenn auch nicht dem Grade nach mit denjenigen der natürlichen Erziehung und Züchtung übereinstimmen, deren gemeinsamer Wirksamkeit unsre Theorie die Bildung der Instinkte zuschreibt. Wir dürfen deshalb, wie gesagt, bei unsren Haustieren wohl Beweise für die künstlichen oder, nach Darwins Ausdruck, domestizierten Instinkte zu finden erwarten. Und dies ist auch in der That der Fall.

Betrachten wir zunächst die Abnahme oder den Verlust der natürlichen Instinkte, so begegnen wir hier in erster Linie der schon erwähnten erblichen Zahmheit der domestizierten Tiere. Wir wollen hier etwas länger dabei verweilen, da unsre Aufmerksamkeit bisher nur auf Fälle beschränkt blieb, bei denen jener Verlust ausschliesslich veränderten Erfahrungen, ohne Hinzutritt der natürlichen Züchtung, d. h. lediglich primären Mitteln, zuzuschreiben war. In diesem Sinne führte ich die Beispiele vom Kaninchen und der Ente an; ich werde nun Fälle heranziehen, bei denen die künstliche Züchtung wahrscheinlich dem blossen Nichtgebrauch zu Hilfe kam, um die natürliche Wildheit aufzuheben.

Das auffallendste Beispiel hierzu liefert wohl die Katze, insofern der nächste Verwandte derselben — die wilde Katze — das schwierigst zu zähmende von allen Tieren ist. Übrigens ist der Hund in dieser Beziehung nicht weniger bemerkenswert, wenn wir bedenken, dass Wut und Misstrauen beständige Grundzüge in der Psychologie aller betr. wilden Rassen bilden. Wahrscheinlich würden wir, wenn heute noch ein echtes wildes Pferd existierte, dasselbe in seinen Anlagen mit dem Zebra, dem Quagga oder dem wilden Esel übereinstimmend finden, von denen der letztere, wenn auch nicht so unbändig wie die beiden ersteren, doch ein von unserem sprüchwörtlich geduldigen und zahmen Esel sehr verschiedenes Tier ist. Ebenso, bemerkt Handcock, „besitzen Kühe in wildem Zustande eine grosse Schärfe des Gesichts und Geruchs, sowie ungemeine Wildheit bei der Verteidigung ihrer Jungen, welche Eigenschaften verschwinden, wenn wir sie durch Domestikation in einen Zustand versetzen, in denen die beiden zuerst erwähnten Eigenschaften wertlos, und die letztere sowohl für sie selbst, wie für andre gefährlich wird." Diese Betrachtung führte Handcock zu der scharfsinnigen Bemerkung: „Im ganzen scheint es als Prinzip aufgefasst werden zu können, dass, wo durch das Dazwischentreten des Menschen oder auf andre Weise die Gelegenheit zur Ausübung eines reinen Instinkts entfällt, der letztere gleich allen andern natürlichen Sinnesthätigkeiten matt wird."*)

---

*) *Zool. Journal,* 320.

Dies dürfte wohl zu dem Beweise genügen, dass instinktive Wildheit bei allen denjenigen Arten ausgerottet wurde, die genügend lange den Einflüssen der Domestikation ausgesetzt waren. Ich werde nun an einigen Beispielen zeigen, dass die Macht der Domestikation, hinsichtlich der Milderung oder Zerstörung der angebornen Neigungen wilder Tiere, sich noch auf speziellere Linien psychologischer Bildungen erstreckt.

Darwin sagt: „Alle Füchse, Wölfe, Schakale und wilde Katzenarten sind, wenn man sie gefangen hält, sehr begierig, Geflügel, Schafe und Schweine anzugreifen, und dieselbe Neigung hat sich auch bei Hunden als unheilbar gezeigt, die man jung aus Gegenden zu uns brachte, wo, wie in Feuerland oder in Australien, die Wilden sie nicht als Haustiere halten.*) Wie selten ist es auf der andern Seite nötig, unsern zivilisierten Hunden, selbst wenn sie noch jung sind, die Angriffe auf jene Tiere abzugewöhnen! Ohne Zweifel machen sie manchmal einen solchen Angriff und werden dann gezüchtigt und, wenn das nicht hilft, getötet, — so dass Gewohnheit und auch einige Zuchtwahl wahrscheinlich zusammengewirkt haben, unsere Hunde durch Vererbung zu zivilisieren. Anderseits haben junge Hühnchen, lediglich infolge von Gewöhnung, die Furcht vor Hunden und Katzen verloren, welche sie zweifelsohne nach ihrem ursprünglichen Instinkte besassen; denn ich erfahre von Kapt. Hutton, dass die jungen Küchlein der Stammform *Gallus*

---

*) „Entwicklung der Arten" S. 291. — In Darwins Manuskripten findet sich dieser Punkt noch weiter ausgeführt, wie folgt: „Dies war auch der Fall mit einem aus Australien stammenden Hunde, der an Bord eines Schiffes zur Welt gekommen, von Sir J. Sebright ein Jahr hindurch zu zähmen versucht wurde, trotzdem aber angesichts von Schafen oder Geflügel in die grösste Wut geriet. Auch Kapt. Fitz Roy sagt, dass nicht einer der aus Feuerland und Patagonien nach England gebrachten Hunde davon abgebracht werden konnte, in der unterschiedslosesten Weise Geflügel, junge Schweine u. s. w. anzugreifen (Col. H. Smith, *on Dogs*, 1840, p. 214, und Sir J. Sebright, *on Instinkt*, p. 12. Vgl. auch Watertons *Essay on Nat. Hist.*, p. 197 über ausserordentliche Wildheit junger Fasanen, angesichts eines Hundes)." Die Manuskripte enthalten überdies einen Brief von Sir James Wilson, der Darwin von einem zahmen Dingo schrieb, welcher hartnäckig dabei blieb, Hühner und Enten zu töten, sobald er losgelassen wurde.

*bankiva*, wenn sie auch von einer gewöhnlichen Henne in Indien ausgebrütet wurden, anfangs ausserordentlich wild sind. Dasselbe ist auch mit den jungen Fasanen aus von Haushühnern ausgebrüteten Eiern der Fall. Und doch haben die Hühnchen keineswegs alle Furcht verloren, sondern nur die Furcht vor Hunden und Katzen; denn sobald die Henne ihnen durch Glucken eine Gefahr anmeldet, laufen alle (zumal junge Truthühner) unter ihr hervor, um sich im nahen Dickicht zu verbergen." Darwins Manuskript fügt hinzu: „Tauben werden nicht so viel gehalten, wie Hühner, und jeder Liebhaber weiss, wie schwer es ist, seine Lieblinge vor ihrem unverbesserlichen Feinde, der Katze, zu sichern."

Um noch weiter zu zeigen, dass Instinkte auch verloren gehen können oder unter dem Einfluss der Domestikation verkümmern, genügt es, darauf hinzuweisen, dass der Brütungsinstinkt beim spanischen Huhn ganz abhanden gekommen ist, wie auch die mütterlichen Instinkte beim Rindvieh in gewissen Gegenden Deutschlands geschwunden sind, nachdem hunderte von Generationen hindurch der Gebrauch herrschte, die Kälber unmittelbar nach der Geburt von der Mutter zu trennen.*) Dieselbe Autorität behauptet, dass in Gegenden, wo seit langer Zeit die Gewohnheit besteht, Lämmer zu tauschen, die Mutterschafe fremde Lämmer bei sich saugen lassen, während dies bei andern Schafen nicht der Fall ist. Schliesslich bemerkt J. Shaw,*) dass, wo der Hund lediglich zur Nahrung gehalten wird, wie auf den polynesischen Inseln und in China, er als ein überaus dummes Tier gilt, und White fügt hinzu,**) dass diese Hunde einige ihrer stärksten Instinkte eingebüsst haben, denn „obwohl sie eigentlich fleischfressende Tiere sind, haben sie doch, nachdem sie viele Generationen hindurch mit Vegetabilien gefüttert worden, ihren instinktiven Geschmack für Fleisch verloren."

Soviel über den negativen Einfluss der Domestikation oder seine Macht zur Vernichtung natürlicher Instinkte. Wenden wir uns nun zu der noch auffallenderen und bedeutungsvolleren Seite des

---

*) Sturm, Über Rassen etc., S. 82.

**) Dieser Satz kommt in einem an Darwin gerichteten Briefe Shaws vor.

***) *Natural history of Selborne, lettre* 57.

Gegenstandes, dem positiven Einfluss der Domestikation hinsichtlich der Entwicklung neuer Instinkte, die der betr. Art nicht angeboren, sondern auf künstliche Weise, mehrere Generationen hindurch, durch fortgesetzten Unterricht in Verbindung mit natürlicher Auslese hervorgerufen worden sind. Ich beschränke mich dabei auf dasjenige Haustier, bei dem diese Wirkungen am klarsten zu Tage treten, den Hund. Ohne Zweifel ist der Grund, warum jene Wirkungen bei dem genannten Tiere am sichtbarsten sind, der, dass sein Nutzen für den Menschen hauptsächlich auf seiner verhältnismässig hohen Intelligenz beruht, so dass der Mensch den Einfluss der Domestikation auf eine künstliche Ausbildung jener Intelligenz verwandte. Es ist in dieser Beziehung von Interesse, dass die einzigen Grundzüge in der primitiven Psychologie des Hundes, die trotz der Berührung mit dem Menschen sicher unbeeinflusst blieben, solche sind, die weder nützlich noch schädlich für den Menschen, auch niemals kultiviert oder zurückgedrängt wurden. Dies ist z. B. der Fall mit dem Instinkt für die Verscharrung der Exkremente, das Wälzen auf Aas, das Herumdrehen bei Bereitung des Lagers, das Verbergen von Nahrung u. s. w.*)

Zum Beweis für den positiven Einfluss der Domestikation auf die Psychologie des Hundes möchte ich die Aufmerksamkeit vorerst auf einen sehr bedeutungsvollen Fall hinlenken. Eine der bemerkenswertesten Eigentümlichkeiten des Hundes ist die in einem hohen Grade entwickelte Idee für Besitz und Eigentum, eine Idee, die ohne Zweifel erst durch den Menschen dem Hunde angezüchtet wurde. Die meisten fleischfressenden Tiere haben im wilden Zustande eine Idee vom Eigentumsrecht des Beutemachers, und in der Art und Weise, wie gewisse Raubtiere von mehr oder weniger bestimmt abgegrenzten Jagdgebieten Besitz ergreifen, liegt wohl der Ursprung dieser Idee. Auf diesen von der Natur gelieferten Keim

---

*) La Malle sagt, dass Hunde nicht vor dem 10. bis 12. Monat überflüssige Nahrung zu vergraben beginnen. Wenn dies wahr ist, so würde es zu dem Schluss berechtigen, dass dieser Instinkt erst später in der Geschichte der wilden Arten erworben wurde und deshalb wahrscheinlich nicht so befestigt ist wie die Instinkte der Wildheit, der Wut, des Angriffs auf Geflügel u. s. f., die durch den menschlichen Einfluss so vollständig ausgerottet wurden.

hat nun die Kunst des Menschen so weit eingewirkt, dass die Idee
für die Verteidigung des Eigentums seines Herrn beim Hunde
geradezu instinktiv geworden ist. Ohne jede Dressur, ja bisweilen
im Gegensatz zur Dressur, pflegen viele Hunde auf Fremde loszu-
bellen und zuzustürzen, die an dem Gitter oder dem Thor des
Gehöftes ihres Herrn vorübergehen. Unzählige Beispiele beweisen
die sorgfältige Wachsamkeit des Hundes über das ihnen anvertraute Eigentum; die Thatsache ist so allgemein bekannt, dass ich
nicht näher dabei zu verweilen brauche. Jedoch will ich hier
einige Beobachtungen mitteilen, die ich an einem Pinscher machte,
den ich selbst aufzog; ich bin also in diesem Falle zu der Überzeugung berechtigt, dass die Idee der Beschützung meines Eigentums
nicht individuellem Unterricht zu verdanken, sondern angeboren
oder instinktiv war. Eines Tages sah ich, wie der erwähnte Hund
einen Esel begleitete, der mit Äpfel gefüllte Körbe trug. Obwohl
der Hund nicht wusste, dass er beobachtet wurde, begleitete er
den Esel doch den ganzen Weg entlang, einen hohen Berg hinauf,
und zwar zu dem sichtlichen Zwecke, die Äpfel zu bewachen;
denn jedesmal wenn der Esel seinen Kopf wandte, um einen Apfel
aus den Körben zu nehmen, sprang der Hund auf ihn zu und
schnappte nach seiner Nase; und die Wachsamkeit des Tieres war
so gross, dass sein Gefährte, der ungemein begierig darauf war,
einige der Früchte zu kosten, während der halbstündigen Dauer
ihres Zusammengehens nicht einen einzigen Apfel zu erlangen vermochte. Auch sah ich diesen Hund Fleisch vor andern Hunden
schützen, welche mit ihm in demselben Hause wohnten und mit
denen er auf bestem Fusse stand. Ja, noch mehr, ich war Zeuge,
als er einst, durch seinen trefflichen Geruchsinn geleitet, meine
Manschetten erfasste, die ein Freund, dem ich sie geliehen, trug.

Verwandt mit dieser Beschützung des Eigentums seines Herrn,
ist die Idee, welche der Hund von sich selbst, als einem zugehörigen Teil dieses Eigentums hat, d. h. also die Idee von einem
auf ihn selbst ausgedehnten Besitzrecht. Dass diese Idee gleichfalls angeboren ist, habe ich bei einem ganz jungen Neufundländer
beobachtet, der mir geschenkt wurde, als er sich kaum auf seinen
Beinen zu halten vermochte und mir dennoch bald darauf durch

einige ziemlich belebte Strassen folgte. Dieses junge Tier konnte mich kaum vor den andern begegnenden Personen kennen und folgte mir deshalb wohl nur aus der instinktiven Idee seiner Zugehörigkeit und der daraus entspringenden Furcht, verloren zu gehen. Diese abstrakte Idee der Zugehörigkeit ist bei vielen, wenn nicht bei allen Hunden gut entwickelt, so dass es durchaus nichts Ungewöhnliches ist, dass wenn der Herr seinen Hund einem Freunde anvertraut, das Tier sich bei demselben ganz sicher fühlt, weil er ihn als seines Herrn Freund kennen lernte. Ich halte es auch nicht für unwahrscheinlich, dass das, was der erworbne Instinkt des Bellens zu sein scheint, nur eine Abzweigung jenes Instinktes für Eigentum ist, welcher die Aufmerksamkeit des Herrn auf herannahende Fremde oder Feinde richtet.

Darwin legt ein grosses Gewicht auf andre, spezieller „domestizierte Instinkte" des Hundes, die vielleicht noch interessanter sind, als die eben erwähnten, insofern sie absichtlich durch fortgesetzte Dressur, in Verbindung mit Zuchtwahl, den Tieren beigebracht wurden. Ich verweise hierbei in aller Kürze auf den Schäferhund, den Wasser- und den Vorstehhund, denen Darwin in seiner „Entstehung der Arten" (S. 293) eine kurze Besprechung widmet, während er in seinen Manuskripten noch länger dabei verweilt. Aus letzteren führe ich folgendes hier an: „Die Betrachtung der verschiedenen Hunderassen zeigt uns bei ihnen mannigfache angeborne Neigungen, von denen viele, wegen ihrer gänzlichen Nutzlosigkeit für das Tier, von keinem seiner ungezähmten Vorgänger vererbt sein können. Ich habe mit mehreren intelligenten schottischen Schäfern gesprochen, die einstimmig darin waren, dass ein junger Schäferhund zuweilen ohne jeden Unterricht die Herde umkreist und dass jeder echte Hund mit Leichtigkeit dazu angelernt werden kann; obwohl dieselben sich an der Ausübung ihrer angebornen Kampfbegier erfreuen, zerreissen sie doch nie die Schafe, wie es wilde Hundearten von ihrer Grösse und Gestalt thun würden. Nehmen wir sodann den Wasserhund, der naturgemäss jeden Gegenstand seinem Herrn zurückbringt. Der Rev. M. D. Fox schreibt, dass er seinem sechs Monate alten Wasserhunde an einem einzigen Morgen das Apportieren beibrachte, an einem zweiten

Morgen das Zurückgehen auf die Spur, um einen vorsätzlich, aber
vom Hunde ungesehen, fallen gelassenen Gegenstand zu suchen.
Ich weiss aber aus Erfahrung, wie schwer es ist, diese Gewohnheit
einem Pinscher beizubringen. Betrachten wir den schon so oft angeführten Vorstehhund. Ich selbst bin mit einem solchen jungen
Hunde zum ersten Male ausgegangen, wobei seine angeborne Neigung in einer höchst komischen Weise zum Ausdruck kam, denn
er stand nicht nur bei jeder Wildspur, sondern auch bei Schafen
und grossen weissen Steinen; und wenn er ein Lerchennest fand,
waren wir geradezu gezwungen ihn wegzutragen; er brachte auch
andre Hunde zum Stellen .... Das schweigende Verhalten der
Vorstehhunde ist um so bemerkenswerter, als alle, welche diese
Hunde studiert haben, sie übereinstimmend als eine Unterrasse des
leicht anschlagenden Jagdhundes ansehen. Aber die eigentümlichste
angeborne Neigung junger Vorstehhunde ist vielleicht die, andre
Hunde zu stellen oder, ohne dass sie die Spur eines Wildes wahrnehmen, zu stehen, wenn sie andere Hunde so thun sehen.

„Wenn wir nun eine Art Wolf im Naturzustande sähen, die rund
um ein Rudel von Hirschen liefe und dieselben geschickt nach einem
beliebigen Punkte triebe, oder eine andere Wolfsart, welche statt
ihre Beute zu jagen, über eine halbe Stunde lang still und bewegungslos auf der Fährte stünde, während ihre Gefährten dieselbe
bildsäulenähnliche Stellung annähmen und sich dann vorsichtig
näherten, so würden wir diese Handlungen sicher instinktiv nennen.
Die hauptsächlichsten charakteristischen Merkmale des Instinkts
scheinen aber in dem Vorstehhunde verkörpert zu sein. Man kann
nicht annehmen, dass ein junger Hund weiss, warum er steht, so
wenig wie ein Schmetterling weiss, warum er seine Eier an die
Kohlpflanze legt .... Mir scheint kein wesentlicher Unterschied
darin zu liegen, dass das Stehen nur für den Menschen von Nutzen
ist und nicht für den Hund, denn die Gewohnheit wurde mittelst
künstlicher Züchtung und Dressierung zu Gunsten des Menschen
erlangt, wogegen gewöhnliche Instinkte durch natürliche Züchtung
und Übung ausschliesslich zum Vorteil des Tieres erworben werden. Der junge Vorstehhund stellt häufig ohne Unterricht, Nachahmung oder Erfahrung, obwohl er ohne Zweifel, wie wir dies auch

zuweilen bei den ursprünglichen Instinkten sehen, durch diese Hilfsmittel häufig profitiert. Übrigens findet jede neue Generation ein
Vergnügen darin, ihren angebornen Neigungen zu folgen.

„Der wesentlichste Unterschied zwischen dem Stellen und dergl.
und einem wahren Instinkte liegt darin, dass die erstern weniger
streng vererbt werden und dem Grade ihrer angebornen Vollkommenheit nach sehr variieren; es ist dies aber auch von vornherein
zu erwarten, denn sowohl geistige, als körperliche Charaktere sind
bei domestizierten Tieren weniger echt, als bei Tieren im Naturzustande, insofern ihre Lebensbedingungen weniger beständig und
Züchtung und Unterricht seitens des Menschen weit weniger einförmig sind, auch eine unvergleichlich kürzere Zeit angedauert haben,
als es bei den Leistungen der Natur der Fall ist."

Obgleich die bekannte Thatsache, dass junge Vorstehhunde
instinktiv stellen, keiner weiteren Bestätigung bedarf, so will ich
doch noch eine kurze Stelle aus einem Aufsatz Andr. Knights
über erbliche Instinkte*) anführen, weil sie, wie z. B. beim „Stellen", zeigt, bis zu welcher ausserordentlichen Genauigkeit die erbliche Kenntnis manchmal gehen kann. „Es ist bekannt, dass junge
Vorstehhunde von langsamer und träger Rasse vor Rebhühnern ohne
vorhergegangenen Unterricht oder Übung stehen. Ich nahm einen
solchen mit zu einem Platz, wo ich gerade — es war im August —
ein Volk junger Rebhühner hatte niederfallen sehen; unter diese
warf ich ein Stück Brot, um den Hund dadurch zu verleiten, von
meinen Fersen zu gehen, wozu er jeder Zeit nur geringe Neigung
zeigte, ausgenommen wenn er etwas zu fressen suchte. Als der
Hund unter die Rebhühner geriet und dieselben witterte, wurden
seine Augen plötzlich starr, seine Muskeln gespannt und er stand,
zitternd vor Bangigkeit, einige Minuten lang still. Als ich die Vögel
sodann auffliegen liess, zeigte er starke Symptome von Furcht, aber
keine von Freude. Ein junger Wachtelhund würde unter den nämlichen Umständen voller Lust gewesen sein und ich zweifle nicht,
dass der junge Vorstehhund sich ebenso verhalten hätte, wenn von
seinen Vorfahren nie einer wegen Anspringens auf Rebhühner ge-

---

*) *Philos. Trans.* 1837, p. 367.

17*

züchtigt worden wäre." Aus demselben Aufsatz führe ich noch folgende mehr oder weniger analogen Fälle an:

„Ein junger Terrier, dessen Eltern bei der Verfolgung von Iltissen häufig verwandt wurden, und ein junger Wachtelhund, dessen Vorfahren viele Generationen hindurch zur Schnepfenjagd verwendet worden waren, wurden zusammen aufgezogen, ohne dass dem ersteren jemals Gelegenheit geboten wurde einen Iltis, und dem letzteren eine Schnepfe oder sonst ein Wild zu sehen. Der Terrier erwies sich jedoch, sobald er auf die Fährte eines Iltis kam, ausserordentlich aufgeregt, und sobald er das Tier sah, griff er es mit ebensolcher Wut an, wie es seine Eltern gethan haben würden. Der junge Wachtelhund im Gegentheil sah dabei mit Gleichgültigkeit zu, verfolgte aber die erste Schnepfe, die er sah, mit dem grössten Entzücken, an welchem hinwiederum der Terrier in keiner Weise Anteil nahm . . . . In manchen Fällen erwiesen sich junge und gänzlich unerfahrene Hunde nahezu ebenso kundig in der Aufspürung von Schnepfen, wie ihre erfahrenen Eltern. Schnepfen werden bekanntlich bei Frostwetter dazu getrieben, ihre Nahrung in offnen Quellen und Rinnsalen zu suchen, und meine alten Hunde kannten so gut als ich den Kältegrad, der die Schnepfen an solche Stellen nötigte; eine Kenntnis, welche mir oft sehr störend wurde, weil ich sie dann kaum zu zügeln vermochte. Als ich deshalb einmal die alterfahrenen Hunde zu Hause liess und nur die gänzlich unerfahrenen jungen mitnahm, war ich nicht wenig erstaunt, als einige derselben sich hier und da ebenfalls möglichst nahe an ungefrornen Stelle hielten, ganz wie ihre Eltern. Als ich dies zuerst bemerkte, vermutete ich, dass sich während der vergangenen Nacht hier Schnepfen aufgehalten hätten, jedoch konnte ich, wie es sonst doch wohl hätte der Fall sein müssen, keine Spuren ihrer Anwesenheit entdecken; ich glaube daraus schliessen zu dürfen, dass die jungen Hunde durch ähnliche Gefühle und Neigungen geleitet wurden, wie ihre Eltern."

Derselbe Autor fügt an einer andern Stelle noch hinzu: „Man darf wohl vernünftigerweise daran zweifeln, dass jemals ein Hund mit den Gewohnheiten und Neigungen eines Hühnerhundes bekannt geworden wäre, ohne die Kunst des Menschen, Vögel im Fluge zu schiessen."

Mit Bezug auf die hochspezialisierten künstlichen Instinkte des Hundes — die sich bis zu einem erblichen Gedächtnis von der grössten Genauigkeit versteigen — führe ich schliesslich noch eine Bemerkung des Prof. Hermann an, wonach Jagdhunde, die zum ersten Male mit auf die Jagd genommen werden, also vor jeder individuellen Erfahrung, die Wirkungen eines den Vogel herabbringenden Schusses vorauszusehen scheinen.*) So bedeutungsvoll indessen die Ausbildung solcher spezieller Hundeinstinke durch den Menschen auch ist, so liefern sie uns doch nur geringe Beispiele für die Modifikationen, welche menschlicher Einfluss auf die Psychologie des Hundes hervorgebracht hat. Es ist in der That nicht minder wahr, dass der Mensch in gewissem Sinne den merkwürdigen organischen Bau des Windhundes oder des Bulldogs geschaffen, als dass ihm die nicht minder bewundernswerten Instinkte des Vorsteh- oder des Wasserhundes zu verdanken sind. Wir würden aber eine nur unvollkommne Idee von dem tiefen Einfluss gewinnen, den er auf die Geistesbildung dieses Tieres ausübt, wenn wir uns nur auf solche spezielle Fälle, wie die oben angeführten, zu beschränken hätten.

Wenn wir die Psychologie des „Freundes des Menschen" derjenigen irgend einer wilden Rasse gegenüberstellen, so sehen wir sofort, dass nicht nur viele natürlichen Instinkte jenes Tieres unterdrückt und viele künstliche ihm dagegen eingepflanzt sind, sondern dass es auch, wie Sir J. Sebright richtig bemerkt, „eine instinktive Liebe zum Menschen erworben hat." Die sprichwörtliche Liebe, Treue und Gelehrigkeit des Hundes sind indessen zu bekannt, als dass ich dabei länger zu verweilen brauchte. Ich will nur hinzufügen, dass diese Eigenschaften, so unähnlich sie allem sind, was wir von Wölfen, Füchsen, Schakalen und wilden Hunden im allgemeinen wissen, nur einer längeren Berührung mit dem menschlichen Herrn und der Züchtung seitens desselben zuzuschrei-

---

*) Handbuch der Physiologie, II. Band, 2. Theil, S. 282.

ben sind. Wie der Hund gegenwärtig geartet ist, leiten diese künstlich eingeimpften Eigenschaften das Tier in der Regel sogar dazu, dem Menschen eine grössere Liebe und Treue zu erweisen, als seinesgleichen. Wir wollen dabei wiederholt darauf aufmerksam machen, dass wir bei wilden Tieren nicht selten eine Neigung vorfinden, sich mit Gliedern andrer Arten zu verbinden, selbst wenn kein wirklicher Nutzen aus dieser Verbindung für sie entspringt; in diesem zufälligen oder nutzlosen. Hang entdecken wir den Keim, der sich beim Hunde zu dem entwickelt hat, was wir heute vor uns sehen und die Bemerkung eines alten, bei Darwin angeführten Schriftstellers rechtfertigt: „Ein Hund ist das einzige Ding auf Erden, was dich mehr liebt als sich selbst."

Aber nicht nur Liebe, Treue und Gelehrigkeit, sondern auch alle übrigen Gemütseigenschaften, die dem Menschen nützlich sind, hat der letztere bis zu dem bestehenden ausserordentlich hohen Grade beim Hunde zu entwickeln verstanden. Es würde überflüssig sein, sich noch auf Fälle zu beziehen, welche die hohe Stufe der erlangten Sympathie illustrieren. Diese letztere, zusammen mit der intelligenten Zuneigung, aus welcher sie entspringt, lässt die Freude am Lob und die Furcht vor Strafe entstehen, welche in keiner Weise von denselben Gefühlen beim Menschen unterschieden werden können.

Wie Grant Allen nachgewiesen hat, ist der Sinn für Abhängigkeit beim Hunde nicht minder lehrreich: „Der ursprüngliche Hund, der ein Wolf oder ein dem ähnliches Tier war, konnte solche künstlichen Gefühle unmöglich besitzen. Er war ein unabhängiges, selbstvertrauendes Tier . . . Aber schon zu den Tagen der dänischen Muschelhügel und vielleicht schon tausende von Jahren früher, begann der Mensch den Hund zu zähmen." Obgleich deshalb der Instinkt durch Nichtgebrauch bei einigen Hunden, wie bei denen von Konstantinopel, ausgestorben sein kann, so findet er sich doch als Resultat einer fortdauernden Erziehung, Auslese und Züchtung vollständig und ausgiebig entwickelt, wenn ein Hund von klein auf unter einem Herrn erzogen wird, und die herrenlose Lage ist von da an für ihn eine seine natürlichen Gefühle und Neigungen durchkreuzende und seinen Erwartungen entgegengesetzte.

In der That sind die gemeinsamen Wirkungen einer lange fortgesetzten Züchtung und individuellen Erziehung so stark, dass sie die stärksten natürlichen Instinkte und Triebe zu überwinden vermögen. Ein Zeugnis dafür bildet der Hund, der eher umkommen, als stehlen wird, und die notorische Thatsache, dass bei Gelegenheit selbst der mütterliche Instinkt durch das Verlangen, dem Herrn zu dienen, unterdrückt wird. Hierzu berichtet der Dichter Hogg folgendes Beispiel*): „Ein Mann, namens Steele, besass eine Hündin, welcher, ohne weitere Aufsicht, die Hut von Schafen anvertraut war. Ob nun eines Tages Steele zurückgeblieben war oder einen andern Weg genommen hatte, weiss ich nicht, kurz, als derselbe abends spät zu Hause anlangte, war er erstaunt zu hören, dass sein treues Tier mit der Herde nicht angekommen sei. Er und sein Sohn machten sich sofort auf verschiedenen Wegen auf, sie zu suchen; als sie aber auf die Strasse kamen, kam die Hündin ihnen mit der ganzen Herde, ohne Verlust eines einzigen Stückes, entgegen und trug merkwürdigerweise einen jungen Hund im Maule. Sie hatte während der Arbeit in den Bergen geworfen; wie es aber das arme Tier fertig gebracht hatte, in ihrem leidenden Zustande die Herde zusammen zu halten, entzieht sich aller menschlichen Berechnung, denn sie musste den ganzen Weg entlang andre Schafherden passieren. Ihr Herr war tief gerührt, als er ihre Leiden und Leistungen sah; sie schien indessen in keiner Weise entmutigt, eilte vielmehr, nachdem sie ihr Junges in Sicherheit gebracht, in die Berge zurück und trug den ganzen Wurf, eines nach dem andern, herbei; das letzte war jedoch inzwischen gestorben."

In noch einer andern Hinsicht, die ihrer Bedeutung nach noch über das Schwinden durch Nichtgebrauch oder den Erwerb durch Erziehung und Züchtung hinausgeht, gleichen die künstlichen Instinkte den natürlichen. Zum Beweise dessen genügt es, folgende Stelle aus Darwins Manuskripten anzuführen, die übrigens schon in seinen bereits veröffentlichten Werken**) zum Teil Erwähnung

---

*) *Shepherd Calendar.*

**) „Das Variieren der Tiere und Pflanzen im Zustande der Domestikation", Seite 43.

gefunden hat: „Es ist bekannt, dass wenn zwei verschiedene Arten
gekreuzt werden, die Instinkte merkwürdig gemischt ausfallen und
in den folgenden Generationen, ganz wie die körperlichen Organe,
variieren. Jenner*) hatte einen Hund, der zum Grossvater einen
Schakal, also Viertelsblut von einem solchen in sich hatte. Er war
sehr schreckhaft, hörte nicht auf den Pfiff und pflegte in die Felder
zu schleichen, wo er in eigentümlicher Weise Mäuse fing. Ich
könnte überhaupt zahlreiche Beispiele von Kreuzungen zwischen
Hunderassen mit beiderseitigen künstlichen Instinkten beibringen,
bei denen dieselben in sehr merkwürdiger Weise gemischt wurden,
wie z. B. zwischen dem schottischen und dem englischen Schäferhund, dem Vorsteh- und dem Hühnerhund; die Wirkung solcher
Kreuzung ist übrigens manchmal sehr viele Generationen hindurch
zu verfolgen, wie z. B. der Mut der berühmten Windhunde Lord
Orfords nach einer einzigen Kreuzung mit einem Bulldog**). Anderseits wird die Dazwischenkunft eines Windhundes einer Schäferhund-
familie die Neigung verleihen, Hasen zu jagen, wie mich ein intelligenter Schäfer selbst versicherte.“

Hiermit ist unsre Beweisführung *a posteriori* für den siebenten Punkt
beendet und es haben zugleich auch unsre Betrachtungen über den Ursprung und die Entwicklung der Instinkte einen Abschluss gefunden.
Denn wir haben gesehen, dass Instinkte entstehen können, entweder
unter dem alleinigen Einfluss der natürlichen Züchtung oder unter
dem Zurücktreten der Intelligenz oder unter dem Zusammenwirken
beider Einflüsse. Mit dem Nachweis, dass die auf dem Wege der
Intelligenz erworbnen Gewohnheiten, gleich den ohne Intelligenz
erlangten, vererbt werden können, haben wir auch bewiesen, wie
im analogen Falle der primären Instinkte, dass diese Gewohnheiten
im Laufe der Generationen abändern können, dass ihre Abänderungen vererbt und die günstigen unter ihnen befestigt und durch
natürliche und künstliche Züchtung verstärkt werden. Denn nur
durch Annahme dieser Sätze vermögen wir uns viele der angeführten Thatsachen zu erklären. Offenbar hätte der Mensch nie-

---

*) Hunter, „*Animal Economy*“, p. 325.
**) Youatt, „*on the Dog*“, p. 31.

mals die künstlichen Instinkte des Hundes hervorbringen können, wenn er nicht praktisch die Thatsachen der Abänderung und Vererbung erkannt hätte, eine Erkenntnis, die sich in der ungeheuren Differenz zwischen dem Marktpreis eines Vorsteh- oder Hühnerhundes von berühmter Abstammung und dem eines solchen von unbekannter Herkunft auf das deutlichste ausspricht. Thompson sagt deshalb sehr richtig: „Das Geschäft der Erziehung würde mit jeder neuen Generation wieder von vorne beginnen müssen, wenn die körperlichen oder geistigen Abänderungen, welche die Tiere in dem fortgesetzten Prozess der Domestikation erfuhren, nicht mit der Fortpflanzung in sie eingegraben würden. Diese erworbenen Charaktere gewinnen in jeder neuen Generation neue Kraft, bis sie zuletzt dem Tiere einen bleibenden Stempel aufdrücken." Wenn aber die künstliche Züchtung bei der Ausbildung der domestizierten Instinkte von so hoher Wichtigkeit ist, um wie viel muss die natürliche Züchtung von Wert für die Bildung der natürlichen Instinkte sein!

Sechzehntes Kapitel.

## Lokale und spezifische Abänderungen des Instinkts.

Ich habe im Bisherigen nachgewiesen, dass Instinkte durch den Einfluss der natürlichen Züchtung oder der zurücktretenden Intelligenz oder durch die vereinten Einflüsse beider Prinzipien entstehen können, und dass selbst völlig ausgebildete Instinkte leicht abändern, wenn veränderte Lebensumstände dies verlangen. Das auffallendste Beispiel für diese Abänderungsfähigkeit völlig ausgebildeter Instinkte liefert vielleicht der am Schluss des vorigen Kapitels erwähnte Fall, der den Einfluss der Domestikation auf die Verkümmerung des stärksten aller natürlichen Instinkte sichtbar werden lässt, an Stelle dessen der seltsamste unter den künstlichen Instinkten zur Geltung gelangt. Insofern wir aber früher gesehen haben, dass jeder beträchtliche Wechsel in den Lebensumständen, denen ein Instinkt entspricht, im stande ist den Mechanismus dieses Instinktes ausser Gang zu bringen, so lässt der Nachweis der Abänderungsfähigkeit desselben, der sich auf die Wirkungen der Domestikation stützt, den Einwurf zu, dass die entstandenen Abänderungen unnatürlich, bezw. die Folge einer Beeinträchtigung der normalen Instinktapparate seien. Ich halte diesen Einwurf jedoch nicht für stichhaltig, da wir wissen, dass die Domestikation nicht nur die negative Wirkung der Beeinträchtigung oder Beseitigung natürlicher Instinkte hat, sondern auch positiv neue, künstliche Instinkte hervorruft. Immerhin erscheint es wünschenswert, den aus der Domestikation gezogenen Nachweis durch weitere Belege aus dem Gebiete der Natur zu unterstützen, da in diesem Falle jeder derartige Einwurf entfallen würde.

Ich beabsichtige daher in diesem Kapitel alle Thatsachen zu sammeln, die darauf hinausgehen, dass bei Tieren im Naturzustande die Instinkte Abänderungen erleiden, ganz ähnlich denjenigen, die bei Tieren im Zustande der Domestikation vorkommen. Meine Beweisführung ist aber eine doppelte und erstreckt sich a) auf das Vorkommen lokaler Abweichungen und b) auf das Vorkommen spezifischer Instinktvarietäten bei wilden Tieren.

A. Lokale Abänderungen des Instinkts.

In dieser ersten der beiden Abteilungen werde ich zu zeigen suchen, dass die Abänderungsfähigkeit des Instinkts einen scharfen und bedeutungsvollen Ausdruck in solchen Fällen findet, wo wilde Tiere derselben Art, welche in verschiedenen Gegenden der Erde leben (und deshalb verschiedenen Umgebungen ausgesetzt sind) scharf begrenzte und konstante Unterschiede in ihren instinktiven Anlagen darbieten. Eine Klasse solcher Fälle habe ich schon bezeichnet und zwar durch Hindeutung auf die instinktive Furcht vor dem Menschen bei solchen Tieren im Naturzustande, welche vom Menschen besuchte Orte bewohnen; da ich aber den Gegenstand für sehr wichtig halte, insofern eine bestimmte lokale Abweichung dahin zielt, zu einem neuen Instinkte zu werden, so will ich noch die schlagendsten der mir in dieser Richtung bekannt gewordnen Fälle anführen. Um mit den Insekten zu beginnen, so behaupten Kirby und Spence, auf die Autorität von Sturm hin, dass der Mistkäfer, welcher kleine Kügelchen von Dünger zusammenzurollen pflegt, sich der Mühe dieser Arbeit überhebt, wenn er zufällig auf Schafweiden lebt; „er benutzt dann den ihm fertig gelieferten kugelförmigen Schafkot". Wir haben hier eine intelligente Anpassung an eigentümliche Bedingungen, und somit könnte dieser Fall als ein Beispiel von Biegsamkeit des Instinkts aufgefasst werden; da aber Schafweiden bestimmte lokale Gebiete sind, so habe ich ihn als einen Fall von lokaler Instinktabänderung angeführt, deren bestimmende Ursache zweifellos sehr häufig in einer intelligenten Anpassung an besondere lokale Bedingungen besteht. Ich habe dieses Beispiel gerade deshalb an die Spitze gestellt, weil es ebenso gut für dieses, wie für das vorhergehende Kapitel zu verwerten ist.

Ferner schreibt Lonbiere in seiner Geschichte von Siam, „dass in einem Teile dieses Königreichs, welcher grossen Überschwemmungen ausgesetzt ist, sämtliche Ameisen ihre Ansiedlungen auf Bäumen haben und nirgend anderswo dergleichen Nester zu finden sind." Einen ganz ähnlichen Fall berichtet Forel bezüglich einer europäischen Ameisenart, *Lasius acerborum,* die in Ebenen niemals unter Steinen baut, während sie es in den Alpen ebenso gut thut, wie *Myrmica.*

Hinsichtlich der Bienen scheinen die nach Australien und Kalifornien eingeführten Korbbienen ihre fleissigen Gewohnheiten nur die ersten zwei oder drei Jahre hindurch beizubehalten, dann hören sie allmählich auf, Honig zu sammeln, bis sie ganz träge werden. Ferner veröffentlicht Packard*) einige Beobachtungen des als guter Beobachter bekannten Rev. L. Thompson, wonach Bienen *(apis mellifica)* Motten frassen, die sich in gewissen Blumen gefangen hatten. Als diese Thatsache Darwin mitgeteilt wurde, schrieb er, dass er „niemals von irgendwie fleischfressenden Bienen gehört habe und die Thatsache unglaublich finde. Ist es möglich, dass die Bienen den Körper einer *Plusia* öffnen, um den darin enthaltenen Nektar zu saugen? Ein solcher Grad von Verstand würde der Bestätigung bedürfen und wäre sehr wunderbar." Was aber auch das Objekt der Bienen gewesen sein mag, ihre Bewegungen, die als „plötzlich zufahrend und wütend" beschrieben werden, zeigen ohne Zweifel eine bestimmte Abänderung des Instinkts unter Leitung der Intelligenz. Die von Thompson und Packard gelieferten Erklärungen, dass die Bienen zum Teil fleischfressend seien, erscheinen somit vielleicht nicht so unglaublich, als es Darwin vorkam, namentlich wenn wir uns erinnern, dass auch Wespen zweifellos manchmal fleischfressende Neigungen entwickeln.**)

Mit Bezug auf die lokalen Instinktänderungen bei Vögeln ver-

---

*) *American Naturalist,* Jan. 1880.
**) Vergl. *Nature* XXI, p. 417, 494, 538 u. 563.

weise ich in erster Linie auf die folgenden Beispiele aus dem Anhang, welche, wenn auch von Darwin nicht in dieser Verbindung
angeführt, dennoch hierher gehören dürften:

Es ist bekannt, dass Vögel derselben Art in verschiedenen
Gegenden geringe Unterschiede in ihrer Lautäusserung zeigen; so
bemerkt ein vorzüglicher Beobachter: „Eine Kette Rebhühner in
Irland fliegt auf, ohne einen Laut von sich zu geben, während auf
der gegenüberliegenden Küste von Schottland die Kette mit aller
Macht schreit, wenn sie aufgejagt wird."*) Bechstein sagt, er
halte sich nach jahrelanger Erfahrung überzeugt, dass bei der
Nachtigall die Neigung, mitten in der Nacht oder am Tage zu
singen, nach Familien verschieden und streng erblich sei."**)

Prof. Newton teilt mir mit, dass der Strandpfeifer auf den
ausgedehnten Sanddünen von Norfolk und Suffolk einen sehr merkwürdigen und lehrreichen Fall darbiete. Diese Vögel nisten an
der Seeküste, indem sie ihre Eier in eine Höhlung legen, die sie
sich im Meerkies ausscharren. Die See trat aber mit der Zeit
mehrere Meilen von den erwähnten Sanddünen zurück, welche
letztere sich nun mit Gras überzogen. Wahrscheinlich brüteten nun
zahllose Generationen in einer Lage, die einst Seeküste bildete,
deren Entfernung von der See aber mehr und mehr zunahm.***)
Die Vögel leben nun auf weiten Grasflächen, statt auf Kies, ihr
Instinkt, die Eier zwischen Steine zu legen, ist aber geblieben, so
dass sie, nach Ausscharrung einer Höhlung, von allen Seiten kleine
Steinchen zusammensuchen und in der Höhlung niederlegen. Hierdurch werden ihre Nester sehr sichtbar und die Thatsache zeigt
in auffallender Weise, wie ein vererbter Instinkt, der unter veränderten Bedingungen in der Hauptsache bestehen bleibt, nichts
destoweniger mit Bezug auf jene veränderten Bedingungen so abweichen kann, dass er den Beginn eines neuen Instinkts darstellt.

---

*) Thompson, *nat. hist. of Ireland*, II, 65-
**) Vergl. Bechstein, Stubenvögel, 1840, S. 323.
***) Die Richtigkeit dieser Erklärung ist nicht nur *a priori* wahrscheinlich,
sondern erhält noch eine Bestätigung durch die Thatsache, dass die nämlichen
Sanddünen auch der Wohnsitz einer Insektenart aus der Klasse der Lepidop-
teren sind, die sonst nur an der Küste gefunden wird.

Wegen weiterer Beispiele lokaler Verschiedenheiten im Nestbau verweise ich auf die oben erwähnten Fälle der Biegsamkeit des Instinkts unter dem formenden Einflusse der Intelligenz. Ferner mache ich auf die Thatsache aufmerksam, dass auf dem amerikanischen Kontinent verschiedene Vogelarten, namentlich eine Eulenart, ein Blauvogel, ein Fliegenschnäpper, mehrere Zaunkönigarten und fast alle Schwalben, den Bau ihrer Nester den künstlichen Nistplätzen anpassten, die ihnen der Mensch verschaffte. Mit Bezug auf die lokalen Abänderungen des Instinkts berufe ich mich aber vor allem wieder auf das schon früher erwähnte Werk von Kapitän Coues, aus welchem hervorgeht, dass auch in verschiedenen Gegenden des amerikanischen Festlandes dieselben Vögel eine verschiedne Art des Nesterbaus befolgen. Der genannte Verfasser schreibt: „Es unterliegt gar keinem Zweifel, dass dieselben Schwalben, welche im Osten sich unabänderlich der vom Menschen gebotnen Erleichterungen bedienen, im Westen noch in den Höhlungen von Bäumen, Felsen oder auch des Bodens nisten"; hierzu liefert er mehrere spezielle Beispiele.*) Die Thatsache, dass der gemeine Sperling einen ähnlichen lokalen Instinktwechsel zeigt, wo er mit den Wohnungen der Menschen in Berührung kommt, ist bereits erwähnt worden.**)

Auch bei den Säugetieren begegnen wir einer Anzahl interessanter Fälle von lokaler Abweichung des Instinkts. So z. B. hat man am Rindvieh gewisser Gegenden die Beobachtung gemacht, dass es an Knochen saugt. Erzbischof Whately berichtete über diesen Gegenstand schon vor Jahren an die Dubliner Gesellschaft für Naturwissenschaften. Neuerdings beobachtete Donovan dieselbe Thatsache beim Rindvieh in Natal; ebenso Le Conte in den Ver-

---

*) A. a. O. p. 394. Diese Thatsache ist geeignet, die Behauptung Edwards' (*Zool.* p. 6842) zu bestätigen, dass an der Küste von Banffshire die Hausschwalbe einen lokalen Instinkt dafür zeigt, in Kellern und an überhängenden Felsen zu bauen.

**) Wenn Sperlinge auf Bäumen nisten — was sie gelegentlich thun und was als ein Rückfall in primitive Instinkte angesehen werden muss — ist die Anlage des Nestes sehr gross, manchmal über ein Meter im Umfang und mit einer Kuppel bedeckt (Yarrel's *brit. Birds,* 4. Ed. P. X, p. 90).

einigten Staaten.*) Wahrscheinlich wurde diese Gewohnheit dadurch herbeigeführt, dass dem Grase irgend ein erforderlicher Nahrungsbestandteil fehlte, welcher durch die Knochen geliefert wurde. Wenn sich nun diese Gewohnheit zufällig dem Vieh vorteilhaft (statt schädlich, wie Whately behauptet) erwiese, so wäre es wohl denkbar, dass Vieh im Naturzustand sich von der ausschliesslichen Pflanzennahrung abwenden und omnivor, endlich sogar ausschliesslich karnivor werden könnte. Sehr wahrscheinlich sind die Vorfahren des Schweins durch die ersten dieser Stufen hindurchgegangen; dagegen scheint der Bär denselben Prozess von der andern Seite her durchzumachen, da seine nächsten Anverwandten zu den Fleischfressern gehören, er selbst aber häufig die Gewohnheit annimmt, Kräuter und Gräser zu fressen.

Ein andrer interessanter Fall vom Übergang pflanzenfressender zu fleischfressender Lebensweise wurde von W. K. G. Gentry an der naturwissenschaftlichen Akademie von Philadephia am 18. Februar 1873 veröffentlicht. Ein unter dem Namen *Chickaree* (*Sciurus hudsonius*) bekanntes Eichhörnchen, das gleich den meisten seiner Art von Natur zu den Pflanzenfressern gehört, nahm in der Gegend von Mount Airy eine den Musteliden eigne Lebensweise an, indem es auf Bäume kletterte und den Vögeln nachstellte, um deren Blut zu saugen. Gentry vermutet, dass dieser Übergang von herbivoren zu carnivoren Gewohnheiten auf die Neigung mancher Eichhörnchen zurückzuführen sei, Vogeleier zu verzehren; von da bis zum Trinken von Vogelblut ist nur noch ein kleiner Schritt. Schliesslich kann ich noch einen analogen Fall von lokaler Instinktänderung bei einer Vogelart anführen.

J. H. Potts schreibt aus Ohinitahi an die *Nature* (1. Februar 1872), dass der Bergpapagei (*Nestor notabilis*) eine „fortschreitende Veränderung in seinen Gewohnheiten von den arglosen Neigungen eines Honigessers zur Wildheit eines Fleischfressers" bemerken lasse. „Diese Vögel kommen scharenweise herbei, suchen sich aufs Geratewohl ein Schaf aus, und indem sie sich abwechselnd auf seinen Rücken niederlassen, reissen sie die Wolle aus, bis das Tier blutet.

---

*) *Nature* XX, p. 457.

und davonläuft. Die Vögel verfolgen es sodann und zwingen es herum zu laufen bis es ganz betäubt und erschöpft niedersinkt. Es sucht nun womöglich auf den Rücken zu liegen, um die verwundeten Stellen vor den Vögeln zu schützen; diese picken dann aber eine frische Wunde in die Seite, sodass das so zugerichtete Schaf nicht selten zu Grunde geht. Hier haben wir also eine einheimische Art vor uns, die sich ein neu eingeführtes Subsistenzmittel unter starker Veränderung ihrer ursprünglichen Lebensweise zu Nutze gemacht hat." Seit der Veröffentlichung dieses Berichts hat sich dieser Wechsel in den Gewohnheiten der Tiere noch weiter ausgebildet und ist zu einer ernsten Plage für die dortigen Schafzüchter geworden. Die Vögel scheinen jetzt die fetten Teile ihrer Opfer vorzuziehen und lernten durch die Bauchhöhle gerade auf das Nierenfett loszugehen, wobei sie natürlich die Schafe töten.

Noch einen Fall von lokaler Instinktänderung weist Adamson nach, dass nämlich auf der Insel Sor die Kaninchen keine Höhlen graben. Obwohl diese Behauptung s. Z. von Dr. E. Darwin aufgenommen wurde, hat sie doch seither weder eine Bestätigung, noch eine Widerlegung erfahren. Mit Hinsicht auf die Abweichungen beim Instinkte des Höhlenbaues führe ich mit mehr Vertrauen einen von Darwin, auf die Autorität von Dr. Andr. Smith hin, im Anhange mitgeteilten Fall an, „dass in unbewohnten Gegenden Südafrikas die Hyänen nicht in Höhlen leben, während sie dies doch in bewohnten und unruhigen Ländern thun. Einige Säugetiere und Vögel beziehen häufig von andern Arten hergerichtete Höhlen; wenn solche aber nicht vorhanden sind, höhlen sie sich selbst ihre Wohnungen aus."

Schon an andrer Stelle erwähnte ich eines Berichts von Dr. Newbury über die Fauna von Oregon und Kalifornien, wonach die Biber in diesen Staaten die Eigentümlichkeit zeigen, keine Dämme zu bauen. In Anbetracht jedoch, dass die Herstellung solcher Bauten einen der stärksten Instinkte dieser Tiere bildet, erachte ich die Enthaltung davon für eine der bemerkenswertesten Erscheinungen von lokaler Instinktabänderung. Prof. Moseley, der

---

*) *Animal Intelligence.*

Oregon bereiste, schreibt mir jedoch, dass die Abwesenheit von Biberdämmen in jener Gegend seiner Meinung nach nur der dort üblichen harten Verfolgung jener Tiere zuzuschreiben sei: „Die wenigen noch vorhandenen Biber sind einer beständigen Störung ausgesetzt, sodass sie nicht im stande sind oder es nicht der Mühe wert halten, Dämme zu bauen. Sie führen vielmehr ein mehr oder weniger herumstreifendes Leben an den Ufern der Flüsse." Prof. Moseley spricht also hier von den „wenigen Bibern, die noch vorhanden" seien, wogegen Dr. Newbury über dieselbe Gegend schreibt: „Wir fanden die Biber in einer Anzahl, von der ich mir früher keine Vorstellung gemacht hatte." Ich schliesse daraus, dass seit der Veröffentlichung von Dr. Newburys Bericht die Zahl der Biber durch Wegfangen eine starke Abnahme erfahren hat. Wenn dies aber der Fall ist, so kann Prof. Moseleys Erklärung zur Zeit der Veröffentlichung des Berichtes nicht zutreffend gewesen sein. Ich bin daher immer noch der Meinung, dass wir es hier mit einem Falle von lokalem Instinktwechsel zu thun haben, da die Änderung in den Gewohnheiten bemerkt wurde, noch ehe die von Prof. Moseley erwähnten störenden Elemente zur Geltung kamen. Sei dem jedoch, wie ihm wolle, gewiss ist, dass die einzelnen Biber Europas eine auffallende lokale Instinktveränderung zeigen, und zwar nicht nur in dem Verluste ihrer sozialen Gewohnheiten, sondern auch darin, dass sie aufhörten, Wohnungen oder Dämme zu bauen.

Das letzte Beispiel lokaler Instinktänderung, auf das ich Bezug nehme, ist schon mehrmals erwähnt worden; ich meine das Bellen der Hunde.*) Diese Gewohnheit, vielleicht ein Resultat der Domestikation, ist den meisten Rassen angeboren und so allgemein, dass es als ein richtiger Instinkt bezeichnet werden kann. Bei Ulloa findet sich jedoch die Notiz, dass in Juan Fernandez die Hunde niemals zu bellen versuchten, bis es ihnen durch einige aus Europa eingeführte Hunde gelehrt wurde, wobei ihre

---

*) Ähnlich scheint es sich mit dem Miauen der Katzen zu verhalten; denn nach Roulin (*Comptes Rend.* XXI, p. 311) lassen die Hauskatzen in Südamerika diese Laute nicht hören.

ersten Versuche jedoch sehr seltsam und unnatürlich gelautet haben
sollen. Linné erzählt, dass die Hunde von Südamerika Fremde
nicht anbellten, und Hancock schreibt, dass nach Guinea eingeführte europäische Hunde „nach drei oder vier Generationen aufhören zu bellen und dann nur noch ein Geheul gleich dem des
eingebornen Hundes jener Küste hören lassen". Endlich ist es bekannt, dass auch die Hunde von Labrador nicht bellen. Aus
alledem geht hervor, dass die Gewohnheit des Bellens, welche bei
domestizierten Hunden so allgemein ist, und deshalb instinktiv zu
sein scheint, trotzdem mit der geographischen Lage sich ändert.

## B. Spezifische Abänderungen des Instinkts.

Den bisher erwähnten Beispielen von lokalen Instinktabänderungen werde ich nun einige Fälle spezifischer Instinktvarietäten
folgen lassen, worunter ich solche verstehe, die bei einer bestimmten Art ganz andersartig auftreten, wie bei dem übrigen
Teil der zugehörigen Gattung. Nach dem, was wir bisher über
die lokalen Abänderungen des Instinkts gesagt haben, wird die Be-
weiskraft der nachstehenden Thatsachen einleuchten. Denn wir
dürfen erwarten, dass, wenn die Bedingungen, welche zu einer
lokalen Instinktabänderung führen, eine genügende Zeit hindurch
konstant bleiben, die Abänderung durch Vererbung befestigt und
auf diese Weise Veranlassung zu einem Instinktwechsel in der betreffenden Art wird; der Wechsel tritt dann in dem Gegensatz
zwischen den Instinkten jener Art und denjenigen der übrigen Gattungsverwandten zu Tage. Diese Betrachtung gewinnt noch ganz
besonders an Wert, wenn wir uns erinnern, dass wir nur auf diesem Wege eine Ahnung von dem gewinnen können, was man die
Paläontologie der Instinkte nennen könnte. Instinkte sind nicht,
gleich den körperlichen Teilen des Organismus, in fossilem Zustande aufzufinden; deshalb hinterlassen sie auch im Laufe ihrer
Modifikation kein bleibendes Zeichen, keinen greifbaren Nachweis
der geschehenen Umänderung. Indessen bietet sich ein nahezu
ebenso sicherer Beweis für die letztere in den Fällen, in die ich
jetzt eingehen werde; denn wenn eine lebende Art, die ein ge-

wisses begrenztes Gebiet bewohnt, eine scharf markierte Abweichung von denjenigen Instinkten an den Tag legt, die anderswo zu den Charakteren ihrer Gattung gehören, so ist es kaum noch fraglich, dass ihre Instinkte ursprünglich die nämlichen waren, wie bei den übrigen Mitgliedern der Gattung; dass aber, dank der eigentümlichen örtlichen Bedingen, lokale Instinktabänderungen auftraten und bestehen blieben, bis sie erblich wurden und so zu einer Abweichung der Instinkte dieser Art von denen ihrer Gattungsverwandten führten.*)

Der Kürze wegen werde ich meine Beweise auf die Beispiele von Vögeln beschränken. Die folgenden Thatsachen bezüglich eines stark ausgeprägten Instinkts für Schmarotzertum bei den einzigen zwei Gattungen von Vögeln, wo er bekannt geworden ist, verdanke ich einer Notiz in „*Land and Water*" (7. September 1867). Wir erfahren daraus sehr bemerkenswerte und interessante gegenseitige Beziehungen in betreff der An- oder Abwesenheit dieses Instinkts bei den zu jenen beiden Gattungen gehörenden Arten:

„Die einzige Gattung nicht kuckuckartiger Vögel, die ihre Eier fremder Pflege anvertraut, ist, soweit bis jetzt bekannt, der Kuhvogel (*Molothrus*), und die schmarotzende Gewohnheit des *M. pecoris* von Nordamerika ist von den Ornithologen schon sattsam beschrieben worden. Es giebt indessen noch mehrere andre Arten dieser Gattung, die, wie Darwin beobachtete, dieselbe Gewohnheit besitzen. Die *Molothri* gehören zu den grossen amerikanischen Familien der Cas-

---

*) Nach oben Gesagtem könnte man vielleicht vermuten, dass ich nicht mit Darwins Ansichten (im Anhang) übereinstimmte, in dem Sinne, dass Fälle von spezifischer Instinktabänderung ebenso viele Schwierigkeiten für seine Theorie von der gradweisen Entwicklung der Instinkte bildeten. Aber im Gegenteil, ich betrachte dergleichen Fälle vielmehr als Stützpunkte für seine Theorie. Die Quelle dieser Meinungsverschiedenheit ist die, dass während Darwin vor allem besorgt ist, Nachweise von verbindenden Gliedern in der Ausbildung eines Instinkts zu finden, ich dagegen glaube, dass die Erwartung, in jedem Instinkt dergl. Nachweise zu finden, sehr unbillig, wenn nicht unvereinbar mit der Theorie sein würde, dass unzählige Instinkte ihre gegenwärtige Existenz der Zerstörung (durch die natürliche Auslese) von Tieren verdanken, welche diese Instinkte in einem geringeren Grade der Vollkommenheit besassen. Ich werde übrigens in einem künftigen Kapitel darauf zurückkommen.

siciden, die den Sturniden (Starartigen) der alten Welt entsprechen. Es ist auffallend, dass keine der verschiedenen amerikanischen Kukkucksarten parasitische Lebensweise zeigt, während dies doch bei verschiedenen Arten dieser Familie auf den andern grossen Kontinenten nebst den Inseln, sowie auch in Australien der Fall ist. Hierzu gehören in erster Linie zahlreiche Arten des echten *Cuculus* mit ihren unmittelbaren Unterarten, die hauptsächlich das südliche Asien, Afrika und Australien bewohnen. Sodann die geschopften Kuckucke (*Coccystes*), worunter der *C. glandarius*, der in Spanien ziemlich häufig ist und dann und wann auch nach England sich verirrt. Dieser Vogel legt seine Eier in die Nester von Elstern und Krähen. Eine verwandte Art in Indien (*C. melanoleucus*) sucht sich zu diesem Zwecke die Nester einer besonders geräuschvollen und zutraulichen Vogelgruppe heraus, nämlich die des sogenannten Dreckvogels (*Malacocercus*); da dieser letztere ein rein blaues Ei, ähnlich dem europäischen Graukehlchen (*Accentor modularis*) legt, so ist auch das Ei des Kuckucks, der ihre Nester aufsucht, von einer ähnlichen fleckenlosen, grünlich-blauen Farbe. Ein andrer, in Indien sehr gemeiner Vogel derselben Familie ist der Koël-Koël (*Eudynamis orientalis*), von dem das Männchen kohlschwarz, mit rubinrotem Auge, das Weibchen schön gefleckt erscheint. Derselbe legt sein Ei nur in Krähennester; auch ist dasselbe nicht unähnlich dem Krähen-Ei nach Farbe und Abzeichen. Einige Arten desselben Vogels bewohnen die asiatischen Inseln und noch eine andre Australien. Da der *Eudynamis* kein Wandervogel ist, so geht daraus hervor, dass die schmarotzende Lebensweise vom Wandertriebe unabhängig ist. Der merkwürdige australische Riesenkuckuck, *Scythrops Novae Hollandiae*, ist als parasitisch bekannt, da man schon wiederholt beobachtete, wie seine Jungen von Vögeln andrer Arten gefüttert wurden. Es kann deshalb nur als ein *lapsus calami* betrachtet werden, wenn Gould in seinem Werk über die australischen Vögel ein „brütendes Weibchen" dieser Familie beschreibt. Der verwandte *Centropus*, ein sehr verbreiteter und ansehnlicher Vogel in Südasien, Afrika und Australien, ist nicht parasitisch; ebensowenig die ausgedehnte Reihe der Honigkuckucke (*Phoenicophaus*) und verwandte Arten in denselben geographischen Gebieten. Von den amerikanischen Cuculiden ist der *Coccyxus* dem geschopften Kuckuck des grossen Kontinents (*Coccystes*) verwandt; derselbe legt, wie die parasitischen Cuculiden, die Eier in grossen Zwischenräumen, so dass Eier und Junge vom verschiedensten Alter in einem Neste zusammen gefunden werden, während die herangewachseneren Jungen, die das Nest bereits verlassen haben, aber noch in der Nähe desselben verbleiben, ebenfalls noch das Futter von den Alten erhalten. Ähnliches kann man auch bei Eulen (*Strix*) beobachten. Die Madenfresser (*Crotophaga ani*), die vieles mit dem asiatischen *Centropus* gemein haben, während ihre Lebensweise in andrer Beziehung auch wieder sehr eigentümlich für Vögel dieser Familie ist, bauen in der Regel gemeinsam ein ungeheures Nest von Flechtwerk auf einem hohen Baume, wo eine grosse Anzahl von Alten eine gemeinschaftliche Familie aufbringen und erziehen. Richard Hill, dessen ornithologische Arbeiten über die Vögel von Jamaika unbegrenztes Vertrauen verdienen, schreibt darüber: „Etwa ein halbes Dutzend von ihnen bauen zusammen ein Nest, welches hinreichend gross und umfangreich ist, um sie aufzunehmen und ihnen zu gestatten, ihre Jungen gemeinschaftlich auszubrüten." Alle diese verschiedenen Thatsachen müssen notwendig ins Auge gefasst werden, wenn man eine Theorie über die parasitischen Gewohnheiten des Kuckucks, wie des Kuhvogels aufstellen wollte, welche mit den parasitischen Gattungen der Cuculiden keinen andern Zug gemein haben.

Die Hochlands-Gans von Südamerika liefert ein bewundernswertes Beispiel von einer befestigten spezifischen Instinktabänderung. Diese Vögel sind richtige Gänse mit ausgebildeten Schwimmfüssen; dennoch gehen sie niemals ins Wasser, ausgenommen vielleicht für eine kurze Zeit nach der Ausbrütung ihrer Eier, zum Schutze ihrer Jungen. Übereinstimmend damit sagen Darwins Manuskripte von den Hochland-Gänsen Australiens, die ebenfalls gut entwickelte Schwimmfüsse besitzen, aus, dass „sie langbeinig, gleich Hühnervögeln laufen und selten oder niemals ins Wasser gehen; M. Gould sagt mir, dass er sie für vollkommene Landvögel halte, und ich höre, dass diese Vögel, ähnlich der Gans der Sandwichs-Inseln, in den Teichen der zoologischen Gärten sich höchst ungeschickt benehmen." Die Manuskripte weisen ferner darauf hin, dass „auch der langbeinige

Flamingo Schwimmfüsse besitzt, sich jedoch in Sümpfen aufhält und nur selten watet, ausgenommen in seichtem Gewässer. Der Fregattenvogel mit seinen aussergewöhnlich kurzen Beinen lässt sich niemals auf das Wasser nieder, weiss aber seine Beute mit wunderbarer Geschicklichkeit von der Oberfläche desselben aufzugreifen; jedoch sind seine vier Zehen alle durch Schwimmhäute miteinander verbunden, wenn dieselben auch zwischen den Zehen beträchtlich ausgebaucht sind und daher zur Verkümmerung neigen. Anderseits kann es wohl keinen ausgeprägteren Wasservogel geben, als den sogenannten Silbertaucher, trotzdem sind seine Zehen nur mit einer breiten Membran eingefasst. Das Wasserhuhn kann man stets mit vollkommner Leichtigkeit schwimmen und tauchen sehen, obwohl nur ein schmaler häutiger Saum an seinen langen Zehen sitzt. Andre nahe verwandten Arten der Gattungen *Crex*, *Passa* u. s. w. schwimmen ausgezeichnet und weisen doch kaum Spuren einer Schwimmhaut auf; zudem scheinen ihre ausserordentlich langen Zehen überaus geeignet, über den weichsten Morast und schwimmende Pflanzen hinweg zu schreiten; zu einer dieser Gattungen gehört indessen auch die gemeine Ralle, sie besitzt denselben Bau der Füsse, hält sich aber auf Wiesen auf und ist kaum mit grösserem Recht ein Wasservogel zu nennen, als die Wachtel oder das Rebhuhn."

Die Manuskripte gehen noch in ein grösseres Detail der hierher gehörigen Fälle ein, wie z. B. in betreff der Grünspechte, Erdsittiche und Baumfrösche, die ihr früheres Baumleben aufgegeben haben; in allen diesen Fällen bleibt aber der spezifische organische Bau der vormaligen Lebensweise angepasst. Auch der schwalbenschwänzige Milan wird erwähnt, der gleich einer Schwalbe in der Luft nach Fliegen jagt, ferner ein Sturmvogel, „jene ausgesprochnen Luftvögel", mit den Gewohnheiten der Alken; die zu den Drosseln gehörende Wasseramsel, die bis auf den Grund der Flüsse geht, indem sie ihre Flügel zum Tauchen benutzt und sich unter Wasser mit den Füssen an Steinen festhält: und doch „vermöchte der scharfsinnigste Forscher, selbst nach der sorgfältigsten Prüfung ihres organischen Baues, nicht auf diese Lebensweise zu schliessen."

Alle diese Fälle werden von Darwin nicht etwa mit Bezug

auf den Instinkt angeführt, sondern als Stützen seiner Behauptung, dass die Anpassungen des organischen Baues durch natürliche Züchtung sich entwickeln, nicht aber von vornherein speziell zu einem bestimmten Zwecke geschaffen werden. Dagegen nahm ich hier deshalb darauf Bezug, weil, wenn wir von der natürlichen Entwicklung des organischen Baues bereits überzeugt sind, solche Fälle uns den bestmöglichen Nachweis von der Abänderung des Instinkts liefern. Als Anhänger der Entwicklungslehre können wir kein bündigeres Zeugnis früherer, nun obsolet gewordner Instinkte bei einer Art verlangen, als die Anwesenheit eigentümlicher, obwohl nutzloser Organe, die bei verwandten Arten neben besonderen Instinkten vorhanden sind. Denn wir müssen, wie gesagt, stets berücksichtigen, dass Instinkte niemals gleich Körperteilen fossil zu finden sind, und dass wir deshalb niemals einen direkten historischen Nachweis der vollzognen Umwandlungen erlangen können. Der beste Ersatz für diesen Nachweis ist nun, wie ich glaube, das Zeugnis eines dauernden organischen Baues, welcher auf obsolete Instinkte hinweist. Ein der Art nach ähnlicher Beweis, wenn er auch dem Grade nach nicht so stark ist, wird durch diejenigen .Fälle geliefert, bei denen aus einer Gattung nur eine bestimmte Art, oder aus einer Familie nur eine Gattung einen eigentümlichen Instinkt besitzt, der bei den andern verwandten Arten oder Gattungen nicht anzutreffen ist. Wenn wir die Lehre von der Umwandlung der Arten annehmen, so zeigen uns jene Fälle, dass der betreffende eigentümliche Instinkt der fraglichen Art oder Gattung entstanden sein muss, nachdem diese Art bezw. Gattung sich von dem früheren allgemeinen Typus abgezweigt hatte. Solche Fälle von spezifischem Instinkt sind aber durchaus nicht selten; es gehört hierher z. B. der kalifornische Specht (*Melanerpes formicivorus*), welcher den auffallenden Instinkt besitzt, sich einen Vorrat von Eicheln in den Rindenspalten der gelben Kiefer (*Pinus ponderosa*) als Futter für kommende Zeiten anzulegen, während keine andre Art diese Neigung zeigt.*) Derartige Instinkte

---

*) Nach C. J. Jackson (*Proc. Boston Nat. Hist. Soc.* X, 227) sind jene gesammelten Eicheln alle mit Maden infiziert, die den Jungen im künftigen Frühling zur Nahrung dienen; auch sollen die Eicheln fest in Höhlungen eingepresst werden, die ausdrücklich zu diesem Zwecke angefertigt sind und

einer besondern Art oder Gattung sind in der That so häufig, dass es nutzlos wäre, sie aufzuzählen, da die bereits angeführten Fälle um so beweisender sind, als die ausser Gebrauch gesetzten Instinkte zufällig von einer Art waren, welche für ihre Thätigkeit spezielle körperliche Organe verlangten, die nun ihre alten Anwendungen überleben.*)

Schliesslich dürfen wir nicht die wichtige Thatsache vergessen, dass wir durchaus nicht ohne Beweise für eine unter unsern Augen stattfindende Umwandlung des Instinktes sind, wie denn z. B. die Enten in Ceylon ihren natürlichen Instinkt für das Wasser (ähnlich den Hochlands-Gänsen) gänzlich verloren haben; Sperlinge und Schwalben nisten heute an Häusern statt auf Bäumen; Insekten, Vögel und Säugetiere, die ursprünglich von Pflanzen lebten, wurden nachmals fleischfressend etc. etc. Alle diese Fälle von lokalen Abweichungen des Instinkts bilden ebensoviele Beispiele von Rassenverschiedenheiten, und der Schritt von diesen zu Artunterschieden ist offenbar kein grosser.

---

so gut passen, dass die reifen Maden nicht daraus entweichen können, sondern in ihrem Speiseschrank eingeschlossen bleiben, bis sie zum Futter für die jungen Vögel gebraucht werden. Vergl. auch J. K. Lord, *Naturalist in Vancouvers Island* I, pp. 289 fgd. u. *Ibis* 1868.

*) Die überzeugendsten Fälle dieser Klasse sind diejenigen, bei denen die betreffende Art seit dem Auftauchen des ihr eigentümlichen Instinkts sich über weite geographische Strecken zerstreute, deshalb in den verschiedensten Teilen der Welt unter verschiedenen Lebensbedingungen vorkommt und dennoch denselben eigentümlichen Instinkt bewahrt. So z. B. begegnet man in allen Weltgegenden den Fallthür-(Maurer)-Spinnen in mehr oder weniger begrenzten Gebieten, und die Ernte machenden Ameisen von Europa und Amerika gehören zu derselben Gattung. Die südamerikanische Drossel baut ihr Nest mit Schlamm, ganz wie unsre einheimische, und die Hornvögel von Afrika und Indien zeigen bei ihrem Nesterbau den übereinstimmenden Instinkt, ihre brütenden Weibchen in Baumhöhlungen einzumauern u. s. w.

## Vergleichung der verschiedenen Theorieen über die Entwicklung des Instinkts nebst einer allgemeinen Zusammenfassung unsrer eignen Lehre.

ill, der die offenbarsten Thatsachen der Erblichkeit auf dem Gebiete der Psychologie vollständig ignorierte, verdient in Sachen des Instinktes meist keine Beachtung, und nicht viel anders verhält es sich auch mit B a i n. H e r b e r t S p e n c e r und sein Kommentator F i s k e heben mit grossem Nachdruck hervor, dass die natürliche Auslese eine sehr untergeordnete Rolle bei der Entwicklung des Instinkts gespielt habe. L e w e s übersieht ebenfalls die Bedeutung der natürlichen Züchtung, befindet sich jedoch mit S p e n c e r nicht in Übereinstimmung, insofern letzterer den Instinkt für eine „zusammengesetzte Reflexthätigkeit" und einen Vorläufer der Intelligenz hält, während L e w e s ihn, wie wir gesehen, als „Zurücktreten der Intelligenz" und demzufolge als den Nachfolger der letzteren betrachtet. Während L e w e s also behauptet, dass alle Instinkte ursprünglich intelligent gewesen seien, sucht S p e n c e r nachzuweisen, dass kein einziger Instinkt notwendig intelligent gewesen zu sein braucht.*) Die Anschauung D a r w i n s werde ich beiläufig einfliessen lassen.

Die Stellung S p e n c e r s ist wenigstens streng logisch und dies erleichtert mir die Aufzählung der Punkte, in welchen ich hier

---

*) Mit andern Worten: Da keine rein instinktiven Handlungen bei sämtlichen Individuen einer Art vorkommen, so erkennt er das Prinzip des Zurücktretens der Intelligenz bei Individuen an.

nicht mit ihm übereinstimme. Seine Beweisführung geht darauf hinaus, dass instinktive Thätigkeiten aus Reflexhandlungen hervorgehen und ihrerseits in intelligente Thätigkeiten übergehen, so dass nach seiner Auffassung eine instinktive Thätigkeit niemals intelligent gewesen zu sein und eine intelligente Handlung niemals instinktiv zu werden braucht. Er sagt ausdrücklich, dass obwohl „in seinen höheren Formen der Instinkt wahrscheinlich in Begleitung eines rudimentären Bewusstseins auftritt", nichtsdestoweniger dieses Bewusstsein zur Ausbildung des Instinkts nicht wesentlich sei; im Gegenteil bestehe eine Wirkung der wachsenden Kompliziertheit des Instinkts. „Indem die schnelle Aufeinanderfolge von Veränderungen in einem Ganglion fortwährende Erfahrungen von Unterschieden und Ähnlichkeiten in sich schliesst, liefert sie das Rohmaterial des Bewusstseins, woraus sich folgern lässt, dass sobald sich der Instinkt entwickelt, auch eine Art von Bewusstsein zur Entstehung kommen muss." Obwohl wir nun in einem früheren Kapitel gesehen haben, dass diese Ansicht, besonders in Bezug auf die Entwicklung des Bewusstseins, viel Wahres enthält, so scheint sie mir doch zu einer vollständigen Erklärung der Instinkterscheinungen nicht zu genügen. Eine Menge der oben mitgeteilten Thatsachen kann zum Beweis dafür dienen, dass viele der höheren Instinkte nur durch Zurücktreten der Intelligenz entstanden sein können. Wenn daher nur die Wahl gelassen wäre zwischen dem einen Extrem von Spencer, welches nicht nur die Intelligenz, sondern auch das Bewusstsein als Faktoren bei der Ausbildung der Instinkte ausser Rechnung lässt, und dem andern Extrem von Lewes, welches Reflexthätigkeit nebst der natürlichen Züchtung als weitere Faktoren desselben Prozesses ignoriert, so würde ich mich immer noch leichter zu dem letzteren verstehen, als zu dem ersteren. Nicht nur bietet der Charakter vieler höheren Instinkte einen innern Beweis dafür, dass sie zu irgend einer Periode ihrer geschichtlichen Entwicklung durch Intelligenz bestimmt wurden; nicht nur zeigen viele der höheren Instinkte eine gewisse Abänderungsfähigkeit, unter der Beimischung einer „kleinen Dosis von Urteil", sondern die von Spencer angeführten Beispiele sind, streng genommen, überhaupt keine Beispiele von Instinkt. Seine Wahl ist auf sie gefallen, weil sie die einfachsten Erscheinungen von dem bieten, was man gewöhnlich „Instinkt" nennt; sie befinden sich somit in der nächsten Nachbarschaft der Reflexthätigkeit; wenn wir uns jedoch die Mühe geben, irgend eines von ihnen näher zu prüfen, so finden wir, dass es keine wahren Instinkte sind, sondern nur Fälle von mehr oder weniger ausgearbeiteten neuro-muskularen Anpassungen, oder, mit Spencers eignen Worten, von „zusammengesetzter Reflexthätigkeit".

Die Thatsache, dass er den Instinkt als eine „zusammengesetzte Reflexthätigkeit" definiert oder „beschreibt", enthält indessen gar keinen Beweis für die Richtigkeit seiner Doktrin. Einen Spaten eine Keule zu nennen und dann zu schliessen, dass weil er eine Keule ist, er kein Spaten sein kann, ist ein nichtiges Beginnen; die Hauptsache liegt in dem Werte der Definition. Aber gerade weil wir keine Grenze zwischen „Reflexthätigkeit" und zusammengesetzter Reflexthätigkeit" ziehen und sagen können, die eine sei mechanisch, die andre instinktiv, habe ich die Grenzlinie bei dem Bewusstsein gezogen und alle Handlungen, die unterhalb derselben verlaufen (mögen sie noch so zusammengesetzt sein), Reflexthätigkeit genannt, während ich die Bezeichnung „Instinkt" auf gewohnheitsmässige (wenn auch noch so einfache) Handlungen beschränke, die jenes Element von Bewusstsein in sich aufgenommen haben. Dabei halte ich mich überzeugt, dass ich nicht nur Klarheit in unsre Klassifizierung bringe, sondern auch der durch den täglichen Gebrauch in das Wort „Instinkt" hineingelegten Bedeutung gerecht werde. Niemand wird das Niesen oder die durch Kitzel hervorgerufnen Konvulsionen für Beispiele von instinktiven Handlungen halten; dennoch sind dies höchst „zusammengesetzte Reflexthätigkeiten", viel höhere, als irgend eine der nicht-psychischen Anpassungen, die Spencer als Beispiele von Instinkt anführt.

Seine Beispiele beziehen sich auf Polypen und Organismen mit verkümmerten Augen, bei denen die beschriebnen Reaktionen auf Reize mir, wie gesagt, durchaus nicht die Bezeichnung „instinktiv" zu verdienen scheinen. Er will z. B. die Möglichkeit zeigen, dass ohne das Überleben des Passendsten und ohne intelligente Anpassung „gewohnheitsmässig miteinander verbundne psychische

Zustände durch Wiederholung bei zahllosen Generationen in so innigen Zusammenhang miteinander treten, dass der spezielle Gesichtseindruck sofort die Muskelthätigkeiten hervorruft, mittelst deren die Beute erfasst wird. Schliesslich wird der Anblick eines kleinen vorliegenden Gegenstandes ohne weiteres die verschiedenen Bewegungen verursachen, die zur Ergreifung der Beute notwendig sind."

Aber selbst wenn in diesem vorausgesetzten äussersten Falle auch niemals irgend eine Spur von Bewusstsein beteiligt gewesen wäre, so lässt sich die zusammengesetzte Anpassung doch in keiner Weise von einer Reflexthätigkeit unterscheiden. Wenn ich eine Qualle sich in den Pfad eines Sonnenstrahls drängen sehe, der durch einen verdunkelten Wasserbehälter scheint, und finde, dass sie dies thut, um den das Licht suchenden Krustazeen zu folgen, von denen sie sich nährt, so betrachte ich den Fall als eine Reflexthätigkeit, deren Entwicklung ohne Zweifel durch natürliche Züchtung in ausgedehntem Masse unterstützt wurde; ich würde es aber für einen Missgriff halten, diesen Fall einen instinktiven zu nennen. Denn einerseits sind solche Erscheinungen nicht annähernd so kompliziert wie die meisten Reflexhandlungen der höheren Tiere, und anderseits: wenn wir sie einmal als Instinkte bezeichnen wollten, so würden wir alle andern Reflexthätigkeiten ebenso nennen müssen. Es ist, wie schon früher gesagt, in der That unmöglich, in jedem besondern Falle stets die genaue Grenze zwischen Instinkt und Reflexthätigkeit zu ziehen; dies ist aber, wie ich an derselben Stelle auseinandersetzte, eine Sache für sich und hat nichts mit der Definition des Instinktes zu thun. Ohne Zweifel ist aber der Instinkt, wie ich gezeigt habe, etwas mehr als Reflexthätigkeit; es ist unbedingt noch ein „geistiges Element" dabei beteiligt. Zudem würde, wenn wir diese und andre Erscheinungen von noch höher zusammengesetzter Reflexthätigkeit unter der Bezeichnung „Instinkt" zusammenfassten, keine Kategorie vorhanden sein, in der wir die Erscheinungen des wirklichen Instinkts unterbringen könnten, d. h. also Fälle, bei denen Bewusstsein zur Ausführung einer Handlung notwendig ist, die, wenn kein Bewusstsein dabei aufträte, vielmehr als Reflexthätigkeit zu klassifizieren wäre. Allerdings könnten wir den Unterschied ganz ignorieren, welchen das Vorkommen des Bewustseins in einer Handlung uns aufzwingt, und alle Reflexthätigkeit, sowie sämtliche instinktive Handlungen unter einer einzigen Bezeichnung zusammenfassen; dies ist jedoch nicht, was Spencer will. Er macht einen Unterschied zwischen Reflexthätigkeit und Instinkt; aber er zieht die Grenzlinie nicht bei dem Bewusstsein. Da infolge dessen eine thatsächliche Verschiedenheit zwischen den beiden Erscheinungen für ihn nicht vorhanden ist (denn zusammengesetzte Reflexthätigkeit ist nichts weiter als die mechanische Steigerung einer einfachen), so wird der grosse, in Wirklichkeit bestehende Unterschied von ihm ganz übersehen. Nehmen wir ein Beispiel: Das Saugenlassen bei Säugetieren ist eine echt instinktive Handlung. Warum? Aus dem einfachen Grunde, weil das Tier, welches diese Handlung vollzieht, sich dessen bewusst ist. Wenn aber anderseits das saugende Junge noch zu jung ist (wie z. B. im Falle des Känguruhs), um ein Bewusstsein bei diesem Vorgange voraussetzen zu lassen, so möchte ich behaupten, dass die Thätigkeit des jungen Tieres eine Reflexthätigkeit sei. Spencer würde aber beide Handlungen unter der gemeinsamen Bezeichnung des Instinkts zusammenfassen. Dies einmal zugegeben, wie würden wir dann in folgendem Falle folgern? Mc. Cready beschreibt eine Medusenart, welche ihre Larven auf der innern Seite ihres glockenförmigen Körpers trägt. Mund und Bauch der Meduse hängen herab, gleich dem Klöpfel einer Glocke, und enthalten die Nährflüssigkeiten. Mc. Cready beobachtete nun, wie dieses herabhängende Organ sich zuerst nach einer Seite und dann nach der andren Seite bewegte, um die Larven an beiden Seiten der Glocke saugen zu lassen, und die Larven tauchten ihre langen Nasen in die nährende Flüssigkeit. Wenn dieser Fall nun bei höheren Tieren vorkäme, wo wir ein intelligentes Bewusstsein voraussetzen können, so würde man ihn ganz passend für einen richtigen Instinkt halten. Da er aber bei einem Tiere vorkommt, das so tief auf der zoologischen Stufe steht, wie eine Meduse, so sind wir nicht befugt, die Gegenwart einer intelligenten Wahrnehmung bei diesem Vorgang anzunehmen und haben deshalb, meiner Meinung nach, den Fall nicht als eine Instinkthandlung, sondern als eine komplizierte Reflexthätigkeit zu registrieren, welche, wie alle andern derartigen Fälle, wahrscheinlich durch natürliche Züchtung entwickelt.

wurde. Nach Spencers Ansicht wäre der Vorgang dagegen als Instinkt aufzufassen und in psychologischer Hinsicht also von dem des Saugenlassens bei Säugetieren in keiner Weise verschieden. Ohne Zweifel ist es aber philosophischer, eine psychologische Klassifizierung aufzustellen, welche dem grossen Unterschied gerecht wird, den die Gegenwart eines psychischen Elements bedingt. Wenn dem so ist, bietet sich aber der einfachste Ausdruck dafür in meiner schon früher aufgestellten Behauptung: Während der Reiz zu einer Reflexthätigkeit im höchsten Fall eine Empfindung ist, kann der Reiz zu einer Instinkthandlung nur eine Wahrnehmung sein.

Nach meiner Meinung ist also Spencers Theorie von der Instinktbildung durchaus fehlerhaft insofern, als er den wesentlichsten Grundzug des Instinkts zu unterscheiden verfehlt; zudem erkennt sie das wichtige Prinzip des Zurücktretens der Intelligenz nicht an und giebt uns also keinen Aufschluss über die ganze von mir aufgestellte sekundäre Klasse der Instinkte. Ferner werde ich noch zeigen, dass diese Theorie auch darin mangelhaft ist, dass sie das andre, nicht weniger wichtige Prinzip der natürlichen Züchtung ebensowenig zu würdigen und deshalb keine Rechenschaft von der Existenz der sogenannten primären Klasse der Instinkte zu geben vermag. Spencer sagt ausdrücklich in Bezug auf den Instinkt: „Wenn ich auch das Überleben des Passendsten stets als eine mitwirkende Ursache anerkenne, so halte ich es in Fällen, wie der vorliegende, doch nicht für die Hauptursache."*) Zufällig sind aber die „Fälle", von denen er hier spricht, die künstlichen Instinkte der Jagdhunde und andrer domestizierten Tiere, und unter dem „Überleben des Passendsten" haben wir demnach die künstliche Züchtung zu verstehen (die hier das Analogon für die natürliche Züchtung bei wilden Tieren ist). Der Ausdruck ist hier also besonders unglücklich, wenn wir bedenken, dass unsre Stöber und Vorstehhunde lediglich der sorgfältigen und fortgesetzten Züchtung seitens des Menschen ihr Dasein verdanken. Aber auch mit Bezug auf die Instinkte der wilden Tiere scheint mir die angeführte Behauptung

---

*) Prinzipien der Psychologie I, S. 441.

sehr fraglich. Wie sollen wir z. B. den Brutinstinkt, den Zellenbau-
instinkt, den Instinkt des Kokonspinnens durch irgend einen Prozess
„direkter Equilibration" erklären, nicht zu gedenken all der andern
primären Instinkte, die wir bereits in Betracht gezogen,' sowie all
jener Beweise für die Abänderungsfähigkeit und Erblichkeit der
erworbenen Gewohnheiten?

Nachdem wir also gesehen, dass Spencer dem Einfluss der
beiden Faktoren der natürlichen Züchtung und des Zurücktretens
der Intelligenz bei der Bildung der Instinkte lange nicht genügend
Rechnung getragen, werde ich noch zeigen, dass seine Beweisführung uns vor eine neue Betrachtung stellt, die ich, um Verwirrung
zu vermeiden, bisher beiseite gelassen hatte. Seine Beweisführung
besteht nämlich in Kürze darin, dass Instinkte unabhängig von
der natürlichen Züchtung, wie vom Zurücktreten der Intelligenz,
allein durch die „direkte Ausgleichung" entstehen können; und
zwar lässt er dieselben unmittelbar aus Reflexthätigkeiten hervorgehen. Obwohl wir nun festgestellt haben, dass diese nur dann den
Namen Instinkt verdienen, wenn sie einen geistigen Bestandteil aufweisen, müssen sie doch, nach Spencer, Instinkte genannt werden,
wenn die zunehmende Kompliziertheit des reflektorischen Vorgangs
schliesslich zur Entwicklung eines solchen Elements führt. In dem
Kapitel über das Auftauchen des Bewusstseins fanden wir bereits,
dass dies höchst wahrscheinlich der Weg ist, auf dem das geistige
Element entstand. Mit Rücksicht darauf eröffnet Spencers Beweisführung eine dritte Art des Ursprungs für eine grosse Anzahl der
einfacheren Instinkte — oder der Instinkte der niedrigsten Tiere.

Diese dritte Art bildet das Umgekehrte oder das Gegenteil von
dem, was wir das „Zurücktreten der Intelligenz" genannt haben, denn
sie führt aufwärts bis zum Bewusstsein oder gipfelt in ihm (wenn
die Handlung zum ersten Male aufhört reflektorisch zu sein und
instinktiv wird), statt herabzusteigen und allmählich unbewusst zu
werden. Dass nun solche Vorgänge stattfinden, ist *a priori* sehr
wahrscheinlich, obwohl es, der Natur der Sache nach, schwer fallen
dürfte, einen Beweis dafür zu finden; denn wenn sie vorkommen,
kann es nur bei den niedersten Tieren der Fall sein, bei denen

wir nicht einmal Beweise für das Vorhandensein beginnenden Bewusstseins beizubringen vermögen. Da der Vorgang sich also nur auf die Genesis von Handlungen beziehen kann, die in den zweifelhaften Grenzbezirken zwischen Reflex und Instinkt vor sich gehen, so hat diese mögliche dritte Ursprungsweise rudimentärer Instinkte keinen Anspruch, bei der Behandlung der Entstehungsweise der Instinkte besonders berücksichtigt zu werden, obwohl der Gegenstand von grosser Wichtigkeit hinsichtlich des Ursprungs des Bewusstseins ist.

Es bleibt jetzt nur noch übrig hervorzuheben, dass wenn Instinkte jemals auf diese dritte Weise entstehen, „das Überleben des Passendsten stets eine mitwirkende Ursache" sein muss. Ich möchte jedoch auch hier noch etwas weiter gehen und behaupten, dass das Überleben des Passendsten bei dieser Mitwirkung nicht die unwichtige Rolle spielt, die ihm Spencer zuschreibt. Wenden wir uns wieder zu den das Licht aufsuchenden Medusen und nehmen wir an, dass diese Handlung derselben dunkel bewusst und so der Anfang eines Instinkts geworden sei. Als die Neigung, das Licht aufzusuchen, sich zum ersten Male zu zeigen begann und die Individuen, welche das Licht suchten, dabei im stande waren, sich mehr Nahrung zu verschaffen, als die andern, musste die natürliche Züchtung sofort beginnen, die reflektorische Assoziation zwischen Lichtreiz und Bewegung zum Licht zu entwickeln. Der Hinzutritt einer andern Ursache von ausgleichender Art scheint hier in der That ausgeschlossen, insofern als, abgesehen von einer entwickelten Intelligenz, welche *ex hypothesi* nicht vorhanden ist, kein Verbindungsband zwischen dem Lichtreiz und der Erlangung von Nahrung im Lichte vorhanden sein konnte. Nur die natürliche Züchtung konnte eine solche Verbindung herstellen, und was für diesen Fall gilt, gilt auch für die meisten andern quasi-instinktiven Handlungen der niederen Tiere.

So viel in betreff der Anschauung, welche alle Instinkte als Ausfluss von Reflexthätigkeit betrachtet. Kaum geringeren Bedenken begegnet aber die andre extreme Auffassung, welche sämtliche Instinkte aus der Intelligenz hervorgehen lässt. Dieser Ansicht begegnen wir, wie schon erwähnt, bei Lewes und, wie ich sogleich hinzusetzen muss, beim Herzog von Argyll, der niemals Darwins

Lehre über die Entwicklung der Instinkte durch natürliche Züchtung gelesen zu haben scheint.[*]

Die individuellen Meinungen mögen übrigens noch so sehr auseinander gehen, in jedem Fall ist es, nach allem, was wir bisher erfahren, ziemlich einleuchtend, dass das Zurückführen sämtlicher Instinkte auf einen intelligenten Ursprung ein hoffnungsloser Versuch ist, die gültige Erklärung eines Dinges zur befriedigenden Erklärung eines andern zu machen.

Nachdem wir nun im Lichte der vorher mitgeteilten Thatsachen die beiden bei der Entwicklung der Instinkte beteiligten Prinzipien anerkannt haben, gehe ich zur Darstellung der Meinung Darwins über diesen Gegenstand über. Derselbe schreibt:[**] „Wenn wir annehmen — und es lässt sich nachweisen, dass dies zuweilen eintritt —, dass eine zur Gewohnheit gewordene Handlungsweise auch auf die Nachkommen vererbt wird, dann würde die Ähnlichkeit zwischen dem, was ursprünglich Gewohnheit, und dem, was Instinkt war, so gross sein, dass beide nicht mehr unterscheidbar wären. Wenn Mozart, statt in einem Alter von drei Jahren das Klavier nach auffallend wenig Übung zu spielen, ohne alle vorgängige Übung eine Melodie gespielt hätte, so könnte man in Wahrheit sagen, er habe dies instinktiv gethan.[***] Es würde aber ein bedenklicher Irrtum sein anzunehmen, dass die Mehrzahl der Instinkte durch Gewohnheit schon während einer Generation erworben und dann auf die nachfolgenden Generationen vererbt worden sei. Es lässt sich genau nachweisen, dass die wunderbarsten Instinkte, die

---

[*] Vergl. *Contemporary Review* Nov. 1880, wo der Herzog auseinander, setzt, dass der Ursprung vieler Instinkte hoffnungslos dunkel sei, weil sie sich nicht durch das Zurücktreten der Intelligenz allein erklären liessen; dabei hat er keinen Blick übrig für das unermessliche Feld der Möglichkeiten, welches durch die Einführung des Prinzips der natürlichen Züchtung eröffnet ist.

[**] „Entstehung der Arten", S. 288—289.

[***] Man wird hierbei leicht erkennen, dass Darwin mit den Ausdrücken „vererbte Gewohnheit", „durch Gewohnheit angenommene Handlungsweise, die vererbt wird", auf das Prinzip des Zurücktretens der Intelligenz anspielt. Dies ist bei Durchlesung der oben angeführten Sätze wohl zu beachten, da „Gewohnheit" hier stets im Sinne von intelligenter Anpassung gebraucht wird. die beim Individuum zum Theil automatisch geworden ist.

wir kennen, wie die der Korbbienen und vieler Ameisen, unmöglich durch die Gewohnheit erworben sein können. Man wird allgemein zugeben, dass für das Gedeihen einer jeden Spezies in
ihren jetzigen Existenzverhältnissen Instinkte ebenso wichtig sind,
wie die Körperbildung. Ändern sich die Lebensbedingungen einer
Spezies, so ist es wenigstens möglich, dass auch geringe Änderungen in ihrem Instinkte von Nutzen sein werden. Wenn sich
nun nachweisen lässt, dass Instinkte, wenn auch noch so wenig,
variieren, dann kann ich keine Schwierigkeit für die Annahme sehen,
dass die natürliche Zuchtwahl auch geringe Abänderungen des Instinktes
erhalten und durch beständige Häufung bis zu jedem sich vorteilhaft
erweisenden Grade vermehren wird. In dieser Weise dürften, wie ich
glaube, alle, auch die zusammengesetztesten und wunderbarsten, Instinkte entstanden sein. Wie Abänderungen im Körperbau durch
Gebrauch und Gewohnheit veranlasst und verstärkt, dagegen durch
Nichtgebrauch verringert und ganz eingebüsst werden können, so
wird es zweifelsohne auch mit den Instinkten der Fall gewesen sein. Ich
glaube aber, dass die Wirkungen der Gewohnheit in vielen Fällen von
ganz untergeordneter Bedeutung sind gegenüber den Wirkungen der
natürlichen Zuchtwahl auf sog. spontane Abänderungen des Instinktes,
d. h. auf Abänderungen infolge derselben unbekannten Ursachen,
welche geringe Abweichungen in der Körperbildung veranlassen."

An einer andern Stelle wiederholt Darwin in der Hauptsache
das nämliche Urteil.*) In seinen Manuskripten finde ich ferner den
folgenden Passus, den ich hier anführe, weil er geeignet ist, seine
Meinung noch klarer und nachdrücklicher hervortreten zu lassen:

„Obwohl, wie ich zu zeigen versuchte, ein auffallender und
naher Parallelismus zwischen Gewohnheiten und Instinkten besteht,
und obwohl gewohnheitsmässige Handlungen und Geisteszustände
vererbt und alsdann, so weit ich sehen kann, recht eigentlich
instinktiv genannt werden, so würde es doch, meiner Meinung
nach, ein grosser Irrtum sein, die grosse Mehrzahl der Instinkte
als durch Gewohnheit erworben und vererbt anzusehen. Ich glaube,
dass die meisten Instinkte das durch natürliche Züchtung angehäufte

---

*) „Abstammung des Menschen", S. 67—68.

Resultat leichter und vorteilhafter Abänderungen andrer Instinkte sind, welche Abänderungen ich denselben Ursachen zuschreiben möchte, die auch leichte Abweichungen in der Körperbildung hervorbringen. Ich halte es in der That für kaum zweifelhaft, dass wenn eine instinktive Handlung durch Vererbung in einer leicht modifizierten Weise überliefert wird, dies durch irgend eine leichte Veränderung in der Organisation des Gehirns verursacht werden muss. (Sir B. Brodie, *Psychol. Enquiries*, 1854 p. 199.) Bei den vielen Instinkten dagegen, die, wie ich glaube, gar nicht aus ererbter Gewohnheit stammen, zweifle ich andrerseits nicht, dass sie durch Gewohnheit gekräftigt und vervollkommnet wurden und zwar ganz in derselben Weise, wie wir eine Körperbildung auslesen können, die der Schnelligkeit des Schrittes förderlich ist, welche Eigenschaft wir dann gleichfalls durch Erziehung in jeder Generation vervollkommnen."

Aus diesen Sätzen geht hervor, dass Darwin sowohl das Zurücktreten der Intelligenz, wie auch die natürliche Züchtung als wirkende Ursachen bei der Instinktbildung klar anerkennt, dass er aber die natürliche Züchtung als die wichtigere von beiden betrachtet. Wennschon er dies nicht ausdrücklich sagt, so kann ich es doch nicht bezweifeln — ich weiss es in der That genau, — dass er die Wichtigkeit der Intelligenz vollständig anerkannte, welche der natürlichen Züchtung angepasste und nicht allein zufällige Abweichungen zu weiterer Verwertung liefert. Sonach darf die natürliche Züchtung als eine fördernde Ursache des Überganges der zurücktretenden Intelligenz in Instinkt aufgefasst werden, und die beiden zusammenwirkenden Prinzipien müssen, denke ich, mächtiger sein, als jedes für sich allein. Wenn ich jedoch gefragt würde, welchem der beiden ich einen grösseren Wert zuschriebe, so müsste ich sagen, dass der natürlichen Züchtung der Vorrang gebühre, insofern das Prinzip des Zurücktretens der Intelligenz nachweislich gar keinen Anteil an der Bildung der „so hoch komplizierten und wunderbaren sozialen Instinkte der Hymenopteren hat".[*]

---

[*] Nachweislich kann die zurücktretende Intelligenz keinen Anteil an der Bildung dieser Instinkte gehabt haben, weil die „Arbeiter", bei Bienen wie bei Ameisen, unfruchtbar sind. Lewes kann dieser Fall nicht gegenwärtig

Dies ist auch, wie wir gesehen haben, die Ansicht Darwins und sie scheint mir, in Anbetracht aller angeführten Gründe, auch die richtigste zu sein — ohne Ansehung der unerreichten Autorität, die seinem Urteil über diesen Gegenstand unsres Dafürhaltens beiwohnt.

### Kurze Zusammenfassung unsrer Instinktlehre.

Um die Beziehungen zwischen den verschiedenen, bei der Instinktbildung beteiligten Prinzipien klar zu stellen, füge ich ein Diagramm bei, welches dieselben in graphischer Form darstellt. Nach dem Vorhergehenden bedarf es zur Erklärung desselben nur noch der Beachtung folgender Punkte: Die kleinen Zweige, welche aus den stärkeren Ästen (Prinzipien) hervorwachsen, sollen die Instinkte darstellen; dieselben sind so angesetzt, um die einzigen Prinzipien, denen die Instinkte (meiner Darstellung gemäss) ausschliesslich ihren Ursprung verdanken, deutlich hervortreten zu lassen. Hier und da liess ich den ästigen Bau ineinander übergehen, wodurch ich ein weiteres wichtiges Prinzip andeuten wollte, nämlich, dass völlig ausgebildete Instinkte sich gelegentlich mit einander vermischen und dadurch neue Instinkte aus dieser Verbindung entstehen lassen. Es ist dies entweder die Folge neuer, zu einer absichtlich anpassenden Mischung instinktiver Gewohnheit führender

---

gewesen sein, denn er beweist, dass seine ausschliessliche Lehre von der zurücktretenden Intelligenz ungenügend ist. Sie ist aber auch unvereinbar mit der Theorie Spencers. So z. B. schreibt derselbe (Prinzipien der Psychologie S. 465): „Die automatischen Thätigkeiten einer Biene, welche ihre Wachszellen aufbaut, entsprechen äusseren Beziehungen, die so konstant erfahren wurden, dass sie nun gleichsam organisch erinnert werden." Aber er vergisst, wie es auch Lewes vergass, dass das Insekt, welches diese automatischen Handlungen verrichtet, die „äusseren Beziehungen" nicht so „konstant erfahren" hat; denn es beginnt mit der Verrichtung derselben, noch bevor es selbst eine individuelle Erfahrung vom Zellenbau hatte und ohne dass seine Eltern jemals alte Erfahrungen gehabt hätten. Aus der ganzen Reihe der Instinkte konnte kein unglücklicheres Beispiel von Spencer gewählt werden. Wie Darwin dieser Schwierigkeit begegnet, werde ich im Eingang des nächsten Kapitels darlegen.

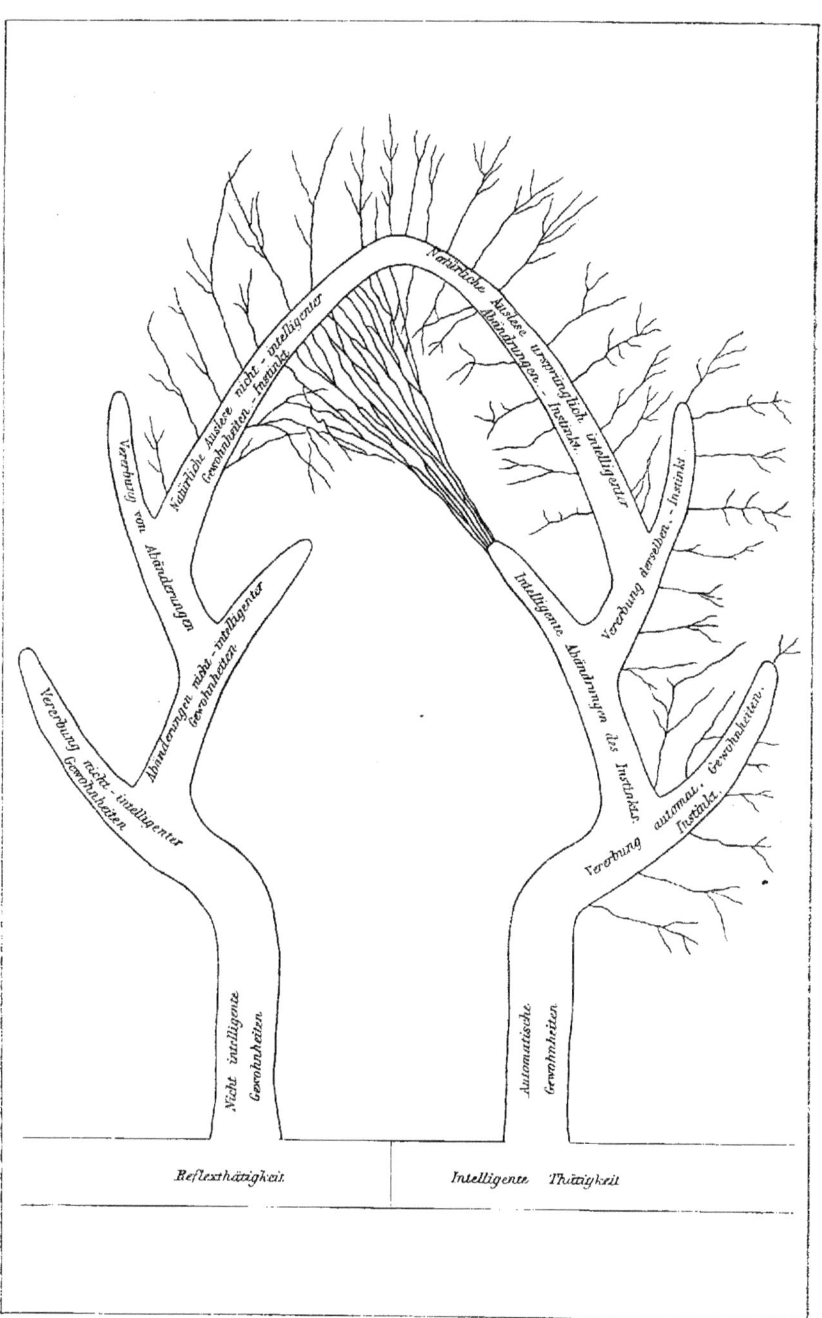

Natürliche Auslese ursprünglich intelligenter Abänderungen. - Instinkt.
Natürliche Auslese nicht - intelligenter Gewohnheiten. - Instinkt.
Vererbung von Abänderungen
Vererbung derselben. - Instinkt
Abänderungen nicht - intelligenter Gewohnheiten
Intelligente Abänderungen des Instinkts
Vererbung nicht - intelligenter Gewohnheiten
Vererbung automat. Gewohnheiten. Instinkt.
Nicht intelligente Gewohnheiten.
Automatische Gewohnheiten.
Reflexthätigkeit.
Intelligente Thätigkeit

Umstände, oder die einer ursprünglich bewussten Nachahmung
instinktiver Gewohnheiten einer Spezies durch eine andere. Schliesslich liess ich die Gipfel der beiden baumähnlichen Gestalten oben
zusammenwachsen, um die Thatsache anzudeuten, dass intelligente
und nicht-intelligente Anpassung, oder primäre und sekundäre Instinkte, zusammen verschmelzen können und dann einen gemeinsamen Saft oder ein Prinzip zu fernerem Wachstum besitzen. Eine
eben solche Verbindung stellte ich auch noch an einem anderen
Punkte zwischen den beiden primären und sekundären Seiten des
Diagramms her, und zwar zwischen dem Zweige „primärer Instinkt"
und dem Zweige „intelligente Abänderung des (sekundären) Instinktes", um die Thatsache schärfer hervortreten zu lassen, dass
wenn einmal ein nicht-intelligenter oder primärer Instinkt sich gebildet hat, er sehr bereit ist, sich mit dem befruchtenden Prinzipe der Intelligenz zu verbinden und zwar überall, wo dieses Prin-
zig noch nicht fixiert und zu einem sekundären Instinkte erstarrt ist.
Es ist aber stets festzuhalten, dass die Instinkte, mögen sie nun
intelligenten oder nicht-intelligenten Ursprungs sein, nach ihrer völligen Ausbildung zu jeder Zeit und an jedem Ort mit Intelligenz
in Berührung kommen können, so dass die beiden Seiten unsres
Diagramms (das die Verkörperung aller bisher gelieferten Nachweise über diesen Gegenstand bildet) geeignet sind, zugleich die
Wahrheit und den Irrtum der gewöhnlichen Meinung zu erklären,
die Pope so trefflich wiedergegeben hat, wenn er vom Instinkt
und der Vernunft sagt, dass sie „stets getrennte und doch sich
stets so nahe" Dinge seien.

Ich lasse nun eine allgemeine Übersicht aller bisherigen Kapitel über den Instinkt folgen.

Nachdem ich den Sinn, in dem ich das Wort Instinkt ausschliesslich angewendet wissen will, festgestellt, brachte ich einige
Erläuterungen über den vollkommnen Instinkt, wie er sich bei
ganz jungen oder bei solchen Tieren zeigt, die keine individuelle
Erfahrung von den Umständen besitzen, für welche ihre instinktiven
Handlungen angepasst sind. Sodann liess ich einige weitere Erklärungen über den unvollkommnen Instinkt folgen und hob hervor, dass eine solche Unvollkommenheit entweder entstehen kann

durch einen Wechsel in den Bedingungen der Umgebung, an die
der vererbte Instinkt angepasst war oder auch durch eine noch un-
vollendete Ausbildung des letzteren. Ich zeigte ferner, dass ein
unvollkommner Instinkt aus inneren oder psychologischen Veränderungen entspringen kann, die den zarten Mechanismus, auf
dem die vollkommene Wirksamkeit des Instinkts beruht, aus den
Fugen bringen. In dieser Beziehung erbrachte ich an der Hand
einiger Beispiele den Beweis, dass eine derartige Verwirrung des
Instinkts besonders dann entstehen kann, wenn der regelmässige
Verkehr eines Tieres mit seiner Umgebung für eine Zeitlang unterbrochen und dann wieder erneuert wird. Ich führte jedoch auch
einen Fall an, bei dem eine Störung ohne eine solche Unterbrechung stattfand, und der deshalb recht eigentlich als ein Fall
von Wahnsinn aufzufassen ist.

Wenn Instinkte nach und nach entwickelt werden, dürfen wir
Fällen zu begegnen hoffen, in denen er sich noch nicht vollständig
entwickelt hat und deshalb unvollkommen erscheint. Solche Beispiele bot der junge, nach Fliegen zielende Truthahn, junge, vor
Bienen halb erschreckende Küchlein, Kaninchen, die vor Wieseln
nur langsam davonlaufen etc. Wir können Instinkte in ihrer Entwicklung auch bei jungen Kindern beobachten, wenn sie den
Kopf im Gleichgewicht halten, gehen, sprechen lernen etc.
Überdies bilden alle Fälle von Erziehung oder Vervollkommnung
des Instinkts, sei es beim Individuum oder bei der Rasse, ebensoviele Beispiele von einer ursprünglichen Unvollkommenheit desselben. Dies führte uns direkt vor die Frage über den Ursprung
der Instinkte. Ich versuchte nachzuweisen, dass der Ursprung der
Instinkte entweder primärer oder sekundärer Art ist. Ich halte es
nämlich für voll bewiesen, dass Instinkte entweder entstehen durch
natürliche Züchtigung zweckloser Gewohnheiten, die zufällig vorteilhaft sind, wodurch diese Gewohnheiten in Instinkte umge-
wandelt werden, ohne dass die Intelligenz bei diesem Vorgang
jemals beteiligt war; oder durch ursprünglich intelligente Gewohnheiten, die durch Wiederholung automatisch wurden. Als ein Beispiel von primärem Instinkt führte ich das Brüten an und als
solches von sekundären Instinkten wies ich auf mehrere Fälle hin,

bei denen „Übung den Meister macht". Aus Gründen *a priori*
ersahen wir, dass Instinkte auf den beschriebenen Wegen entstehen
müssen, und fanden dann *a posteriori* Beweise dafür, dass dies in
der That der Fall war. Dieser Beweis suchte zu zeigen, dass
zwecklose Gewohnheiten bei Individuen vorkommen, vererbt werden,
abändern, ihre Abänderungen vererben und dann in vorteilhafter
Richtung durch natürliche Züchtung entwickelt werden; ebenso,
dass ursprünglich intelligente Gewohnheiten durch Wiederholung
automatisch und, nach dem Zurücktreten der Intelligenz, als Instinkte vererbt werden, die sodann abändern, mit ihren Abänderungen vererbt und in vorteilhafter Richtung durch die natürliche
Züchtung, wie im vorhergehenden analogen Falle, vervollkommnet
werden können. Diese verschiedenen Sätze wurden in erster Linie
auf den Nachweis gestützt, dass sonderbare Gewohnheiten mehr
oder weniger bei jedem vorkommen, namentlich bei Idioten; aber
auch bei Tieren, wie z. B. bei Hunden, die einen Wagen anbellen,
bei Verschiedenheiten in der individuellen Anlage, Idiosynkrasieen,
Schliessung sonderbarer Freundschaften u. s. w. Sodann machte
ich darauf aufmerksam, dass automatische und nutzlose oder zufällige Gewohneiten vererbt werden, wie z. B. im Fall der oben
erwähnten sonderbaren Gewohnheiten bei Menschen und Tieren,
in betreff der Anlagen der von Humboldt erwähnten Insel-Affen,
in betreff der Gangart des Pferdes in verschiedenen Teilen der
Welt, in betreff der merkwürdigen und ganz nutzlosen Gewohnheiten der Tümmler und Kropftauben u. s. w. Ferner zeigte ich,
dass solche vererbten, nicht-intelligenten, zwecklosen Gewohnheiten zweifellos abändern können, wie ja auch nachgewiesener-
massen nützliche Gewohnheiten und sogar völlig ausgebildete Instinkte schmiegsam sind — um wieviel leichter werden aber dann diese
zufälligen Spiele der Gewohnheit abändern? Schliesslich behauptete
ich, dass wenn zufällige Gewohnheiten in vorteilhafter Richtung abändern, die Abänderungen durch natürliche Züchtung befestigt
werden, was niemand, der in der natürlichen Züchtung ein bei der
Entwicklung des organischen Körperbaues beteiligtes Prinzip erkennt, in Abrede stellen wird. Nur so können wir uns die In-

stinkte vieler niederen Tiere (z. B. bei der Köcherfliege), wie auch
der höheren (z. B. den Brütungsinstinkt) erklären.

Bezüglich der sekundären Instinkte wies ich zuvörderst nach,
dass häufig geübte intelligente Anpassungen beim Individuum automatisch werden, sich alsdann vererben, bis sie sich zu automatischen
Gewohnheiten der Rasse ausbilden. Erstere Thatsache ist jedermann bekannt; die letztere wird durch Erscheinungen, wie z. B.
erbliche Handschrift, besondere Befähigungen bei verschiedenen
Familien, psychologische Rassecharaktere beim Menschen, gute Erziehung und Sinn für Anstand u. s. w. bewiesen. Bei Tieren zeigt
sich dasselbe Prinzip in einer erblichen Neigung zum „Bitten" bei
Hunden und selbst bei Katzen; bei norwegischen Ponies, die sich
nicht durchs Maul regieren lassen; bei Dr. Huggins Hund, der
eine erbliche Antipathie gegen Metzgerladen besass; bei wilden
Tieren, die eine instinktive Furcht vor ihren besondren Feinden
verraten, eine Furcht, die hinsichtlich des Menschen bei domestizierten Tieren verloren geht, namentlich beim Kaninchen und der
Ente, wo die Zuchtwahl wahrscheinlich keinen Anteil an der Ausmerzung der natürlichen Wildheit hatte; bei Tieren von ozeanischen
Inseln, die nach dem ersten Zusammentreffen mit dem Menschen
noch mehrere Generationen hindurch keine Furcht vor demselben
zeigen, dann aber ihn instinktiv fürchten und kennen lernen, ja sogar einen Begriff von einer sichern Entfernung vom Bereiche der
Feuerwaffen erlangen; schliesslich gehören noch hierher die veränderten Instinkte der Schnepfe und die Wirkungen der Instinkt-
mischung durch Kreuzung. Nachdem wir aus diesen auserlesenen
Fällen erkannt hatten, dass Instinkte lediglich durch natürliche
Züchtung oder auch allein durch Zurücktreten der Intelligenz entstehen können, gingen wir dazu über, zu beweisen, dass Instinkte
im allgemeinen nicht notwendig auf die eine oder andre dieser
Entstehungsweisen beschränkt sind, sondern dass im Gegenteil die
gemeinschaftliche Wirkung dieser Prinzipien einen noch grösseren
Einfluss bei der Entwicklung der Instinkte ausübt, als wenn jedes
von ihnen einzeln beteiligt ist. Denn einerseits können erbliche
Neigungen oder gewohnheitsmässige Handlungen, die nützlich, jedoch niemals intelligent waren und ursprünglich durch natürliche

Züchtung befestigt wurden, das Material zu fernerer Vervollkommnung liefern oder durch Intelligenz brauchbarer gemacht werden;
andrerseits können umgekehrt auch Anpassungen, die ursprünglich
auf zurücktretende Intelligenz zurückzuführen sind, durch natürliche
Züchtung in hohem Grade vervollkommnet oder vorteilhafter verwendet werden. Betrachten wir den letzteren Fall allein: Wenn
intelligente Handlungen durch Wiederholung als sekundäre Instinkte
automatisch werden, dann abändern und ihre Abänderungen durch
natürliche Züchtung in vorteilhafter Richtung befestigt werden, um
wie viel mehr Spielraum ist der natürlichen Züchtung bei der
ferneren Entwicklung eines Instinktes zugemessen, wenn die Abänderungen desselben nicht ganz zufällig sind, sondern als intelligente Anpassungen ererbter Erfahrung an wahrgenommne Bedürfnisse der individuellen Erfahrung entstehen. Offenbar wird die
natürliche Züchtung in einem solchen Falle mit grösserem Vorteil
wirken, als wenn sie ausschliesslich bei der Bildung primärer Instinkte thätig ist, wo sie es nur mit zufälligen Abänderungen zu
thun hat, statt mit solchen, die durch Intelligenz bestimmt, von
vornherein angepasst sind. Ebenso wird das Prinzip der zurücktretenden Intelligenz mit weit grösserem Vorteil in Verbindung mit
der natürlichen Züchtung wirken, als wenn es bei der Ausbildung
der sekundären Instinkte allein beteiligt ist, denn die natürliche
Züchtung wird in diesem Falle stets zu Gunsten der vorteilhaftesten
unter den intelligenten Anpassungen eingreifen und durch die kon-
zentrierte Macht der Vererbung sie um so rascher automatisch oder
instinktiv machen.

Es ist mit Rücksicht auf die Instinkte gemischten Ursprungs
von untergeordneter Bedeutung, welches der beiden Prinzipien —
natürliche Züchtung oder zurücktretende Intelligenz — den historischen
Vorrang behauptet, selbst wenn die beiden Prinzipien nicht von
vornherein verbunden auftraten; wichtig ist nur, dass sogar ein
völlig ausgebildeter Instinkt sich unter dem Einfluss der Intelligenz
abänderungsfähig oder biegsam erweist. Ich wies denn auch die
Biegsamkeit vieler Instinkte nach, indem ich besonders bei dem
Zellbauinstinkt der Bienen und dem Brut- und mütterlichen Instinkt

warmblütiger Tiere verweilte, zumal gerade diese Instinkte so überaus alten Ursprungs und entsprechend fest vererbt sind.

Die Intelligenz kann bei der Abänderung der Instinkte wirksam sein, entweder durch Erkennung der Notwendigkeit eines
Wechsels in den Regeln der Vererbung und nachfolgende intelligente
Nachahmung der Gewohnheiten anderer Tiere, oder durch absichtliche Erziehung der Jungen durch die Alten. Zahlreiche derartige
Beispiele wurden dazu angeführt, jedoch den besten Beweis von
der ausserordentlichen Abänderungsfähigkeit der Instinkte infolge
der vereinten Wirkungen der Intelligenz und der Auslese liefern
die Erscheinungen der Domestikation. Diese Thatsachen erfuhren
deshalb eine eingehende Behandlung und es zeigte sich, dass die
Domestikation nicht nur einen negativen Einfluss ausübt, durch
Ausmerzung natürlicher Instinkte (Verlust der Wildheit bei Hunden,
Katzen, Pferden und Rindvieh; Hunde greifen keine Schafe, Schweine
oder Geflügel an; letzteres hat im auffallenden Unterschiede z. B.
von Fasanen die instinktive Furcht vor Hunden verloren; Verlust
des Brütungsinstinktes bei der spanischen Henne und des mütterlichen Instinkts bei Kühen und Schafen, wo die Jungen schon seit
Generationen bei der Geburt von ihrer Mutter getrennt werden;
Verlust der Intelligenz zugleich mit der naturgemässen Vorliebe
für Fleisch bei den polynesischen Hunden); sondern auch einen
positiven Einfluss erkennen lässt in der Entwicklung neuer Instinkte.
Beim Hunde zeigen sich diese neuen, aber künstlichen Instinkte
namentlich auffallend in den Gewohnheiten des Schäferhundes, des
Vorsteh- und des Hühnerhundes, am wunderbarsten aber in der instinktiven Liebe zum Menschen bei fast allen Rassen, in der Treue und
dem Verständnis der Abhängigkeit vom Menschen, in der angeborenen
Idee der Bewachung von seines Herrn Eigentum und von sich
selbst, als einem Teile dieses Eigentums, endlich in dem erworbenen
Instinkt des Bellens, der wahrscheinlich aus der vorstehenden Idee
der Eigentums-Bewachung entsprungen ist. So wesentlich und umfassend ist diese psychologische Umwandlung beim Hunde gewesen, dass die künstlichen Instinkte häufig stärker wurden, als
selbst die stärksten natürlichen, z. B. der mütterliche, wie es an
einem besondern Falle dargelegt wurde. Schliesslich widmete ich

den lokalen und spezifischen Instinktabänderungen ein eignes
Kapitel, in dem ich nachwies, dass dieselben eine Art paläon-
tologischen Nachweises der Umwandlung des Instinkts bilden.
Hierin besteht *a posteriori* der Beweis der beiden Wege, auf denen,
sei es einzeln oder in Gemeinschaft, die sogenannten Instinkte
entwickelt wurden. Das beigefügte Diagramm zeigt graphisch, in
welcher Beziehung die betreffenden Prinzipien untereinander stehen.
Es geht daraus hervor, dass, wenn ein Instinkt, sei er direkten oder
gemischten Ursprungs, vervollkommnet war, er abändern oder sich
in verschiednen Formen verästeln, sich mit andern vermischen oder
sozusagen aufpfropfen kann, um neue Schösslinge zu treiben. Mit
Rücksicht darauf ist es sehr schwer, wenn nicht unmöglich, die
Geschichte der bestehenden Instinkte zu schreiben, da dieselben,
wie gesagt, nicht versteinern und deshalb keine Berichte über ihre
Zwischenzustände hinterlassen. Nach alledem kann kein Zweifel
darüber bestehen, dass Instinkte möglicherweise nicht nur eine
doppelte Wurzel haben — eine in dem Prinzip der Züchtung, die
andre im Zurücktreten der Intelligenz, — sondern einen mehr oder
weniger verzweigten Stamm, der selbst unmittelbar oder mittelbar
in seinen Zweigen mit dem Stamme oder den Zweigen andrer Instinkte sich vereinigt.

Bei der Beurteilung der vergleichsweisen Wichtigkeit der beiden
bei der Instinktbildung beteiligten Faktoren hatten wir Gelegenheit,
einerseits eine Abweichung von Spencer zu konstatieren, der den
Ursprung sämtlicher Instinkte der Reflexthätigkeit, höchstens mit
geringer Unterstützung der natürlichen Züchtung, zuweist; anderseits
von Lewes, der dem andern Extrem huldigt, insofern er sämtliche
Instinkte als Erscheinungen zurücktretender Intelligenz ansieht. Es
wurde jedoch nachgewiesen, dass Spencers Ansicht höchstens zur
Erklärung der Entstehung instinktiver Handlungen von zweifelhafter
Natur bei ganz niedern Tieren dienen kann, dass sie aber von
grossem Wert für die Erklärung des Ursprungs des Bewusstseins
ist. Die von mir vertretne Ansicht hinsichtlich des Ursprungs
der Instinkte ist im wesentlichen dieselbe wie die von Darwin;
sie erkennt beide wiederholt erwähnten Faktoren — natürliche
Züchtung und Zurücktreten der Intelligenz — einzeln oder in Ge-

meinschaft, offen an, schreibt aber der ersteren eine grössere Wichtigkeit zu, namentlich mit Rücksicht darauf, dass bei der Ausbildung der Instinkte die intelligente Anpassung stets unter der Führung und Kontrolle der natürlichen Züchtung steht, sodass die hauptsächliche Funktion der ersteren bei dem formativen Prozess wahrscheinlich darin besteht, der natürlichen Züchtung Abänderungen von ererbten Instinkten zu liefern, die nicht lediglich zufällig, sondern absichtlich an die Bedingungen der Umgebung angepasst sind.

## Achtzehntes Kapitel.

**Einzelne Schwierigkeiten, die sich unsrer Theorie vom Ursprung und der Entwicklung der Instinkte entgegenstellen.**

ir dürfen unsern Gegenstand nicht verlassen, ohne der Einwürfe zu gedenken, die sich aus einzelnen Erscheinungen mit einigem Anschein von Recht gegen unsre Darlegung vom Ursprung und der Entwicklung der Instinkte im allgemeinen erheben lassen. Ich werde dieselben, so weit sie mir durch Schriften andrer bekannt geworden sind oder mir selbst im Laufe meiner Forschungen in dem gedachten Sinne sich als solche aufgedrungen haben, nach der Reihe einer eingehenderen Betrachtung unterwerfen.

### A. Ähnliche Instinkte bei ungleichartigen Tieren.

Darwin bemerkt im Anhang: „Nicht selten begegnen wir demselben eigentümlichen Instinkte bei Tieren, die auf der Stufenleiter der organischen Wesen weit von einander entfernt stehen und daher diese Eigentümlichkeit unmöglich von gemeinsamen Vorfahren geerbt haben können." Die Schwierigkeit besteht hier natürlich in der Erklärung des Parallelismus, und die von Darwin angeführten Beispiele betreffen den Kuhvogel (*Molothrus*), der denselben Instinkt des Parasitismus hat, wie der Kuckuck, die Termiten (die in ihren Instinkten mit den echten Ameisen übereinstimmen), sowie die Larven eines Neuropters und eines Dipters, die beide eine Fallgrube für ihre Beute graben. Darwin weist überdies nach, dass einzig der letzte Fall eine wirkliche Schwierigkeit bietet; aber selbst hier scheint mir die Schwierigkeit keine allzugrosse zu sein; der fragliche Instinkt ist nämlich nicht von einer so hohen Kompliziertheit oder von einer so unauffindbaren (entfernten) Wahrscheinlichkeit hinsichtlich seiner Ausbildung, dass wir nicht zu der Annahme gelangen könnten, die Übereinstimmung in der Umgebung der beiden stets im Sande lebenden Larven habe, in zwei unabhängig von einander liegenden Richtungen, zu jener gleichartigen Entwicklung geführt, und zwar etwa in derselben Weise, wie z. B. die Entwicklung der Flügel sich auf eine mindestens vierfache Abstammung zurückführen lässt.

### B. Ungleiche Instinkte bei gleichartigen Tieren.

Darwin thut im Anhang auch dieser Klasse Erwähnung und seine wenigen Bemerkungen darüber scheinen mir eine damit zusammenhängende Schwierigkeit völlig zu beseitigen, der er in seiner bekannten aufrichtigen Weise überhaupt einen unverdient hohen Wert zuerkannte. Wie ich in dem Abschnitt über lokale spezifische Abänderungen des Instinkts bemerkte, leitet uns die Theorie von der Bildung der letzteren durch natürliche Züchtung zur Annahme der in der That nicht allzu selten vorkommenden sogenannten isolierten Instinkte; denn nur unter Voraussetzung der Permanenz jeder beträchtlichen lokalen oder anderweitigen Änderung der Instinkte könnten wir sie uns in ihrer Gesamtheit, mangels einer Paläontologie derselben, als eine ununterbrochne Reihenfolge, ohne Annahme isolierter Fälle denken. Diese Annahme würde jedoch gegen das Prinzip unsrer Theorie verstossen. Wenn spezifische Instinkte häufig vorkämen, so könnte man allerdings einwerfen, dass diese Theorie eine allzugrosse Abschlachtung von Zwischenformen erfordere, um annehmbar zu sein. Wie die Sache aber gegenwärtig steht, scheint mir das gelegentliche Auftreten isolierter Instinkte, in einem mit unsrer Theorie übereinstimmenden Verhältnis, vielmehr eine Bekräftigung, als einen Einwurf derselben zu bilden.

## C. Gleichgültige und nutzlose Instinkte.

Darwin schreibt im Anhang auch über diese Art von Instinkten und sagt: „Nicht selten drängte sich mir das Gefühl auf, als ob wenig auffällige oder nebensächliche Instinkte nach unsrer Theorie eigentlich viel schwerer zu erklären seien, als jene, die mit Recht das Erstaunen der Menschen erwecken; denn insofern ein Instinkt wirklich keine eigne erhebliche Bedeutung im Kampfe ums Dasein besitzt, kann er auch nicht durch natürliche Züchtung abgeändert oder ausgebildet worden sein."

Es ist dies ohne Zweifel ein wichtiger Punkt, der eine eingehende Betrachtung erfordert. Vor allem sollten wir aber bedenken, dass wenn der Lehre von der Instinktbildung durch natürliche Ursachen eine derartige Schwierigkeit entgegentritt, diese mit noch viel grösserem Gewicht gegen die alte Lehre von der Einpflanzung der Instinkte durch eine übernatürliche Ursache ins Feld geführt werden kann. Zunächst müssen wir uns vollständig darüber vergewissern, ob in jedem gegebnen Fall, wo der Instinkt gleichgültig oder nutzlos zu sein scheint, er dies auch in Wirklichkeit ist. Dieser Punkt findet sich auch bei Darwin erwähnt, der zugleich einige treffende Fälle dazu anführt, um zu zeigen, wie leicht der hohe Nutzen, ja sogar die absolute Notwendigkeit eines Instinkts der Beobachtung entgehen kann. Wenn wir diesem Bedenken aber auch volle Rechnung tragen, so bleiben doch noch immer einige Instinkte übrig, denen wir auch nicht den geringsten Vorteil. zuschreiben können. Wie sind diese denn nun zu erklären?

Ich glaube durch eine zweifache Erwägung. Die erste derselben besteht darin, dass unsre Theorie die natürliche Züchtung nicht für den einzigen Faktor bei der Instinktbildung hält. Wir haben bisher noch immer betont, dass das Zurücktreten der Intelligenz ein kaum weniger wichtiger Faktor ist; auch wiesen wir darauf hin, dass nicht-angepasste Gewohnheiten bei Individuen vorkommen und auch in der Rasse vererbt werden können. Wenn deshalb durch Spielerei, Vorliebe, Neugier oder eine sonstige Laune das Tier vermöge seiner Intelligenz gewohnheitsmässig zur Verrichtung irgend einer nutzlosen Art Handlung verleitet wird (wie z. B.

jene Taube, die kopfüber zu purzeln begann), und diese Gewohnheit bei der ähnlich veranlagten Nachkommenschaft erblich wird, so haben wir einen gleichgültigen oder nutzlosen Instinkt vor uns. Die einzige erforderliche Bedingung dabei ist, soweit ich sehen kann, die, dass der gleichgültige oder nutzlose Instinkt der ausübenden Art nicht schädlich ist, so dass seine Ausbildung durch die natürliche Züchtung nicht verhindert wird.

Die andre Erwägung, die zur Auflösung der beregten Schwierigkeit dienen könnte, ist folgende. Im analogen Falle des organischen Körperbaues begegnen wir zahlreichen nutzlosen Organen; dieselben bilden aber zugleich eine der wichtigsten Stützen für die Theorie der natürlichen Züchtung, und zwar aus dem Grunde, weil wir den Nachweis dafür besitzen, dass alle diese nutzlosen und zum Teil verkümmerten Organe bei andern, verwandten Tieren diesen zum Vorteil gereichen. Nun liegt aber kein Grund gegen die Annahme vor, dass dasselbe auch bei den Instinkten der Fall sei und dass deshalb das, was wir heute als anscheinend gleichgültige und sicherlich nutzlose ererbte Gewohnheiten erkennen, zu einer früheren Periode der Art oder ihren Verwandten von wirklichem Nutzen war. So können wir uns z. B. leicht vorstellen, dass der Instinkt vieler Pflanzenfresser, kranke oder verwundete Gefährten zu durchstossen, von wirklichem Vorteil sein mag in Gegenden, wo die Anwesenheit kranker Mitglieder in einer Herde für die letztere eine Quelle der Gefahr gegenüber der Übermacht wilder Tiere sein kann; Darwin führt im Nachtrag einen hierher gehörigen Fall an. Nehmen wir beispielsweise an, die im Anhang erwähnten Grossfusshühner (*Megapodidae*), die ihre Eier in einem zusammengeschleppten grossen Haufen gährender Pflanzenstoffe ausbrüten lassen, würden infolge eines Wechsels in ihrer Umgebung, bezw. des australischen Klimas, verhindert, eine genügende Menge vegetabilischen Materials zu sammeln, oder es begänne an der hinreichenden Wärme zum Zwecke der Brütung zu mangeln: die Vögel würden alsdann zu der gewöhnlichen Brütungsweise allmählich zurückkehren, jedoch immer noch eine starke Neigung zur Anhäufung pflanzlicher Stoffe beibehalten. In diesem Falle wäre die behufs einer solchen Anhäufung aufgewandte Mühe offenbar nutzlos

und da uns die brütenden Instinkte andrer Vögel keinen Schlüssel
zum Ursprung eines solchen Instinktes zu geben vermöchten, so
würden wir dieser Erscheinung ganz ratlos gegenüber stehen.

### D. Instinkte, die der betreffenden Spezies anscheinend nachteilig sind.

Der Hinweis auf nachweislich schädliche Instinkte bildet weder
eine Schwierigkeit, noch ein Bedenken für unsre Lehre von der
Instinktbildung; denn es gehört wesentlich mit zur Theorie der
natürlichen Züchtung, dass die Interessen des Individuums denen
der Art nachstehen müssen. Offenbar ist es für die einzelne Fliege
ein Nachteil, Nachkommenschaft zu erzeugen, insofern dieser Akt
alsbald ihren eigenen Tod nach sich zieht; wenn wir aber sehen,
dass dieser Akt für die Fortdauer der Art wesentlich ist, so begreifen wir, wie hier die natürliche Züchtung einen Instinkt entwickeln musste, der eigentlich einem Selbstmorde gleichkommt; und
dasselbe gilt für alle ähnlichen Fälle, wie z. B. bei Ameisentruppen
und Termiten, die sich zum Nutzen der Gemeinschaft, d. h. der
Art, aufopfern.

Die Sache liegt jedoch ganz anders, wenn wir einem Instinkte
begegnen, dessen Wirksamkeit dem Individuum schädlich zu sein
scheint, ohne der Art dabei zum Vorteil zu gereichen; in einem
solchen Falle würde also der Schaden für das Individuum auch
einen Nachteil für die Art einschliessen. Solche Erscheinungen
sind in der That ganz analog denen, bei welchen gewisse Körper-
bildungen ihren Besitzern anscheinend nachteilig sind, ohne dass
man einen ausgleichenden Nutzen für die Art dabei erkennt.*) Wie
Darwin bemerkt, würde ein solcher Fall, der sich in Wirklichkeit
als schädlich erwiese, mit unsrer Lehre von der natürlichen Züchtung sich nicht vereinbaren lassen, insofern dieselbe „nur durch und
für das Gute aller wirkt“. Ferner fügt Darwin hinzu: „Wenn
es bewiesen werden könnte, dass irgend ein Teil der Organisation

---

*) Vergl. „Entstehung der Arten“ S. 232, wo die Klapper der Klapper-
schlangen u. dergl. Erwähnung findet.

einer Spezies nur zum ausschliesslichen Besten einer andern Spezies gebildet worden sei, so würde das meine Theorie vernichten."

Offenbar gilt diese Bemerkung gleicherweise auch für die Instinkte. Es ist deshalb von der höchsten Wichtigkeit, alle bekannten Instinkte zu durchmustern, um zu erforschen, ob es einen Fall gibt, welcher der betreffenden Spezies nachteilig ist oder ausschliesslich zum besten andrer Arten wirkt. Denn wenn ein solcher Fall zu finden ist, würden wir einerseits unsre ganze Theorie mit Bezug darauf zu modifizieren haben, während andrerseits, wenn ein solcher Fall nicht vorliegt, die Thatsache der ungeheuren Menge der tierischen Instinkte, die sich der betreffenden Art und niemals ausschliesslich einer andern Spezies, nützlich erweist, für den denkbar bündigsten Beweis unsrer Theorie angesehen werden muss, welche ja sämtliche Instinkte auf die bezeichneten Ursachen zurückführt. Ich kann jedoch nicht verschweigen, dass es einen einzigen Fall gibt, wo der Instinkt einer Spezies anscheinend ausschliesslich einer andern zu gute kommt, während es verhältnismässig häufig vorkommt, dass der eigentümliche und vorteilhafte Instinkt einer Art auch andern Arten Nutzen bringt. Mit den letzteren haben wir es hier natürlich nicht zu thun. Dagegen finden wir den ersterwähnten Fall schon bei Darwin erwähnt. Er betrifft die Blattläuse, die ihre Sekretion den Ameisen überlassen. Darwins Erklärung dafür besteht darin, dass „da die Aussonderung ausserordentlich klebrig ist, es ohne Zweifel für die Aphiden angenehm sein wird, wenn sie entfernt wird, und so ist es denn wahrscheinlich auch in diesem Falle nicht ausschliesslich auf den Vorteil der Ameisen abgesehen".*)

Kommen wir nun zu einer andern Seite unsres Themas, so kann ich nach reiflicher Ueberlegung nur zwei oder drei Instinkte finden, die dem Anschein nach für die besitzende Art von Nachteil sind.

1. Selbstmord des Skorpions. Es gibt zwei oder drei von einander unabhängige Zeugnisse — das eine, nach Dr. Allen Thomson, aus einem zuverlässigen Berichte eines seiner Freunde bestehend — für die allgemeine Behauptung, dass wenn sich ein

---

*) Entstehung der Arten, S. 290.

Skorpion von Feuer umgeben sieht oder sonstwie einer ungewöhnlichen Hitze ausgesetzt wird, er einen Selbstmord begeht, indem er sich totsticht. Es wird dies jedoch, wie ich gleich hinzufügen muss, von andern Forschern bestritten. Der erwähnte Bericht an Dr. A. Thomson wurde zwei namhaften Naturforschern zur weitern Feststellung der betreffenden Thatsache mitgeteilt. Dieselben kamen darin überein*), dass der Skorpion niemals einen Selbstmord begeht, und da Prof. Morgan zudem noch die Tiere sogar einer Reihe der peinvollsten Qualen aussetzte, jedoch mit dem gleichen negativen Erfolg, so halte ich diesen Gegenstand damit für erledigt. Übrigens stellte Mr. G. Biddie, der bei seinen Versuchen u. a. durch Kondensierung der Sonnenstrahlen mittelst einer Linse eine starke Hitze auf den Rücken des Tieres wirken liess, neuerdings die Vermutung auf,**) dass das Tier bei seinen Versuchen zur Abwehr eines imaginären Feindes wohl sich selbst gestochen haben könnte.

2. In die Flammen fliegende Insekten. Die Neigung vieler Insekten, nach einer Flamme hin und durch sie hindurch zu fliegen, ist jedenfalls einem Instinkt zuzuschreiben und könnte daher als ein dem Individuum, wie der Art gleich schädlicher Instinkt aufgefasst werden. Ehe wir jedoch zu dieser Schlussfolgerung gelangen, sind mehrere Möglichkeiten zu berücksichtigen. Erstens bildet eine Flamme in der Natur ein überaus seltenes Ereignis, so dass nicht anzunehmen ist, es hätte sich ein Instinkt ausdrücklich zu deren Vermeidung ausbilden können. Wenn sonach die zur Nacht fliegenden Insekten derart organisiert sind, dass ihnen die Annäherung und Prüfung leuchtender Gegenstände von Vorteil ist, so wäre es durchaus nichts Unnatürliches, wenn sie sich in der Unterscheidung zwischen Flammen und andern leuchtenden Dingen — weissen Blummen und dgl. — irrten. Der Instinkt, in die Flamme zu fliegen, ist bei Insekten aller Arten aber so häufig, dass wir nicht wohl sämtliche hierher gehörigen Fälle auf einen solchen Irrtum schieben können. Wir bedürfen deshalb einer umfassenderen

---

*) Prof. Lankester im „*Journal of the Linn Soc.*" (1882), Prof. Lloyd Morgan in „*Nature*" XXVII, 313.

**) *Nature* 1883, 12. Juli.

Erklärung und finden dieselbe vielleicht bei andern, ähnlichen Erscheinungen. Viele Vögel legen genau dieselbe Vorliebe an den Tag, wie die Erfahrungen bei Leuchttürmen zeigen, und nach Professor A. Newton werden einige Arten leichter als andre vom Lichte angezogen. Hierbei kann aber ein solcher Irrtum, wie der beschriebene, kaum obwalten, und deshalb wird jene Gewohnheit wahrscheinlich aus blosser Neugierde oder dem Verlangen zur Prüfung des neuen und auffallenden Gegenstandes entsprungen sein; dass dieselbe Erklärung auch für die Insekten gilt, wird noch wahrscheinlicher dadurch, dass auch Fische durch den Schein von Laternen und dergl. angezogen werden; die Psychologie eines Fisches wird aber, wenn überhaupt, keinen merklichen Vorzug vor den Insekten beanspruchen. Somit werden wir ohne Zweifel die erwähnte Vorliebe nicht als einen speziell mit Rücksicht auf eine Flamme ausgebildeten Instinkt zu betrachten haben. Bei dem allgemeinen Interesse des Gegenstandes will ich aber noch einige Bemerkungen darüber folgen lassen, die ich unter Darwins Manuskripten, wenn auch nicht von dessen Handschrift, finde:

„Frage. Warum fliegen Motten und viele Mücken in die Lichtflamme, nicht aber nach dem Monde zu, wenn derselbe am Horizonte steht? Allerdings bemerkte ich längst, dass sie bei Mondschein weniger häufig in die Lichtflamme fliegen. Sobald aber eine Wolke darüber hinzieht, werden sie alsbald wieder vom Lichte angezogen“. — Ich weiss nicht, von wem diese Beobachtung herrührt. Die Antwort auf die interessante Frage ist aber die, dass der Mond ein vertrauter Gegenstand ist, den die Insekten als selbstverständlich hinnehmen und sonach zur Prüfung desselben kein Verlangen empfinden. Dagegen zweifle ich nicht, dass wenn der Mondschein auf einen Punkt eines dunklen Zimmers konzentriert würde, Motten und Mücken darauf zufliegen würden.

In der „*Nature*“*) schreibt J. S. Gardener:

„Während ich die grossen Hufeisenfälle von Skjalfandafljot bei Sjosavan in Island beobachtete, sah ich Motte auf Motte freiwillig in den Katarakt sich stürzen und verschwinden. Manche, die

---

*) *Vol.* XXV, p. 436.

ich aus einiger Entfernung herankommen sah, flatterten zuerst eine Weile unschlüssig hin und her, bis sie dem Wasser näher kamen und geradewegs hineinflogen. Die glitzernden Fälle schienen zuletzt ebenso anziehend, wie künstliches Licht für sie zu sein." Ohne Zweifel ist diese Erklärung richtig, insofern auch ein glänzender Wasserfall kein hinreichend häufiges Vorkommnis in der Natur ist, um nicht die Neugier der Motten anzureizen oder auf der andern Seite einen speziellen Instinkt zu entwickeln, der die Insekten vor der Annäherung warnte.

3. Darwin erwähnt im Anhang zweier oder dreier Fälle von Instinkt, die beim ersten Blick der betr. Art zum Nachteil zu gereichen scheinen. So z. B. offenbart das Krähen des Fasanen beim Niederlassen dem Wilddieb seine Anwesenheit, wie das Gegacker des Huhns, nach Ablegen des Eies, den Eingebornen von Indien den Ort anzeigt, wo das Nest versteckt ist; manche Vögel bauen ihre Nester an den augenfälligsten Stellen, und eine Art Spitzmaus verrät sich selbst, indem sie bei jeder Annäherung schreit.

In allen diesen und ähnlichen Fällen scheint mir die Schwierigkeit nur eine eingebildete zu sein, denn sie kann sich nur ergeben, wenn wir uns den wichtigsten Prinzipien, die im Vorhergehenden ihre Darlegung gefunden haben, verschliessen. Diese Prinzipien besagen nicht, dass ein Instinkt jemals mit Bezug auf einen künftigen Wechsel der Umgebung gebildet oder modifiziert worden sei, sondern nur, dass wenn ein solcher Wechsel stattgefunden, selbst in den dringendsten Fällen eine gewisse Zeit erforderlich ist, um durch Modifizierung des Instinkts einen Ausgleich herbeizuführen. Nun ist es, mit Bezug auf die erwähnten Fälle, kaum wahrscheinlich, dass der Instinkt des Krähens seitens des Fasanen in der kurzen Zeit hätte modifiziert werden können, da seine Voreltern in unsrer Gegend heimisch wurden und infolge davon einer aus Hunderten Wilddieben zum Opfer fiel. Das Gegacker des wilden Huhns scheint schon ein bedenklicherer Fall zu sein; hier dreht sich aber die ganze Frage um den wirklichen Prozentsatz der dadurch den Einwohnern zur Beute fallenden Eier; ich halte denselben aber für verhältnismässig sehr gering. Vögel, die an ausgesetzten Orten nisten, liefern nur dann ein Argument gegen die Abänderungsfähigkeit des Instinkts durch natürliche Züchtung, wenn bewiesen werden könnte, dass die ausgesetzte Lage schon viele Generationen hindurch zur Zerstörung der Nester durch Menschen oder Tiere geführt habe; ein solcher Beweis fehlt aber bisher. Selbst in betreff des auffälligsten Beispiels hierzu — des Ofenvogels (*Furnarius*) vom Laplata — sagt Darwin nur, „dass dieser Vogel sich in einem dicht bevölkerten Lande mit vielen auf seine Nester erpichten Jungen aufhalte und bald ausgerottet sein werde“. Ebenso bedarf es noch des Beweises, ob die Gewohnheit der Spitzmaus auf Mauritius schon seit Generationen zur Vernichtung vieler Individuen durch Menschen geführt hat.

Bei allen diesen Fällen müssen wir bedenken, wie unbedeutend der Einfluss des Menschen — und besonders des Wilden — gewöhnlich ist, im Vergleich mit der ganzen Summe der übrigen organischen und unorganischen Einflüsse; ferner haben wir die Zeit zu berücksichtigen, die in jedem Falle zur Modifikation eines Instinkts erforderlich ist, und schliesslich den Nachweis darüber zu fordern, dass der Instinkt, der jetzt einigermassen schädlich wirkt, schon seit lange in hohem Grade nachteilig gewesen sei. Mir ist kein Fall bekannt, der nach Erfüllung aller dieser Vorbedingungen nicht zur Vertilgung der Art durch den Menschen oder aber zur Entwicklung der erforderlichen Instinktänderung geführt hätte.

4. Darwin weist im Anhang auch auf die schädlichen Wirkungen hin, die der Wandertrieb gewisser Tiere häufig mit sich bringt. So sagt er z. B., dass die Versammlung der vierfüssigen Tiere Afrikas und der Wandertauben von Amerika diesen Tieren nachteilig sei, weil sie sich dabei den Verfolgungen der Raubtiere oder des Menschen leichter aussetzen. Wenn wir aber die ungeheure Anzahl der sich auf diese Weise versammelnden Tiere ins Auge fassen, so schwindet jede Schwierigkeit; denn nicht nur ist der Prozentsatz der vernichteten Tiere an sich geringfügig, sondern ich zweifle auch, dass er merklich grösser sei, als wenn diese Unzahl von Tieren über sehr weite Flächen zerstreut wäre. Einen bedenklicheren Fall liefert der norwegische Lemming; ich werde denselben daher etwas eingehender behandeln. Seit Darwin seine darauf bezüglichen Bemerkungen (im Anhang) niederschrieb, sind

noch weitere Veröffentlichungen darüber erfolgt, auf die ich im folgenden Bezug nehme. Mr. Crotch, der Gelegenheit hatte, diese Erscheinungen mehrere Jahre hindurch zu beobachten, schreibt: „Die Lemminge, kleine Nagetiere, besuchen unsern Teil von Norwegen nicht regelmässig; sie können aber mit ziemlicher Sicherheit alle drei bis vier Jahre erwartet werden. Daher ist es wahrscheinlich, dass die eine oder andre Wanderung der Aufmerksamkeit entgeht, so dass die Ansicht entstehen konnte, sie fände nur alle zehn Jahre statt. Die Wanderung ist übrigens stets westwärts gerichtet und die Theorie, dass sie durch Futtermangel entstünde, scheint mir deshalb fehlzugreifen, da eine Wanderung nach Süden in diesem Sinne grössere Vorteile verspräche. Mr. Guyne meint, dass die Richtung lediglich der Wasserscheide folge. Letztere läuft jedoch ebenso wohl nach Ost wie nach West und folgt auch den Thälern, die sich häufig auf hunderte von Meilen nach Norden oder Süden erstrecken, während die Richtung der Lemminge stets nach Westen geht. Jedenfalls ist dies in Norwegen der Fall, wo sie die breitesten Seen mit Wasser von ausserordentlich niedriger Temperatur, die reissendsten Strömungen wie die tiefsten Schluchten durchkreuzen. Ohne Fanale finden sie bei Nacht ihren Weg durch eine Wildnis; sie ziehen ihre Familie während der Wanderung gross und die drei oder vier Generationen eines kurzen subarktischen Sommers helfen den Zug anschwellen. Sie überwintern die sieben oder acht schwersten Monate unter einer mehr als sechs Fuss hohen Schneedecke und nehmen mit den ersten Sommertagen (denn in jenen Gegenden kennt man keinen Frühling) ihre Wanderung wieder auf. Endlich stürzt der abgehetzte Haufe, geschwächt durch die fortwährenden Angriffe von Wolf, Fuchs und selbst vom Rentier, verfolgt von Adler, Falken und Eule, selbst seitens des Menschen nicht verschont und trotz alledem noch in ungeheurer Menge, am ersten ruhigen Tag in den atlantischen Ozean und kommt, das Gesicht immer nach Westen gerichtet, um, ohne dass ein Schwachherziges zurückbliebe oder ein Überlebendes in die Berge zurückkehrte. R. Collett, ein norwegischer Naturforscher, schreibt, dass im November 1868 ein Schiff fünfzehn Stunden lang durch einen

Schwarm Lemminge segelte, welcher sich, so weit das Auge reichte, über den Trondhjemsfjord erstreckte."*)

So verhält sich, Mr. Crotch zufolge, die Thatsache; im Nachstehenden führe ich nun die Hypothesen an, die seither zur Erklärung derselben aufgestellt wurden. Wallace vermutet,**) dass die natürliche Züchtung bei der Entwicklung des Wandertriebes eine grosse Rolle gespielt habe, indem sie den Tieren, die ihr Gebiet dadurch erweiterten, einen grossen Vorteil gewähre. Dieser Ansicht hält Mr. Crotch mit Rücksicht auf die Lemminge entgegen, dass „das Tier allerdings stets während der Wanderung Junge aufzieht: da aber keines zurückkehrt oder überlebt, so fällt es schwer zu sagen, was aus dem Geeignetsten wird." Dagegen ist seine eigne Theorie sehr originell. „Es gibt," meint er, „eine Auflösung dieser Schwierigkeit, die einen Gegenstand von höchstem Interesse bildet und mich dazu verleitete, zwei Jahre hindurch auf den Kanarischen und ihnen benachbarten Inseln zu leben. Ich denke an die Insel oder den Kontinent der sog. Atlantis. Unzweifelhaft bestand dieses Land im Norden des atlantischen Ozeans und zwar vor noch nicht allzulanger Zeit. Ist es nun nicht denkbar und sogar wahrscheinlich, dass, als ein grosser Teil von Europa noch unter Wasser lag und eine trockne Verbindung zwischen Norwegen und Grönland bestand, die Lemminge den Wandertrieb nach Westen erwarben, und zwar aus denselben Gründen, die auch für bekanntere Wanderungen gelten? Auch scheint mir die Thatsache, dass der Antrieb zur Wanderung nach jenem Kontinent zurückblieb, nicht unwahrscheinlicher, als dass der Hund sich noch heute herumdreht, ehe er sich auf seine Decke legt, lediglich weil seine Vorfahren es notwendig fanden, sich ein Lager in dem langen Gras zu höhlen."

In einer späteren Abhandlung***) bekämpft er mit Hilfe der Karte die landläufige Theorie, „dass jene Wanderungen den natürlichen Abdachungen des Landes folgten," und fährt dann weiter fort: „Die mittlere Tiefe zwischen Norwegen und Island übersteigt

---

*) *Linn. Soc. Journ.* XIII, p. 30.
**) *Nature* X, p. 759.
***) *Linn. Soc. Journ.* XIII, p. 157.

nicht 250 Faden, mit Ausnahme eines tiefen und engen Kanals von
682 Faden unter 14⁰ w. L. Derselbe bildet wahrscheinlich das
Bett des alten Golfstroms; in diesem Falle strebten die Lemminge
mit Fug und Recht westwärts nach seiner belebenden Wärme.
Wenn auch der Ozean nun nach und nach sich des Landes be-
mächtigte, machten sich doch nach wie vor die alten Vorzüge
geltend und zwar bis auf den heutigen Tag."

Eine Widerlegung dieser geistreichen Theorie versuchte ein
andrer Forscher, dem ebenfalls eine lange Erfahrung in dieser Beziehung zur Seite steht, Rob. Collett in Christiania.*) Seine Ansicht besteht darin, dass in Jahren, wo die Fruchtbarkeit der Tiere
aussergewöhnlich stark ist, eine grosse Anzahl von Individuen sowohl
durch Hunger, als auch „durch den dieser Spezies eigentümlichen
Wandertrieb" dazu verleitet werden, die Grenzen ihrer heimischen
Hochebenen zu überschreiten und sich über ein Gebiet auszudehnen,
das beträchtlich grösser ist, als von irgend einer andern Art unter
ähnlichen Umständen beansprucht wird." Da die Aufzucht von
Jungen während der Wanderung fortdauert, so wird in Fällen, wo
die Wanderung zwei bis drei Jahre anhält, die Produktion über die
Maassen stark; die Massen werden fortwährend nach der Abdachung
des Landes hin weitergeschoben und die Wanderung gestaltet sich
zu einer Überschwemmung der tiefer gelegenen Landesteile, je
weiter die Tiere auf der Suche nach geeigneten Plätzen (die ihnen
dauernde Subsistenzmittel zu bieten scheinen) vordringen, bis der
Ozean ihnen schliesslich Halt gebietet oder sie durch irgend welche
andre Einflüsse vernichtet werden.

Wenn wir Colletts reiche Erfahrungen über diesen Gegenstand berücksichtigen und sie mit der grossen Wahrscheinlichkeit
seiner Darlegung zusammenhalten, so werden wir am liebsten seiner
Ansicht beistimmen. Ein sehr wesentlicher Unterschied zwischen
Crotch und Collett besteht übrigens in betreff einer bestimmten
Thatsache. Während nämlich Crotch behauptet, dass die Wanderungen, ohne Rücksicht auf die Abflachung des Landes, westwärts
gingen, betont Collett ausdrücklich, „dass die Wanderungen die

---

*) Ibid. p. 327.

Richtung der Thäler verfolgten und deshalb von der Hochebene aus nach allen Seiten hin abzweigten." Wenn letzteres der Fall ist, so wäre Crotchs Theorie damit abgethan und die einzige Schwierigkeit läge noch in der Erklärung, warum, wenn die Lemminge die See erreichen, sie noch immer ihren Lauf fortsetzen, um in Massen zu ertrinken? Die Antwort darauf ist aber wohl nicht schwierig zu finden. Wenn sie auf ihrer Wanderung an einen Strom oder einen See kommen, schwimmen sie nach ihrer Gewohnheit hindurch, bis sie schliesslich das Ufer erreichen; somit kann es uns nicht überraschen, wenn sie sich, am Meere angelangt, in ähnlicher Weise verhalten und dasselbe für einen grossen See haltend, hartnäckig vom Lande abhalten, um schliesslich in der immerwährenden Hoffnung, das jenseitige Ufer zu erreichen, erschöpft den Wellen erliegen. Nach alledem kann ich nicht einsehen, dass die Wanderungen der Lemminge der Entwicklungstheorie eine grössere Schwierigkeit zu bereiten im stande wären, als die so wichtige Frage des Wandertriebs überhaupt, zu deren Betrachtung wir jetzt übergehen wollen.

## E. Wandertrieb.

Wenn wir das Tierreich von der untersten Stufe nach aufwärts verfolgen, so begegnen wir den ersten Spuren des Wandertriebes bei den Artikulaten. Ich berufe mich dabei auf die schon anderorts*) beschriebenen Wanderungen der Krabben und Raupen, wozu ich in betreff der letzteren noch folgenden Bericht (aus „*Colonies and India*") nachbringen möchte:

„Wenn man hört, dass ein Eisenbahnzug durch Raupen aufgehalten worden sei, so lautet das wie eine Übertreibung, und dennoch hat dies vor einigen Tagen stattgefunden. In der Nähe von Turakina, Neuseeland, zog eine grosse Armee von Hunderttausenden von Raupen quer über den Bahndamm einem frischen Haferfeld zu, als der Zug heranbrauste. Tausende des kriechenden Gewürms wurden von den Rädern der Maschine zermalmt, aber plötzlich blieb der Zug stehen.

---

*) *Animal Intelligence* p. 231—238.

Bei näherer Prüfung ergab es sich, dass die Räder der Maschine so fettig geworden waren, dass sie sich umdrehten, ohne vorwärts zu kommen — sie vermochten die Schienen nicht mehr anzugreifen. Zugführer und Maschinisten verschafften sich Sand, den sie auf die Schienen streuten und der Zug nahm einen neuen Anlauf; inzwischen hatte es sich jedoch herausgestellt, dass während des Aufenthalts die Raupen zu vielen Tausenden über die ganze Maschine gekrochen waren und sämtliche Wagen von in- und auswendig bedeckten."

Auch in betreff der Schmetterlinge liegen zahlreiche Berichte von Wanderungen vor. Madame de Meuron-Wolff beschreibt einen ungeheuren Schwarm Distelfalter, die dicht zusammengeballt in südnördlicher Richtung über Grandson (in Wallis) zogen. Die Heeressäule war 10—15 Fuss breit, flog ziemlich niedrig und gleichmässig vorbei. Der Flug dauerte zwei Stunden. Die Raupe dieser Art wird übrigens nie haufenweise gefunden. Prof. Bonelli erwähnt einer ganz ähnlichen Wanderung aus derselben Gegend, nur dass der Zug länger dauerte; die Insekten bedeckten nachts alle Blumen und Blüten und nahmen mit Anbruch des Tages ihre Reise wieder auf.

Ungeheure Schwärme von Libellen wurden wiederholt beobachtet; der bemerkenswerteste Fall ereignete sich aber im Mai 1839 und scheint sich über einen grossen Teil von Europa erstreckt zu haben. Die Insekten flogen in einer Höhe von 100—150 Fuss und schienen der Richtung der Flüsse zu folgen.

Viele Fische wandern regelmässig zum Zwecke des Laichens, wie z. B. der Hering, die Salme u. s. w., oder auch um Wasser zu suchen. Von den Reptilien sind vor allem die Schildkröten zu erwähnen, welche die Insel Ascension zu besuchen pflegen, um ihre Eier dort abzulegen. Wie die Tiere diesen verhältnismässig winzigen Fleck in dem grossen, weiten Ozean zu finden wissen, ist ganz unbegreiflich. Prof. Moseley schrieb mir darüber: „Kein Mensch würde ohne die modernen Hilfsmittel zur Auffindung der Breiten- und Längengrade die Inseln Tristan und Ascension auffinden; besonders schwierig wird dies aber noch für Tiere, deren Sehfeld sich nicht über die Meeresfläche erhebt und denen die Inseln daher nur in einer kurzen Entfernung sichtbar werden. Wiederholt kam es vor, dass Kauffahrteifahrer Bermuda nicht zu finden vermochten und infolge dessen die falsche Nachricht zurückbrachten, die Insel sei untergegangen. . . . Übrigens," fügt Prof. Moseley hinzu, „ist es auch möglich, dass die Tiere sich gar nicht auf weite Strecken vom Lande zurückziehen, sondern der Beobachtung entrückt, irgendwo in der Nähe sich aufhalten." Ich darf mich nach alledem wohl für befugt halten, von einer weitläufigeren Diskussion über einen so unsicheren Gegenstand abzusehen,

Unter den Säugetieren, und zwar vom Walfisch bis zur Maus, finden wir viele wandernde Arten, bei den Vögeln aber wird diese Neigung zu einem der hervorragendsten Instinkte. Eine sehr gewichtige Autorität in der Vogelkunde schreibt in der neuen „*Encyclopaedia Britannica*": „Jede Vogelklasse der nördlichen Hemissphäre ist zu einem mehr oder minder grossen Teile wanderlustig. Dies berechtigt uns zu der weiteren Schlussfolgerung, dass der Wandertrieb, statt, wie man häufig meint, einen Ausnahmefall zu bilden, fasst allgemein vorherrscht." Ich kann hier nicht auf die Frage über den Wandertrieb im allgemeinen eingehen; nachdem ich die Tiere namhaft gemacht habe, bei denen dieser Instinkt am deutlichsten ausgeprägt ist, will ich lieber zur Theorie seiner Entstehung übergehen. Ich verweise dabei in erster Linie wieder auf den Anhang, wo Darwin, gleich im Eingang desselben, zu folgenden Resultaten kommt:

„1. Bei verschiedenen Gruppen der Vögel lässt sich eine vollständige Reihe von Übergängen beobachten, und zwar von solchen, die innerhalb eines gewissen Gebiets entweder nur gelegentlich oder regelmässig ihren Wohnort wechseln, bis zu solchen, die periodisch nach weit entlegenen Ländern ziehen.

„2. Ein und dieselbe Art wandert in dem einen Lande, während sie in einem andern stationär ist; oder es sind verschiedene Individuen derselben Art in demselben Gebiete Zugvögel, die andern Standvögel.

„3. Der Instinkt des Wanderns besteht eigentlich aus zwei deutlich verschiedenen Faktoren, nämlich dem Antrieb, periodisch

zu wandern, und dem Vermögen, eine bestimmte Richtung während
der Wanderung einzuhalten.

„4. Der wilde Mensch zeigt eine instinktive Kenntnis der Richtung, die ganz analog derjenigen der wandernden Tiere ist.

„5. Auch bei unsern Haustieren sind Fälle von eigentlichem
Wanderinstinkt bekannt."

Dies sind bekannte Thatsachen; unsre Aufgabe ist es nun,
uns von dem Ursprung dieses Instinkts Rechenschaft zu geben.
Darwins Lehre besteht darin, dass die Vorfahren der wandernden
Tiere alljährlich durch Kälte oder Futtermangel dazu getrieben
wurden, langsam südwärts zu ziehen; somit können wir uns wohl
vorstellen, dass dieses notgedrungene Wandern zuletzt zu einem
instinktiven Trieb werden konnte, wie z. B. beim spanischen Schafe.
Bei den Vögeln werden die Flügel zu demselben Zweck benutzt
worden sein und wenn im Laufe vieler aufeinanderfolgenden Generationen das Land, über welches sie hinflogen, bei ihren jährlichen
Reisen allmählich unter Wasser sank, so wird die Flugrichtung doch
unverändert geblieben sein und somit derjenige Zustand sich entwickelt haben, den wir heute kennen — über weite Strecken des
Ozeans hinfliegende Wandervögel.

Ehe wir näher in diese Theorie eingehen, will ich noch hervorheben, dass auch Wallace auf unabhängigem Wege zu demselben Resultate kam. Wenn aber Darwins verwandte Ansichten
erst jetzt veröffentlicht werden, so sind sie doch schon vor 20 bis
30 Jahren niedergeschrieben worden. Ich nehme indessen zunächst
auf den bekannten Wallaceschen Brief*) Bezug, den ich nachstehend *in extenso* wiedergebe, nicht allein, um die genaue Übereinstimmung zu zeigen, sondern auch, weil das von Wallace
zusätzlich erwähnte Element — die Trennung der Brut- und
Futterplätze — von der höchsten Wichtigkeit ist:

„Nehmen wir an, dass bei einer Art Zugvögel das Brüten nur

---

*) „*Nature*" 8. Okt. 1874. — Auch seitens des Kap. Hutton wurden
diese Anschauungen bereits im Jahre 1872 angedeutet (*Trans. New Zealand
Inst,* p. 235).

innerhalb eines bestimmten Gebiets sicher vor sich gehen kann, dass aber dasselbe Land während eines grossen Teils des übrigen Jahres hinreichende Nahrung nicht zu bieten vermag: so folgt daraus, dass diejenigen Vögel, welche die Brutplätze nicht zu der bestimmten Jahreszeit verlassen, notleiden und aussterben. Das gleiche Schicksal wird aber auch diejenigen treffen, welche die Futterplätze nicht zu der geeigneten Zeit im Stiche lassen. Wenn wir nun weiter annehmen, dass die beiden Gegenden (für irgend einen weit zurückliegenden Vorfahren der betreffenden Art) identisch waren, durch geologische und klimatische Änderungen aber allmählich von einander abwichen, so ist leicht einzusehen, dass die Gewohnheit der beginnenden oder teilweisen Wanderung zur geeigneten Jahreszeit zuletzt erblich und mittelst eines eignen Instinkts befestigt wurden. Man wird wahrscheinlich finden, dass jede Entwicklungsstufe noch heute in verschiednen Teilen der Welt existiert, von einer völligen Identität bis zu einer vollständigen Trennung der Brut- und der Nahrungsgebiete. Wenn die Naturgeschichte eine hinreichende Anzahl von Arten in allen Teilen der Welt ausgeforscht haben wird, so wird sich jedes Glied zwischen solchen Arten, die niemals ein fest begrenztes Gebiet, in dem sie brüten und das ganze Jahr hindurch leben, verlassen, bis zu solchen, die zwei absolut getrennte Gebiete beanspruchen, auffinden lassen. Die wirklichen Ursachen, welche, Jahr für Jahr, für gewisse Arten die genaue Zeit der Wanderung bestimmen, sind natürlich schwierig festzustellen. Ich möchte jedoch vermuten, dass sie von klimatischen Veränderungen abhängen, welche die betreffenden Arten am empfindlichsten berühren: Der Farbenwechsel oder der Fall des Laubes, die Umwandlung gewisser Insekten in den Puppenzustand, vorherrschende Winde oder Regenfälle, oder auch die abnehmende Temperatur des Bodens und des Wassers, mögen sämtlich von Einfluss sein."

Man wird bemerken, dass diese Theorie neben ihrer offenbaren Wahrscheinlichkeit eine wesentliche Stütze in den Darwinschen Untersuchungen findet, die eine allgemeine Beziehung herstellt zwischen ozeanischen Inseln, von denen man guten Grund hat, zu vermuten, dass sie niemals mit dem Festlande verbunden waren, und der Abwesenheit von Zugvögeln.*)

Ferner macht diese Theorie zwei wichtige Voraussetzungen: Erstens, dass die Vögel einen sehr genauen Orientierungssinn haben, und zweitens, dass eine zuverlässige Kenntnis der zu verfolgenden Richtung vererbt würde; denn es unterliegt keinem Zweifel, dass der junge Kuckuck (der unsre Gegend nach seinen Eltern verlässt) auf seiner Reise durch keinerlei fremde Mittel geleitet wird, und dasselbe wird auch noch von den Jungen vieler andrer Arten versichert.**) Betrachten wir diese beiden Voraussetzungen einzeln nacheinander, so ist die erstere einfach eine Thatsache, so unerklärlich auch dieselbe an und für sich sein möge. Zugvögel besitzen ohne Zweifel einen sehr genauen Orientierungssinn; derselbe stimmt der Art nach wahrscheinlich mit dem Instinkt für die Auffindung der Heimat bei vielen Haustieren, sowie auch, nach Darwin, beim wilden Menschen wesentlich überein. Ich könnte Seiten füllen mit Korrespondenzen, die ich von allen Seiten der Welt mit Berichten über diese Fähigkeit bei Hunden, Katzen, Pferden, Eseln, Schafen,

---

*) Ich kann nicht verhehlen, dass mir eine einzige Thatsache bekannt wurde, welche gegen die auseinandergesetzte Theorie zu sprechen scheint. Hurdis in seinem Werk „*The Naturalist in Bermuda*" berichtet, dass der wandernde Gold-Regenpfeifer (*Charadrius marmoratus*) in zahlreichen Scharen über die Inseln (ohne sich jedoch jemals niederzulassen) nach Süden zieht, während sie auf ihrer Rückkehr nach Norden noch niemals über die Inseln ziehend gesehen wurden. Wenn es sich nun bestätigte, dass die Vögel zu ihrer Hin- und Herreise verschiedene Routen verfolgen, so würde der obigen Theorie hierdurch einige Schwierigkeit erwachsen; da aber Hurdis behauptet, die Vögel flögen auf ihrer Reise nach Süden in einer enormen Höhe über die Inseln, so ist es nicht ganz unwahrscheinlich, dass sie denselben Weg, aber in einer noch beträchtlicheren Höhe, auch bei ihrer Rückreise nach Norden einschlagen und dadurch der Beachtung entgehen.

**) Vergl. Temminck, *Man. d' Orn.* III., *Introd.* u. Seebohm, *Siberia in Europe.* Anderseits behauptet Leroy, dass bei den Schwalben diejenigen, welche keinen Unterricht genossen, auch nicht wanderten; er fügt hinzu, dass wenn eine Brut zu spät ausgebracht sei, um die alten Vögel auf ihrer Reise begleiten zu können, sie umsonst die Reife erlangten . . . „sie kommen um, als Opfer ihrer Unwissenheit und der verspäteten Geburt, die sie unfähig macht, den Eltern zu folgen".

Kühen, Ziegen und Schweinen erhielt*); da viele ähnliche Fälle
aber weit und breit bekannt sind, so halte ich es für überflüssig,
hier davon Notiz zu nehmem. Die Hauptsache besteht darin, dass
die Tiere ihren Rückweg auf weite Entfernungen hin zu finden
wissen, selbst wenn die Abreise bei Nacht oder im verschlossenen
Wagen geschieht. Ja, es ist nachgewiesen, dass manchmal, wenn
auch nicht immer, die Tiere auf ihrer Rückreise einen andern Weg
einschlagen, als sie gekommen sind und dabei die direkte Luft-
linie vorziehen.**) Hierzu möchte ich noch ein Beispiel anführen,
das mir von einem Korrespondenten aus Australien mitgeteilt wurde:
„Ein paar Pferde wurden viele hundert Meilen zu Schiff um die
australische Küste herum versandt; da sie sich mit ihrem neuen
Heim nicht befreunden konnten, so flüchteten sie über Land wieder
zurück; nachdem sie 230 engl. Meilen zurückgelegt hatten, fanden
sie sich plötzlich auf einer Halbinsel abgeschnitten, wo man sie,
da sie nicht wieder umzukehren wagten, bald darauf einfing.“

Nun ist es klar, dass diese Thatsache allein — dass Tiere

---

*) Mir ist ein Beispiel von einer Katze bekannt, die in vier Tagen von
London nach Huddersfield (eine Entfernung von 200 engl. Meilen) zurückkehrte.
Ein noch merkwürdigerer Fall wurde vor einigen Jahren von Mr. J. B. A n-
d r e w s in der „*Nature*“ (VIII, p. 6) veröffentlicht. Die Erzherzogin Marie
Rainer verbrachte den Winter 1871—72 im Hotel Viktoria zu Mentone
und fasste eine grosse Vorliebe für einen dem Besitzer Milandri gehörigen
Seidenhund. Im Frühjahr 1872 nahm sie den Hund mit nach Wien. Nicht
lange darnach kam derselbe wieder im Hotel zu Mentone an, er hatte also
einen Weg von fast 1000 engl. Meilen gemacht. Bald nach seiner Ankunft
starb er an den erlittenen Strapatzen und wurde im Hotelgarten beerdigt, wo
man ihm ein Denkmal errichtete. A. W. H o w i t t teilte der „*Nature*“ um
dieselbe Zeit (vol. VIII, p. 322) eine Anzahl Fälle mit, denen zufolge Pferde
und Rindvieh ihren Weg über mehr oder weniger weite Strecken nach Hause
finden; ich berufe mich auf ihn hauptsächlich aus dem Grunde, weil er sagte,
dass die Rückkehr zuweilen erst nach längerer Zeit und zwar nach Monaten
und Jahren stattfinde.

**) Die Amerikaner nennen diese direkte Linie die „Bienenlinie (*bee-line*)“,
da in manchen Gegenden dort die Gewohnheit herrscht, eine Anzahl herum-
schweifender honigtragender Bienen zu fangen und sie dann von verschiedenen
Punkten aus fliegen zu lassen. Die Insekten fliegen dann in gerader Linie
auf ihren Stock zu, den sie dadurch den Honigsuchern verraten.

bei ihrer Rückkehr nicht denselben Weg einschlagen — genügt, die Wallacesche Hypothese wenigstens bezüglich der Behauptung zu widerlegen, dass der Rückweg von einer Erinnerung an die während des Hinwegs erfahrenen Geruchs-Eindrücke abhänge, indem ihnen die letzteren als Wegweiser dienten. Sonach scheinen mir nur zwei Erklärungen möglich. Erstlich, könnte man nämlich voraussetzen, dass die Tiere mit einem speziellen Sinn zur Wahrnehmung der magnetischen Erdströmungen begabt seien und mittels desselben sich zurechtfänden; es steht der innern Wahrscheinlichkeit dieser Annahme zwar nichts entgegen, da wir jedoch keine greifbaren Beweise dafür haben, so wollen wir lieber davon absehen. Die andre Hypothese besteht darin, dass Tiere eine unbewusste Erinnerung an die Drehungen und Wendungen des Hinwegs und damit einen allgemeinen Eindruck ihrer Lage behielten; diese Annahme findet eine Unterstützung in der Thatsache, dass, wie Darwin bemerkt, auch der wilde Mensch ohne Zweifel mit diesem Vermögen begabt ist. Einer meiner Freunde, der noch später erwähnte Mr. Henry Forde, der viele Jahre in den Wäldern und Prärieen Amerikas lebte, behauptet, dass selbst der Kulturmensch, der längere Zeit an eine primitive Lebensweise gewöhnt worden sei, jene Fähigkeit erlange, und zwar in einem kaum geringeren Grade, wie die Wilden. Er versicherte mir aber auch, dass zu Zeiten, ohne nachweisbare Ursache, jener Orientierungssinn unklar würde und dann

---

*) Ich will hierzu eine ähnliche Beobachtung Darwins anführen: „Ich brachte einst ein Reitpferd per Eisenbahn über Yarmouth nach Freshwater-Bay auf der Insel Wight. Am ersten Tage, als ich ostwärts ausritt, kehrte mein Pferd sehr ungern nach dem Stalle zurück und wandte sich mehrmals um. Dies verleitete mich zu wiederholten Versuchen und jedesmal, wenn ich die Zügel losliess, machte das Pferd sofort kehrt und trabte ostwärts mit einer Neigung nach Nord, was mit der Richtung nach Kent übereinstimmte. Ich hatte dieses Pferd mehrere Jahre hindurch täglich geritten, hatte aber nie ein solches Verhalten bei ihm bemerkt. Mein Eindruck war der, dass es irgendwie die Richtung kannte, woher man es gebracht hatte. Ich möchte noch darauf aufmerksam machen, dass die letzte Strecke von Yarmouth nach Freshwater fast direkt nach Süden geht, und gerade auf dieser Strecke war es durch den Reitknecht geritten worden; dennoch zeigte es niemals den Wunsch, in dieser Richtung zurückzukehren (*Nature* VII, p. 360).

zu einer peinvoll verworrnen Empfindung führe. Er kannte einen auf diese Weise bis zu einem hohen Grade von Nervosität heruntergekommnen Jäger, der, als er sich schliesslich der Führung seiner Gefährten anvertraute (die sich lediglich auf ihren Orientierungssinn verliessen), sich fortdauernd überzeugt hielt, dass diese irre gingen. Als er nun in die Nähe seines Wohnsitzes gelangte, erkannte er zwar einen der Bäume wieder, meinte aber, dass ein besondrer Einschnitt auf die andre Seite des Stammes geraten sei. Schliesslich schien sich ihm die ganze Welt um ihn, als um ihren Mittelpunkt, herumzudrehen. Ich nehme hierbei noch Bezug auf einen Brief Darwins, der seiner Zeit in der „*Nature*" (*vol.* VII) veröffentlicht wurde:

„Die Art und Weise, in der der Orientierungssinn bei alten und schwachen Personen zuweilen plötzlich gestört wird, und das Gefühl eines starken Verwirrtseins, das, wie ich weiss, von Personen empfunden wird, die auf einmal herausfinden, dass sie in einer gänzlich unbeabsichtigten und falschen Richtung vorgegangen seien, lassen die Vermutung entstehen, dass irgend ein Teil des Gehirns speziell zur Orientierung diene. Ob nun die Tiere jene Fähigkeit in einem noch vollkommneren Grade besitzen, als der Mensch, und ob dieselbe beim Antritt einer Reise, selbst wenn das Tier in einen Korb gesteckt wird, etwa mitspielt, möchte ich hier unbesprochen lassen, da mir genügende Daten darüber fehlen." Dabei führt Darwin Audubons Wildgans an, die zur bestimmten Jahreszeit stets eine starke Neigung zu wandern verriet, sich jedoch in der Richtung täuschte und sich nach Norden statt nach Süden wandte. Schliesslich berufe ich mich noch auf Bastian, der in seinem Werke über das Gehirn folgendes schreibt:

„G. C. Merrill schreibt mir aus Kansas: Von den Jägern und Führern, die ihr Leben in den westlich von uns gelegnen Ebnen und Bergen zubringen, erfuhr ich, dass dieselben, gleichviel wie weit oder in welcher Richtung sie bei der Verfolgung eines Bisons oder eines andren Wilds geführt werden, auf ihrer Rückkehr zum Lager stets die gerade Richtung einschlagen. Zur Erklärung dessen behaupten sie unbedenklich, dass sie alle gemachten Umwege im Sinne behielten. Ferner schreibt H. Forde über seine Reisen in Westvirginien*): „Man sagt, dass selbst die erfahrensten Jäger jener wilden Gegenden leicht einen Anfall von Schwäche bekommen d. h. auf einmal ihren Kopf verlieren und vermeinen, sie seien in eine ganz verkehrte Richtung geraten; weder Vernunftgründe, noch der Hinweis auf bekannte Zeichen in der Landschaft, noch auch der Stand der Sonne vermögen ihre grosse Nervosität und allgemeines Gefühl von Unbehaglichkeit und Schwindel zu besiegen. Die Nervosität tritt nach dem ersterwähnten Anfalle auf und ist nicht etwa die Ursache desselben. Die Eingebornen nennen dies „Verdrehtwerden". Das Gefühl überkommt einen manchmal ganz plötzlich, kann aber auch nach und nach entstehen. Auch Colonel Lodge**) weiss von solchen Anwandlungen zu erzählen, die manchmal alte und erfahrne Präriejäger überfielen. Die Indianerhäuptlinge versicherten G. Catlin***) übereinstimmend, dass wenn ein Mensch sich in ihren Steppen verirre, er stets im Kreise herumgehe und zudem sich ausnahmslos links herumdrehe, „von welcher eigentümlichen Erscheinung," wie dieser Autor hinzufügt, „ich mich in zwei Fällen selbst überzeugen konnte."

Nun werden wir offenbar noch einige entscheidende Versuche über jenes Orientierungsvermögen, sowohl beim Menschen wie bei Tieren, abwarten müssen, ehe wir in der Lage sind, weiteres darüber zu äussern. Die einzigen Versuche über diese Fragen bilden meines Wissens diejenigen Sir J. Lubbocks über den Orientierungssinn der Hymenopteren (die wir sogleich näher kennen lernen werden), sowie die noch etwas neueren von Fabre,†) der mit denselben Tieren experimentierte. Da der letztgenannte Verfasser ein abschliessendes Urteil gewonnen zu haben glaubt, so halte ich einige Bemerkungen darüber für nötig.

Auf einen Vorschlag Darwins hin setzte Fabre einige vorher kenntlich gemachte Mauerbienen in eine Papierschachtel, trug dieselben verschlossen auf eine gewisse Entfernung fort, wirbelte

---

*) „Nature" 1873, p. 463.
**) „Hunting Grounds of the Far West" (1876).
***) „Life amongst the Indians" (p. 96).
†) „Nouveaux Souvenirs Entomologiques", 1882, pp. 99—123.

die Papierschachtel herum und trug sie dann auf eine noch weit grössere Entfernung nach der entgegengesetzten Richtung hin, worauf er die Tiere freiliess. Er fand nun, dass wenn die Entfernung, bis zu welcher die Bienen gebracht wurden, drei Kilometer betrug, selbst wenn die Umdrehungen beträchtlich waren (die Schachtel war an einer Schlinge befestigt und wurde an verschiedenen Punkten des Wegs in mannigfacher Weise herumgeschleudert), ein gewisser Prozentsatz der Tiere nach Hause zurückkam. Dabei machte es keinen Unterschied, ob die Bienen in einem ganz offnen Raume freigelassen wurden oder in einem dichten Gehölz; auch war es einerlei, ob der Hinweg in gerader Linie oder auf Umwegen vor sich ging. Hieraus schliesst Fabre, dass der Orientierungssinn nicht von irgend einem ungefähren Abschätzungsprozess abhängen könne. Auf die Aufforderung Darwins wiederholte er den Versuch mit einer Magnetnadel, die er an die Brust einer Biene befestigte; als es aber der letztern gelang, sich von dem Hindernis loszumachen, liess er es dabei bewenden.

Obwohl nun die Bemerkungen bezüglich der rotierenden Schachtel ohne Zweifel interessant sind, scheinen sie mir doch nicht das absprechende Urteil zu verdienen, dass der Orientierungssinn keineswegs von einem ungefähren Abschätzungsprozess abhängen könne. Es ist allerdings wohl undenkbar, dass die Bienen eine Erinnerung an alle die Umdrehungen, die sie in der Schachtel gemacht, behalten haben sollten; wenn sie nun mittels ihres Orientierungssinnes ihren Heimweg gefunden hätten, so müsste man mit der Schlussfolgerung Fabres übereinstimmen. Es fehlt aber jeder Nachweis dafür, dass die Bienen ihren Weg lediglich auf diese Weise fanden. Es ist ja sehr wohl möglich, dass sie sich an besonderen Kennzeichen in der Landschaft zurechtfanden. Denn die Entfernung, bis zu welcher sie fortgetragen wurden, war nur drei Kilometer, und es ist bekannt, dass die Honigbienen bei ihren gewöhnlichen Ausflügen dreimal weiter kommen. Überdies lässt die Thatsache, dass nur eine verhältnismässig kleine Anzahl von Bienen (etwa 22 Prozent) zurückkamen, uns annehmen, dass diese die einzigen aus der ganzen Anzahl waren, die bei ihrem Fluge aufs Geratewohl und in verschiednen Richtungen zufällig auf ihnen bekannte Merkzeichen in der Gegend stiessen. Ich bin deshalb geneigt anzunehmen, dass wenn etwa der Orientierungssinn der Insekten, wie leicht möglich, durch die geschilderten Experimente wirkungslos gemacht worden wäre, die Resultate dennoch genau dieselben gewesen sein würden, wie F a b r e sie beschrieben.

Kehren wir nun zu den Wanderungen zurück, so halte ich es nicht für ganz unwahrscheinlich, dass der Orientierungssinn wesentlich unterstützt werden kann durch Beobachtung des Sonnenstandes. Allerdings fliegen Zugvögel bei Nacht, aber auch in diesem Falle und selbst wenn der Mond nicht am Himmel steht, um die Aufgabe der Sonne zu ersetzen, lässt sich einen grossen Teil der Nacht hindurch die Richtung des Sonnen-Auf- oder -Untergangs mittelst des Himmelslichtes festhalten und es scheint sogar, dass in aussergewöhnlich dunklen und wolkigen Nächten Zugvögel leicht verwirrt werden.*) Dies findet durch den nachstehenden Fall eine genügende Bestätigung. Schon an andrer Stelle**) führte ich eine Reihe von Beobachtungen an, die von Sir J. L u b b o c k in Betreff des Orientierungssinnes bei Ameisen ausgehen. Die angestellten Versuche lieferten ziemlich entscheidende Resultate und liessen L u b b o c k schliessen, dass die Ameisen einen eigentümlichen Orientierungssinn besitzen. Ferner stellte es sich (anfangs zufällig) heraus, dass die Ameisen stets ihren Weg fanden, indem sie die Richtung beobachteten, nach welcher die Strahlen des Lichts fielen: Solange die Lichtquelle an derselben Stelle blieb, wussten die Tiere, so oft sie auch auf einer rotierenden Platte herumgedreht werden mochten, sobald die Rotation aufhörte, ihren Weg von und nach ihrem Neste sicher zu finden; sobald aber das Licht versetzt wurde, wurden sie in ihrem Verhalten unsicher, selbst ohne alle Rotation. Wenn nun Ameisen daran gewöhnt sind, sich nach den fallenden

---

*) Prof. N e w t o n schreibt in der *Nature* (Vol. XI, p. 6): „Dunkle, wolkige Nächte scheinen die Wandrer in Verwirrung zu bringen. In solchen Nächten ist schon mancher auf das Geschrei einer grossen Menge von Vögeln aufmerksam gemacht worden, die über unsrer (Cambridge) und andern Städten schwebten, anscheinend im Ungewissen, wohin sie sich wenden sollten und angezogen durch den Schein unsrer Strassenlaternen."

**) *Animal Intelligence.*

Lichtstrahlen bezw. dem jeweiligen Sonnenstande zu richten, so
sehe ich nicht ein, warum wir nicht bei den Zugvögeln auf dieselben Ursachen schliessen sollten. Nichtsdestoweniger will ich
dies vorläufig noch dahingestellt sein lassen. Die Erscheinung, dass Zugvögel, gleich vielen andern Tieren, irgendwie
imstande sind, einen richtigen Kurs nach einem bestimmten Ziele
einzuhalten, ist in der That noch nicht erklärt. Es ist dies
aber noch kein Beweis gegen unsre Theorie im grossen und
ganzen. Es unterliegt keinem Zweifel, dass jene Erscheinung noch
eine genügende Erklärung finden wird und wenn wir erst mit
Bestimmtheit diese Erklärung zu geben vermögen, so werden wir
auch angeben können, ob die Fähigkeit des Wegfindens mit unsrer
Entwicklungstheorie, soweit sie den Instinkt betrifft, vereinbar ist
oder nicht.

Wenden wir uns nun zu der zweiten der Wallaceschen
Voraussetzungen, die darauf hinausgeht, dass wenigstens einige Zugvögel durch Vererbung eine sehr genaue Kenntnis der zu verfolgenden Richtung besitzen müssen. Es ist ohne Frage eine erstaunliche Thatsache, dass ein junger Kuckuck dazu getrieben wird,
seine Pflegeeltern zur gegebenen Jahreszeit zu verlassen und, ohne
alle Führung, den Weg zu suchen, den seine eigentlichen Eltern
vorher genommen haben; jede Instinktlehre, die vollständig sein
will, hat jedoch mit dieser Thatsache zu rechnen. Nach unsrer
eignen Theorie kann diese Erscheinung nur als ein vererbtes Gedächtnis aufgefasst werden. Offen gestanden, halte ich es allerdings für unglaublich, dass viele hundert Meilen Landschafts-Szenerie,
abgesehen von weiten Meeresstrecken, das Objekt eines vererbten
Gedächtnisses bilden sollten;*) der Fall erscheint mir aber gar nicht
so hoffnungslos, um einer so extremen Hypothese zu bedürfen.
Wenn wir dabei bleiben, dass nach unsrer Theorie der junge
Kuckuck auf seiner ersten Reise den Weg mit Hilfe seines vererbten Gedächtnisses findet, so brauchen wir nicht notwendig an-

---

*) Diese Anschauung ist zuerst von Canon Kingsley (*Nature* 1867
Jan. 18) veröffentlicht worden; derselbe hat aber seitdem noch mehrere unabhängige Nachfolger gefunden.

zunehmen, dass dies die Erinnerung an eine Landschaft sei. Wie ich schon früher gesagt, wissen wir noch gar nicht, was den Kurs der Zugvögel im allgemeinen leitet; was dies aber auch sein möge, es wird kaum die äussere Erscheinung der Landschaft sein, über die sie hinwegfliegen, zumal wenn wir bedenken, dass die Entfernungen zuweilen ungeheuer und die betreffenden Länder oft durch zwei bis dreihundert Meilen Ozean von einander getrennt sind, abgesehen davon, dass die Vögel häufig ihre Reise auch bei Nacht machen. Auf was beruht denn aber das vererbte Gedächtnis des jungen Kuckucks (bezw. auch andrer Zugvögel)? Wir vermögen nur zu antworten: Auf denselben Ursachen (welches dieselben auch sein mögen) wie bei den alten Vögeln. Wenn wir diese kennen, werden wir auch wissen, ob sie mit unsrer Entwicklungstheorie, die vermuten lässt, dass wir es hier mit einem Objekt vererbten Gedächtnisses zu thun haben, vereinbar sind oder nicht. Wenn wir z. B. annehmen, dass die alten Vögel bei ihrem Wegzug sich nach dem Südwind richten, dem sie entgegenziehen (wie z. B. W. Black vermutet, der glaubt, dass die Schwalben stets gegen den Südwind anfliegen), so würde die Vererbung leichtes Spiel haben, indem sie den warmen, feuchten Hauch des Windes nur mit dem Verlangen verbände, diesem entgegen zu fliegen. Ich stelle diese Vermutung nur auf, um zu zeigen, wie einfach die blosse Vererbungsfrage sich gestalten würde, wenn wir einmal die Mittel kennen, mit Hilfe deren die Zugvögel ihren Weg zu finden wissen. Der einzige Unterschied zwischen der Fähigkeit, die Heimat zu finden, und dem Wandertrieb in Verbindung mit dem Orientierungssinn, scheint mir darin zu liegen, dass der junge Kuckuck, und wahrscheinlich auch die andern Zugvögel, ihren Weg instinktiv oder wenigstens ohne jeden Unterricht kennen. Wenn wir aber ermitteln könnten, auf was die Fähigkeit des Heimatfindens beruht (die, beiläufig gesagt, kein Instinkt ist, da ihr Vorkommen selbst innerhalb der damit begabten Art eine Ausnahme und nicht die Regel bildet), so würden wir damit wahrscheinlich auch einen Aufschluss darüber erhalten, in welcher Weise die Vererbung diese Fähigkeit zum Wanderungsinstinkt steigerte.

Ohne Zweifel ist diese Diskussion unbefriedigend, und zwar

aus dem Grunde, weil über diesen Erscheinungen noch ein so grosses Dunkel herrscht. Alles, was ich thun konnte, beschränkt sich darauf zu zeigen, dass, soviel wir von der Sache wissen, der Wandertrieb unsrer Lehre von der Bildung der Instinkte im allgemeinen kein Hindernis bietet. Ich berufe mich dabei auf die schon erwähnte allgemeine Thatsache, dass der Wanderungsinstinkt sowohl abänderungs- als steigerungsfähig ist, dass er gelegentlich auch bei domestizierten Tieren auftritt und dass der Orientierungssinn, auf dem er beruht, ganz allgemein sowohl bei Tieren, wie beim wilden Menschen vorkommt; alle diese Erscheinungen deuten aber übereinstimmend darauf dahin, dass, was auch die Ursache des Wandertriebs sein möge, derselbe wahrscheinlich im Sinne der allgemeinen Entwicklung sich ausgebildet hat.

### F.  Instinkt geschlechtsloser Insekten.

Darwin selbst wies bereits auf eine ernstliche Schwierigkeit in seiner Theorie vom Ursprung der Instinkte durch natürliche Züchtung hin, die, wie er bemerkte, zu seiner Überraschung noch niemand geltend gemacht habe. Die Schwierigkeit besteht darin, dass bei verschiednen Arten gesellschaftlich lebender Insekten, wie z. B. bei Bienen und Ameisen, geschlechtslose Individuen vorkommen, die ganz andre Instinkte, als die andern, geschlechtlichen Individuen zur Schau tragen; da aber die Geschlechtslosen keine Nachkommen erzielen, so ist es schwierig zu verstehen, wie ihre besondren, deutlich unterschiednen Instinkte sich durch natürliche Züchtung entwickelt haben können, zumal die letztere, wie wir wissen, zu ihrer Wirksamkeit doch der erblichen Überlieferung geistiger Fähigkeiten bedarf. Die Schwierigkeit wächst, wenn wir bedenken, dass bei Termiten und Ameisenarten in ein und demselben Neste verschiedene Varietäten oder Kasten von Geschlechtslosen vorkommen, die sowohl in ihrem organischen Bau, als auch in ihren Instinkten weit von einander abweichen. Den einzigen Weg, auf dem wir dieser Schwierigkeit begegnen können, hat Darwin selbst angegeben, indem er die Vermutung aufstellte, dass die natürliche Züchtung sich sowohl auf die Familie, als auch auf das

Individuum erstrecke. Der Macht der Auslese kann man wohl zutrauen, dass sie bei einer gewissen Rindviehrasse stets Ochsen mit ausserordentlich langen Hörnern hervorzubringen vermöge, wenn man nur sorgfältig darüber wacht, Stiere und Kühe mit möglichst langen Hörnern zusammenzubringen; und doch wird ein Ochse niemals seinesgleichen hervorbringen. Ähnlich verhält es sich natürlich auch mit den Geschlechtslosen. Mit andern Worten, wir können das Nest oder den Stock selbst als ein Individuum betrachten, dessen Organe die geschlechtlichen Insekten und die verschiednen Kasten der Geschlechtslosen bilden; dabei können wir uns die natürlichen Beziehungen auf diesen Organismus als Ganzes wirkend denken, etwa in der Weise, wie wir uns in der Regel ihren Einfluss dem „sozialen Organismus" oder den menschlichen Gemeinschaften gegenüber vorstellen. Allerdings ist, genau genommen, die Analogie zwischen einem Ameisennest und einem Organismus, oder selbst zwischen einem Ameisennest und einer sozialen Gemeinschaft kein sehr starker, insofern es den *modus operandi* der natürlichen Züchtung betrifft; denn einerseits entspricht den Organen eine Mannigfaltigkeit getrennter Individuen, während andrerseits kein so grosser Kontrast zwischen den verschiednen Klassen der menschlichen Gemeinschaft besteht, wie zwischen den verschiednen Kasten einer Insektenkolonie. Das Wesentliche der Frage besteht in Wirklichkeit darin, ob es der natürlichen Züchtung möglich ist oder nicht, auf spezifische Typen, im Unterschied von den individuellen Gliedern der Spezies, zu wirken? Zu Lebzeiten Darwins hatte ich den Vorzug, diese Frage mit ihm zu besprechen, und er versicherte mir, dass die damit zusammenhängenden Bedenken ihn namentlich während seiner Bearbeitung der „Entstehung der Arten" sehr beschäftigt hätten; er habe aber die Frage so verwickelt gefunden, dass es ihm nicht rätlich erschien, näher auf sie einzugehen. Es würde zu viel Raum erfordern, diesen Versuch hier zu wagen und ich nahm nur deshalb Bezug darauf, weil ich zu zeigen wünschte, dass die spezielle Schwierigkeit, die uns gegenwärtig beschäftigt, gerade in jener allgemeinen Frage enthalten ist. Bei einer künftigen Gelegenheit beabsichtige ich indessen diesen Gegenstand näher zu erörtern und hoffe

dann auch zugleich die Bedeutung jener speziellen Schwierigkeit abzuschwächen. Nur auf einen schon von Darwin erwähnten Punkt will
ich hier noch aufmerksam machen, der darauf hindeutet, dass die verschiednen Kasten der Geschlechtslosen allmählich und deshalb wohl
unter dem Einfluss der natürlichen Züchtung entstanden sind. Dieser Punkt besteht darin, dass bei sorgfältiger Untersuchung Geschlechtslose der verschiednen Kasten mit mehr oder weniger ausgeprägten Übergängen in ihrem organischen Bau gelegentlich in
einem und demselben Nest angetroffen werden.*) Im grossen
Ganzen halte ich also diesen eigentümlichen schwierigen Fall für
nicht so schwerwiegend, dass er eine durch die Hypothese der
natürlichen Züchtung gebotne Erklärung ausschlösse, zumal wenn
wir bedenken, dass wir diese Hypothese schon bei andern und
weniger schwierigen Fällen stichhaltig fanden.

G. Instinkt der Raubwespe (*Sphex*).

Diese Abteilung der Hymenopteren zeigt in einigen ihrer Arten
die merkwürdigsten Instinkte der Welt. Dieselben bestehen darin,
dass sie Spinnen, Insekten und Raupen in ihre Hauptnervencentren
stechen, infolge dessen die Opfer nicht sofort getötet, sondern nur
widerstandslos gemacht werden; sie werden alsdann zu der von
den Wespen vorher fertig gestellten Höhle geschleppt, und da sie
in ihrem gelähmten Zustand mehrere Wochen lang bleiben, dienen
sie schliesslich den heranwachsenden Larven trefflich zur Nahrung.
Die genaue anatomische, um nicht zu sagen physiologische Kenntnis,
die dem Insekt eigen zu sein scheint, indem es nur in die
Nervencentren seiner Beute sticht, bedarf jedenfalls einer näheren
Erörterung. Was man von dieser überraschenden Thatsache weiss,
ist aber im wesentlichen folgendes:

Ein und dieselbe Spezies der *Sphex* stellt stets ein und derselben Art von Beutetier nach. Ist das Opfer eine Spinne, so lässt
der Instinkt des Angreifers ihn einen einzigen Stich in das grosse
Ganglion machen, wo die meiste centrale Nervenmaterie ange-

---

*) Vergl. „Entstehung der Arten" 320 u. fgd.

sammelt ist. Besteht die Beute aus einem Käfer, so wirft ihn die Wespe — und es sind acht Arten *Sphex*, die zwei Gattungen von Käfern nachstellen — zuerst auf den Rücken, umarmt ihn und bohrt ihm dann den Stachel in die Membran zwischen dem ersten und dem zweiten Fusspaar. Der Stachel trifft in diesem Fall das Hauptnervencentrum, welches bei den betreffenden Käfern ungewöhnlich stark entwickelt ist. Hat das Tier eine Grille gefangen, so wird dieselbe ebenfalls auf den Rücken gezerrt, und während die Wespe dann die Mandibeln fest auf das letzte Hinterleibs-Segment ihres Opfers stemmt und mit den Füssen den Körper desselben seitlich niederhält — mit den Vorderfüssen die langen Hinterbeine der Beute niederdrückend und mit den Hinterfüssen die Mandibeln derselben zurückhaltend, um sie am Beissen zu hindern, zugleich die häutige Verbindung zwischen Kopf und Rumpf anstraffend — stösst sie ihren Stachel nacheinander in die Nerven-centren, und zwar zuerst in dasjenige unterhalb des Halses, den sie zu diesem Zwecke nach hinten drückt, dann in das hinter der Vorderbrust und zuletzt noch in das dahinter gelegene. Eine auf diese Weise gelähmte Grille lebt noch mindestens sechs Wochen und mehr. Bildet eine Raupe das Opfer, so erhält sie eine Anzahl von sechs bis neun Stichen, einen zwischen jedes Körpersegment, von oben angefangen, worauf der Kopf schliesslich durch einen Biss mit den Mandibeln zusammengedrückt wird.[*])

So weit es nun die Spinne und den Käfer betrifft, finde ich in dem Mitgeteilten kein Bedenken gegen unsre Theorie von der Bildung des Instinkts, denn da sowohl die grossen Nervencentren der Spinne, wie der Stachel der *Sphex* sich auf der Medianlinie ihrer Besitzer befinden und dieses Zusammentreffen von vornherein den Stich in das Ganglion ausserordentlich erleichtern musste, so ist es ziemlich klar, dass die natürliche Züchtung ein sehr geeignetes Material vorfand, um den Instinkt in der geschilderten Weise zu entwickeln. Auch bezüglich des Käfers weist Fabre ausdrücklich darauf hin, dass der einzige verwundbare Punkt der harten Hülle des Tieres in der Gelenkverbindung liegt, in welche die

---

[*]) Vergl. Fabre, *Souvenirs Entomologiques*, 1879 u. 1883.

*Sphex* ihren Stachel versenkt. Sonach kann es denn nicht auffallen, dass die natürliche Züchtung den Instinkt in der Weise entwickelte, dass der Körper des Beutetieres an dem einzigen Punkte
durchstochen wurde, wo der Stich mechanisch überhaupt anzubringen war.

Ganz anders liegt aber der Fall bei der Grille und der Raupe,.
denn hier — und besonders in letzterem Falle — begegnen wir
der aussergewöhnlichen Erscheinung, dass ein Insekt ohne vorherige
Anleitung und ohne mechanisch dazu genötigt zu sein, instinktiv
eine Anzahl kleinster Punkte an dem einförmig weichen Körper
seiner Beute auswählt, und zwar mit der anscheinend sehr genauen
Kenntnis, dass nur an diesen Stellen die eigentümlich lähmende
Wirkung des Stiches beizubringen sei. Nach eingehender Erwägung dieses Falles muss ich offen gestehen, dass ich ihn für die
verblüffendste Erscheinung halte, die mir jemals bekannt geworden,
eine Erscheinung überdies, die nur sehr schwer mit den Prinzipien
unsrer Theorie in Einklang zu bringen ist. Dennoch scheint es
äusserst wünschenswert, dass man eingehendere Nachforschungen
darüber anstelle, um noch mehr Licht über den Ursprung und die
Entwicklung dieses Instinkts zu gewinnen. So weit sich unser
Wissen bisher darüber erstreckt, vermute ich, dass die Entstehung
des Instinktes rein sekundärer Natur ist, obwohl seine nachmalige
Entwicklung wahrscheinlich durch natürliche Züchtung unterstüzt
wurde. Mit andern Worten, soweit wir heute darüber urteilen
können, kann ich nur schliessen, dass jene wespenartigen Tiere
ihren heutigen Instinkt der hohen Intelligenz ihrer Vorfahren zu
danken haben, die aus Erfahrung die Wirkung von Stichen zwischen
den Segmenten von Raupenkörpern herausfanden und in der Folge
diese Praxis so lange ausübten, bis sie zu einem Instinkt wurde.

Noch im letzten Jahre seines Lebens unterhielt ich mich mit
Darwin über diesen Gegenstand und nachdem er denselben hinund her überlegt hatte, kam auch er endlich zu der eben aufgestellten Schlussfolgerung. Es geht dies aus dem folgenden Briefe
an mich hervor, der in wenigen Worten die Wege andeutet, die
allem Anschein nach zur Erwerbung dieses eigentümlichen Instinktes
führten:

„Ich dachte an *Pompilus* und Verwandte — lesen Sie gefälligst einmal über die Durchbohrung der *Corolla* seitens Bienen, Ende des elften Kapitels meiner Kreuz- und Selbstbefruchtung. Bienen legen soviel Intelligenz in ihren Handlungen an den Tag, dass es mir nicht unwahrscheinlich vorkommt, dass die Vorfahren von *Pompilus* ursprünglich Raupen und Spinnen etc. irgendwo an ihrem Körper angestochen und dann, vermöge ihrer Intelligenz, beobachtet hätten, dass wenn sie sie an einer bestimmten Stelle anstachen, wie z. B. zwischen den Segmenten der hintern Seite, ihre Beute sofort gelähmt war. Mir scheint es durchaus nicht unglaublich, dass diese Handlung sodann instinktiv, d. h. durch das Gedächtnis, von einer Generation zur andern übermittelt wurde. Es scheint mir nicht nötig vorauszusetzen, dass wenn *Pompilus* seine Beute in das Ganglion stach, er dies gerade beabsichtigte oder wusste, dass seine Beute noch lange am Leben bleiben würde. Die Entwicklung der Larven kann in der Folge mit Bezug auf ihre halbtote statt ganztote Beute modifiziert worden sein; die Annahme, dass die Beute von vornherein völlig getötet worden sei, erfordert viele Stiche. Überlegen Sie sich dies einmal u. s. w.‟|

Im vierzehnten Kapitel gab ich bereits einen kurzen Bericht über das Anbohren der Corolla seitens der Hummeln und der darauffolgenden Benutzung dieser Löcher seitens der Honigbienen. Man wird sich erinnern, dass ich diese Thatsachen in Verbindung mit der Macht der Nachahmung zwischen verschiedenen Arten in Verbindung brachte, insofern die Honigbienen bemerkten, dass die Hummeln Zeit ersparten, indem sie an den Löchern saugten, statt in die Blüten hinein zu gehen. Die Hauptsache dabei ist aber die Intelligenz der Hummeln, welche sozusagen die Idee fassten, die Löcher zu bohren. Eine eingehende Beobachtung zeigt uns, dass sie die Löcher mit einer so genauen Kenntnis der Morphologie der Blüten bohren, wie sie von der *Sphex* hinsichtlich der Morphologie der Spinnen, Insekten oder Raupen an den Tag gelegt wird. So beissen sie z. B. bei den Schmetterlingsblüten nur durch die Fahne und stets an der linken Seite gerade über dem Nektargang, der hier breiter ist als an der rechten Seite. Deshalb ist es, wie Francis Darwin bemerkt, „schwierig zu sagen, wie die

Bienen jene Gewohnheit annehmen konnten. Ob sie die Ungleich-
heit im Umfange der Nektarien beim regelrechten Ansaugen der
Blüten bemerkten und dann ihre Kenntnis dazu benutzten, das Loch
an der geeigneten Stelle durchzunagen oder ob sie es für das
Beste fanden, die Fahne an verschiednen Stellen durchzubeissen
und sich dann deren Lage bei andern Blüten erinnerten: in jedem
Fall zeigten sie eine beachtenswerte Fähigkeit zur Benutzung dessen,
was sie durch Erfahrung gelernt hatten."*)

Hieraus geht hervor, dass Hymenopteren in der That eine
auffallend richtige Kenntnis des morphologischen Baues an den Tag
legen und ich bin mit Darwin der Meinung, dass dieselben der
*Sphex* an die Seite zu stellen seien. Es bedarf in der That keiner
grösseren Kenntnis, um die Wirkungen eines Stichs bei einer Raupe
zu würdigen, als auf die Idee zu kommen, an die Aussenseite einer
Blüte zu gehen und ein Loch durch die linke Seite eines besondern Blumenblattes gerade über dem grösseren Nektargang zu beissen.
Jedoch halte ich, wie gesagt, dafür, dass weitere Beobachtungen
— namentlich auf dem Wege des Experiments — erforderlich sind,
ehe wir zu einer bestimmten theoretischen Erklärung von alledem
berechtigt sind. Alles was ich sagen kann, ist, dass beim gegenwärtigen Stande unsrer Kenntnisse, Darwins Anschauung alle Wahrscheinlichkeit für sich hat. Wir sind nicht sonderlich überrascht
über den Instinkt, der den Angriff eines Frettchens gegen das verlängerte Mark eines Kaninchens richtet oder einen Iltis Frösche
und Kröten durch Verletzung ihrer Hirnhemisphären paralysieren
lässt; in beiden mit den obigen so auffallend ähnlichen Fällen muss
aber der Instinkt von einer intelligenten Beobachtung der Wirkungen
eines Bisses in die betreffenden Teile der Beute ausgegangen sein.
Weder ein Frettchen, noch ein Iltis sind aber besonders intelligent
zu nennen, sodass wir nicht allzusehr überrascht zu sein brauchen,
wenn wir einem ähnlichen Grade von Intelligenz bei Insekten begegnen, die zu der intelligentesten Gruppe der wirbellosen Tiere
gehören.

---

*) *Nature* 1874, p. 189.

## H. Sichtotstellen.

Es ist allgemein bekannt, dass verschiedne Arten von Tieren den Instinkt zeigen, im Falle der Gefahr sich tot zu stellen. Da es offenbar unmöglich ist, diese Erscheinung auf eine Idee vom Tode und eine bewusste Simulierung desselben auf seiten der Tiere zurückzuführen, so erscheint der Gegenstand wichtig genug, um ihn einer näheren Betrachtung zu würdigen. Ich werde nun zunächst alle hierzu bekannt gewordnen Thatsachen anführen und dann zu ihrer Erklärung übergehen.

Das bekannteste Beispiel des in Rede stehenden Instinkts liefern verschiedne Arten von Spinnen und Insekten, von denen sich einige langsam zergliedern oder allmählich zu Tode rösten lassen, ohne die leiseste Bewegung zu verraten. Von Fischen bleibt der gefangene Stör ruhig und bewegungslos im Netz, während der Barsch sich tot stellt und auf dem Rücken schwimmt.*) Nach Wrangel**) strecken sich die wilden Gänse von Sibirien, wenn sie während der Mauserung beunruhigt werden und nicht zu fliegen vermögen, der Länge nach, den Kopf versteckt, auf den Grund, wie um sich tot zu stellen und den Jäger zu täuschen. Couch zufolge ist diese Gewohnheit bei der Wiesenralle, der Feldlerche und andern Vögeln allgemein. Über die Säugetiere sagt derselbe Verfasser: „Das Opossum von Nordamerika ist so bekannt wegen seines Sichtotstellens, dass sein Name sprichwörtlich geworden ist als ein Ausdruck für Täuschung"; auch werden Beispiele über dieselbe Erscheinung bei Mäusen, Eichhörnchen und Wieseln beigebracht. Ähnliche Zeugnisse mit Bezug auf Wölfe und Füchse sind so überaus zahlreich vorhanden, dass man an der Wahrheit der Thatsache nicht zweifeln kann. So z. B. schreibt Kapt. Lyon in dem Bericht über seine Polar-Expedition, dass ein in einer Falle gefangener Wolf eines Tages anscheinend tot an Bord gebracht wurde. „Als er auf dem Verdeck lag, bemerkte man jedoch, dass sein Auge zuckte, sobald ein Gegenstand in seine Nähe gebracht wurde;

---

*) Couch, *Illustrations of Instinct*, p. 199.
**) „Reisen in Sibirien".

man hielt deshalb einige Vorsichtsmassregeln für nötig, band seine
Beine fest zusammen und zog das Tier, mit dem Kopfe nach unten,
in die Höhe. In diesem Augenblicke gab er sich, zu unser aller
Überraschung, einen kräftigen Schwung nach denen, die sich in
seiner Nähe befanden und wandte sich dann wiederholt aufwärts,
um das Seil, an dem er aufgehangen war, zu erreichen und zu
durchbeissen."

Noch zahlreicher sind die Beispiele von Füchsen, die sich tot
stellten. Wie Blyth erzählt,*) „hatte ein Fuchs, der in einem
Hühnerhaus überrascht worden war, sich tot gestellt und sogar ge-
duldet, dass man ihn am Schwanze forttrug und auf einen Dünger-
haufen warf, von wo er sich jedoch alsbald aufraffte und Reissaus nahm,
zum grossen Verdrusse des angeführten Menschen. In ähnlicher
Weise liess sich ein solches Tier über eine Meile auf der Schulter, mit dem Kopfe abwärts hängend, davon tragen, bis es sich
durch eine List befreite." Couch, der noch eine ganze Anzahl
ähnlicher Beispiele bringt, fasst dieselben folgendermassen zusammen: „Wenn der Fuchs vom Menschen plötzlich überrascht wird,
so stellt er sich häufig tot, lässt sich anfassen und sogar misshan-
deln, ohne ein Zeichen von Empfindung zu verraten. Diese hohe
Verstellungskunst schreibt man seiner vollendeten Klugheit zu, die,
wenn sich andre Auswege nicht mehr bieten, ihn zu der Kriegs-
list treiben, sich unfähig zu jeder Verteidigung oder Flucht zu
zeigen, bis er jeden Verdacht entwaffnet hat und sich aller weiteren Feindseligkeit entziehen kann.**) Nach Jesse „stellen sich auch

---

*) Loundoun's *Mag. Nat. Hist.* I., p. 5.
**) *Illustrations of Instinct*, p. 197. Sir E. Tennent in seiner *Nat.
Hist. of Ceylon* erzählt von einem Elefanten, der sich tot stellte; da aber unter
den dort erwähnten Umständen Elefanten oft wirklich sterben, so ist dieser
Fall doch möglicherweise nicht einer absichtlichen Täuschung seitens des Tieres zu-
zuschreiben. Die Geschichte lautet wie folgt: „W. Cripps erzählte uns einen
Fall, bei dem ein kürzlich eingefangener Elefant entweder besinnungslos aus
Furcht wurde oder, wie die Eingebornen meinen, sich tot stellte, um seine
Freiheit zu erlangen. Er wurde wie gewöhnlich zwischen zwei zahmen Tieren
aus dem Gehege geführt und war nicht mehr weit von seinem Bestimmungsort
entfernt. Als nun die Nacht hereinbrach und Fackeln angezündet wurden,
weigerte er sich weiter zu gehen und sank schliesslich anscheinend leblos zu

Schlangen häufig tot und liegen bewegungslos, so lange sie sich für beobachtet oder gefährdet halten; wenn sie aber den Feind entfernt und sich ausser Gefahr glauben, entschlüpfen sie mit der grössten Hast in das nächste Versteck."

Unter den Vögeln ist die Ralle für diese Art List bekannt. Eine solche wurde einst, anscheinend völlig tot, einem Herrn von seinem Hunde apportiert; der Herr drehte sie mit dem Fusse um und um, wie sie an der Erde lag und hielt sich überzeugt, dass kein Leben mehr in ihr sei. Nach einer Weile sah er indessen, wie der Vogel ein Auge öffnete; er nahm ihn wieder auf, aber sein Kopf fiel herab, seine Füsse hingen lose, wiederum schien er sicher tot zu sein. Er steckte ihn darauf in die Tasche, fühlte aber bald darnach, wie er Anstrengungen machte, zu entkommen; als er ihn aber herausnahm, schien er so leblos wie zuvor. Er legte ihn sodann auf die Erde und zog sich ein wenig zurück, um ihn zu beobachten; nach etwa fünf Minuten bemerkte er, wie der Vogel seinen Kopf behutsam in die Höhe richtete, um sich blickte und dann in aller Eile sich davon machte."

Bingley schreibt: „Diese List wird auch von der gemeinen Krabbe ausgeübt, die bei Annäherung von Gefahr wie tot daliegt, indem sie auf eine Gelegenheit wartet, sich bis an die Augen in den Sand zu graben."

Hieraus geht hervor, dass von den Insekten an aufwärts der Instinkt, sich tot zustellen, wenn nicht bei allen, so doch bei den meisten Klassen des Tierreichs vorkommt. Der Gegenstand verlangt deshalb eine aufmerksame Betrachtung, weil einerseits, wie gesagt, die Idee vom Tode und einer bewussten Vortäuschung des-

---

Boden. M. Cripps liess die Fesseln von seinen Füssen entfernen uud als die Hebeversuche sich vergeblich erwiesen, war er von seinem Tode so fest überzeugt, dass er befahl die Stricke abzunehmen und den Leichnam im Stiche zu lassen. Während man damit beschäftigt war, lehnten er und ein Herr aus seiner Begleitung ausruhend an dem Körper des Tieres. Als sie nun nach einer Weile ihren Marsch wieder aufnahmen und eine kurze Strecke weiter gegangen waren, sahen sie zu ihrem Erstaunen den Elefanten mit der grössten Schnelligkeit sich erheben und nach den Dschungeln fliehen, indem er aus vollem Halse schrie so dass seine Rufe noch lange zu hören waren, nachdem er selbst schon im Schatten des Waldes verschwunden war."

selben eine hochgradigere Abstraktion erfordert, als wir sie irgend einem Tiere zutrauen können, andrerseits es aber nicht eben leicht ist, die Thatsachen auf andre Weise zu erklären.

Ich werde in erster Linie anführen, was Couch hierüber sagt, der, soviel ich weiss vor allen andern, es für ausgemacht hielt, dass Tiere bewusster Weise sich tot stellen, und zugleich auch eine vernünftige Hypothese darüber aüfstellte. Er sagt:

„Eine wahrscheinliche Erklärung ist die, dass die Plötzlichkeit des Begegnisses, zu einer Zeit, da das Geschöpf sich dessen nicht gewärtig hält, die Wirkung hat, seine Sinne zu betäuben, so dass eine Anstrengung zur Befreiung ausser seiner Macht liegt und der Anschein des Todes nicht eine vorgetäuschte List, sondern die Folge des Schreckens ist. Dass diese Erklärung richtig ist, scheint, ausser andern Beweisen, auch aus dem Verhalten eines so kühnen und wilden Tieres, wie der Wolf es ist, in diesem Fall hervorzugehen. Man sagt, dass wenn derselbe sich in einer Fallgrube gefangen hat, er vor Überraschung so betäubt ist, dass ein Mensch ohne weiteres zu ihm hinabsteigen, ihn binden und wegführen oder auch auf den Kopf schlagen kann. Auch soll er, wenn er auf seinen Streifungen in eine unbekannte Gegend kommt, viel von seinem Mut verlieren und ohne Gefahr angegriffen werden können.

Ein ähnliches Verhalten wie beim Fuchs, wird auch von einem kleinen Tier befolgt, dem man im allgemeinen keinen ungewöhnlichen Grad von Klugheit oder Zuversicht in seine eignen Hilfsquellen zuschreibt. In den Fächern eines Bücherschranks, abgesperrt vom Licht, wurden einige Dinge verwahrt, die den Mäusen noch zusagender zu sein pflegen als Bücher; eines Tages, als die Thüren plötzlich geöffnet wurden, bemerkte man dort eine Maus, und so festgebannt fühlte sich das kleine Tier an seiner Stelle, dass es alle Anzeichen des Todes verriet und nicht einmal ein Glied rührte, als man es in die Hand nahm. Ein andres Mal sah man beim Öffnen einer Stubenthür im vollen Tageslicht eine Maus still und bewegungslos in der Mitte des Zimmers; bei der Annäherung unterschied sie sich in keiner Weise von einem toten Tier, nur dass sie nicht auf die Seite gefallen war. Weder dieses noch jenes Tier machte irgend einen Versuch zu entweichen; beide liessen sich nach Belieben aufnehmen, und doch hatten sie keine Verletzung oder Unbill erfahren, denn kurz darauf schienen sie wieder ganz lebendig und wohlauf.

Es dürfte wohl ebenso schwer halten, ein Wiesel schlafend, als in einem unbewachten Augenblick zu treffen; noch unwahrscheinlicher hört es sich aber an, dass es, Leblosigkeit vortäuschend, die scharfen Griffe einer Katze geduldig über sich ergehen lassen könnte; und doch traf es sich eines Tages, dass in der Nähe einer Katze, die scheinbar gleichgültig für alles rings umher dalag, ein Wiesel unerwartet aufsprang, in demselben Augenblick ergriffen wurde und, wie tot zwischen den Zähnen des Räubers herabhängend, nach dem nahegelegnen Hause getragen wurde. Da die Thür geschlossen war, legte die Katze, durch die anscheinende Leblosigkeit ihres Opfers getäuscht, dasselbe auf die Stufen, um, wie gewöhnlich, durch ihr Miauen Einlass zu erwirken. Unterdessen hatte das kleine Tier seine Besinnung wieder erlangt und schlug mit einem Mal seine Zähne tief in seines Feindes Nase. Nun ist es wahrscheinlich, dass neben der plötzlichen Überraschung der feste Griff der Katze rund um den Körper des Wiesels jeden Widerstand unmöglich machte, zumal unsre kleinen Vierfüssler, die so kühn zu beissen verstehen, auf diese Weise gewöhnlich ohne Schaden festgehalten werden; es ist aber kaum anzunehmen, dass das Wiesel eine Täuschung versucht hätte, so lange es die Katze im Maule trug."

Diese Hypothese erfordert indessen noch speziellere Versuche, ehe man sie ohne weiteres annehmen kann; und zwar würden diese Versuche darin zu bestehen haben, dass man einem Tier in demselben Augenblick, da es sich totstellte, sofort die Freiheit wiedergäbe und es nun, ohne sein Wissen, überwachte. Bleibt es dann noch eine Zeitlang bewegungslos, so würde dies für Couchs Hypothese sprechen; wogegen, wenn es sich sofort aufrafft, dies die Vermutung rechtfertigen würde, die Bewegungslosigkeit angesichts der Gefahr beruhe auf einer bewussten Absicht. Ich glaubte eines Tages dieses Experiment selbst machen zu können. Ich hatte ein Eichhörnchen in einem Tuche gefangen und bemerkte, dass es sofort bewegungslos wurde. Ich legte es darauf an die Erde und erwartete lange Zeit im Verborgnen sein Wiederaufleben; da dies aber nicht erfolgte, so schritt ich zur näheren Prüfung und fand, dass es nicht täuschte, sondern wirklich tot war. Ich erwähne diesen Zwischenfall nur, weil ich ihn für eine wichtige Stütze für Couchs Hypothese halte. Es geht daraus hervor, dass bei der Gefangennehmung eines wilden Tieres der blosse Schreck seinen Tod verursachen kann, und die Untersuchungen Prof. Preyers über den Hypnotismus*) zeigen, dass die Furcht eine starke, prädisponierende Ursache der „Kataplexie" d. h. des magnetischen Schlafes bei Tieren ist.

Hinsichtlich Preyers**) Untersuchungen muss ich noch bemerken, dass derselbe das Sichtotstellen der Insekten ausschliesslich auf Kataplexie zurückführt. Nachdem er die Macht dieses Einflusses bei der Hervorrufung ähnlicher Erscheinungen im neuromuskularen System der höheren Tiere — bis zum Krebs herunter, den er im hypnotischen Zustande auf dem Kopfe stehen liess — kennen gelernt, war es durchaus logisch von ihm, den Scheintod der Insekten auf dieselbe Ursache zurückzuführen. Seine Beweisführung würde aber noch überzeugender gewesen sein, wenn er die wichtigen Thatsachen gekannt hätte, die von Darwin beobachtet wurden und nun im Anhang zu diesem Buche veröffentlicht sind. Mit Bezug darauf kann man sagen, dass es keine Spinnen- oder Insektenart giebt, von der man behaupten könnte, ihre Haltung beim Scheintod stimme mit derjenigen überein, die das Tier im wirklichen Tode aufweist; sowie ferner, dass in vielen Fällen jene Haltung verschieden ausfällt und dass deshalb jeder Fall von Scheintod bei diesen Tieren eine Bethätigung des Instinkts ist, bewegungslos und deshalb unauffällig in Gegenwart des Feindes zu bleiben. Begreiflicherweise liess sich dieser Instinkt, selbst ohne Hilfe der Intelligenz durch die natürliche Züchtung leicht ausbilden, insofern diejenigen Individuen, die am wenigsten geneigt waren, vor dem Feinde wegzulaufen, vor denjenigen, die sich durch Bewegung auffällig machten, erhalten blieben.

---

*) Dieselben wurden später als Couchs Buch veröffentlicht und haben eigentlich keinen direkten Bezug auf die vorliegende Frage.

**) Physiologische Abhandlungen II, 1.

Mit andern Worten, es ist klar, dass dieser Instinkt durch primäre Mittel entwickelt werden konnte, denn wenn es vorteilhafter für ein Tier war, wenn es in Gefahr regungslos und deshalb dem Feinde gegenüber unauffällig verblieb, als wenn es sein Heil in der Flucht versuchte, so musste offenbar die natürliche Züchtung zu Gunsten der Ruhe eingreifen, ebenso wie sie in andern Fällen zu Gunsten der Beweglichkeit wirkt. Ich halte es aber durchaus nicht für unwahrscheinlich, dass die Kataplexie von grossem Einfluss bei der Entstehung und Ausbildung dieses Instinkts war. Denn wenn diese eigentümliche physiologische Erscheinung bei Insekten und Spinnen vorkommen kann — wie sie z. B. zweifellos bei dem zu derselben Klasse gehörenden Krebs beobachtet wurde — so wäre der natürlichen Züchtung damit ein Material geliefert, aus dem sie wohl jenen Instinkt zu bilden vermochte. Wenn aber der Ursprung desselben hier zu finden ist, so können wir wohl annehmen, dass er bei seiner Entwicklung auch dieselbe Richtung eingehalten hat, insofern die natürliche Züchtung stets die kataplegische Empfänglichkeit unterstützte und sonach mit grosser Raschheit unter dem Einfluss gewisser Reize jenen Zustand hervorrief, den sie zugleich nur so lange andauern liess, als die verursachenden Reize wirkten. So kommen wir zu dem bekannten Zustande bei Tieren, die, wie der Holzwurm, bei jeder Beunruhigung sofort in einen kataplegischen Zustand verfallen (in dem sie gegen jeden Schmerz gefühllos sind), sich aber sofort wieder aufraffen, sobald die Quelle der beunruhigenden Reizung beseitigt ist.*)

Wir haben hier also ein nicht unwahrscheinliches und jedenfalls interessantes Beispiel davon, in welche fremdartigen und so-

---

*) Ein Bedenken gegen diese Anschauung wirft Duncan („*On instinct*") auf. Derselbe sagt, dass Spinnen im scheintoten Zustand „sich mit Nadeln durchstechen und in Stücke reissen lassen, ohne das geringste Zeichen von Furcht zu verraten"; er fügt hinzu, dass wenn die Ursache wirklich „eine Art durch Schreck verursachter Betäubung" wäre, das Tier nicht so rasch wieder zu sich kommen würde, sobald der Gegenstand des Schrecks beseitigt ist. In der That geht aber „die Betäubung" durchaus nicht so rasch nach Aufhören des Reizes vorüber; sie dauert bei manchen Vögeln so lang als der kataplegische Zustand, bei der Eule z. B. so lange man sie beim Rücken festhält.

zusagen weitab gelegnen Gebiete die natürliche Züchtung zu Gunsten eines vorteilhaften Instinkts einzugreifen vermag. Ich will jedoch ausdrücklich bemerken, dass ich dieses Beispiel nur beiläufig anführe. Ich halte, mit Preyer, den Scheintod der Insekten für eine Erscheinung, in der die Prinzipien des Hypnotismus wahrscheinlich beteiligt sind. Damit betrachte ich aber diese Prinzipien nur als ein Material, aus dem die natürliche Züchtung jenen Instinkt gebildet hat. Ob diese Prinzipien in Wirklichkeit bei jenen Erscheinungen beteiligt sind oder nicht, ist eine Frage für sich; die Hauptsache für uns bleibt die, dass der Instinkt, mag er nun mit oder ohne Unterstützung der Kataplexie entwickelt worden sein, jedenfalls durch die natürliche Züchtung entwickelt wurde. Darwins Beobachtungen stellen diese Folgerung über allen Zweifel; und selbst wenn die Erscheinungen der Kataplexie für die Zwecke der natürlichen Züchtung nicht geeignet wären, so ist dies doch ohne Zweifel mit andern Materialien der Fall; denn *a priori* scheint es keine grössere Schwierigkeit zu verursachen, den Instinkt zu entwickeln, unter gewissen Umständen bewegungslos zu bleiben, als den, hinwegzulaufen, und es ist wenigstens Thatsache, dass alle Tiere mit Schutzfärbung, sei es als Ursache oder Folgewirkung, ihren Instinkt in der ersteren Richtung entwickelt haben. Wir dürfen deshalb vermuten, dass ein Tier, welches nicht hinreichend beweglich ist, um sein Heil in der Flucht zu finden, durch die natürliche Züchtung in der Richtung eines ruhigen Verhaltens unterstützt wird — sei es mit oder ohne Unterstützung der Kataplexie, die indessen an und für sich allein keinen Instinkt zu bilden vermag. So weit scheint die Sache ziemlich klar. Nun haben wir aber noch einige wichtige Unterscheidungen zu treffen. Der simulierte Tod bei einem hoch intelligenten Tiere wie dem Fuchs ist z. B., psychologisch betrachtet, ein ganz andres Ding als der bei Insekten, so dass eine Erklärung, die dem einen Fall vollkommen Rechnung trägt, durchaus nicht für den andern passt. Während ich z. B. die gedachte Erscheinung bei den Insekten auf einen nicht-intelligenten Instinkt zurückführe, der in der oben geschilderten Weise durch die natürliche Züchtung entwickelt wurde, halte ich nicht dafür, dass dies auch bei den Wirbeltieren der Fall sei.

Ein Fuchs würde niemals Aussicht haben, seinem Feinde zu entrinnen, wenn er bewegungslos bliebe, statt seine Beine zu gebrauchen und den Jagdhund hinter sich zu lassen. Der Scheintod ist in diesem Fall durchaus nicht immer derselbe und deshalb auch nicht, wie bei den Insekten, instinktiv. Ich stimme demnach nicht ganz mit Preyer überein, wenn er die allgemeine instinktive Regungslosigkeit gewisser Insekten bei Beunruhigung lediglich dem Einfluss der Kataplexie zuschreibt; dagegen halte ich das gelegentliche (zufällige) ruhige Verhalten bei wilden Wirbeltieren unter ähnlichen Umständen für eine unzweideutige Stütze seiner Anschauung. Denn hier ist die Handlung nicht allgemein, ja nicht einmal gewöhnlich, und wenn sie Platz greift, wird sie in der Regel dem Tiere eher schädlich als alles andere sein, wenn wir bedenken, dass die ganze Organisation des Tieres im übrigen auf rasche Bewegung angepasst ist. · Ich halte deshalb Couchs Hypothese in Bezug auf Vögel und Säugetiere für die annehmbarste, namentlich wenn wir sie mit den neuerdings bekannt gewordenen Thatsachen der Kataplexie in Zusammenhang bringen.[*]

Anderseits habe ich hinreichenden Anhalt zur Vermutung, dass gewisse Affen sich tot stellen, und zwar zu dem wohlbedachten Zweck, nicht etwaigen Feinden zu entgehen, sondern um ihre Opfer zu täuschen. Hier kann also weder von Schreck, noch von Kataplexie die Rede sein, wir müssen vielmehr die Thatsache hinnehmen und uns nach einer andern Erklärung umsehen.

Thompson erzählt[**] einen Fall von einem gefangnen Affen, der an einer aufrechtstehenden langen Bambusstange in den Dschungeln von Tillicherry festgebunden war. Der Ring am Ende seiner Kette hing nur lose um die glatte Stange, so dass das Tier imstande war, an der letzteren nach Belieben auf und ab zu klettern. Er hatte sich gewöhnt, auf der Spitze der Stange zu sitzen, und die Krähen, Vorteil aus seinem hohen Sitze ziehend, pflegten dann sein Futter zu stehlen, das ihm jeden Morgen und jeden Abend

---

[*] Das von Kapt. Lyon angeführte Zwinkern des Wolfsauges würde z. B. mit einer gewissen Phase des hypnotischen Zustandes sehr wohl zu vereinbaren sein.

[**] *Passions of Animals,* p. 455.

an den Fuss der Stange gestellt wurde. „Dem gegenüber hatte er schon vergebens durch Zähnefletschen sein Missfallen ausgedrückt; auch andre Anzeichen seines Unwillens blieben wirkungslos, jene setzten ihre periodischen Plünderungen fort. Als er herausfand, dass er vollständig unbeachtet blieb, sann er einen Racheplan aus, der ebenso wirkungsvoll, als sinnreich war. Eines Morgens, als seine Quälgeister besonders störend auftraten, schien er ernstlich erkrankt; er schloss die Augen, liess den Kopf sinken und zeigte noch verschiedne andre Symptome ernsten Leidens. Kaum war seine gewöhnliche Ration am Fuss der Stange niedergesetzt, als die Krähen, die Gelegenheit wahrnehmend, in grosser Anzahl herzuflogen und ihrer Gewohnheit gemäss seine Vorräte zu plündern begannen. Der Affe begann nun die Stange ganz langsam herabzusteigen, als wenn die Anstrengung ihm sehr schmerzhaft wäre und die Krankheit ihn so übermannt hätte, dass seine Kräfte kaum noch zu dieser Anstrengung ausreichten. Als er den Boden erreichte, wälzte er sich einige Zeit wie im Todeskampf umher, bis er sich dicht bei dem Gefässe befand, das sein Futter enthielt, welches die Krähen mittlerweile fast ganz verschlungen hatten. Es war jedoch noch immer etwas zurückgeblieben, das ein einzelner Vogel, durch die anscheinende Krankheit des Affen kühn gemacht, zu ergreifen Miene machte. Das verschmitzte Tier lag in diesem Augenblick in einem Zustande von anscheinender Empfindungslosigkeit am Fuss der Stange, dicht bei der Schüssel. In demselben Momente aber, wo die Krähe ihren Kopf ausstreckte und bevor sie noch eine Portion der verbotnen Speise sich hatte sichern können, ergriff der wachsame Vergelter den Dieb mit der Schnelligkeit eines Gedankens am Halse und beugte damit einem weiteren Unrecht seinerseits fürs erste vor. Darnach fing er an zu grinsen und mit dem Ausdruck des grössten Triumphs mit den Zähnen zu fletschen, während die Krähen krächzend umherflogen, als ob sie für ihren gefangnen Gefährten Fürbitte thun wollten. Der Affe fuhr noch eine Zeit lang mit seinem Zähnefletschen und Grinsen fort, nahm dann bedächtig die Krähe zwischen seine Kniee und fing an sie mit dem grössten Ernste zu rupfen. Als er sie bis auf zwei grosse Federn an den Flügeln und am Schwanz vollständig entblösst hatte, schwang er sie aus allen

Kräften hoch in die Luft; der Vogel schlug einige Male mit den nackten Flügeln und fiel dann schwer zur Erde, die übrigen Krähen, die glücklich genug gewesen waren, einer ähnlichen Züchtigung zu entgehen, umringten nun ihren Kameraden und hackten ihn alsbald zu Tode. Der Affe kletterte dann auf seine Stange und als man ihm das nächste Mal sein Futter brachte, wagte sich nicht eine einzige Krähe heran."

Ich führe diesen vielleicht etwas unglaublich klingenden Fall an, nicht nur, weil Thompson eine anerkannte Autorität ist, sondern weil er sich in allen wesentlichen Details der unbewussten Unterstützung eines Freundes von mir, des verstorbenen Dr. W. Bryden erfreut. Dieser letztere, dem obige Anekdote unbekannt war, erzählte mir, dass er in Indien wiederholt Zeuge davon gewesen sei, wie ein zahmer Affe lange Zeit vollständig regungslos auf dem Rücken lag, bis die Krähen aus der Nachbarschaft, die ihn für tot hielten, in seinen Bereich kamen, worauf er plötzlich auf eine von ihnen zusprang, sie ergriff und sie nach und nach zu rupfen begann, — wie es schien, aus blossem Hang zur Grausamkeit — wenn er auch dabei den Saft aus dem Ende der grösseren Federn zu saugen pflegte. Da ich mich für die Wahrhaftigkeit Brydens verbürgen kann, auch eine mangelhafte Beobachtung dabei ausgeschlossen ist, so bin ich um so mehr geneigt, auch der vorhergehenden Anekdote, der ich sonst jedenfalls misstraut hätte, Glauben zu schenken.

Wenn sonach einige Affen wirklich die List anwenden, sich absichtlich tot zu stellen, so kann die Erklärung für diese Thatsache doch nur die sein, dass sie sahen, wie Krähen sich öfters um Leichname sammelten, und daraus schlossen, dass wenn sie regungslos blieben, diese Tiere dadurch verleitet würden, in ihre Greifweite zu kommen. Ohne Zweifel spricht dies für einen erstaunlichen Betrag von Nachdenken und Schlussvermögen; jedoch muss man berücksichtigen, dass die Thatsache noch keine abstrakte Idee vom Tode in sich schliesst; sie schliesst nur die Idee ein, einen früher beobachteten Zustand der Bewegungslosigkeit nachzuahmen, zu dem Zwecke, das nämliche Resultat — die Annäherung der Vögel — zuwege zu bringen, wie jener früher gesehene Zustand. Da wir wissen, dass Affen sowohl grosses Nachahmungs-

talent besitzen, als auch aufmerksame Beobachter sind, so scheint
die Auslegung von vornherein nicht mehr so unglaublich, als sie
anfangs ohne Zweifel zu sein schien.

Nun dürfen wir aber folgern, dass wenn Affen im stande sind,
bewussterweise und absichtlich bewegungslos zu bleiben, zu dem
Zwecke, ein bestimmtes Objekt zu erlangen, andre, nahezu ebenso
intelligente Tiere dessen wohl ebenfalls fähig sein können. Hieraus
ergiebt sich aber, dass man ungeachtet der früher zugegebenen
Möglichkeit, den simulierten Tod der Wölfe und Füchse auf Kataplexie zurückzuführen, noch auf eine intelligente Absicht schliessen
darf. Zu Gunsten dieser Annahme will ich noch zwei Fälle anführen, die mir hinreichend sicher beobachtet zu sein scheinen.

Der erste, neuerdings veröffentlichte Fall*) rührt vom Brigade-
Arzt G. Bidie. Derselbe schreibt: „Vor einigen Jahren, da ich
mich in West-Mysore aufhielt, bewohnte ich dort ein Haus inmitten mehrerer Morgen guten Weidelandes. Das hohe Gras in
diesem Gehege bildete eine grosse Versuchung für das Vieh des
Dorfes und sobald man den Eingang offen stehen liess, war die
Übertretung allgemein. Meine Diener thaten ihr möglichstes, die
Eindringlinge wegzutreiben; eines Tages kamen sie aber ganz bestürzt zu mir und erzählten, dass der Brahma-Stier, den sie ge-
schlagen hätten, tot liegen geblieben sei. Es mag hierzu bemerkt
werden, dass diese Stiere geheiligte und bevorrechtete Tiere sind,
denen es gestattet ist nach Belieben herumzustreifen und, selbst in
den offnen Kaufläden, zu fressen, was und wo sie etwas finden.
Als ich hörte, dass der Eindringling tot sei, ging ich sofort hin,
um den Körper zu besichtigen; da lag er denn auch wirklich und
genau so, als ob das Leben bereits aus ihm entflohen wäre. Über
dieses Vorkommnis einigermassen beunruhigt, da es mir Verdriesslich-
keiten mit den Eingebornen zuziehen konnte, hielt ich mich nicht
mit einer längern Prüfung auf, sondern kehrte nach Hause zurück,
um den Fall den Distriktsbehörden zu melden. Ich hatte mich
gerade entfernt, als ein Mann mir freudig nachgerannt kam, mit
der Nachricht, dass der Stier wieder auf seinen Füssen stehe und

---

*) *Nature* XVIII, p. 244.

ruhig grase. Es bedarf wohl kaum der Erwähnung, dass das Tier die List gebraucht hatte, sich scheintot zu stellen, um seine Vertreibung unmöglich zu machen. Diese List wurde mit Rücksicht auf mein gutes Gras noch häufiger ausgeübt und obwohl mich dies eine Zeit lang belustigte, so wurde es mir doch schliesslich lästig; entschlossen, mich ein für allemal davon zu befreien, liess ich eines Tags, als er wieder niedergefallen war, heisse Asche aus der Küche holen, die ich ihm auf den Körper legte. Anfangs schien er sich nicht viel daraus zu machen; als aber die Hitze zunahm, hob er langsam seinen Kopf in die Höhe, warf einen prüfenden Blick auf die Asche, machte sich schleunigst auf die Beine und sprang über den Zaun, gleich einem Reh. Unser Freund besuchte uns von da an auch nie wieder."

Hier haben wir also einen häufig wiederholten Fall anscheinenden Sichtotstellens zu einem bewussten Zweck, und da der Berichterstatter ein Arzt ist, haben wir alle Ursache, die Beobachtung der Simulation für zuverlässig zu halten. Nichtsdestoweniger braucht die von dem Tiere gefasste Idee nur die gewesen zu sein, passiv zu bleiben und im Vertrauen auf das eigne Gewicht die Entfernung zu verhindern. Der Fall ist indessen sehr beachtenswert und die von mir gebotne Auslegung verliert vielleicht noch an Wahrscheinlichkeit mit Hinsicht auf den andern Fall, zu dem ich jetzt übergehe. Derselbe findet sich in Morgans Buch über den Biber und wurde dem Verfasser mitgeteilt von Mr. Coral C. White von Aurora, Neu-York, der den Fuchs heraustrug. Seine Glaubwürdigkeit ist nicht anzuzweifeln:

„Ein Fuchs brach eines Nachts in das Hühnerhaus eines Landmanns ein und nachdem er eine grosse Anzahl Geflügel getötet hatte, stopfte er sich so voll, dass er nicht mehr durch die enge Öffnung zurück konnte, durch die er eingedrungen war. Der Eigentümer fand ihn den andern Morgen auf dem Boden ausgestreckt, anscheinend ein Opfer seiner Unmässigkeit. Er nahm ihn bei den Beinen und trug ihn ahnungslos auf eine kurze Entfernung von seinem Hause, wo er ihn ins Gras warf. Reineke fühlte sich nicht so bald frei, als er auf seine Füsse sprang und entwischte. Er schien zu wissen, dass er nur als toter Fuchs den Schauplatz

seiner Räubereien verlassen könne und der fein ausgedachte Plan
zu seiner Befreiung erforderte deshalb keine geringe Geistesan-
strengung etc."

Wenn die obigen Thatsachen richtig wiedergegeben sind (und
sie stimmen in allen wesentlichen Punkten mit einigen von Couch
gegebenen Fällen überein), so kann man einesteils kaum voraussetzen, dass die blosse Annäherung des Menschen zur Öffnung der
Hühnerhausthür die hochgradige Aufregung verursacht hätte, die
bekanntlich Kataplexie hervorruft, während es andernteils zweifelhaft
ist, ob der durch den Wurf aufs Gras verursachte Reiz hinreichte,
den kataplegischen Zustand plötzlich aufhören zu machen. In einem
solchen Fall scheint mir die Wahrscheinlichkeit eher dahin zu neigen,
dass der simulierte Tod einem intelligenten Zwecke dient, wenn
schon wir dem Tiere nicht zutrauen dürfen, dass es eine Idee vom
Tod als solchem, oder von einer bewussten Simulierung desselben
habe. Sonach scheint mir der Fall, gerade mit Bezug auf die
höheren Tiere, von nicht geringer Schwierigkeit zu sein. Die Sach-
lage verhält sich einfach so, dass wir noch einen zu grossen Mangel
an experimentellen Beobachtungen zu beklagen haben, um jetzt schon
in der Lage zu sein, genau zu bestimmen, ob Wölfe und noch
spezieller Füchse den Tod vortäuschen, d. h. unter gewissen gefährlichen Umständen regungslos bleiben, zu dem bewussten Zweck,
ihr Entkommen zu ermöglichen; oder, was nicht mehr oder weniger
wahrscheinlich, ob die regungslose Haltung dieser Tiere unter den
besagten Umständen dem Auftreten eines hypnotischen Zustandes
zu verdanken ist.

Mit Bezug auf diese Tiere, sowie auf den Brahma-Stier, hielt
ich es deshalb für geraten, eine bestimmte Meinung nicht abzu-
geben, sondern jedes Für und Wider hinzustellen, in der Aussicht,
von irgend einer berufnen Seite her eine experimentelle Untersuchung
darüber zu veranlassen.*) Eine ebensolche, von Darwin mit Bezug
auf Insekten und Spinnen geführte Untersuchung hat allerdings zu

---

*) Wenn Mr. C. C. White, nachdem er das obige gelesen und die
Hauptsache verstanden hätte, seinen Fuchs mit grösster Behutsamkeit auf den
Rasen gelegt und sich dann sofort verborgen hätte, so würde er die Lösung
der Frage sehr gefördert haben.

einem Abschluss in dieser Richtung geführt, in sofern keine Veranlassung mehr vorliegt, das Verhalten dieser Tiere auf eine bewusste Absicht zurückzuführen. Dieselbe Frage lässt aber bezüglich der höheren Säugetiere eine ganz verschiedne Beantwortung erwarten und es erscheint deshalb die Beibringung weiterer Beweise in diesem Sinne unbedingt erforderlich.

Immerhin hat die in diesen Fällen liegende Schwierigkeit nichts mit der Frage über den Instinkt zu thun — denn im Gegensatz zu den Insekten tritt die Gewohnheit hier zu ausnahmsweise auf, als dass wir sie für rein instinktiv halten dürften —; dagegen bedarf es noch der Feststellung, ob jene Erscheinungen einer intelligenten Absicht zuzuschreiben oder lediglich die physiologischen Wirkungen der Furcht sind. Bei dem auffallendsten der obigen Fälle ist die letzte Vermutung allerdings nicht gestattet, wohl aber bei einigen andern; aber auch dort, wo diese Hypothese nicht anwendbar ist, scheint es äusserst wünschenswert, die Art Ideen kennen zu lernen, welche das Tier dazu verleiten, sich in einer Weise zu verhalten, die dem Scheintod so nahe steht. Ich kann jedoch nicht umhin, wiederholt darauf hinzuweisen, dass die Schwierigkeit, zu einem solchen Verständnis zu gelangen, nichts mit der uns beschäftigenden Theorie von der Bildung der Instinkte zu thun hat.

## I. Simulation von Verletzungen.

In der „*Contemporary Review*" (Juli 1875) weist der Herzog von Argyll in einem Artikel über tierischen Instinkt darauf hin, dass eine weibliche Ente, vielleicht bewusst, die Bewegungen eines verwundeten Vogels nachahmen lernte, und dass die jungen Sägetaucher, die sich bei Beunruhigungen auf den Schlamm drücken und sich auf diese Weise unauffällig machen, während die Alten wegfliegen, sich in demselben Falle befinden. Darwin bemerkt in seinen Manuskripten, dass er mit dem Herzog insofern übereinstimme, als er die täuschenden Bewegungen der weiblichen Ente einer bewussten Nachahmung verwundeter Vögel zuschreibe; er glaubt aber, dass ein weiblicher Vogel, der in der Sorge für seine Nestlinge selbst den Kampf mit einem vierfüssigen Tiere aufnimmt, durch abwechselnden Angriff und Rückzug unabsichtlich den Feind vom Neste entfernt. Die diese ursprüngliche Gewohnheit begünstigende natürliche Züchtung wird dann das Entfernen vom Nest zu einem Instinkt ausgebildet haben, und wenn, wie wahrscheinlich, vierfüssige Fleischfresser leichter solche Vögel verfolgen, die anscheinend zum Fliegen unfähig sind, als anscheinend gute Flieger, so wird das Hängenlassen der Flügel u. dgl. nach und nach entwickelt worden sein.

Der Instinkt des Niederduckens junger Vögel, die auf diese Weise unauffällig werden, wurde ohne Zweifel auf dieselbe Weise und zu demselben Zwecke erworben, wie der Instinkt des Sichtotstellens bei Insekten. Der Instinkt der jungen Vögel mag ursprünglich von älteren Tieren (insofern diese von vornherein teilweise durch Furcht gelähmt wurden) erworben und dann, gemäss der allgemeinen Vererbungsgesetze, durch die Nachkommen auf ein früheres Alter vererbt worden sein.

Es geht daraus hervor, dass D a r w i n geneigt war, sowohl den Instinkt der Mutter, wie auch den der Jungen, auf einen ausschliesslich primären Urspung zurückzuführen; ich gestehe aber, dass mir der Fall etwas bedenklich erscheint und dass ich eher zu der Annahme hinneige, der Instinkt der Mutter bei der Ente, dem Rebhuhn und allen andern hierher gehörigen Vögeln sei ursprünglich durch Intelligenz unterstützt gewesen. Nach dem, was wir von den Hennen wissen, müssen wir zugeben, dass die mütterlichen Gefühle so stark sind, dass jene selbst lieber Gefahr oder Tod erdulden, als dass ihrer Brut Ähnliches widerfahre. Wenn sonach in Gegenwart eines vierfüssigen Feindes der mütterliche Vogel in der von D a r w i n angedeuteten Weise abwechselnd anzugreifen und zurückzuweichen beginnt, so wird er, wenn er intelligent genug ist wahrzunehmen, dass man ihm beim Zurückweichen ohne Beistand der Flügel eher folgt, mit der Zeit absichtlich den Feind von seinen Jungen hinweglocken. Wenn dies der Fall ist, so werden diejenigen Eltern, welche hinreichenden Scharfsinn besassen, diese List anzuwenden, ohne Zweifel eine grössere Brut aufgezogen haben, als die Eltern mit mangelhafter Beobachtung, und die Jungen der intelligenten Eltern werden wieder die Neigung zu derselben List

weiter vererbt haben, wenn sie ihrerseits Eltern geworden sind.
Auf diese Weise wird die ursprüngliche intelligente List nach und
nach als Instinkt ausgebildet und sodann mit mechanischer Pünktlichkeit von jedem Rebhuhn-, Regenpfeifer- und Enten-Individuum
vollzogen worden sein. Die grösste Schwierigkeit besteht nun darin,
das Schleppen des Flügels zu erklären, und dies kann meines
Erachtens nur geschehen, wenn wir es mit Darwin auf eine rein
primäre Entstehungsweise zurückführen. Immerhin ist aber die Erscheinung in hohem Grade beachtenswert.

Dies sind die einzigen Instinkte, die eine gewisse Schwierigkeit gegenüber unsrer Theorie vom Ursprung und der Entwicklung
des Instinkte im allgemeinen zu bieten scheinen. Darwin hat in
einem Kapitel seines Buches „Von der Entstehung der Arten"
noch einige andre Instinkte in dieser Beziehung besprochen (wie
z. B. den parasitischen Instinkt des Kuckucks, den zellenbauenden
Instinkt der Bienen nnd den sklavenhaltenden Instinkt der Ameisen); da dieselben aber in Wirklichkeit kein ernsteres Bedenken
enthalten, so brauche ich auch hier nicht lange dabei zu verweilen.

Neunzehntes Kapitel.

**Vernunft.**

ch möchte zur Einleitung dieses Kapitels eine Definition des Wortes Vernunft geben, um klar erkennen zu lassen, was ich unter diesem Ausdruck verstehe.

Vernunft halte ich für diejenige Fähigkeit, die in der absichtlichen Anpassung von zweckentsprechenden Mitteln zum Ausdruck kommt. Sie umschliesst also eine bewusste Kenntnis der Beziehungen zwischen den angewandten Mitteln und den erreichten Endzwecken und bethätigt sich in der Anpassung an Lebensumstände, die sowohl den bisherigen Erfahrungen des Individuums wie der Spezies gegenüber neu sind. Mit andern Worten: Mit der Vernunft ist das Vermögen gegeben, Analogieen oder gegenseitige Verhältnisse wahrzunehmen; sie ist insofern also gleichbedeutend mit Schlussvermögen oder der Fähigkeit, aus einer wahrgenommnen Gleichartigkeit von Verhältnissen Schlüsse zu ziehen. Dies ist die einzig zulässige Auslegung des Wortes und in diesem Sinne werde ich mich seiner auch in der Folge bedienen. Die Fähigkeit, Beziehungen abzuwägen, Folgerungen zu ziehen, auch aus vorhergesehenen Wahrscheinlichkeiten, umfasst unzählige Abstufungen.

Im vorliegenden Kapitel werde ich die wahrscheinliche Entstehung dieses Vermögens zu zeigen versuchen und dabei, wie gesagt, die Ausdrücke „Vernunft" und „Schlussvermögen" im Sinne der oben erläuterten Fähigkeiten gebrauchen, während ich unter „Folgerung" die weniger hoch entwickelten geistigen Vorstufen derselben verstehe, aus denen, wie ich darthun will, die Vernunft sich entwickelt hat. Ohne Zweifel ist jeder Vernunftakt auch ein Folgerungsakt; wir werden aber finden, dass es absolut notwendig ist, einige Beziehungen zur Verfügung zu haben, die gleichmässig die niedersten, wie die höchsten Stufen jener ganzen Klasse geistiger Prozesse umfassen, die in der symbolischen Berechnung gipfeln. Das Wort „Folgerung" ist das beste, welches ich finden konnte, und es will in dem Sinne verstanden sein, dass wenn auch alle Vernunftakte Akte der Folgerung sind, darum nicht alle Folgerungsakte notwendig auch Akte der Vernunft zu sein brauchen.

Nach dieser Klarstellung der Terminologie können wir zu unsrem eigentlichen Gegenstand übergehen. Schon in den früheren Kapiteln versuchte ich zu zeigen, dass Bewusstsein wahrscheinlich aus Reflexthätigkeit entspringt (oder dass das geistige Element an sich anpassende Nervenprozesse gebunden ist), wenn dieselbe zu einem solchen Grad der Kompliziertheit gelangt (oder auf äussere Umstände von so unbeständigem Charakter Bezug nimmt), dass das Nervencentrum der Sitz eines verhältnismässigen Zusammenstosses molekularer Kräfte wird. Wenn diese Stufe erreicht ist und ein Nervencentrum seiner eignen Wirksamkeit bewusst wird, treten wir, meiner Klassifizierung zufolge, aus dem Gebiet der Reflexthätigkeit in das des Instinkts, wobei der Instinkt, meiner Terminologie zufolge, als eine Reflexthätigkeit unter Hinzutritt eines Bewusstseinselements aufzufassen ist. Insofern nun im Laufe der Entwicklung die niederen Lebensformen nach und nach ihre Thätigkeiten an Umstände von wachsender Kompliziertheit und Unbeständigkeit oder an Gewohnheiten von seltenem Vorkommen anpassen, werden auch die organisierten Instinkte, mit denen sie begabt sind, an irgend einem Punkte anfangen unvollkommen zu werden; eine grössere Biegsamkeit hinsichtlich der Fähigkeit zu entsprechenden Beantwortungen wird erforderlich, und wenn eine solche Biegsamkeit unter der Voraussetzung der Ganglienwirkung ermöglicht ist, so werden diejenigen Individuen, die dieses Ziel am leichtesten erreichen, überleben und die Vervollkommnung der ganzen Spezies damit allgemein werden. Nun wissen wir, dass eine solche Biegsamkeit unter der Bedingung der Ganglienthätigkeit möglich ist;

wir haben diese Zunahme der Biegsamkeit auf der subjektiven Seite
als diejenige Fähigkeit kennen lernen, die wir Vernunft nennen, und
haben nun festzustellen, woraus diese Fähigkeit besteht.

Bei unsern Untersuchungen über die Genesis der Wahrnehmung wies ich darauf hin, dass dieses Vermögen zahllose Abstufungen zulässt. Dieselben beruhen, wie wir sahen, hauptsächlich
auf dem Grade der Kompliziertheit der wahrgenommnen Objekte
oder Beziehungen. Wenn nun eine Wahrnehmung eine gewisse
Stufe der Ausbildung erreicht hat, so dass sie eine Beziehung
zwischen Beziehungen zu erkennen vermag, so geht sie in Vernunft
oder Schlussvermögen über. Auf ihren höchsten Entwicklungsstufen
ist aber das Schlussvermögen lediglich ein hochkomplizierter Wahr-
nehmungsprozess, d. h. eine Wahrnehmung der Gleichwertigkeit
wahrgenommner Verhältnisse, welche wiederum für sich auf mehr
oder weniger ausgearbeiteten Vorstellungen beruhen, die auf noch
einfacheren Vorstellungen, d. h. Vorstellungen, die den unmittelbaren Daten der Sinnesempfindung näher liegen, aufgebaut sind.
So kann also das Schlussvermögen ganz allgemein als eine höhere
Entwicklung der Wahrnehmung aufgefasst werden; denn an keinem
Punkt können wir die Grenze ziehen und sagen, dass das Hüben
und Drüben verschieden sei. Mit andern Worten, eine Wahrnehmung besteht im wesentlichen stets aus dem, was die Logiker
einen „Schluss" nennen, mag sie sich nun auf die einfachste
Erinnerung an eine vergangne Empfindung oder auf das höchste
Produkt abstrakter Gedankenarbeit beziehen. Denn wenn man die
letztere analysiert, so wird man finden, dass die Grundelemente
derselben stets aus direkt von den Sinnen geliefertem Material bestehen; jede Stufe des symbolischen Gedankenaufbaus, aus dem sich
ein Abstraktionsprozess zusammensetzt, beruht auf Wahrnehmungs-
akten niedrer Stufen. Allerdings beziehen sich diese Wahrnehmungsakte auf Symbole von Ideen, die an sich von den einfachen und
unmittelbaren Erinnerungen an vergangne Empfindungen weit entfernt
sein können; da sich aber nirgends eine Grenze zwischen Wahrnehmungen von dieser oder jener Klasse ziehen lässt, so müssen
wir anerkennen, dass es sich bei dieser Fähigkeit niemals um einen
Unterschied der Art, sondern höchstens um einen Unterschied dem

Grade nach handelt; oder, anders ausgedrückt, intelligente Prozesse, die in symbolischen Verstandesoperationen gipfeln, sind stets Erkenntnisprozesse, und für diese Prozesse haben wir die allgemeine Bezeichnung „Wahrnehmung".

Da sonach in meinen Augen keine Kluft zwischen dem Erkennen der niedersten und dem der höchsten Stufe besteht, so will ich im Interesse einer historischen Darstellung dazu übergehen, diejenigen Punkte zu bezeichnen, an denen wir, zu unsrer Bequemlichkeit Entwicklungsstufen anbringen müssen. Für die niederen Stufen habe ich dies schon in meinem Kapitel über Wahrnehmung gethan, wo ich nachwies, dass die erste Stufe lediglich in der einfachen Wahrnehmung eines äussern Objekts als eines solchen besteht, die nächste Stufe in der Erkennung der einfachsten Eigenschaften eines Objekts, die dritte Stufe in der geistigen Gruppierung der Objekte mit Rücksicht auf ihre wahrgenommnen Eigenschaften oder Beziehungen, und die vierte Stufe in der Folgerung nicht wahrgenommner Eigenschaften oder Beziehungen aus wahrgenommenen, wie man z. B. bei Anhörung eines Geknurrs sofort auf die Gegenwart eines gefährlichen Hundes schliesst.

Hiernach ist es wahrscheinlich, dass der Folgerungsprozess, womit wir uns in diesem Kapitel beschäftigen wollen, auf seinen frühesten oder mindest entwickelten Stufen niemals ein Vorgang bewusster Vergleichung ist. Die Folgerung wird unmittelbar aus der Wahrnehmung herausgebildet und braucht nicht durch einen solchen Prozess des Nachdenkens hindurchzugehen, wie ihn das Schlussvermögen erfordert; die Verhältnisse werden auf dieser Stufe wahrgenommen, mit einander verglichen und die Folgerung daraus gezogen, ohne dass es des erwägenden Denkens bedürfte. Ich bin z. B. im Begriff, nach dem Bahnhof zu eilen und begegne auf der Strasse einem Menschen, der nach der entgegengesetzten Richtung eilt; wir beginnen beide von einer Seite nach der andern hinüber zu tanzen, im Bestreben, aneinander vorüberzukommen, und jedesmal wenn wir dies thun, haben wir offenbar gefolgert, dass der andre nach der entgegengesetzten Seite auszuweichen beabsichtige: jedoch folgen sich diese Folgerungsakte so rasch aufeinander, dass dabei von einem Nachdenken keine Rede sein kann, sondern dass

23*

man nur später mittelst eines solchen Nachdenkens herausfindet, dass man eine Reihe von besondren Folgerungsakten vollzogen haben müsse. Offenbar haben wir auf diesen niederen Stufen der Wahrnehmung nach dem ersten Aufkeimen der Vernunft zu suchen; zu diesem Zwecke haben wir zuvörderst unsre eignen Wahrnehmungen zu befragen. In welchem Umfang das Folgern selbst in das Wesen unsrer gewöhnlichsten Wahrnehmungen eingeht, ist leicht nachzuweisen. Sir Davis Brewster hat auf eine Thatsache hingewiesen, die ein jeder schon einmal beobachtet haben wird: Wenn man durch ein Fenster sieht, auf dessen Scheibe eine Fliege sitzt, und den Blick auf eine grössere Entfernung gerichtet hält, so dass die Fliege nicht genau im Fokus sitzt, so folgert man sofort, dass man einen Vogel oder sonst einen grösseren Gegenstand in weiterer Entfernung sähe. Daraus geht hervor, dass bei allen unsern Gesichtswahrnehmungen stets geistige Folgerungen wirksam sind, welche die Wirkungen der Entfernung durch scheinbare Verkleinerung der Objekte ausgleichen. In gleicher Weise wirkt die geistige Folgerung durch Ausgleichung der Wirkungen des blinden Flecks auf der Netzhaut. Denn wenn man auf eine gefärbte Oberfläche schaut, so wird der dem blinden Fleck entsprechende Teil derselben in Wirklichkeit nicht gesehen. Scheinbar wird er aber doch gesehen und zwar in derselben Farbe, wie der übrige Teil der Oberfläche, indem eine unbewusste Folgerung die Farbe ersetzt. Sully widmete einen grossen Teil seines Werkes „über Illusionen" einer Übersicht und Klassifizierung der „Illusionen der Wahrnehmung"; bei den meisten zu diesem Zweck angeführten Beispielen entsteht die Illusion anscheinend durch „die geistige Anwendung einer für die Majorität der Fälle gültigen Regel auf einen Ausnahmefall", d. h. die Illusion entsteht aus einer irrtümlichen Folgerung. Eine weitere Anführung von Beispielen scheint mir hiernach überflüssig.

Die erste oder früheste Stufe der Folgerung finden wir somit dort, wo die letztere in oder zusammen mit der Wahrnehmung entsteht; wie z. B. wenn wir folgern, dass eine Mücke ein Vogel, oder dass der dem blinden Fleck der Netzhaut entsprechende Teil der Oberfläche gleich den übrigen Teilen ringsum gefärbt sei; hier ist die Folgerung als ein Bestandteil der Wahrnehmung anzusehen.*) Mit andern Worten, wir empfinden in solchen Fällen nicht wirklich alles, was wir wahrnehmen; der Rest der Wahrnehmung wird durch eine Folgerung geliefert, die nur deshalb unbewusst ist, weil sie so ungemein rasch verläuft. Der Grund zu dieser letztern Erscheinung liegt darin, dass der von der Folgerung gelieferte Teil regelmässig so eng mit dem durch die Empfindung gelieferten verbunden ist, dass in demselben Augenblick, wo die letztere wahrgenommen wird, auch das geistige Moment dazutritt. Dies geht nicht nur aus der soeben gelieferten deduktiven Betrachtung hervor, sondern findet auch seine induktive Bestätigung in den Thatsachen, die sich ergeben, wenn ein Blindgeborner plötzlich sehend wird. Ein schlagendes Beispiel hierzu liefert der bekannte (etwa zwölfjährige) Knabe, dem Cheselden den Star auf beiden Augen stach. Ich lasse hier einige Stellen aus Cheseldens Bericht folgen:

„Als der Knabe zum erstenmal das Auge aufschlug, vermochte er so wenig die Entfernungen zu beurteilen, dass er alle Dinge, die — wie er sich auszudrücken pflegte — seine Augen berührten, so empfand, als ob sie seine Haut berührten, und nichts so angenehm fand, wie glatte und regelmässige Gegenstände, obschon er ihre Gestalt nicht zu beurteilen oder zu sagen wusste, was ihm eigentlich daran gefiel. Er war nicht im stande, den Umriss irgend eines Gegenstandes genau zu erkennen, noch ein Ding vom andern zu unterscheiden, so verschieden an Gestalt und Grösse sie auch sein mochten. Nachdem man ihm aber gesagt, was die Dinge seien, deren Gestalt er vorher nach dem Gefühl kennen gelernt, merkte er sie sich sorgfältig, um sie später wieder zu erkennen; da er aber allzuviele Gegenstände auf einmal zu lernen hatte, vergass er manches wieder; wie er sagte, lernte er täglich tausend Dinge kennen und wieder vergessen. Nachdem er öfter verlernt hatte, was eine Katze und was ein Hund sei, schämte er sich darnach zu fragen; da er aber einst eine Katze — die er dem Gefühl nach erkannte — gefangen hatte, schaute er sie aufmerksam an, setzte sie dann nieder und sagte: ‚So Kätzchen! Nun werde ich dich

---

*) Ganz in derselben Weise, wie wir fanden, dass die Wahrnehmung einen wesentlichen Teil des Gedächtnisses und der Ideenverbindung ausmache.

künftig behalten!'.... Wir glaubten, dass er bald die Gemälde,
die wir ihm zeigten, kennen lernen würde, fanden aber, dass wir
uns getäuscht hatten; denn etwa zwei Monate nachdem er geheilt
war, ersah man, dass er sie für feste Körper hielt, während er
sie anfangs nur für teilweise gefärbte Flächen angesehen hatte; nun
aber war er selbst nicht wenig davon überrascht, da er bei den Ge-
mälden dieselbe Empfindung erwartet hatte, wie bei den Gegenständen,
die sie darstellten, und er wurde ganz verwirrt, als sich ihm diejenigen Teile derselben, die durch Licht und Schatten rund oder un-
eben schienen, so flach anfühlten, wie das übrige; dabei fragte er,
welcher Sinn hier täusche, das Gefühl oder das Gesicht."

Dr. W. B. Carpenter teilt einen ähnlichen Fall mit, der
seiner Beobachtung unterlag;*) die obige Erzählung genügt aber
umsomehr für unsern Zweck, als dieser letztere Patient, der früher
sehend gewesen, nicht in der Lage war, aus seinen Gesichtswahrnehmungen diejenigen geistigen Schlussfolgerungen zu ziehen, welche
allein jene Empfindungen als Leiter oder Reize zu Handlungen
nutzbar zu machen vermögen; mit andern Worten: mangels jener
Folgerungen waren die Wahrnehmungen unvollständig. Er begann
dagegen sofort in bewusster und zweckdienlicher Weise jene zahllosen Verbindungen zwischen Gesicht und Gefühl herzustellen, die
gewöhnlich schon in früher Kindheit erlangt werden und nötig sind,
um die Daten für die geistigen Schlussfolgerungen zu liefern, die
uns gegenwärtig beschäftigen. Die Anzahl dieser speziellen Schlussfolgerungen sind aber so gross und mannigfaltig, dass es geradezu
wunderbar erscheint, wie es ihm innerhalb eines Zeitraums von drei
Monaten möglich war, die Täuschung seiner Gesichtswahrnehmung
durch die Kunst der Schattierung und der Perspektive zu erkennen.
Auf diesen Punkt werde ich gleich noch näher eingehn. Vorläufig
möchte ich nur bemerken, dass der Fall beweist, wie der Wert
unsrer Gesichtswahrnehmungen auf dem geistigen Bestandteil der
Schlussfolgerung beruht, der durch die herkömmlichen Associationen
geliefert wird; und natürlich gilt dasselbe auch für die Wahrneh-

---

*) *Human Physiology*, p. 105 u. *Contemp. Revew*, XXI, p. 181.

mungen der andern Sinne.*) Auf diese Weise verstehe ich die erste
oder rudimentärste Stufe der Folgerung, wo, dank der beständigen
Ideenverbindung, der Folgerungsakt organisch mit einer sinnlichen
Wahrnehmung verbunden ist, wie er denn auch in der That einen
integrierenden Teil einer solchen Wahrnehmung bildet und deshalb
von einem Eindringen in das Bewusstsein, als ein besondrer Akt
der Geistesthätigkeit, ausgeschlossen erscheint.

Die nächste Stufe im Folgerungsprozess halte ich für diejenige, die
Spencer als die höchste ausgibt. Sie besteht nach seinem eignen Ausdruck in jenem Schlussvermögen, durch welches die grosse Masse der
uns umgebenden Gleichzeitigkeiten und Folgen erkannt wird.**) Das
heisst, wenn gewohnheitsmässig zusammenhängende Gruppen von bekannten äusseren Gegenständen, Attributen und Beziehungen allzu zahlreich und kompliziert sind um alle zugleich erkannt zu werden, oder
aber, wenn von einer Reihe von Gruppen, die gewohnheitsmässig aufeinander folgen, nur die erste auftritt, so werden die nicht wahrgenommnen Gegenstände, Attribute oder Beziehungen gefolgert. Zum
Beispiel: Wenn ein Jäger auf die Schnepfenjagd geht und ein Vogel
von der Grösse und Färbung einer Schnepfe vor ihm auffliegt, von
dem er nicht mehr zu sehen die Zeit hat, als dass es eben ein
Vogel von der Grösse und der Farbe einer Schnepfe ist, so schliesst
er sofort auf die übrigen Eigenschaften der Schnepfe und ärgert sich
nicht wenig, wenn er später findet, dass er eine Drossel geschossen.
Ich selbst habe dies erlebt und wollte kaum glauben, dass die Drossel
derselbe Vogel war, nach dem ich geschossen, so vollkommen war
die geistige Vervollständigung zu meiner Gesichtswahrnehmung. Es
wird ohne weiteres einleuchten, dass dasselbe Prinzip auch auf die
gewöhnlichen Folgerungen anzuwenden ist.

---

*) Adam Smith bemerkt in seiner Abhandlung über dasselbe Thema
„Wenn der junge Mann sagte, dass die gesehenen Gegenstände seine Augen
berührten, so meinte er gewiss nicht, dass sie auf seine Augen drückten oder
darauf lägen . . . Er konnte nichts andres meinen, als dass sie dicht vor seinen Augen oder noch eigentlicher in seinen Augen sich befänden. Ein tauber
Mann, dem plötzlich das Gehör geschenkt wird, könnte in derselben Weise
allerdings sagen, dass die Laute, die sein Ohr berührten, nach seinem Gefühl
dicht vor seinen Ohren oder, noch eigentlicher, in seinen Ohren seien.

**) Prinzipien der Psychologie S. 479.

Die zweite Stufe der Folgerungen ist also erreicht, wenn, dank der beständigen Verbindung von Gegenständen, Eigenschaften oder Beziehungen in der Umgebung, eine entsprechende beständige Ideenverbindung im Geiste stattfindet, sodass wenn einige Glieder der äusseren Gruppe wahrgenommen werden, auf die andern Glieder geschlossen wird. In einer Beziehung gleichen die Folgerungen auf dieser Stufe derjenigen auf der früheren, während sie sich dagegen in einer andern von jenen unterscheiden. Die Ähnlichkeit besteht darin, dass der Folgerungsakt allzu rasch vor sich geht, um ihn als einen besondren, von der Wahrnehmung klar unterschiednen Geistesakt erkennen zu lassen. Die Unterscheidung ergibt sich aus der darauffolgenden Überlegung, dass der Folgerungsakt etwas Verschiednes vom Wahrnehmungsakt und deshalb durch einen kurzen Zeitraum von diesem getrennt gewesen sein müsse; die Folgerung bildet also nicht, wie im früheren Fall, einen integrierenden Bestandteil der Wahrnehmung.

Die darauffolgende Stufe, die wir beim Schlussvermögen zu unterscheiden vermögen, besteht meiner Meinung nach in der bewussten Vergleichung der Dinge, Eigenschaften oder Beziehungen. Hier gelangen wir zu dem eigentlichen sogenannten Vernunftschluss, aber noch immer nicht notwendig zu einem selbstbewussten Denken. Auf dieser Stufe machen wir, was Mivart „praktische Schlussfolgerungen" nennt, d. h. wir vergleichen eine Gruppe von Verhältnissen mit einer andern, ohne sie jedoch als Verhältnisse aufzufassen. Wenn ich z. B. einem verdächtig aussehenden Menschen auf einer einsamen Strasse in Irland begegne, so beginne ich bewussterweise die Möglichkeiten zu überdenken, ob er zu einer „Bruderschaft" gehöre und ob er in diesem Falle mich erwarte; ich überdenke dies in meinem Sinne, während wir uns einander nähern, und ohne über meine Gedanken nachzudenken. Wenn ich dies thäte, so wüsste ich, dass ich im Begriff bin, den Prozess eines Vernunftschlusses zu verfolgen; ich bin aber mit diesem Prozess beschäftigt, auch ohne dass ich jemals in der Folge dazu komme, dies als einen solchen geistigen Prozess aufzufassen.

Die letzte oder höchste Stufe des Schlussvermögens wird erreicht, wenn jener Prozess im Bewusstsein als ein geistiger Prozess erkannt wird und als solcher selbst Gegenstand unsrer Erkenntnis bildet. Es ist dies die Stufe, auf welcher es zuerst möglich wird, die Eigenschaften oder Beziehungen mit Vorbedacht zum Zwecke der Folgerung zu abstrahieren. Erst hier bietet sich die Möglichkeit, sich der Symbole von Ideen statt der wirklichen Ideen zu bedienen, und damit taucht die „Logik der Zeichen" hier zum erstenmal aus der „Logik der Empfindungen" auf. In meinem nächsten Werke werde ich manches hierüber zu sagen haben; da diese Stufe aber nur beim Menschen vorkommt, muss ich hier darüber hinweggehen.

Wenden wir uns wieder zu den Tieren, so ist es klar, dass sie die erste oder, wie wir sie nennen könnten, die Wahrnehmungsstufe der Folgerung einnehmen; denn andernfalls würde man voraussetzen müssen, dass der ganze Mechanismus ihrer Wahrnehmung verschieden von unsrem eignen sei. In Wirklichkeit kann jedoch nur in einer gewissen Beziehung eine Verschiedenheit herrschen, worauf wir auch schon in früheren Kapiteln hinwiesen: insofern nämlich frisch ausgebrütete Vögel oder neugeborne Säugetiere im stande sind, auch ohne individuelle Erfahrung alle geistigen Schlussfolgerungen, die zur Vervollständigung ihrer sinnlichen Wahrnehmungen nötig sind, sofort und unmittelbar zu ergänzen. Die Erklärung dafür liegt wohl darin, dass die Vererbung in diesen Fällen schon ihre Aufgabe erledigt hat, so dass das junge Tier mit einer geistigen Befähigung zu „gefolgerter Wahrnehmung" auf die Welt kommt, und diese Art Wahrnehmung ist ebenso vollständig ausgearbeitet und wirksam, als seine körperliche Befähigung zu Wahrnehmungen mittelst Empfindung. Die Frage ist aber die: Warum ist dies nicht auch beim Menschen der Fall? Dass es an dem nicht so ist, beweisen schon die oben mitgeteilten Resultate des Starstechens; warum es aber nicht so ist, ist nicht so ganz klar und ist auch bisher noch nicht hinlänglich festgestellt; denn erst seit Spaldings Versuchen sind diese Thatsachen mit Bezug auf die Tiere bekannt geworden.*) Ich glaube diese Frage, wie folgt, beantworten zu können.

---

*) Houzeau hat darauf hingewiesen, dass während junge Kinder nicht im stande sind, einen Schmerz oder irgend eine andere Empfindung zu lokalisieren, neugeborne Kälber dies mit völliger Genauigkeit zu thun vermögen.

Es ist vor allem nicht zu bestreiten, dass auch beim Menschen die Vererbung einen sehr bedeutenden Anteil (wenn auch nicht so bedeutend wie bei den Tieren) an der Vervollständigung des Mechanismus für gefolgerte Wahrnehmung hat; denn nur mit Hilfe dessen sind wir im stande, uns zu erklären, wie der junge Mann, dessen Fall Mr. Cheselden so anschaulich beschrieb, nach der kurzen Zeit von drei Monaten die täuschenden Wirkungen des Schattens und der Perspektive in einem Gemälde wahrzunehmen vermochte. Aber selbst wenn wir den grossen Anteil der Vererbung zugeben, so bleibt immer noch ein Missverhältnis hinsichtlich des Grades ihrer Beeinflussung, im Vergleich zu ihrer absoluten Vollkommenheit bei den niedern Tieren. Ich glaube jedoch, dass zwei Erwägungen genügen, dieses Missverhältnis zu erklären. In erster Linie haben wir bereits bei der Abhandlung über die ererbten instinktiven Anlagen bei Tieren gesehen, dass der Mechanismus dieser Beanlagung aufgehoben wird, wenn ihm zu einer Zeit des Individuallebens, wo er normalerweise zum erstenmal in Wirksamkeit treten sollte, nicht voller Spielraum gelassen wird. So scheint es z. B. bei dem erwähnten jungen Mann sehr wahrscheinlich, dass während der zwölf Jahre seiner Blindheit jede Anlage, die er ererbt haben mochte, um gefolgerte Wahrnehmungen mit Hilfe des Gesichtssinnes zu bilden, grösstenteils verkümmerte, wenn nicht ganz verschwand. Die andre Erwägung ist die: Während der zwölf Jahre lag seine Fähigkeit zu gefolgerter Wahrnehmung nicht etwa brach, sondern wurde nur zu den Wahrnehmungen verwandt, die aus Gefühl und Gehör enstanden. Es ist demnach höchst wahrscheinlich, dass selbst auf dieser niedersten Stufe der Folgerung die starke Organisation, die sich zwischen jener Fähigkeit und den Gesichts- und Gehörswahrnehmungen bildete, es jener Fähigkeit um so schwieriger machte, eine neue Organisation mit den Wahrnehmungen des Gesichtssinnes zu bilden. Ich halte es ferner nicht für unwahrscheinlich, dass der menschliche Geist, der seiner Natur nach bei den höchsten Schlussfolgerungsprozessen beteiligt ist, nicht so leicht mittelst unbewusster Assoziation einen Mechanismus wahrnehmender oder automatischer Folgerungen aufzustellen vermöchte, wie es im ähnlichen Fall der weniger hoch entwickelte Geist eines Tieres zu thun im stande wäre. Übrigens meine ich, dass es sich der Mühe lohnen würde, versuchsweise einem Tiere bei seiner Geburt die Augen zu verbinden und die Binde nicht vor dem ersten oder zweiten Jahre zu entfernen. Es wäre dann zu prüfen, ob sein gefolgertes Wahrnehmungsvermögen ·dem eines andern Tieres bald nach der Geburt gleicht oder nicht.

Dass die Folgerungen des zweiten Grades ebenfalls bei Tieren vorkommen, wird niemand bestreiten, obwohl mir manche Psychologen einwerfen möchten, dass diese Art Ideenverbindung den Namen Folgerung nicht verdienen. Ich erwähnte schon in dem Kapitel über Gedächtnis und Ideenverbindungen, dass es unmöglich sei, die niedersten jener Tiere zu bezeichnen, die diese Fähigkeiten besitzen; es dürfte aber noch schwieriger sein zu bestimmen, wo im Tierreich die Folgerungen der ersten oder der zweiten Stufe beginnen; wir können nur sagen: Wo eine Gesichts- oder anderweitige Sinneswahrnehmung vorhanden ist, die zur Wahrnehmung eine Abschätzung oder irgend eine andere einfache, nicht unmittelbar durch die Empfindung gegebne, sondern gedanklich aus der Empfindung reduzierte Beziehung erfordert, dort müssen wir die erste Stufe des Folgerungsvermögens voraussetzen; wo aber eine Ideenverbindung besteht, in der Weise, dass eine Wahrnehmung die gefolgerte Erkenntnis einer jene Wahrnehmung ergänzenden Thatsache oder die gefolgerte Voraussicht eines künftigen Begebnisses entstehen lässt, da müssen wir die zweite Stufe des Folgerungsvermögens voraussetzen. Obwohl wir nun nicht im stande sind, die Grenze mit Genauigkeit zu ziehen, so wissen wir doch, dass beide Bedingungen schon ziemlich tief bei den Wirbellosen gegeben sind.

Die nächste Folgerungsstufe ist bereits die höchste, die bei Tieren vorkommt. Es ist die Stufe, auf welcher Gegenstände, Eigenschaften und Beziehungen, Ähnlichkeiten oder Unähnlichkeiten (Analogieen) erwägend mit einander verglichen werden; die darauffolgende Handlung wird daher mit der Erkenntnis oder der Wahrnehmung der Beziehungen zwischen den angewandten Mitteln und dem erreichten Zweck unternommen. Dies ist, wie ich oben sagte, diejenige Folgerungsstufe, auf welche erst der Ausdruck Vernunft oder Vernunftschluss passt, weshalb ich auch hier zum ersten Male mich dieses Wortes bediene. Dass diese Stufe des Folgerungsprozesses von fast allen warmblütigen Tieren und selbst von einigen Wirbellosen erreicht wird, dürfte wohl niemand bezweifeln.*) Meiner Ansicht nach liefern die Hymenopteren die merkwürdigsten Beispiel dafür; denn obschon die gedachte Fähigkeit bei ihnen nicht einen so hohen Grad erreicht, als bei manchen warmblütigen Wirbeltieren, so erfreuen sie sich doch einer verhältnismässigen hohen Entwicklung, mögen wir nun ihre Stellung in der zoologischen Stufenfolge im allgemeinen, oder ihre allgemeinen psychologischen Anlagen vergleichsweise heranziehen, und zwar würden, wenn die letzteren entsprechend fortgeschritten wären, diese Insekten einen gleich hohen Rang mit den Vögeln, wenn nicht mit manchen der intelligenteren Säugetiere einnehmen. Beurteilen wir ihre Psychologie aber als ein Ganzes, so wird ihr geistiger Standpunkt wohl die Stufe, die ich ihm in meinem Diagramm angewiesen, verdienen, obwohl, wie ich nicht leugnen will, die besondre Natur der Ameisen- und Bienen-Intelligenz einen Vergleich mit der Intelligenz höherer Tiere sehr erschwert.

Nach alledem ist es wohl unverkennbar, dass meine Ansichten

---

*) Ich führe hierzu ein auffallendes Beispiel von fast menschenähnlicher Vernunft bei einem Tiere an, das ich Dr. Bastians Buch „Über das Gehirn als Organ des Geistes" (S. 329) entnehme: „Mit Rücksicht auf den hohen Intelligenzgrad des Orangs berufe ich mich auf das Zeugnis Leurets, der berichtet (*Anat. Comp. du Syst. Nerv. I, p. 540)* wie folgt: ‚Einer der Orange, die kürzlich in der Menagerie des Museums starben, war gewöhnt, wenn die Essenszeit herannahte, die Thür des Zimmers zu öffnen, wo er seine Mahlzeit mit mehreren Personen einnahm. Da er aber nicht bis zum Thürschloss reichte, hing er sich an einen Strick, schwang sich hin und her und erreichte nach einigem Schwanken glücklich das Schloss. Sein Wärter, über eine so grosse Pünktlichkeit nicht erbaut, nahm eines Tages die Gelegenheit wahr, drei Knoten in den Strick zu machen, der nun, um so viel kürzer, den Orang nicht mehr das Schloss erreichen liess. Das Tier erkannte nach einem fruchtlosen Versuch den Grund des Hindernisses, der sich seinem Wunsche entgegenstellte, kletterte am Strick hinauf, setzte sich über den Knoten fest und löste sie alle drei in Gegenwart Geoffroy Saint-Hilaires, der mir diese Thatsache erzählte. Demselben Affen, der eine Thüre zu öffnen wünschte, gab sein Wärter ein Bund von 15 Schlüsseln; der Affe probierte dieselben, bis er den erforderlichen gefunden hatte. Ein anderes Mal bot man ihm eine Eisenstange an, die er als Heber benutzte.‘ "

über den Ursprung und die Entwicklung der Instinkte sich wesentlich von denen Spencers unterscheiden. Wenn ich aber den Einfluss bedenke, den jener mit Recht auf dem ganzen Gebiete der psychologischen Forschung ausübt, so fühle ich mich verpflichtet, etwas tiefer auf die Gründe einzugehen, warum ich mich, wenn auch mit Widerstreben, von ihm trennen musste.

Nach Spencer entsteht die Vernunft aus einer zusammengesetzten Reflexthätigkeit oder dem Instinkt, wenn derselbe einen gewissen Grad von Kompliziertheit erreicht hat.*) Nun habe ich schon früher die Gründe dargelegt, die mich hindern, der Spencerschen Auffassung des Instinkts, als einer zusammengesetzten Reflexthätigkeit, beizupflichten; meine Übereinstimmung mit seiner Lehre vom Ursprung und der Entwicklung der Vernunft kann daher nur eine ganz allgemeine sein. Immerhin sind einige Punkte, in denen wir übereinstimmen, vorhanden, und so will ich denn mit deren Aufstellung beginnen.

Spencer schreibt: „Die Unmöglichkeit, irgend eine Grenze zwischen beiden — Instinkt und Vernunft — zu ziehen, lässt sich leicht darthun. Wenn jede instinktive Thätigkeit eine Anpassung innerer an äussere Beziehungen ist, und wenn jede Vernunftthätigkeit gleichfalls eine Anpassung innerer an äussere Beziehungen darstellt, so kann offenbar die behauptete Unterscheidung auf nichts anderm fussen, als auf irgend einem Unterschied in den Merkmalen der Beziehungen, zwischen denen die Anpassungen stattfanden. Es kann also nicht anders sein, als dass beim Instinkt der Zusammenhang nur zwischen inneren und äusseren Beziehungen stattfindet, die kompliziert oder speziell oder abstrakt oder selten sind. Allein Kompliziertheit, Spezialität, Abstraktheit und Seltenheit von Beziehungen sind bloss eine Sache des Grades . . . Wie sollte es nun möglich sein, irgend eine bestimmte Stufe der Kompliziertheit oder Seltenheit als die Grenze anzugeben, an welcher der Instinkt endigt und die Vernunft beginnt?“

Hiermit stimme ich vollständig überein, nur muss ich noch hinzufügen, dass das Gesagte sich lediglich auf die objektive, zum

---

*) Prinzipien der Psychologie, S. 474.

Unterschied von der subjektiven Seite der Erscheinungen bezieht. Mit andern Worten: Solange wir es nur mit der physischen Seite der Erscheinungen (d. h. der Physiologie der Ganglienprozesse, wie sie in den angepassten Bewegungen des Organismus zum Ausdruck kommt) zu thun haben, ist das Gesagte unangreifbar. Wenn wir aber von der Physiologie zur Psychologie übergehen, so verliert diese Darstellung ihren Wert; denn sowohl auf dem Gebiet der subjektiven, als auch der ejektiven Psychologie lässt sie die wesentliche Unterscheidung zweier ganz verschiednen geistigen Thätigkeiten ausser acht: Derjenigen, mit der keine Kenntnis der Beziehungen zwischen den angewandten Mitteln und dem erreichten Zweck verbunden ist, und derjenigen, mit einer solchen Kenntnis.*)

Gehen wir über diesen Punkt hinweg, so gelangen wir zu der lichtvollen Darstellung, dass „wenn der Zusammenhang bis zu jenen Dingen und Vorgängen in der Umgebung vorgeschritten ist, welche Gruppen von Attributen und Beziehungen in erheblicher Kompliziertheit darbieten und welche mit verhältnismässiger Seltenheit auftreten; wenn infolge dessen die Wiederholung der Erfahrungen nicht mehr genügt, um die durch solche Gruppen hervorgerufnen sensorischen Veränderungen in Zusammenhang zu bringen; wenn also solche motorischen Veränderungen und die sie begleitenden Eindrücke nur noch eben im Bewusstsein auftauchen, so entstehen demgemäss bloss Ideen von solchen motorischen Veränderungen und Eindrücken oder, wie bereits dargelegt, Erinnerungen an jene motorischen Veränderungen, welche früher unter ähnlichen Umständen ausgeführt wurden, sowie an die damit verbundnen Eindrücke." Doch tritt hier noch keine Vernunftthätigkeit auf, sondern erst dann, wenn die Verschmelzung eines komplizierten Eindrucks mit einem damit verwandten Eindruck auch eine Verschmelzung zwischen auftauchenden motorischen Erregungen ver-

---

*) Wenn wir Spencers Definition des Instinkts annehmen, wird die Kluft auf der geistigen Seite noch erweitert, insofern der Unterschied zwischen Instinkt und Vernunft dann gleichbedeutend ist mit dem Unterschied zwischen Nerventhätigkeiten ohne alle geistige Begleiterscheinungen und Nerventhätigkeiten, die auf ihrer subjektiven Seite bewusst angepasst sind.

ursacht, woraus ein gewisses Zögern entsteht und schliesslich eine bestimmte Gruppe von motorischen Erregungen das Übergewicht über die andern bekommt." Die stärkste Gruppe wird sodann zur Ausführung gelangen und da diese Gruppe gewöhnlich auf diejenigen Umstände Bezug nimmt, die am häufigsten in der Erfahrung vorkommen, so wird die Thätigkeit in den meisten Fällen eine solche sein, die den Umständen am besten angepasst ist. Eine auf solche Weise hervorgerufne Thätigkeit aber ist nichts anderes als eine Vernunftthätigkeit . . . Dies ist aber genau der Vorgang, welcher, wie wir gesehen haben, stattfinden muss, wenn infolge zunehmender Kompliziertheit und abnehmender Häufigkeit die automatische Anpassung von inneren an äussere Beziehungen unsicher oder zögernd wird. Daraus ergiebt sich deutlich, dass die Thätigkeiten, die wir instinktiv nennen, ganz allmählich in jene Thätigkeiten übergehen, die man vernünftig nennt."

In einem früheren Teil dieser Untersuchung sprach ich aber schon meine Ansicht dahin aus, dass Bewusstsein entsteht, wenn ein Nervencentrum einem verhältnismässigen Zusammenstoss molekularer Kräfte unterworfen wird, der seinen physiologischen Ausdruck in einem Aufschub der Beantwortung oder, wie Spencer sich ausdrückt, in einem „Zögern" findet. Ich glaube jedoch nicht, dass in allen diesen Fällen die Vernunft, im Unterschied vom Bewusstsein, entstehen muss. Deshalb möchte ich sagen, dass obwohl Vernunft nicht ohne eine derartige Ganglienreibung besteht, diese selbst dagegen ohne Vernunft auftreten kann; ja es mag z. B. ein grosser und sogar schmerzhafter Grad von Reibung bei einem Konflikt zwischen Instinkten vorkommen. In solchen Fällen kann die verlängerte Zögerung damit endigen, dass „die stärkste Gruppe der antagonistischen Tendenzen schliesslich in Thätigkeit tritt", und doch braucht dies noch keine Vernunftthätigkeit zu sein.

In welcher Beziehung weichen wir denn nun von Spencer hinsichtlich der Entstehung der Vernunft ab?

Erstlich darin, dass wir einen Akt der Vernunft für ein beständigeres oder unabänderlicheres Anzeichen von Ganglienreibung halten, als einen unter andern Umständen psychischer Thätigkeit entstehenden Akt. Deshalb halte ich auch nicht dafür, dass die

Vernunft notwendig aus einer solchen Reibung entstehen muss. Zweitens bin ich nicht der Ansicht, dass die Vernunft lediglich aus dem Instinkt entspringen kann.

Wenn wir diese beiden Punkte getrennt betrachten, so brauche ich wohl bezüglich des ersten nur noch zu sagen, dass er bloss auf den frühesten Ursprung der Vernunft oder auf Vernunftakte der einfachsten Art Bezug nimmt; bei komplizierten Vernunftthätigkeiten muss die Ganglienreibung ohne Zweifel stark sein, andernfalls wären solche Thätigkeiten nicht denkbar. Es ist dies aber etwas ganz andres, als wenn ich annehme, überall wo Ganglienreibung einen gewissen Grad von Kompliziertheit erreicht, müsse Vernunft (im Unterschied von einem starken Bewusstsein) entstehen. Im Gegenteil glaube ich, dass auf den niederen Stufen der Vernunft (und *a fortiori* auf allen Stufen, wo Folgerungen nach meiner Definition möglich sind) nicht mehr und nicht einmal soviel Ganglienreibung oder daraus folgende Verzögerung vorhanden zu sein braucht, als dort, wo keine Vernunftthätigkeit beteiligt ist, wie z. B. bei einem Konflikt von Instinkten.

Der zweite Punkt, von dem ich mich von Spencer unterscheide, ist der, dass ich keinen genügenden Grund einsehe, um mit ihm anzunehmen, dass Vernunft nur aus dem Instinkt entstehen könne. Im Gegenteil, da die Vernunft, wie ich auseinander gesetzt habe, ihre Vorläufer in den regelmässigen Folgen der sinnlichen Wahrnehmung hat; der Instinkt (zum Unterschied von Reflexthätigkeit) ebenfalls seine Vorläufer in der sinnlichen Wahrnehmung besitzt; und da weder Vernunft noch Instinkt über diesen ersten Ursprung hinauszukommen vermögen, ohne einen stets parallel damit gehenden Fortschritt in der Fähigkeit der Wahrnehmung: angesichts dessen bin ich zu der Schlussfolgerng genötigt, dass die Wahrnehmung den gemeinsamen Stamm bildet, aus dem Instinkte und Vernunft als unabhängige Äste entspringen. Insofern nun Wahrnehmung das Folgern, Instinkt die Wahrnehmung, und Vernunft wieder die Schlussfolgerung in sich schliesst, besteht damit auch eine genetische Verbindung zwischen Instinkt und Vernunft; diese Verbindung ist aber offenbar nicht derart, wie Spencer angiebt, sie ist einfach organisch und nicht historisch.

Diese wesentliche Abweichung von den Spencerschen Ansichten glaube ich auf die Art und Weise zurückführen zu müssen, wie er die Beziehungen zwischen den Nervenänderungen mit Bewusstsein und solchen ohne Bewusstsein betrachtet. Somit beginnt die Verschiedenheit unserer Ansichten schon bei der Untersuchung des Gedächtnisses (S. 137), wo ich sagte: „Ich könne nicht zugeben, dass wenn psychische Veränderungen (zum Unterschied von physiologischen Veränderungen) vollständig automatisch sind, sie deshalb nicht für mnemonisch gehalten werden dürften . . . Insofern sie die Gegenwart einer bewussten Erkenntnis, zum Unterschied von Reflexthätigkeit, einschliessen, insofern, meinte ich, liesse sich keine Grenze zwischen ihnen und weniger vollkommnen Erinnerungen ziehen." Der Gegensatz trat bei dem Abschnitt über die Wahrnehmung (S. 147) zu Tage, bezüglich deren ich es für sehr fraglich hielt, ob die einzigen Faktoren, die zu der Differenzierung psychischer Prozesse aus reflektorischen Nervenprozessen führen, wie Spencer behauptet, „aus der Kompliziertheit der Wirkungen in Verbindung mit der Seltenheit des Vorkommens bestehen."*) Die fragliche Verschiedenheit wurde noch deutlicher, als ich zu der Erforschung des Instinktes kam; denn indem wir den Instinkt mit zusammengesetzter Reflexthätigkeit identifizierten, fanden wir, dass Spencer gänzlich ausser acht liess, was ich für das wesentliche Unterscheidungsmerkmal des Instinkts halte, nämlich die Gegenwart der Wahrnehmung, als von der Empfindung unterschieden. Da wir nun zum Gebiete der Vernunft kommen, so tritt dieselbe Divergenz uns wiederum entgegen. Ob ich nun zu unserm gegenwärtigen Zwecke Spencers Definition des Instinkts, als einer zusammengesetzten Reflexthätigkeit, acceptiere, oder bei meiner eignen Definierung desselben, als einer Reflexthätigkeit, zu welcher ein Bewusstseinselement hinzutritt, beharre — in beiden Fällen kann ich unmöglich finden, dass Vernunft notwendig und ausschliesslich aus dem Instinkt entspringe.

Nehmen wir zuvörderst Spencers Definition, so kann ich nicht einsehen, dass die Vernunft notwendig und lediglich aus zu-

---

*) Vergl. Prinzipien der Psychologie 446.

sammengesetzter Reflexthätigkeit entspringen soll, weil ich die Thatsache vor Augen habe, dass bei den höheren Organismen zahlreiche Fälle von ausserordentlich zusammengesetzter Reflexthätigkeit
vorkommen, die nichtsdestoweniger keine Anzeichen von Vernunft-
mässigkeit enthalten. Einige dieser Fälle können, beiläufig bemerkt,
niemals und zu keiner Periode ihrer Entwicklungsgeschichte ver-
nunftmässig gewesen sein, um dann etwa durch die häufige Wiederholung automatisch zu werden. Dies betrifft z. B. die zusammengesetzten Reflexthätigkeiten des Gebärens, ebenso gewisse, noch dunk-
lere Reflexthätigkeiten, die unsrem vernünftigen Denken ganz unbegreiflich sind — ich meine die durch ein befruchtetes Ei in der
Hülle des Uterus hervorgerufnen Veränderungen. Das sind Beispiele von ungemein stark zusammengesetzter Reflexthätigkeit, die
im Lebenslauf der Individuen stets nur von seltenem Vorkommen gewesen und zu keiner Zeit jemals Ursache oder Wirkung von Vernunft geworden sein können.

Wenn wir dagegen meine eigne Definition des Instinktes nehmen, so vermag ich nicht einzusehen, dass Vernunft notwendig und
ausschliesslich aus Reflexthätigkeit entstehen muss, in welche ein
Element von Bewusstsein hineingetragen worden. Denn dieses Element ist lediglich ein Element der Wahrnehmung, und ich kenne
keinen Grund, der mich zu der Folgerung berechtigte, dass die
Wahrnehmung nur aus der wachsenden Kompliziertheit und Seltenheit von Reflexthätigkeiten entspringe. Wie ich in meinem Kapitel
über die Wahrnehmung sagte, ist die Wahrheit die, „dass soweit
eine bestimmte Kenntnis uns zu irgend einer Aussage befähigt, der
einzige beständige physiologische Unterschied zwischen einem vom
Bewusstsein begleiteten Nervenprozess und einem Nervenprozess
ohne Bewusstsein lediglich ein Unterschied der Zeit ist. In sehr
vielen Fällen mag dieser Unterschied durch die Schwierigkeit oder
Neuheit der von Bewusstsein begleiteten Nervenprozesse verursacht
sein;“ wenn wir aber sehen, dass, wie oben erwähnt, bei uns selbst
hoch verwickelte und äusserst seltne Nervenprozesse mechanisch
vor sich gehen können, so halte ich uns nicht zu dem Schlusse
berechtigt, dass die Kompliziertheit und Seltenheit der Ganglienthätigkeit die einzigen Faktoren zur Hervorrufung des Bewusstseins

seien. Selbst wenn wir im Interesse unsres Beweisganges voraussetzen wollten, dass dies der Fall wäre, so würde immer noch nicht daraus folgen, dass der einzige Weg zur Vernunft durch den Instinkt hindurch ginge. Da die Wahrnehmung das gemeinschaftliche Element beider Faktoren, sowohl des Instinktes, wie der Vernunft ist, so könnte es ja sehr wohl möglich sein (und ich glaube sogar, dass es so ist), dass die Vernunft direkt aus jenen automatischen Folgerungen entsteht, die, wie wir sehen, mit der Wahrnehmung gegeben sind und die, wie wir ebenfalls gesehen, die Bedingungen zur Entstehung des Instinkts liefern. Ich will also nicht in Abrede stellen, dass die Vernunft aus dem Instinkt hervorgehen kann und in vielen Fällen wohl auch wahrscheinlich hervorgeht, insofern die wahrnehmende Grundlage des Instinktes das Material zu den höheren Wahrnehmungen der Vernunft zu bieten vermag; ich verwahre mich nur gegen die Doktrin, dass die Vernunft in keiner andern Weise entstehen könne. Die Unwahrscheinlichkeit dieser Lehre ergiebt sich schliesslich auch aus den zahlreichen, in den Kapiteln über den Instinkt gegebnen Beispielen von der gegenseitigen Wirksamkeit zwischen Instinkt und Vernunft — insofern die Entwicklung des ersteren zuweilen auch die weitere Entwicklung der letzteren nach sich zieht, zuweilen aber auch, wie z. B. in allen Fällen von Instinktbildung, durch Zurücktreten der Intelligenz die Entwicklung der letzteren zur Weiterentwicklung des ersteren führt. Solche Wechselwirkungen könnten nicht stattfinden, wenn der Instinkt stets und überall der Vorläufer der Vernunft wäre.

Ich darf das Thema nicht verlassen, ohne der herrschenden Ansicht (der ich selbstverständlich in keiner Weise beistimme) zu gedenken, dass die betreffende Fähigkeit ein Vorrecht des Menschen sei. Da einer der berühmtesten und bestunterrichteten Autoren der neueren Zeit, St. G. Mivart, jüngst diese Lehre unterstützte, werde ich ihn als den hauptsächlichsten Träger derselben betrachten und seine Beweisführung, als die beste, die jene Theorie für sich anführen kann, einer näheren Prüfung unterziehen.

Darwin teilt*) folgenden Fall von vernünftiger Handlungsweise

---

*) „Abstammung des Menschen", S. 354.

seitens einer Krabbe mit: „Mr. Gardener sah einer Strandkrabbe
*(Gelasimus)* zu, wie sie ihre Grube baute, und warf einige Muschel-
schalen nach der Höhlung hin. Eine davon rollte hinein und drei
andre Schalen blieben wenige Zoll von der Öffnung entfernt liegen.
In etwa fünf Minuten brachte die Krabbe die Muschel, welche in
die Höhle gefallen war, wieder heraus und schleppte sie bis zu einer
Entfernung von einem Fuss von der Öffnung; dann sah sie die drei
andern in der Nähe liegen, und da sie augenscheinlich dachte, dass
diese gleichfalls hineinrollen könnten, schleppte sie auch diese zu
der Stelle, wo sie die erste hingebracht hatte. Ich meine, es
dürfte schwer fallen, diese Handlungen von einer solchen zu
unterscheiden, die der Mensch mit Hilfe der Vernunft ausübt."

Mivart, der diese Stelle in seinem Buche*) ebenfalls anführt, nennt sie eine „erstaunliche Bemerkung". Gehen wir nun
zu einer näheren Betrachtung jener vorherrschenden Meinung, dass
die Vernunft ein Vorrecht des Menschen sei, über.

Ich beginne mit der wiederholten Bemerkung, dass die Vernunft, im Sinne einer „Erkenntnis der Beziehungen zwischen angewandten Mitteln und erreichtem Endzweck" — zahllose Stufen umschliesst; ich halte es aber für eines der grössten Missverständnisse
in psychologischer Hinsicht, wenn man vermutet, es könnte auch
ein Unterschied der Art nach bestehen; möge diese Fähigkeit sich
auf die höchsten Abstraktionen des forschenden Gedankens oder
die niedersten Erzeugnisse der sinnlichen Wahrnehmung beziehen;
mögen die damit zusammenhängenden Ideen von allgemeiner oder
spezieller, von komplizierter oder einfacher Natur sein: wo immer
ein Folgerungsprozess aus ihnen entsteht, der in der Herstellung
eines angemessenen Schlusses unter ihnen resultiert, da haben wir
stets etwas mehr, als eine blosse Ideenverbindung; und dieses
Etwas ist eben die Vernunft. Wenn ein grosser Stein durch das
Dach meiner Behausung fiele, und ich, auf die Mauer kletternd,
noch drei oder vier andre Steine gerade am Rande derselben liegen sähe, so würde ich schliessen, dass der zuerst hereingefallne
Stein in einer ähnlichen Beziehung zu meiner Behausung gestanden

---

*) *Lessons from Nature,* p. 213.

hätte, wie die letzteren, und dass es deshalb geraten sei, auch diese aus ihrer drohenden Lage zu entfernen. Dies würde aber kein Akt der Ideenverbindung, sondern ein Vernunftakt (obschon ein ganz einfacher) gewesen sein, und es ist dies, psychologisch gesprochen, ganz identisch mit dem von der Krabbe vollzognen Akte.

J. S. Mill zufolge geht jede Folgerung vom Besondern zum Besonderen: „Allgemeine Sätze sind lediglich die Verzeichnisse bereits gemachter Folgerungen und kurze Formeln zur Herstellung von weiteren." Obschon diese Lehre von den Logikern nicht allgemein angenommen ist — Whately behauptet z. B. entschieden das Gegenteil und viele weniger bedeutende Schriftsteller stimmen mehr oder weniger mit ihm überein —, so fühle ich mich doch aus verschiedenen, rein logischen Gründen, die nichts mit der Entwicklungslehre zu thun haben, mit Mill einverstanden. Mir scheint, dass nur mit Hilfe seiner Doktrin der Vernunftschluss von einigem Werte ist: „Es ist selbstverständlich, dass in jedem Syllogismus, wenn man ihn als ein Argument für die Richtigkeit des Schlusses betrachtet, eine *petitio principii* steckt. Wenn wir sagen: ‚Alle Menschen sind sterblich, Sokrates ist ein Mensch, folglich ist Sokrates sterblich‘ — so werden die Gegner der syllogistischen Theorie ohne Zweifel einwenden, dass die Behauptung ‚Sokrates ist sterblich‘ schon in der allgemeinen Voraussetzung ‚alle Menschen sind sterblich‘ inbegriffen sei." Deshalb kann „ein Schluss vom Allgemeinen zum Besondern als solcher nichts beweisen, da wir von einer allgemeinen Behauptung auf nichts Besondres schliessen können, ausser auf das, was der Vordersatz selbst schon als bekannt annimmt." Es ist hier nicht der Ort, des weiteren auf diese rein logische Frage einzugehen; ich beschränke mich daher lediglich auf Mills Auseinandersetzung.*) Da ich mich nun von der Ansicht nicht losmachen kann, dass die Hauptvoraussetzung in einem Vernunftschluss bloss eine verallgemeinerte Wiedergabe früherer besondrer Erfahrungen, und jedes Urteil daher im Grunde eine Folgerung vom Besondern zu Besonderm sei, so halte ich den Schluss (ganz abgesehen von der Entwicklungstheorie) hin-

---

*) *Logic*, I *Chap*. III.

reichend gestützt, dass kein Unterschied der Art zwischen dem von
jener Krabbe vollzognen Vernunftakt und irgend einem menschlichen besteht. Die allgemeine Frage, ob überhaupt ein Unterschied
zwischen der geistigen Organisation beim Menschen und derjenigen
beim Tiere der Art nach im ganzen bestehe, wird eine eingehendere
Behandlung in meinem künftigen Werke erfahren. Hier will ich
nur darlegen, dass ein solcher Unterschied, sofern er die besondre
Geistesfähigkeit betrifft, die unter meine Definition der Vernunft
fällt, nicht besteht. Ein bewusster Folgerungsprozess als solcher
ist seiner Art nach überall derselbe, wo und in welchem Grade
der Ausbildung er auch vorkommen mag.

Hier begegne ich indessen einer oft gehörten Behauptung, die
auch von Mivart in der bei ihm gewohnten logischen Form und
deshalb mit grosser überzeugender Kraft unterstützt wird. Er sagt:
„Zwei Fähigkeiten sind der Art nach verschieden, wenn wir die
eine in aller Vollkommenheit besitzen können, ohne dass wir dabei
im Besitz der andern sind; in noch höherem Grade aber, wenn
beide Fähigkeiten in umgekehrtem Verhältnis zunehmen, indem die
Vervollkommnung der einen mit einer Abnahme der andern verbunden ist. Dies ist aber gerade die Unterscheidung zwischen dem
instinktiven und dem vernünftigen Teil der menschlichen Natur.
Seine instinktiven Handlungen sind, wie jedermann zugeben wird,
nicht die vernünftigen, seine vernünftigen keine instinktiven. Ja, wir
können sogar sagen, dass je instinktiver die Handlungen eines Menschen sind, sie um so weniger vernünftig sind, und umgekehrt.
Daraus geht aber hervor, dass die Vernunft unmöglich aus dem
Instinkt sich entwickelt haben kann. Beim Menschen sehen wir dieses
umgekehrte Verhältnis zwischen Empfindung und Wahrnehmung und
bei Tieren finden wir gerade dort, wo die Abwesenheit der Vernunft allgemein zugegeben wird (d. h. bei Insekten), den Gipfel
und die höchste Vollkommenheit des Instinkts bei den Ameisen
und den Bienen . . . . Sir Will. Hamilton hat dieses umgekehrte
Verhältnis schon vor längerer Zeit hervorgehoben; wenn aber die
beiden Fähigkeiten gar in umgekehrtem Verhältnis zuzunehmen
pflegen, so ist der Unterschied unzweifelhaft einer der Art nach.“[*]

---

[*] *Lessons from Nature* 230.

Ich begegne diesem Beweisgang dadurch, dass ich die behauptete Thatsache entschieden in Abrede stelle. Es ist einfach nicht wahr, dass ein solches beständig umgekehrte Verhältnis wie das oben erwähnte besteht. Wenn es auch (den Grundsätzen unsrer Entwicklungstheorie gemäss) ganz im allgemeinen angenommen werden kann, dass in dem Masse, wie die Tiere in der Stufenreihe der geistigen Entwicklung fortschreiten, auch ihr geistiges Anpassungsvermögen in weiterem Umfang zu ihrem weniger ausgebildeten Vermögen an instinktiver Anpassung hinzutritt, so wird jedem, der seine Aufmerksamkeit jemals auf geistige Anlagen der Tiere lenkte, klar sein, dass dagegen kein umgekehrtes Verhältnis zwischen diesen beiden Fähigkeiten besteht. Ja, der Fall, dass „bei Bienen und Ameisen die Abwesenheit der Vernunft ganz allgemein zugegeben sei", ist so weit davon entfernt, wahr zu sein, dass alle Forscher, deren Schriften mir bekannt sind, einstimmig darin übereinkommen, dass es unter den Wirbellosen keine Tiere giebt, die hinsichtlich ihrer Befähigung zu geistigen Folgerungen mit den Ameisen und Bienen verglichen werden könnten. Mit Bezug auf die Tiere im allgemeinen möchte ich ferner sagen, dass, mangels einer engen Verwandtschaft zwischen den Fähigkeiten des Instinkts und dem intelligenten Folgerungsvermögen, das unter ihnen bestehende Verhältnis uns eher zu der Auffassung berechtigt, dass die Kompliziertheit der geistigen Organisation, die ihren Ausdruck in einer hohen Entwicklung instinktiver Fähigkeiten findet, zur Entwicklung intelligenter Fähigkeiten neigt. Schon die Entwicklungstheorie lässt uns erwarten, dass eine solche allgemeine Beziehung vorhanden sei, denn die fortschreitende Kompliziertheit des Instinktes ist, wie Spencer bemerkt, dazu geeignet, ihren rein automatischen Charakter abzuschwächen. Auf der andern Seite ist aber zu vermuten, dass diese Beziehung allgemein und nicht konstant ist, insofern der Instinkt entweder ohne Vorgang der Intelligenz oder durch Zurücktreten der Intelligenz entstehen kann.

Was nun den Menschen anbelangt, so halte ich Mivarts Beweisführung hier für nicht weniger ungerechtfertigt. Es ist allerdings richtig: „Je instinktiver die Handlungen eines Menschen sind, um so weniger sind sie vernünftig, und umgekehrt." Es stimmt dies ganz mit unsrer Annahme überein, dass die menschlichen Instinkte ererbten Erfahrungen zu danken seien, während die bewussten Folgerungsprozesse sich hauptsächlich aus der individuellen Erfahrung herleiten lassen. Daher kommt es, dass die instinktiven Handlungen in der ersten Kindheit die intelligenten Handlungen überwiegen, während in der späteren Kindheit diese Reihenfolge umzukehren beginnt. Dabei tritt aber nirgends ein Unterschied in der Art hervor; im späteren Leben zeigt sich ihre generische Übereinstimmung in der Thatsache, dass das Prinzip der zurücktretenden Intelligenz, selbst in den Grenzen individueller Erfahrung, Thätigkeiten entstehen lässt, die anfangs bewusst angepasst oder vernünftig, durch Wiederholung aber automatisch oder instinktiv werden.

Welchem Missverständnis haben wir denn aber jene vorherrschende Anschauung, dass Vernunft ein spezielles Prärogativ des Menschen sei, zuzuschreiben? Ich glaube, dieses Missverständnis entsteht aus der irrigen Bedeutung, die dem Worte Vernunft anhaftet. Mivart folgt z. B. fortwährend der herkömmlichen Gewohnheit und legt dem Worte die Bedeutung eines selbstbewussten Denkens bei. So sagt er z. B. ausdrücklich, dass, während er den Tieren die Vernunft ableugne, er nur behaupte, dass ihnen „das Urteilsvermögen fehle,"[*] das heisst, nach seiner eignen Definition vom Urteil: das erwägende selbstbewusste Denkvermögen. Ich will hier nur noch beifügen, dass die Fähigkeit des erwägenden Denkens, welches das Urteilsvermögen in sich schliesst, nicht notwendig beim Vernunftprozess als solchem beteiligt zu sein braucht, obwohl seine Anwesenheit unfraglich diesem Prozess vieles neue geeignete Material zuführt. Wie gesagt, betrachte ich den Vernunftschluss als einen bewussten Folgerungsprozess und schliesse daraus, dass es keinen Unterschied in unsrer Klassifizierung der Thatsachen der Vernunft macht, ob das Gebiet ihrer Bethätigung auf die Gefühls- oder die Gedankensphäre Bezug nimmt. Da nun Mivart zugiebt, dass Tiere „praktische Folgerungen" ziehen, so vermute ich, dass mein Gegensatz zu der von ihm vertretnen Lehre nur in der Terminologie beruht. Ohne Zweifel besteht ein ungeheurer Unterschied

---

[*] *Lessons from Nature*, p. 217.

zwischen der Psychologie des Menschen und der der niederen Tiere; im folgenden werde ich näher darauf eingehen, worin dieser Unterschied besteht. Hier will ich nur noch bemerken, dass er nicht darin besteht, dass den Tieren jede Spur von Vernunft in dem oben erläuterten Sinne abgehe. Um dies deutlich zu machen, halte ich es aber, wie gesagt, für überflüssig, noch weitere spezielle Beispiele tierischer Vernunft anzuführen, als in den früheren Kapiteln bereits mitgeteilt wurden.

Zwanzigstes Kapitel.

## Gemütsbewegungen bei Tieren nebst einer Übersicht der intellektuellen Fähigkeiten.

enn wir uns wieder zu unserm Diagramm wenden, so finden wir, dass ich den Tieren folgende Gemütsbewegungen zuschreibe, die ich nach der Reihe ihrer wahrscheinlichen historischen Entwicklung wie folgt anführe: Überraschung, Furcht, geschlechtliche und elterliche Zuneigung, soziale Gefühle, Kampflust, Fleiss, Neugierde, Eifersucht, Ärger, Spielerei, Neigung, Sympathie, Nacheiferung, Stolz, Empfindlichkeit, ästhetische Vorliebe für Zierrat, Schreck, Kummer, Hass, Grausamkeit, Wohlwollen, Rachsucht, Zorn, Scham, Reue, Verschlagenheit, Lustigkeit. Dieses Verzeichnis, welches viele menschliche Erregungen unerwähnt lässt, erschöpft alle Affekte, von denen ich Nachweise in der Psychologie der Tiere fand. Ehe ich jedoch diese Nachweise im einzelnen vorbringe, wird es vielleicht nicht überflüssig sein, zu betonen, dass wenn wir einem Tiere diese oder jene Gemütsbewegung zuschreiben, wir nur aus seinen Handlungen auf eine solche schliessen können; dass aber diese Schlussfolgerung notwendig an Gültigkeit einbüsst, je tiefer wir im Tierreich zu Organismen herabsteigen, die sich in der Ähnlichkeit immer mehr von uns entfernen, sodass, wenn wir bis zu den Insekten hinunterkommen, wir, meiner Meinung nach, zuversichtlich nur so viel behaupten können, dass die bekannten Thatsachen der menschlichen Psychologie die bestmögliche Schablone zur Beurteilung der wahrscheinlichen Thatsachen der Psycho-

logie bei Insekten bieten. Infolge dessen haben wir bei dieser Abhandlung über die Gemütsbewegungen dieselbe Methode zu befolgen, die wir vorher bei der Abhandlung über die intellektuellen
Fähigkeiten befolgten: während wir nämlich der Thatsache volle
Rechnung tragen, dass die Analogie an Wert verliert, je tiefer wir
im Tierreich vom Menschen abwärts steigen, haben wir uns doch
dieser Analogie, als des einzigen Forschungsmittels, welches wir
besitzen, zu bedienen, so weit es eben geht.

Ich werde nun in aller Kürze nachzuweisen versuchen, was
mich dazu veranlasste, die einzelnen oben erwähnten Gemütsbewegungen den Tieren zuzuschreiben. Wenn wir dabei, meinem Diagramm zufolge, die ersten Spuren derselben mit dem Beginn der
geistigen Entwicklung zusammenfallen liessen, wird es sich finden,
dass in der Mehrheit der Fälle mit der höheren geistigen Entwicklung auch die Gemütsbewegungen in einer höher entwickelten
Form auftreten. Im Diagramm liess ich dieselben aus der auf-
keimenden geistigen Organisation entstehen und brachte sie auf
ein und dieselbe Stufe mit dem Ursprung des Wahrnehmungsvermögens. Ich bin nämlich der Meinung, dass sobald ein Tier oder
ein junges Kind im stande ist, seine Empfindungen wahrzunehmen,
es auch im stande sein wird, Freude und Schmerz zu empfinden;
wenn daher der Vorläufer einer schmerzhaften Wahrnehmung im
Bewusstsein wiederkehrt, so wird das Tier oder das Kind auch die
Wiederholung jener Wahrnehmung voraussehen; es wird eine ge-
dankliche Wiederholung jener Schmerzen erleiden, und ein solches
Erleiden ist die Furcht. Dass aber eine Furcht von dieser niedern
oder unbestimmten Art schon um die zweite oder dritte Woche
der Kindheit vorkommt, ist die übereinstimmende Ansicht aller,
welche die Entwicklung der Kindes-Psychologie verfolgten. Die
genaue Bezeichnung der Tierklasse, bei welcher eine wirkliche
Erregung von Furcht zum ersten Male auftritt, ist begreiflicherweise
eine schwierige Sache und wird, beim Mangel jeder Kenntnis bezüglich der Klasse, bei welcher die Wahrnehmung zum ersten Male
auftritt, geradezu unmöglich. Während ich aber, wie gesagt, nicht
zu sagen im stande bin, ob die Cölenteraten, und noch weniger die
Echinodermen, ihre Empfindungen wahrzunehmen vermögen, halte

ich dies doch für wahrscheinlich in Bezug auf Insektenlarven und Würmer. Dass die einen wie die andern bei eintretender Gefahr Symptome der Beunruhigung an den Tag legen, ist leicht nachzuweisen. Vor wenigen Monaten hatte ich z. B. die Gelegenheit, die Gewohnheiten der Prozessionsraupe zu beobachten.*) Da ich mich zu überzeugen wünschte, ob ich den Reiz, den der Kopf der einen Raupe auf das Hinterende der nächstvorderen ausübt (und der die letztere wissen lässt, dass die Reihe nicht unterbrochen ist), künstlich herstellen könne, nahm ich das letzte Glied der ganzen Reihe weg. Wie immer, blieb das vorletzte Glied stehen, dann das folgende u. s. w., bis die ganze Reihe halt machte. Wenn ich nun das letzte Glied wieder mit dem Kopf an das Hinterende des vorletzten brachte, so begann die ganze Reihe sich wieder fortzubewegen. Statt dessen nahm ich aber jetzt einen feinen Pinsel und berührte damit leise das Hinterende der nunmehr letzten Raupe. Sofort begann dieses Glied sich wieder zu bewegen und bald darauf war der ganze Zug wieder in Bewegung. Um aber den Marsch fortdauern zu lassen, war es nötig, dass ich anhaltend das Hinterende des letzten Gliedes mit dem Pinsel berührte.

---

*) Vergl. *Animal Intelligence*, p. 238. — In Bezug auf diesen Fall gehen die beiden hauptsächlichsten Beobachter de Villiers und Davis wesentlich auseinander. Der erstere behauptet, dass wenn man eine Raupe aus der Kette entferne, die ganze Kette sofort mit einem Mal, gleich einem einzigen Organismus halt mache. Davis sagt dagegen, dass eine solche Nachricht von Raupe zu Raupe mitgeteilt würde und zwar in einem Zeitmass von etwas weniger als einer Sekunde per Raupe. Trotzdem ich den Versuch viele Male wiederholte, blieb jede Bestätigung für de Villiers Behauptung aus; dagegen fand ich die Aussagen Davis' in jeder Beziehung zutreffend. Ich kann hinzufügen, dass sobald ich ein Glied aus der sich fortbewegenden Kette entfernte, das nächstvordere Glied nicht nur halt machte, sondern auch seinen Kopf in eigentümlicher Weise hin und her bewegte. Es mag dies vielleicht als Signal für das ihm in der Reihe vorhergehende Glied dienen, das nun ebenfalls seinen Kopf in derselben Weise zu bewegen beginnt u. s. f., bis alle vor der Unterbrechungsstelle befindlichen Raupen still stehen und mit dem Kopfe Seitenbewegungen machen. Sie fahren ohne Unterbrechung mit dieser Kopfbewegung so lange fort, bis die Prozession wieder vorwärts geht. Ich habe diese Bewegung übrigens ausschliesslich nur unter diesen besonderen Umständen ausführen sehen.

Wenn dieses Pinseln aber im geringsten zu stark geschah, so dass es den durch den haarigen Kopf der Raupe gebotnen Reiz nicht hinreichend genau wiedergab, fühlte sich das Tier beunruhigt und zog sich in Form eines Knäuels zusammen. Ich versuchte das Tier dadurch in Verwirrung zu setzen, dass ich das Hinterende anfänglich kürzere Zeit ganz leise anpinselte (so dass es den Umständen nach nicht anders glauben konnte, als dass ich eine Raupe sei), sodann aber nach und nach immer stärker zu pinseln begann. Ich konnte jedoch nur herausfinden, dass ich einen Punkt erreichte, bei welchem das Tier in Verwirrung geriet; denn das Pinseln war immerhin noch ausserordentlich sanft, sodass, wenn das Tier durch einen reinen Reflex-Mechanismus in Bewegung gesetzt werden konnte, ich nicht erwartet hätte, dass eine so unendlich kleine Differenz in dem Betrag des Reizes einen so grossen Unterschied in der Natur der Beantwortung hervorzubringen vermöchte.

In betreff der Würmer hat Darwin in seinem Werke über Regenwürmer nachgewiesen, dass diese Tiere furchtsame Anlagen haben, indem sie wie Kaninchen in ihre Höhlung stürzen, wenn sie beunruhigt werden. Wahrscheinlich haben andre Arten Würmer, die besser mit speziellen Sinnesorganen versehen sind und infolge dessen mehr Intelligenz besitzen, auch mehr Gemütsbewegungen.

Hinsichtlich kleiner Kinder ist Preyer der Meinung, dass die früheste Erregung in der Überraschung oder dem Erstaunen über die Wahrnehmung eines Wechsels oder einer auffallend neuen Gestalt in der Umgebung bestehe. Aus Rücksicht auf diese Meinung setzte ich die Überraschung auf dieselbe Stufe der Gemütsbewegung wie die Furcht; in beiden Fällen ist aber diese Stufe so niedrig, dass nur der Keim solcher Erregungen hier vorausgesetzt werden kann.

Diese früheste Stufe (18) entspricht also den dem „Selbstschutz" dienenden Gemütsbewegungen. Die nächste Stufe (19) liess ich mit dem Ursprung der „Erregungen zum Schutz der Art" zusammenfallen und von diesen machen sich die sexuellen zuerst geltend. Im Tierreiche — oder richtiger gesagt, auf der psychologischen Stufenleiter — begegnen wir diesen Gemütsbewegungen zuerst in unzweideutiger Weise bei den Mollusken, die in diesem

Betreff sowohl, wie infolge der bei dem Abschnitt über die Ideenverbindungen gegebenen Gründe die entsprechende Stufe auf der
andern Seite des Diagrammes einnehmen. Die darauf folgende
Stufe (20) wird durch die elterliche Liebe, die sozialen Gefühle,
die Kampflust bezeichnet, Erregungen, die zur sexuellen Auslese,
zum Fleiss und zur Neugier leiten. Die betreffende Stufe entspricht
deshalb dem Ursprunge des Zweiges mit den sozialen Erregungen
im mittleren Teile des psychologischen Baumes, sowie dem ersten
„Erkennen der Nachkommenschaft" auf Seite der intelligenten
Fähigkeiten. Die Tiere, die als die ersten diesen Bedingungen
entsprechen, sind die Insekten und Spinnen. Denn hier finden wir,
selbst abgesehen von den Hymenopteren, Beweise von elterlicher
Zuneigung in der Sorgfalt, welche Spinnen, Ohrwürmer und gewisse
andre Insekten ihren Eiern etc. erweisen. Zahlreiche Insektenarten besitzen ferner hochsoziale Gewohnheiten; andre sind sehr
streitsüchtig; andre auffallend fleissig; die meisten fliegenden Insekten zeigen (wie wir schon im 18. Kap. sahen) Neugier, und
nach Darwins Untersuchungen finden wir bei dieser Klasse auch
die ersten Nachweise einer sexuellen Auswahl. Der 21. Stufe habe
ich das erste Auftreten der Erregungen der Eifersucht, des Ärgers,
und der Spielerei zugeschrieben, die unzweifelhaft bei Fischen vorkommen. Auf die 23. Stufe brachte ich das Auftauchen der nicht
sexuellen Zuneigung, mit Rücksicht auf die Zuneigung einer Pythonschlange gegenüber denen, die sie wie ein Haustier hielten.
Auf die 24. Stufe setzte ich das Auftauchen der Sympathie, die
wir unfraglich, wenn auch vielleicht nicht andauernd, von Hymenopteren an den Tag gelegt sehen. Auf der nächsten Stufe (25)
finden wir die Nacheiferung, den Stolz, die Empfindlichkeit, die
ästhetische Vorliebe für Zierrat, sowie Schreck, im Unterschied von
Furcht. Allen diesen Eigenschaften begegnen wir, meines Wissens,
zuerst bei Vögeln; in derselben Klasse zudem noch mehreren der
bisher namhaft gemachten Gemütsbewegungen in einer höheren
Entwicklung.*) Wir kommen sodann zu Kummer, Hass, Grausam-

---

*) Vögel sind die niedersten Tiere, die, soweit meine Kenntnis reicht,
vor Schreck sterben.

keit und Wohlwollen, die zuerst bei den intelligenten Säugetieren
auftreten. Kummer kann sich hier steigern bis zu einem Sich-zu-
Tode-Grämen über die Trennung von einem geliebten Herrn oder
Gefährten; Hass zeigt sich durch anhaltenden Widerwillen; Grausamkeit bei der Behandlung einer Maus durch die Katze; Wohlwollen z. B. durch folgende, mir neuerdings bekannt gewordene
Züge: „Eine Hauskatze,“ schreibt O. Fitch, „beobachtete man, wie
sie einige Fischgräten aus dem Hause nach dem Garten trug, und
als man ihr folgte, bemerkte man, dass sie dieselben einer fremden,
anscheinend halb verhungerten und elend aussehenden Katze vor-
legte, von der sie verschlungen wurden; damit nicht genug, kehrte
unsre Katze zurück, verschaffte sich frischen Vorrat und wiederholte
ihr mitleidiges Anerbieten, das anscheinend mit der gleichen Dank-
barkeit angenommen wurde. Nach diesem Akt der Wohlthätigkeit
kehrte die Katze zu ihrem gewohnten Platze zurück und frass die
übrig gebliebnen Gräten.“*) Ein ganz ähnlicher Fall wurde mir
von Dr. Allen Thomson mitgeteilt. Der einzige Unterschied dabei
bestand nur darin, dass die Katze die Aufmerksamkeit der Köchin
auf die hungernde Fremde draussen lenkte, indem sie jene am
Kleide zupfte und nach dem betr. Platze hinführte. Als die
Köchin der Hungernden etwas Nahrung reichte, stolzierte die andre,
so lange die Mahlzeit dauerte, laut schnurrend um sie herum.
Schliesslich noch ein dritter Fall: Mr. H. A. Macpherson schrieb
mir, dass er im Jahre 1876 im Besitz eines alten Katers nebst
einem wenige Monate alten Kätzchen war. Der Kater, der lange der
bevorzugte Günstling gewesen, wurde eifersüchtig auf das Kätzchen
und trug einen grossen Widerwillen gegen dasselbe zur Schau.
Eines Tages wurde der Fussboden im unteren Stock des Hauses
repariert und einige neue Dielen gelegt. Am Tage nach der
Vollendung dieser Arbeit „kam der Kater in die Küche, rieb sich
an der Köchin und miaute ohne Unterlass, bis er deren Aufmerksamkeit auf sich gezogen hatte; hin und herrennend, leitete er sie
darauf zu dem Zimmer, in dem jene Arbeit verrichtet worden war.
Die Köchin wusste sich dies Verhalten nicht zu erklären, bis sie

---

*) *Nature*, 9. April 1883.

dicht unter ihren Füssen ein schwaches Miauen hörte. Man entfernte die Diele und das Kätzchen kam heil und gesund, obwohl sehr entkräftet, darunter zum Vorschein. Der Kater überwachte den Vorgang mit der grössten Aufmerksamkeit, bis das Kätzchen befreit war; nachdem er sich aber vergewissert, dass demselben nichts fehle, verliess er sofort das Zimmer, ohne eine besondre Genugthuung über die Errettung zu zeigen. Auch wurden sie späterhin niemals wirklich gute Freunde."

Auf die folgende Stufe setzte ich die Rache, zum Unterschied von der Empfindlichkeit, und den Zorn, zum Unterschied von Ärger. Schon in meinem früheren Werke*) führte ich einige Beispiele von Rachsucht bei Vögeln an; da aber die Art dieser Erregung dabei vielleicht nicht ganz unverkennbar zum Ausdruck kommt, so sehe ich hier davon ab und verweise die Rachsucht auf eine psychologische Stufe mit dem Elefanten und dem Affen, bei welchen Tieren sie sehr deutlich auftritt. Dasselbe gilt für den Zorn, zum Unterschied von dem weniger heftigen Gefühle der Feindseligkeit, welches ich unter dem Ausdruck „Ärger" kennzeichne. Zuletzt kommen wir zur 28. Stufe, welche die höchste Entwicklung der Gemütsbewegungen bei Tieren aufweist. Dieselben bestehen in der Scham, der Reue, der Hinterlist und der Lustigkeit, wozu namentlich Hunde und Affen zahllose Beispiele liefern.

Bei dieser kurzen Übersicht über das Gebiet der Gemütsbewegungen im Tierreich war es mein Bestreben, eine mehr generische, als spezifische Darstellung derselben zu geben. Ich sah deshalb von allen Einzelheiten des Charakters bei diesem oder jenem Tiere ab, wie ich mich auch aller weiteren Aufzählung von Beispielen enthielt. Man wird dieselben im Überfluss in meinen früheren Darstellungen finden.

Ehe ich nun das letzte Kapitel meines Buches schliesse, möchte ich noch eine kurze Übersicht der Stufen gewähren, die ich für die entsprechende andre Seite des Diagrammes bestimmte, welcher die Aufgabe zufällt, die wahrscheinliche Geschichte der geistigen Entwicklung in Hinsicht auf die Fähigkeiten des Intellekts zu zeichnen. Es ist allerdings auch schon im Bisherigen häufig darauf Bezug

---

*) *Animal Intelligence* p. 277.

genommen worden; jedoch glaube ich unsre Erforschung der Tier-
Psychologie nicht beenden zu dürfen, ohne die Gründe anzuführen,
die mich dazu veranlassten, den verschiednen Tierklassen jene
Stufen der psychologischen Entwicklung, wie geschehen, anzuweisen.
Es wird wohl kaum nötig sein vorauszuschicken, dass ich mich
dabei nicht bei der Psychogenesis des Kindes aufhalten kann, die
einem künftigen Werke über die geistige Entwicklung beim Menschen
vorbehalten ist. Ich brauche ferner nur zu bemerken, dass die besondren psychischen Fähigkeiten in der betreffenden senkrechten
Kolumne die geistige Entwicklung nur andeuten und nicht etwa die
sämtlichen Verschiedenheiten in der Art der Entwicklung erschöpfen
sollen. Wenn wir die Thatsache ins Auge fassen, dass unsre Klassifizierung der Fähigkeiten überhaupt mehr eine Sache des Überein-
kommens ist, als dass sie in der objektiven Natur der Sache beruht,
so können wir nicht erwarten, dass irgend eine derartige diagramm-
matische Darstellung den Anspruch auf Genauigkeit erheben könne,
denn bei einigen Tieren finden wir gewisse Fähigkeiten höher entwickelt, als bei andern, die mit Rücksicht auf ihre allgemeine Psychologie dennoch eine höhere Stufe der geistigen Entwicklung einnehmen. Ich wählte die in der senkrechten Kolumne aufgeführten
Fähigkeiten also nur deshalb, weil sie uns eine annehmbare Übersicht verschaffen, auf welche Weise der Fortschritt in der geistigen
Entwicklung des Tierreichs vor sich gegangen ist.

Ich habe schon wiederholt meine Bedenken hinsichtlich der
Stufen unterhalb der Artikulaten ausgedrückt und erklärt, dass diese
Bedenken aus der Schwierigkeit oder vielmehr der Unmöglichkeit
entspringen, sich über den Punkt der psychologischen Entwicklung
zu vergewissern, bei welchem das Bewusstsein zum erstenmal auftaucht. Die Stellung, die ich den Cölenteraten und Echinodermen
anwies, sind daher rein willkürlich und lediglich dem Umstande
zuzuschreiben, dass ich nicht im stande war, bei diesen Tieren ein
unverkennbares Zeichen von Wahrnehmung, zum Unterschied von
Empfindung, zu beobachten. Diese Bemerkung gilt besonders für
die Cölenteraten, die nach meiner Meinung keinen Anhalt zu der Beurteilung bieten, ob ihre beantwortenden Bewegungen wahrnehmender oder bewusster Natur seien. Bezüglich der Echinodermen scheint

meine Beurteilung weniger stichhaltig; denn obwohl ich Grund habe, ihnen bezüglich ihres Sinnesvermögens eine höhere Stufe anzuweisen, als den Cölenteraten, so bin ich doch nicht ganz sicher, ob ich sie nicht noch eine Stufe höher (auf die 18. statt der 17.) hätte setzen sollen, um sie an den Beginn der Wahrnehmung zu bringen, denn die akrobatischen und aufrichtenden Bewegungen dieser Tiere lassen mindestens wirkliches Wahrnehmungsvermögen erwarten. Dass ich mich für berechtigt halte, diesen Tieren ein schwaches Erinnerungsvermögen (zum Unterschied von Ideenverbindungen) zuzuschreiben, geht meines Erachtens aus folgender Thatsache hervor. Wenn ein Seestern am senkrechten Rande seines Wasserbehälters zur Oberfläche emporkriecht, so pflegt er dann und wann seine Strahlen zurückzuziehen, um nach einer andern Anheftungsfläche umherzufühlen; bietet sich aber eine solche Fläche nicht, so setzt er seine Strahlen wieder in der früheren Richtung weiter, um dasselbe Manöver nach einiger Zeit von neuem zu beginnen. Da aber diese Bewegungen lange Zeit erfordern, so bietet meines Erachtens die Thatsache, dass das Tier seine Vorwärtsbewegung in der alten Richtung wieder aufnimmt, einen ziemlich deutlichen Beweis zu Gunsten eines bleibenden Eindrucks auf die betreffenden Nervencentren, der sicherlich keinen bestehenden organischen Bedingungen zu verdanken ist, zumal wenn wir sehen, dass bei nicht zwei Gelegenheiten das Manöver in genau derselben Weise oder auch in denselben Zeitabständen vollzogen wird.

Auf die nächste Stufe brachte ich die Larven der Insekten und Anneliden. Mein Grund dafür ist, dass diese beiden Klassen von Organismen unzweifelhaft Instinkte primärer Art aufzeigen, wie sie auch die betreffende Stufe andeutet. Bei beiden Klassen von Tieren begegnen wir gewissen Thatsachen, die uns zu der Frage führen, ob hier nicht eine höhere Intelligenz vorhanden sein mag; aber auch hier will ich, wie oben, lieber nach der einen Seite irren, um nach der andren um so sicherer zu gehen.

Bei den Mollusken begegnen wir zuerst der deutlichen Fähigkeit, durch Erfahrung zu lernen; deshalb setzte ich diese Tierklasse auf die nächste Stufe, wo die „Assoziation durch Kontiguität" auftritt. Wenn der Bericht Lonsdales an Darwin in betreff der beiden Landschnecken (S. 128) durch weitere Beobachtungen bestätigt wird, so müssen die Gasteropoden von den andern Mollusken getrennt und auf eine höhere Stufe des Diagramms gesetzt werden.

Wir kommen sodann bei den Insekten und Spinnen zu einer Stufe mit der ersten Erkennung der Nachkommenschaft und dem Auftauchen sekundärer Instinkte. Dass beide Fähigkeiten bei den in Rede stehenden Abteilungen der Artikulaten vorkommen, ist unzweifelhaft, selbst wenn wir von den Hymenopteren absehen und dieselben etwa einer besondern psychologischen Klasse zuweisen wollen.

Fische und Batrachier stehen auf der nächstfolgenden Stufe, die dem Ursprung der „Assoziation durch Ähnlichkeit" entspricht, welche wir zuerst diesen Tieren zuzuschreiben berechtigt sind. Auf der 22. Stufe stehen die höheren Krustazeen. Es ist dies diejenige Stufe, auf der ich, nach früheren Auseinandersetzungen, das Auftauchen der Vernunft (zum Unterschied vom blossen Folgern) beobachtete, und das niederste Tier, psychologisch betrachtet, bei dem ich ein Anzeichen dieser Fähigkeit entdeckte, ist die Krabbe.

Sodann gelangen wir zur Stufe 23, auf die ich die Reptilien und Cephalopoden setzte. Mein Grund dafür ist, dass ich diese Stufe in der psychologischen Entwicklung für hinreichend vorgeschritten halte, um die Erkennung von Personen zu ermöglichen. und dieser Grad von Fortschritt wird zweifellos von Reptilien und Cephalopoden erreicht. Man wird bemerken, dass ich diese Stufe mit den beiden vorhergehenden durch eine Klammer verband, und zwar aus dem Grunde, weil die betreffenden Tiere und die genannten Fähigkeiten gewissermassen in einander übergreifen. So z. B. vermögen Batrachier Personen wieder zu erkennen, und es ist möglich, dass Fische urteilen, während anderseits Reptile und Cephalopoden in Bezug auf ihre allgemeine Psychologie nicht so weit die Batrachier und Fische überragen, als man ohne die Klammer vermuten könnte; dennoch fühlte ich mich nicht berechtigt, diese Tiere alle auf eine Stufe zu stellen, weil es uns an Anhalt dazu fehlt, bei Batrachiern und Fischen ein Urteilsvermögen in der Art, wie bei Krustazeen, Cephalopoden und Reptilien vorauszusetzen. Im grossen und ganzen glaube ich, dass jene verschiednen, sich einander kreuzenden Beziehungen am besten in der

25*

von mir befolgten Weise zum Ausdruck gelangen. Es ist nicht zu
erwarten, dass unsre wesentlich künstliche Unterscheidung psychologischer Fähigkeiten so genau der Natur entspreche, dass bei ihrer
Anwendung auf das Tierreich unsre Klassifizierung der Fähigkeiten stets genau mit unsrer Klassifizierung der Organismen übereinstimme, so zwar, dass jeder Ast unsres psychologischen Baumes
genau einem Ast unsres zoologischen Baumes entspreche. Es ist
immer ein gewisses Übergreifen zu erwarten und bei einer derartigen Vergleichung einer Klassifizierung mit der andern war ich
nur überrascht, wie genau die beiden im grossen und ganzen zu-
sammenfielen.

Auf der 24. Stufe findet man die Hymenopteren mit der
diese Stufe streng unterscheidenden geistigen Entwicklung, d. h. der
Fähigkeit, Ideen mitzuteilen, einer Fähigkeit, die Ameisen und
Bienen unstreitig besitzen.

Wir kommen dann zu den Vögeln mit dem psychologischen
Vorzug, bildliche Darstellungen zu erkennen, Worte zu verstehen
und zu träumen. Ich habe keinen Nachweis darüber gefunden,
dass diese Fähigkeiten auch bei niederen Wirbeltieren vorkommen.

Auf der folgenden Stufe stehen die Nagetiere und Fleischfresser, mit Ausnahme des Hundes. Der bezeichnendste psychologische Unterschied für diese Stufe ist das Verständnis von Mechanismen. Obwohl mir ein Beispiel dieses Verständnisses auch bei
Vögeln bekannt ist und obschon es unzweifelhaft bei Wiederkäuern
vorkommt, scheint doch das Verständnis sich in jedem Falle nur
auf die einfachste Art von Mechanismen zu beschränken und kann
deshalb nur der Art nach mit der weitaus grösseren Fertigkeit
verglichen werden, welche in dieser Beziehung bei Ratten, Füchsen,
Katzen und dem Vielfrass vorherrschen.*) Wir kommen nun zu

---

*) Sir James Paget erzählte mir von einem Papagei, der durch auf-
merksames Studium ein Schloss öffnen lernte; obwohl solche Fälle bei Vögeln vorkommen können, sind sie doch verhältnismässig so selten, dass ich es
für das beste hielt, die Fähigkeit, einfache mechanische Anwendungen kennen
zu lernen, auf die nächste Stufe zu bringen, denn nur hier können wir sicher
sein, dass diese Handlungen nicht auf blosser Ideenverbindung beruhen. Eine
Katze, die nach dem Thürschloss springt, den gebogenen Handgriff mit einer

den Affen und dem Elefanten, die abgesehen von den Anthropoiden die einzigen Tiere sind, welche, so weit ich mich überzeugen konnte, von Werkzeugen Gebrauch machen.

Endlich gelangen wir auf der 28. Stufe zu der höchsten Entwicklung psychischer Fähigkeiten, denen wir bei Tieren begegnen, und diese Stufe wies ich dem Hunde und den anthropoiden Affen an. Die Bedeutung des Ausdrucks „unbestimmte Moralität", die ich dieser Stufe der geistigen Entwicklung zuschreibe, werde ich in einem nächsten Werke erklären, wo ich es mit der Genesis des moralischen Sinnes zu thun haben werde. Ich möchte aber diese Diskussion nicht teilen; deshalb ziehe ich es vor, die Betrachtung dieser frühesten Phase der Entwicklung des Bewusstseins bis dorthin zu verschieben. Aus demselben Grunde verschiebe ich auch meine Untersuchung der niederen Stufen der Abstraktion und des Willens, welche beide durch die eben erreichte Stufe gekreuzt werden, mit der unsre Untersuchung der geistigen Entwicklung bei Tieren ein Ende erreicht.

---

Vorderpfote niederhält, den Riegel mit der andern zurückdrückt und die Thüre mit den Hinterpfoten öffnet, zeugt offenbar für eine intelligente Würdigung der Thatsachen, dass der Riegel die Thür verschliesst, dass wenn er zurückgedrückt wird, diese befreit, und wenn sie dann gestossen wird, die Thüre aufgeht. Wenn man aber danach noch vermuten könnte, dass diese vollständige Kenntnis durch einfache Ideenverbindung erreicht würde, so haben wir noch den merkwürdigen Fall vom Affen, der durch eigne geduldige Nachforschung und ohne dass er jemals die dazu gehörige Handlung verrichten sah, das mechanische Prinzip der Schraube herausfand. Es ist bemerkenswert, dass diese Kenntnis einfacher mechanischer Anwendungen nicht immer in einer ganz genauen oder quantitativen Beziehung zur allgemeinen geistigen Entwicklung der betreffenden Spezies zu stehen scheint. So ist z. B. der Hund nach seiner ganzen Intelligenz unzweifelhaft der Katze überlegen; dennoch ist seine Geschicklichkeit in der eben besprochenen Richtung gewiss nicht so hoch, während andrerseits Rindvieh und Pferde in dieser Beziehung eine grössere Fähigkeit zeigen, wie in jeder andern. Wahrscheinlich liegt die Erklärung dieses anscheinenden Missverhältnisses in den zur Verrichtung jener Fertigkeiten dienenden Körpergliedern. Der Affe, welcher mechanische Anwendungen am besten zu würdigen vermag, ist auch dasjenige Tier, welches mit Organen des Tastsinnes am reichlichsten ausgestattet ist; die Vorderpfoten einer Katze sind bessre Instrumente in diesem Sinne, als diejenigen des Hundes, während der Rüssel des Elefanten, die Lippen des Pferdes und das Horn des Wiederkäuers diesen Tieren in der gedachten Beziehung einen Vorteil über die meisten anderen Säugetiere von einem ähnlichen Grad von Intelligenz geben.

# Anhang.

## Der Instinkt.

Ein nachgelassener Essay
von
**Charles Darwin.**

# Anhang.

## Der Instinkt.

Ein nachgelassener Essay von Charles Darwin.*)

### Wanderungen.

Das Wandern junger Vögel über breite Meeresarme hinweg, das Wandern junger Lachse aus dem süssen ins Salzwasser und die Rückkehr beider nach den Stätten ihrer Geburt sind oft und mit Recht als merkwürdige Instinkte hervorgehoben worden. Was nun die beiden wichtigsten hier zu besprechenden Punkte betrifft, so lässt sich erstens in verschiedenen Gruppen der Vögel eine vollständige Reihe von Übergängen beobachten von solchen, die innerhalb eines gewissen Gebietes entweder nur gelegentlich oder regelmässig ihren Wohnsitz wechseln, bis zu solchen, die periodisch nach weit entlegenen Ländern ziehen, wobei sie oft bei Nacht das offene Meer auf Strecken von 240 bis 300 (englischen). Meilen zu überschreiten haben, wie z. B. von der Nordostküste Grossbritanniens nach dem südlichen Skandinavien hinüber. Zweitens ist bezüglich der Variabilität des Wanderinstinkts zu sagen, dass eine und dieselbe Art oft in einem Lande wan-

*) Diese Abhandlung sollte ursprünglich in die „Entstehung der Arten" aufgenommen werden und einen Teil des Kapitels über „Instinkt" bilden; sie wurde aber dann gleich mehreren anderen Partieen vom Verfasser unterdrückt, um das Buch nicht zu umfänglich werden zu lassen. (Vergl. auch das Vorwort. R.)

dert, während sie in einem andern stationär ist; ja sogar in demselben Gebiete können die Individuen einer Art zum Teil Zugvögel, zum Teil Standvögel sein und sich dabei durch unbedeutende Merkmale zuweilen von einander unterscheiden lassen.*) Dr. Andrew Smith hat mich mehrfach darauf aufmerksam gemacht, wie fest der Wanderinstinkt bei mehreren Säugetieren von Südafrika eingewurzelt ist, ungeachtet der Verfolgungen, denen sie sich dadurch aussetzen; in Nordamerika jedoch ist der Büffel in neuerer Zeit**) durch unausgesetzte Verfolgung genötigt worden, bei seinen Wanderungen das Felsengebirge zu überschreiten, und jene „grossen Heerstrassen, die sich Hunderte von Meilen weit hinziehen und mindestens einige Zoll, oft sogar mehrere Fuss tief sind", wie man sie auf den östlichen Ebenen durch die wandernden Büffel ausgetreten findet, werden westlich von den Rocky Mountains niemals angetroffen. In den Vereinigten Staaten haben Schwalben und andere Vögel ihre Wanderungen ganz neuerdings über ein weit grösseres Gebiet ausgedehnt.***)

Der Wandertrieb geht bei Vögeln manchmal ganz verloren, wie z. B. bei der Waldschnepfe, welche in geringer Zahl, ohne jede bekannte Ursache die Gewohnheit angenommen hat, in Schottland zu brüten und stationär zu werden.†) In Madeira kennt man den Zeitpunkt des ersten Auftretens der Waldschnepfe auf der

---

*) Gould hat dies auf Malta, sowie auf der südlichen Halbkugel in Tasmanien beobachtet. Bechstein (Stubenvögel, 1840, S. 293) sagt, in Deutschland liessen sich die wandernden von den nichtwandernden Drosseln durch die gelbe Färbung ihrer Fusssohlen unterscheiden. Die Wachtel wandert in Südafrika, bleibt aber auf Robin Island, bloss zwei Seemeilen vom Festland entfernt, stationär (Le Vaillants Reisen, I, S. 105), was von Dr. Andrew Smith bestätigt wird. In Irland hat die Wachtel erst neuerdings angefangen in grösserer Zahl zu bleiben, um daselbst zu brüten. (W. Thompson, *Nat. Hist. of Ireland*, „*Birds*", II, p. 70.)

**) Col. Frémont, *Report of Exploring Expedition*, 1845, p. 144.

***) S. Dr. Bachmanns treffliche Abhandlung hierüber in Silliman's *Philosoph. Journ.*, vol. 30, p. 81.

†) W. Thompson hat über diese ganze Frage einen vorzüglichen und ausführlichen Bericht erstattet (*Nat. Hist. of Ireland* „*Birds*", II, 247—57); worin er auch die Ursache bespricht. Es scheint ausgemacht (p. 254), dass

Insel,[*] und auch dort wandert sie nicht, ebensowenig wie unsere gemeine Mauerschwalbe, obgleich diese zu einer Gruppe gehört, die ja sozusagen zum Sinnbild der Zugvögel geworden ist. Eine Ringelgans, die verwundet worden war, lebte 19 Jahre in der Gefangenschaft; in den ersten zwölf Jahren wurde sie jeden Frühling während der Zugzeit unruhig und suchte gleich anderen gefangenen Individuen dieser Art so weit als möglich nordwärts zu gehen; in den späteren Jahren aber „hörte sie ganz auf, um diese Jahreszeit irgend eine besondere Erregung zu verraten".[**] Offenbar hatte sich also der Wandertrieb zuletzt völlig verloren.

Beim Wandern der Vögel sollte meiner Ansicht nach der Instinkt, welcher sie in bestimmter Richtung vorwärts treibt, wohl unterschieden werden von dem rätselhaften Vermögen, das sie lehrt, eine Richtung der anderen vorzuziehen und auf der Wanderung ihren Kurs selbst in der Nacht und über dem offenen Meere festzuhalten, und ebenso auch von dem Vermögen — mag dies nun auf einer instinktiven Verbindung mit dem Wechsel der Temperatur oder mit eintretendem Nahrungsmangel u. s. w. beruhen — das sie veranlasst, zur rechten Zeit aufzubrechen. In diesen wie in anderen Fällen ist oft Verwirrung dadurch entstanden, dass man eben die verschiedenen Seiten der Frage unter dem Ausdruck „Instinkt" zusammen warf.[***] Was die Zeit des Aufbruchs betrifft, so kann es natürlich nicht auf Erinnerung beruhen, wenn der junge Kuckuck zwei Monate nach der Abreise seiner Eltern zum erstenmal aufbricht; immerhin aber verdient es Beachtung, dass Tiere irgendwie

die wandernden und die nichtwandernden Individuen von einander unterschieden werden können. Über Schottland s. St. Johns *Wild Sports of the Highlands*, 1846, p. 220.

[*] Dr. Heineken in „*Zoological Journal*", vol. V, p. 75, ferner E. V. Harcourts *Sketch of Madeira*, 1851, p. 120.

[**] W. Thompson, l. c. vol. III, 63. In Dr. Bachmanns schon erwähnter Arbeit wird auch von kanadischen Gänsen berichtet, die jedes Frühjahr aus der Gefangenschaft nordwärts zu entfliehen suchen.

[***] Siehe E. P. Thompson, *Passions of Animals*, 1851, p. 9, und Alisons Bemerkungen hierüber in der *Cyclopaedia of Anatomy and Physiol.*, Artikel „*Instinct*", p. 23.

eine überraschend genaue Vorstellung von der Zeit erlangen können.
A. d'Orbigny erzählt, dass ein lahmer Falke in Südamerika die
Zeit von drei Wochen genau kannte, indem er jedesmal in solchen
Zwischenräumen einige Klöster zu besuchen pflegte, wo den Armen
Lebensmittel ausgeteilt wurden. So schwer es auch zu verstehen
sein mag, wie manche Tiere durch Verstand oder Instinkt dazu
kommen, einen bestimmten Zeitabschnitt zu kennen, so werden wir
doch gleich sehen, dass in manchen Fällen auch unsere Haustiere
einen alljährlich wiedererwachenden Wandertrieb erworben haben,
welcher dem eigentlichen Wanderinstinkt ausserordentlich ähnlich,
wo nicht mit demselben identisch ist und kaum auf blosser Erinnerung beruhen kann.

Es ist ein eigentümlicher Instinkt, der die Ringelgans antreibt,
ein Entkommen nach Norden zu versuchen; allein wie der Vogel
Nord und Süd unterscheidet, dass wissen wir nicht. Ebensowenig
können wir bis jetzt begreifen, wie ein Vogel, der des Nachts seine
Wanderung übers Meer antritt, was ja so viele thun, dabei seinen
Kurs so trefflich einzuhalten weiss, als ob er einen Kompass mit
sich führte. Man sollte sich aber ernstlich davor hüten, wandernden Tieren irgend ein hierauf bezügliches besonderes Vermögen
zuzuschreiben, das wir selbst nicht besitzen, obschon dasselbe
allerdings bei ihnen bis zu wunderbarer Vollkommenheit entwickelt
ist. Um ein analoges Beispiel zu erwähnen: der erfahrene Nord-
polfahrer Wrangel*) verbreitet sich ausführlich und voller Erstaunen über den „unfehlbaren Instinkt" der Eingebornen von Nord-
sibirien, vermöge dessen sie ihn unter unaufhörlichen Änderungen
der Richtung durch ein verworrenes Labyrinth von Eisschollen
geleiteten; während Wrangel „mit dem Kompass in der Hand die
mannigfaltigen Windungen beobachtete und den richtigen Weg her-
auszuklügeln suchte, zeigte der Eingeborne stets instinktiv eine voll-

---

*) Wrangels Reisen S. 146 (engl. Ausg.). Siehe auch Sir G. Grey's
*Expedition to Australia*, II, S. 72, wo sich ein interessanter Bericht über
die Fähigkeiten der Australneger in dieser Hinsicht findet. Die alten französi-
schen Missionare glaubten allgemein, die nordamerikanischen Indianer liessen
sich wirklich beim Auffinden des Weges durch ihren Instinkt leiten.

kommene Kenntnis desselben." — Überdies ist das Vermögen der wandernden Tiere, ihren Kurs einzuhalten, keineswegs unfehlbar, wie schon die grosse Zahl der verirrten Schwalben lehrt, welche von den Schiffen häufig auf dem Atlantischen Ozean angetroffen werden; auch der wandernde Lachs verfehlt beim Aufsteigen oft seinen heimischen Fluss und „mancher Lachs aus dem Tweed wird im Forth getroffen". Auf welche Weise aber ein kleiner schwacher Vogel, der von Afrika oder Spanien kommt und übers Meer geflogen ist, dieselbe Hecke inmitten von England wiederfindet, in welcher er voriges Jahr genistet hatte, ist wirklich wunderbar. *)

Wenden wir uns nun zu unseren Haustieren. Es sind viele Fälle bekannt, wo solche Tiere auf ganz unerklärliche Weise ihren Heimweg fanden; es wird versichert, dass Hochlandschafe thatsächlich über den Firth of Forth geschwommen und nach ihrer wohl hundert Meilen entfernten Heimat gewandert sind**), und wenn sie auch drei und vier Generationen hindurch im Tiefland gehalten werden, so behalten sie doch ihre ruhelose Art bei. Ich habe keinen Grund, den genauen Bericht anzuzweifeln, welchen Hogg von einer ganzen Familie von Schafen giebt, die eine erbliche Neigung zeigten, jedesmal zur Brunstzeit nach einem zehn Meilen entfernten Ort zurückzukehren, von wo der Stammvater der Familie gebracht worden war; wenn aber deren Lämmer alt genug waren, kehrten sie von selbst dahin zurück, wo sie gewöhnlich sich aufgehalten hatten, und diese vererbte, an die Wurfzeit anknüpfende Neigung wurde so lästig, dass der Eigentümer sich genötigt sah,

---

*) Die Mehrzahl der Vögel, welche gelegentlich die von Europa so weit entfernten Azoren besuchen (Konsul C. Hunt, im *Journ. Geogr. Soc.* XV, 2, p. 282), kommen wahrscheinlich nur deshalb dorthin, weil sie während des Zuges ihre Richtung verloren; so hat auch W. Thompson (*Nat. Hist. of Irleand*, „*Birds*", II, 172) gezeigt, dass nordamerikanische Vögel, die gelegentlich nach Irland herüberkommen, im allgemeinen um dieselbe Zeit anlangen, wo sie drüben im Ziehen begriffen sind. Bezüglich des Lachses siehe Scope's *Days of Salmon Fishing*, p. 47.

**) Gardeners *Chronicle* 1852, p. 798; andere Fälle bei Youatt, *On Sheep*, p. 378.

die ganze Sippschaft zu verkaufen.*) Noch interessanter ist der
von mehreren Autoren gegebene Bericht über gewisse Schafe in
Spanien, die seit alten Zeiten alljährlich im Mai von einem Teil
des Landes vierhundert Meilen weit nach einem andern ziehen:
sämtliche Beobachter**) bezeugen übereinstimmend, dass, „sobald
der April kommt, die Schafe durch wunderliche unruhige Bewegungen ihr lebhaftes Verlangen kundgeben, nach ihrem Sommer-
aufenthalt zurückzukehren." „Die Unruhe, welche sie verraten,"
sagt ein anderer Autor, „könnte im Notfall einen Kalender ersetzen."
„Die Schäfer müssen dann ihre ganze Wachsamkeit aufbieten, um
sie am Entkommen zu verhindern, denn es ist allbekannt, dass sie
sonst genau nach dem Ort hinziehen würden, wo sie geboren sind."
Es ist mehrfach vorgekommen, dass drei oder vier Schafe doch
entkamen und ganz allein die weite Reise machten; gewöhnlich
allerdings werden solche Wanderer von den Wölfen zerrissen. Es
ist sehr die Frage, ob diese Wanderschafe von jeher im Lande
einheimisch waren, und jedenfalls sind ihre Wanderungen in verhältnismässig neuerer Zeit bedeutend weiter ausgedehnt worden;
dann lässt sich aber meiner Ansicht nach kaum bezweifeln, dass
dieser „natürliche Instinkt", wie er von einem Berichterstatter genannt wird, regelmässig um dieselbe Zeit in bestimmter Richtung
zu wandern, erst im domestizierten Zustande erworben worden ist
und sich ohne Frage auf jenes leidenschaftliche Bestreben, zur
Stätte der Geburt zurückzukehren, gründet, das, wie wir gesehen
haben, manchen Schafrassen eigen ist. Die ganze Erscheinung entspricht, wie mir scheint, durchaus den Wanderungen wilder Tiere.

Überlegen wir uns nun, auf welche Weise die merkwürdigsten

---

*) Citiert von Youatt in *Veterinary Journal* V, 282.

**) Bourgoannes „Reisen in Spanien" (engl. Ausg.) 1789, vol. I,
p. 38 bis 54. In Mill's *Treatise on Cattle*, 176, p. 342 findet sich der
Auszug eines Briefes von einem Herrn aus Spanien, den ich benutzt habe.
Youatt *(On Sheep,* p. 153) verweist auf drei andere Berichte ähnlicher Art.
Ich bemerke noch, dass auch v. Tschudi (Tierleben der Alpenwelt, 1856)
erzählt, wie das Vieh jedes Jahr im Frühling in grosse Aufregung gerät, wenn
sie die grosse Schelle hören, die ihnen vorangetragen wird, indem sie wohl
wissen, dass dies das Zeichen zum „nahen Aufbruch" in die höheren Alpen ist.

Wanderungen wahrscheinlich ihren Ursprung genommen haben mögen. Denken wir uns zunächt einen Vogel, der alljährlich durch Kälte oder Nahrungsmangel veranlasst werde, langsam südwärts zu ziehen, wie dies bei so manchen Vögeln der Fall ist, so können wir uns wohl vorstellen, wie dieses notgedrungene Wandern zuletzt zu einem instinktiven Trieb werden kann, gleich dem der spanischen Schafe. Werden nun Thäler im Lauf der Jahrhunderte zu Meeresbuchten und endlich zu immer breiteren und breiteren Meeresarmen, so lässt sich doch ganz wohl denken, dass der Trieb, welcher die flügellahme Gans drängt, sich zu Fuss nach Norden aufzumachen, auch unsern Vogel über die pfadlosen Gewässer geleiten wird, so dass er mit Hilfe jenes unbekannten Vermögens, das viele Tiere (und wilde Menschen) eine bestimmte Richtung einhalten lehrt, unversehrt über das Meer hinwegfliegen wird, welches jetzt den versunkenen Pfad seiner früheren Landreise bedeckt.*)

---

*) Damit soll nicht gesagt sein, dass die Zugstrassen der Vögel stets die Lage von früher zusammenhängenden Landstrecken bezeichnen. Es mag wohl vorkommen, dass ein zufällig nach einer entfernten Gegend oder Insel verschlagener Vogel, nachdem er einige Zeit dort geblieben ist und daselbst gebrütet hat, durch seinen angebornen Instinkt veranlasst wird, im Herbst fortzuwandern und in der Brütezeit wieder dahin zurückzukehren. Allein ich kenne keine Thatsachen, welche diese Annahme stützten, und anderseits hat, was ozeanische Inseln betrifft, die nicht allzuweit vom Festland entfernt liegen, jedoch, wie ich aus später anzuführenden Gründen vermute, niemals in Zusammenhang mit demselben standen, die Thatsache grossen Eindruck auf mich gemacht, dass nur höchst selten einzelne Zugvögel auf solchen vorzukommen scheinen. E. V. Harcourt, welcher die Vögel von Madeira bearbeitet hat, teilte mir mit, dass diese Insel keine besitzt, und dasselbe gilt, wie mir Carew Hunt versichert, von den Azoren, obschon er meint, die Wachtel, die von Insel zu Insel zieht, möchte vielleicht auch die ganze Inselgruppe verlassen. [Mit Bleistift ist hier im Manuskript beigefügt: „Die kanarischen Inseln haben keine". R.] Auf den Falklandsinseln wandert, soviel ich sehen kann, kein Landvogel. Die von mir eingezogenen Erkundigungen haben ferner ergeben, dass auch auf Mauritius oder Bourbon keine Zugvögel vorkommen. Colenso versichert (*Tasmanian Journal*, II, p. 227), dass ein Kuckuck auf Neu-Seeland (*Cuculus lucidus*) wandere, indem er nur drei bis vier Monate auf der Insel bleibe; Neu-Seeland ist aber eine so grosse Insel, dass derselbe wohl einfach nach dem Süden ziehen und dort bleiben kann, ohne dass die Eingebornen im Norden davon wissen. Die Faröer, ungefähr 180 Meilen von

[Ich möchte noch ein Beispiel dieser Art anführen, das mir anfänglich ganz besondere Schwierigkeiten darzubieten schien. Es wird berichtet, dass im äussersten Norden von Amerika Elen und Rentier alljährlich, als ob sie auf eine Entfernung von hundert Meilen das grüne Gras wittern könnten, einen absolut wüssten Landstrich kreuzen sollen, um gewisse Plätze aufzusuchen, wo sie reichlichere (obwohl immer noch spärliche) Nahrung finden. Was mag den ersten Anstoss zu dieser Wanderung gegeben haben? Wenn das Klima früher etwas milder war, so kann sich die hundert Meilen breite Wüste wohl hinlänglich mit Vegetation bedeckt haben, um die Tiere eben noch zum Überschreiten derselben zu veranlassen, wobei sie dann die fruchtbareren nördlichen Plätze fanden. Allein das harte Klima der Eiszeit ist unserem gegenwärtigen vorausgegangen, die Annahme eines früher milderen Klimas erscheint daher ganz unhaltbar. Sollten jedoch jene amerikanischen Geologen im Rechte sein, welche aus der Verbreitung rezenter Muscheln geschlossen haben, dass auf die Eiszeit zunächst eine etwas wärmere Periode als die gegenwärtige folgte, so hätten wir damit vielleicht auch den Schlüssel für die Wanderung von Elen und Rentier durch die Wüste gefunden.]*)

## Instinktive Furcht.

Die erbliche Zahmheit unserer Haustiere wurde schon früher besprochen; aus dem folgenden entnehme ich, dass unzweifelhaft die Furcht vor dem Menschen im Naturzustand immer erst erworben werden muss und dass sie im domestizierten Zustand bloss wieder verloren geht. Auf den wenigen von Menschen bewohnten Inseln und Inselgruppen, über die ich aus der frühesten Zeit stammende

---

der Nordspitze Schottlands gelegen, besitzen verschiedene Zugvögel (Graber, Tagebuch, 1830, S. 205); Island scheint die stärkste Ausnahme von der allgemeinen Regel zu bilden, allein es liegt nur . . . Meilen von der . . . Linie von . . . . 100 Faden entfernt. [Der letzte Satz ist unvollendet mit Bleistift beigefügt. R.]

*) [Der hier in eckige Klammern eingeschlossene Abschnitt ist im Manuskript mit dem Bleistift schwach durchgestrichen. R.]

Berichte finden konnte, entbehrten die einheimischen Tiere stets durchaus der Furcht vor dem Menschen: ich habe dies in sechs Fällen aus allen Erdteilen und für Vögel und Säugetiere der verschiedensten Abteilungen festgestellt.*) Auf den Galapagos-Inseln stiess ich einen Falken mit dem Flintenlauf von einem Baume herunter und die kleineren Vögel tranken Wasser aus einem Gefäss, das ich in der Hand hielt. Näheres hierüber habe ich bereits in meiner Reisebeschreibung mitgeteilt; hier will ich nur noch bemerken, dass diese Zahmheit nicht allgemein ist, sondern bloss dem Menschen gegenüber gilt, denn auf den Falklandsinseln z. B. bauen die Gänse ihre Nester der Füchse wegen nur auf den vorliegenden Inseln. Diese wolfähnlichen Füchse waren jedoch hier ebenso furchtlos dem Menschen gegenüber, wie die Vögel: die Matrosen auf Byrons Reise liefen sogar, weil sie ihre Neugierde für Wildheit hielten, ins Wasser, um ihnen zu entgehen. In allen altzivilisierten Ländern dagegen ist die Vorsicht und Furchtsamkeit selbst junger Füchse und Wölfe hinlänglich bekannt.**) Auf den Galapagos waren die grossen Landeidechsen (*Amblyrhynchus*) vollkommen zahm, so dass ich sie am Schwanze anfassen konnte, während sonst grosse Eidechsen wenigstens furchtsam genug sind. Die zu derselben Gattung gehörige Wassereidechse lebt an der Küste, hat vorzüglich schwimmen und tauchen gelernt und nährt sich von unter-

---

*) In meiner „Reise um die Welt" (Gesamm. Werke I, S. 457) finden sich Einzelheiten über die Falklands- und Galapagos-Inseln. Cada Mosto (Kerrs *Collection of voyages*, II, p. 246) erzählt, auf den kapverdischen Inseln seien die Tauben so zahm gewesen, dass man sie leicht fangen konnte. Dies sind also die einzigen grösseren Inselgruppen, mit Ausnahme der ozeanischen (über die ich keinen Bericht aus der ersten Zeit finden kann), die bei ihrer Entdeckung unbewohnt waren. Thomas Herbert schildert (1626) in seinen „Reisen" (p. 349) die Zahmheit der Vögel auf Mauritius und Du Bois bespricht diesen Gegenstand 1669—72 ganz ausführlich [in Bezug auf sämtliche Vögel von Bourbon. Kap. Moresby lieh mir einen handschriftlichen Bericht über seine Untersuchung von St. Pierre [und den Providence-Inseln nördlich von Madagaskar, worin er die ausserordentliche Zahmheit der Tauben schildert. Gleiches erwähnte Kap. Carmichael von den Vögeln auf Tristan d'Acunha.

**) Le Roy, *Lettres Philosoph.*, p. 86.

getaucht lebenden Algen; dabei ist sie ohne Zweifel den Angriffen
von Haifischen ausgesetzt, weshalb ich sie, obschon sie am
Lande ganz zahm ist, nicht ins Wasser treiben konnte, und wenn
ich sie hinein warf, so schwamm sie stets sofort ans Ufer zurück.
Welch ein Gegensatz zu allen amphibisch lebenden Tieren in Europa, die, so oft sie von dem gefährlichsten Tier, dem Menschen,
aufgescheucht werden, instinktiv und augenblicklich im Wasser ihre
Zuflucht suchen!

Die Zahmheit der Vögel auf den Falklandsinseln ist besonders
deshalb interessant, weil ihre meist denselben Arten angehörigen
Verwandten auf dem Feuerland, vornehmlich die grösseren Vögel,
ausserordentlich scheu sind, da sie hier seit vielen Generationen
von den Wilden eifrig verfolgt wurden. Ferner ist für diese Inseln,
wie für die Galapagos bemerkenswert, dass, wie ich in meiner
„Reise um die Welt" durch Vergleichung der verschiedenen Berichte bis zur Zeit unseres Besuches dieser Inseln nachgewiesen
habe, die Vögel nach und nach immer weniger zahm geworden
sind; und wenn man bedenkt, in welchem Grade sie gelegentlich
während der letzten zweihundert Jahre der Verfolgung ausgesetzt
waren, so muss es überraschen, dass sie nicht viel wilder wurden;
man ersieht daraus, dass die Furcht vor dem Menschen nur langsam erworben wird.

In längst bewohnten Ländern, wo die Tiere einen hohen Grad
von instinktiver allgemeiner Vorsicht und Furcht erlangt haben,
scheinen sie sehr rasch von einander und vielleicht sogar von anderen Arten zu lernen, sich vor jedem einzelnen Gegenstand scheu
zu hüten. Es ist notorisch, dass sich Ratten und Mäuse nicht lange
in derselben Art von Fallen fangen lassen, so verlockend auch der
Köder sein mag;*) da es aber selten vorkommt, dass eine, die
wirklich schon gefangen war, wieder entwischt, so müssen die anderen die Gefahr aus den Leiden ihrer Genossen kennen gelernt
haben. Selbst das schrecklichste Ding, wenn es nie Gefahr bringt
und nicht instinktiv gefürchtet wird, sehen die Tiere bald mit dem
grössten Gleichmut an, wie wir bei unseren Eisenbahnzügen be-

---

*) E. P. Thompson, *Passions of Animals,* p. 29.

obachten können. Welcher Vogel ist so schwer zu beschleichen wie der Reiher und wie viele Generationen müssten wohl vergehen, bis er die Furcht vor dem Menschen abgelegt hätte? Und doch erzählt Thompson,*) dass diese Vögel nach einer Erfahrung von wenigen Tagen einen Zug furchtlos in halber Flintenschussweite vorüber donnern lassen.**) Obgleich nicht zu bezweifeln ist, dass die Furcht vor dem Menschen in längst bewohnten Gegenden zum Teil immer von neuem erworben wird, so ist sie doch sicherlich zugleich auch instinktiv, denn die noch im Nest sitzenden jungen Vögel erschrecken allgemein beim ersten Anblick des Menschen und fürchten ihn jedenfalls weit mehr, als die meisten alten Vögel auf den Falklands- und Galapagosinseln dies thun, nachdem sie jahrelangen Verfolgungen ausgesetzt gewesen sind.

Wir haben übrigens in England selbst vorzügliche Beispiele dafür, dass die Furcht vor dem Menschen ganz entsprechend der durchschnittlichen Gefahr erworben und vererbt wird, denn wie schon vor langer Zeit der Hon. Daines Barrington bemerkt hat,***) sind alle unsere grösseren Vögel, junge wie alte, ausserordentlich scheu. Nun kann aber doch keine Beziehung zwischen Grösse und Furcht bestehen, wie denn auch auf noch unbewohnten Inseln bei den ersten Besuchen die grossen Vögel stets ebenso zahm waren,

---

*) *Nat. Hist. of Ireland,* „*Birds*", II, p. 133.

**) [Ich erlaube mir hier auf die Bestätigung hinzuweisen, welche diese Angaben kürzlich durch einen Briefwechsel zwischen Dr. Rae und Mr. Goodsir gefunden haben. Vgl. „*Nature*", 3., 12. und 19. Juli 1883. Der erstere sagt, die Wildenten, Kriekenten u. s. w., die gewisse Strecken bewohnen, durch welche die Pacific-Eisenbahn in Kanada geführt wurde, hätten alle Furcht vor den Zügen schon wenige Tage nach Eröffnung des Verkehrs verloren, und der letztere bezeugt ähnliches von den wilden Vögeln in Australien, indem er hinzufügt: „Das beständige Getöse eines starken Verkehrs sowohl als die unaufhörliche Unruhe und der Höllenlärm einer grossen Eisenbahnstation, die sich einen Steinwurf von ihren Wohnplätzen entfernt abspielen, bleiben jetzt von diesen gewöhnlich so ausserordentlich wachsamen und vorsichtigen Vögeln (d. h. den Wildenten) gänzlich unbeachtet. Würde ich nicht befürchten, Ihren Raum ungebührlich in Anspruch zu nehmen, so könnte ich Ihnen noch viele andere Belege für die Richtigkeit von Dr. Raes Bemerkungen geben." — R.]

***) *Philos. Transact.,* 1773, p. 264.

wie die kleinen. Wie vorsichtig ist nicht unsere Elster; vor Pferden oder Rindern zeigt sie aber keine Furcht und setzt sich ihnen sogar manchmal auf den Rücken, ganz wie die Tauben auf den Galapagos sich 1684 auf Cowleys Schultern niederliessen. In Norwegen, wo die Elster nicht verfolgt wird, pickt sie ihr Futter „dicht vor den Thüren auf und dringt oft sogar in die Häuser ein".*) So ist auch die Nebelkrähe (*Corvus cornix*) einer unserer scheuesten Vögel, in Egypten dagegen ist sie vollständig zahm.**) Unmöglich kann jede einzelne junge Elster und Krähe in England vom Menschen erschreckt worden sein, und doch fürchten sie ihn sämtlich aufs äusserste; auf den Falklands- und Galapagosinseln anderseits müssen viele alte Vögel und früher schon ihre Vorfahren erschreckt worden und Zeugen des gewaltsamen Todes anderer gewesen sein, und doch haben sie noch nicht die heilsame Furcht vor dem mörderischsten aller Tiere, dem Menschen, sich angeeignet.***)

Dass Tiere, wie man zu sagen pflegt, sich totstellen sollen, — der Tod ist ja ein jedem lebenden Wesen unbekannter Zustand — erschien mir immer als ein höchst merkwürdiger Instinkt. Ich stimme ganz mit denen überein,†) welche glauben, dass in dieser Sache viel Übertreibung herrscht, und bezweifle nicht, dass

---

*) C. Hewitson in *Magazine of Zool. and Botany*, II, p. 311.

**) Geoff. St. Hilaire, *Ann. des Mus.*, t. IX, p. 471.

***) [Es wurde bereits angedeutet, bis zu welch genauer Abstufung solche instinktive Furcht vor dem Menschen sich entwickelt, wenn dem Tiere die Möglichkeit gegeben ist, mit Sicherheit zu unterscheiden, wie weit es entfernt sein muss, um ausser Schussweite zu sein. Neuerdings hat Dr. Rae in „Nature" in den schon erwähnten Briefen folgende Beobachtung mitgeteilt, die von Interesse ist, weil sie zeigt, wie rasch eine solche Feinheit der Unterscheidung erlangt wird: „Es sei gestattet, noch eines von den vielen mir bekannten Beispielen dafür anzuführen, mit welcher Schnelligkeit Vögel sich die Kenntnis einer Gefahr erwerben. Wenn die Goldregenpfeifer von ihren Brütplätzen in höheren Breiten nach Süden ziehen, so besuchen sie die nördlich von Schottland gelegenen Inseln in bedeutender Anzahl und halten sich in grossen Schwärmen beisammen: Zuerst kann man ihnen dann leicht nahe kommen, allein sobald man nur wenige Schüsse auf sie abgefeuert hat, werden sie nicht bloss scheuer, sondern scheinen auch mit grosser Genauigkeit die Entfernung abzumessen, bis zu welcher sie vor Schaden sicher sind." — R.]

†) Couch, *Illustrations of Instinct*, p. 201.

Ohnmachten (ich habe ein Rotkehlchen in meinen Händen in Ohnmacht fallen sehen) und die lähmende Wirkung übergrosser Furcht oft mit Simulation des Todes verwechselt worden sind.**) Am bekanntesten sind in dieser Hinsicht die Insekten. Wir finden bei ihnen vollständige Reihen, selbst innerhalb einer und derselben Gattung (wie ich bei *Curculio* und *Chrysomela* beobachtet habe), von Arten, welche nur eine Sekunde lang und manchmal sehr unvollkommen sich totstellen, indem sie noch ihre Fühler bewegen (wie z. B. manche Stutzkäfer [*Hister*]), und welche sich auch nie ein zweites Mal verstellen, wie sehr man sie auch reizen mag — bis zu andern Arten, die sich, nach De Geer, grausam auf schwachem Feuer rösten lassen, ohne das geringste Lebenszeichen von sich zu geben — und wieder zu anderen, die eine lange Zeit (bis 23 Minuten, wie ich bei *Chrysomela spartii* gesehen habe) bewegungslos bleiben. Manche Individuen derselben *Ptinus*-Art nahmen bei dieser Gelegenheit eine andere Stellung an, als die übrigen.

Man wird nun wohl kaum in Abrede stellen wollen, dass die Art und die Dauer des Totstellens jeder Spezies von Nutzen sein wird, je nach der Art der Gefahren, denen sie gewöhnlich ausgesetzt ist; es hat also auch durchaus keine grössere Schwierigkeit, sich die Erwerbung dieser eigentümlichen erblichen Haltung durch natürliche

---

**) Den merkwürdigsten Fall von anscheinend wirklichem Sichtotstellen berichtet Wrangel (*Travels in Siberia*, p. 312) von den Gänsen, welche in die Tundren ziehen, um da zu mausern, und dann ganz unfähig sind, zu fliegen. Er sagt, sie hätten sich so meisterhaft totgestellt, „mit ganz steif ausgestreckten Beinen und Hälsen, dass ich ruhig an ihnen vorbei ging und sie für tot hielt." Die Eingebornen jedoch liessen sich dadurch nicht täuschen. Diese Verstellung würde sie natürlich auch nicht vor Füchsen, Wölfen u. s. w. schützen, die doch wohl in den Tundren vorkommen; sollte sie ihnen vielleicht vor den Angriffen der Falken und Habichte Schutz gewähren? Jedenfalls ist die Sache sehr sonderbar. Eine Eidechse in Patagonien (Reise um die Welt, S. 111), welche auf dem Sande an der Küste lebt und wie dieser gesprenkelt ist, stellte sich, wenn sie erschreckt wurde, tot mit ausgestrecktem Beinen, flachgedrücktem Körper und geschlossenen Augen; wurde sie weiter belästigt, so grub sie sich rasch in den Sand ein. Wenn die Häsin ein kleines, unauffälliges Tier wäre und wenn sie, in ihr Lager geduckt, die Augen zumachte, würden wir nicht sagen, sie stelle sich tot? Über Insekten siehe Kirby und Spence, *Introduction to Entomology*, vol. II, p. 234.

Züchtung vorzustellen, als die irgend einer andern. Nichtsdestoweniger erschien es mir als ein höchst merkwürdiges Zusammentreffen, dass die Insekten hiernach dahin gelangt sein sollten, genau
die Haltung nachzuahmen, die sie im Tode annehmen. Ich zeich-
nete mir daher sorgfältig die Stellungen auf, welche siebzehn verschiedene Insektenarten (einschliesslich eines *Julus*, einer Spinne und
einer Assel), Angehörige der verschiedenartigsten Gattungen, sowohl
gute als schlechte Künstler in der Verstellung, dabei anzunehmen
pflegen; dann verschaffte ich mir von einigen dieser Arten eines
natürlichen Todes gestorbene Exemplare, andere tötete ich leicht
und langsam mit Kampher. Das Ergebnis war, dass die Haltung
in keinem einzigen Falle übereinstimmte und dass mehrfach das
sich totstellende Tier so viel als nur möglich von dem wirklich
toten abwich.

<br>

### Nesterbau und Wohnplätze.

Wir kommen nun zu verwickelteren Instinkten. Die Nester der
Vögel sind wenigstens in Europa und den Vereinigten Staaten genau beobachtet worden, so dass sie uns eine gute und seltene Gelegenheit darbieten, zu untersuchen, ob in einem so wichtigen Instinkt Abänderungen vorkommen. Wir werden sehen, dass dies allerdings der Fall ist und ferner dass günstige Umstände und Ver-
standesthätigkeit nicht selten den Bauinstinkt in geringem Grade
abändernd beeinflussen. Überdies haben wir in den Nestern der
Vögel eine ungewöhnlich vollkommene Reihe vor uns, von solchen,
die gar kein Nest bauen, sondern ihre Eier auf die nackte Erde
legen, zu andern, die ein höchst einfaches und unordentliches Nest
herstellen, zu noch anderen mit vollkommneren Bauten u. s. w., bis
wir bei jenen wunderbaren Gebilden anlangen, welche beinahe der
Kunst des Webers spotten.

Selbst wenn es sich um ein so eigentümliches Nest handelt
wie das der Salangane (*Collocalia esculenta*), das von den Chinesen
gegessen wird, glaube ich doch die verschiedenen Stufen verfolgen
zu können, welche die Ausbildung dieses für die betreffenden Tiere
so notwendigen Instinktes durchlaufen hat. Das Nest besteht be-

kanntlich aus einer brüchigen, weissen, durchscheinenden Substanz,
die reinem Gummi arabicum oder selbst Glas sehr ähnlich sieht,
und ist mit daran festgeklebten Flaumfedern ausgekleidet. Das Nest
einer verwandten Art im British-Museum besteht aus unregelmässig
netzförmigen Fasern, die zum Teil so fein sind wie . . .*) von gleichem
Stoff; bei einer andern Spezies werden Stücke von Seetang durch
eine ähnliche Substanz zusammengeleimt. Dieser trockene schlei-
mige Stoff quillt im Wasser bald auf und wird weich; unter dem
Mikroskop zeigt er keinerlei Struktur ausser Spuren von Schichtung und überall eingestreuten birnförmigen Luftblasen von ver-
schiedenster Grösse; letztere treten sogar in kleinen trockenen Stückchen sehr deutlich hervor, und manche boten fast das Aussehen
von blasiger Lava dar. Wird ein kleines reines Stück in die Flamme
gehalten, so knistert es, schwillt etwas an, verbrennt nur langsam
und riecht stark nach tierischer Substanz. Die Gattung *Collocalia*
gehört nach G. R. Gray, dem ich für seine Erlaubnis zur Untersuchung aller im British Museum befindlichen Exemplare sehr verbunden bin, zu derselben Unterfamilie wie unsere Mauerschwalbe.
Dieselbe bemächtigt sich gewöhnlich einfach eines Sperlingsnestes,
Herr Macgillivray hat aber zwei Nester sorgfältig beschrieben,
in welchen das lose zusammengefügte Nestmaterial durch äusserst
dünne Fäden einer Substanz verklebt war, die in der Flamme
knisterte, aber nur langsam verbrannte. In Nordamerika**) klebt eine
Art von Mauerschwalben ihr Nest an die senkrechten Wände

---

*) [Hier war im Manuskript absichtlich Platz gelassen, um später ein
passendes Wort einzufügen. — R.]

**) Über *Cypselus murarius* s. Macgillivray, *British Birds*, III,
1840, p. 625. Über *C. pelasgius* s. Peabodys ausgezeichnete Arbeit über
die Vögel von Massachusetts, in *Boston Journ. of Nat. Hist.* III, p. 187.
M. E. Robert (*Comptes Rendus*, citiert in *Ann. a. Mag. Nat. Hist.* VIII,
1842, p. 476) fand, dass die Nester der Uferschwalbe (*Cotyle riparia*) in den
kiesigen Uferbänken der Wolga an ihrer oberen Seite mit einer gelben tierischen Substanz ausgepflastert waren, die er für Fischlaich hielt. Sollte er
vielleicht die Art verwechselt haben? — denn wir können kaum annehmen,
dass unsere Uferschwalbe irgend eine solche Gewohnheit habe. Sollte sich die
Richtigkeit der Beobachtung doch bestätigen, so läge hier eine höchst merkwürdige Instinktabänderung vor, um so merkwürdiger, da dieser Vogel

von Schornsteinen fest und baut es aus kleinen, parallel neben einander gelegten Stöckchen, die durch kuchenförmige Massen ver-
härteten, spröden Schleims zusammengekittet sind, welcher, gleich
demjenigen der essbaren Schwalbennester, im Wasser anschwillt und
aufweicht, in der Flamme knistert, sich aufbläht, nur langsam verbrennt und dabei einen starken tierischen Geruch verbreitet; es
unterscheidet sich nur dadurch, dass es gelblichbraun ist, nicht
so viele grosse Luftblasen enthält, deutlicher geschichtet ist und
sogar ein gestreiftes Aussehen zeigt, das von unzähligen ellip-
tischen, ganz winzig kleinen Erhöhungen herrührt, die wohl nichts
anderes als emporgezogene kleine Luftbläschen sind.

Die meisten Autoren nehmen an, die essbaren Schwalbennester bestünden entweder aus Tang oder aus dem Laich eines
Fisches, von anderen ist wohl auch die Vermutung ausgesprochen
worden, es handle sich um eine Aussonderung der Speicheldrüsen
des Vogels. Nach den oben mitgeteilten Beobachtungen kann ich
nicht bezweifeln, dass die letztere Ansicht zutreffend ist. Die Gewohnheiten der im Inlande lebenden Mauerschwalbe und das Verhalten der fraglichen Substanz in der Flamme widerlegen schon
fast allein die Annahme, dass sie aus Tang bestehe. Ebenso ist
es mir, nachdem ich getrockneten Fischlaich untersucht, höchst
unwahrscheinlich, dass man nicht irgend eine Spur von zelligem
Aufbau in den Nestern sollte entdecken können, wenn sie aus solchem Material bestünden. Wie könnten auch unsere Mauerschwalben, deren Lebensweise so gut bekannt ist, Fischlaich holen, ohne
dabei gesehen zu werden? Macgillivray hat gezeigt, dass die
Follikel der Speicheldrüsen bei der Mauerschwalbe bedeutend entwickelt sind, weshalb er auch annimmt, der Stoff, mit welchem sie
ihr Nestmaterial zusammenkittet, werde von diesen Drüsen ausge-
sondert. Ich hege keinen Zweifel, dass auch die ganz ähnliche,
nur reichlichere Substanz im Neste der nordamerikanischen Mauer-

---

einer andern Unterfamilie angehört, als *Cypselius* und *Collocalia*. Ich bin
übrigens nicht abgeneigt, die Sache für richtig zu halten, denn es wird, offenbar auf Grund genauer Beobachtung, versichert, dass auch die Hausschwalbe
den Schlamm, aus dem sie ihr Nest aufbaut, mit klebrigem Speichel befeuchte.

schwalbe sowie der *Collocalia esculenta* gleichen Ursprungs ist. Dies⋅
macht ihren blasigen und blättrigen Bau erklärlich, wie nicht minder die eigentümliche netzförmige Beschaffenheit derselben bei der
Spezies von den Philippinen. Mit dem Instinkt dieser verschiedenen Vögel braucht nur die eine Veränderung vor sich gegangen
zu sein, dass sie immer weniger und weniger fremdes Material
zum Nestbau verwendeten. Man kann also wohl sagen, dass die
Chinesen ihre köstliche Suppe aus getrocknetem Speichel bereiten.*)⋅

Sieht man sich nach vollkommenen Reihen bei anderen minder häufigen Formen von Vogelnestern um, so darf man nie vergessen, dass alle heute lebenden Vögel einen fast verschwindend
kleinen Bruchteil aller derer darstellen, die auf Erden gelebt haben⋅
seit der Zeit, wo jene Fussspuren in der Bucht der Buntsandstein-
formation von Nordamerika eingedrückt worden sind.

Wenn man einmal zugiebt, dass das Nest eines jeden Vogels,
wo immer es sich befinden und wie es gebaut sein mag, stets für
diese Spezies unter den ihr eigentümlichen Lebensverhältnissen
passend ist; wenn ferner der Nestbauinstinkt auch nur ganz wenig
abweicht, sobald ein Vogel unter neue Umstände gerät, und wenn
was sich kaum bezweifeln lässt, solche Abweichungen auch vererbt
werden können, dann vermag die natürliche Züchtung gewiss das
Nest eines Vogels, verglichen mit dem seiner frühesten Vorfahren,
im Lauf der Zeiten beinahe bis zu jedem beliebigen Grade um-
zugestalten und zu vervollkommnen. Greifen wir aus den näher
bekannten Beispielen eines der auffälligsten heraus und sehen wir
zu, in welcher Weise etwa die Auslese dabei thätig gewesen
sein mag. Ich meine Goulds Mitteilungen**) über die australischen
Grossfusshühner (*Megapodidae*). Das Buschhuhn (*Talegalla Lathami*)

---

*) [Es braucht wohl kaum daran erinnert zu werden, dass wir nicht ver-
gessen dürfen, vor wie langer Zeit das Obige schon geschrieben worden ist.
Dagegen möchte ich darauf aufmerksam machen, dass Home bereits 1817
(*Philos. Transact.*, p. 332) bemerkt hat, der Vormagen der Salangane sei ein
eigentümliches Drüsengebilde, das wahrscheinlich den Stoff auszusondern vermöge, aus welchem das Nest bestehe. — R.]

**) *Birds of Australia* und *Introduction to the Birds of Australia.*
1848, p. 82.

scharrt zwei bis vier Wagenladungen von in Zerfall begriffenen Pflanzenteilen zu einer grossen Pyramide zusammen, in deren Mitte es seine Eier versteckt. Diese werden durch Vermittlung der in Gährung übergehenden Masse, deren Wärme nach der Schätzung bis auf 90° F (32° C) ansteigt, ausgebrütet und die jungen Vögel arbeiten sich selbst aus dem Haufen hervor. Der Trieb zum Zusammenscharren ist so lebendig, dass ein in Sydney gefangen gehaltener einzelner Hahn alljährlich eine ungeheure Masse von Pflanzenteilen auftürmte. *Leipoa ocellata* macht einen Haufen von 45 Fuss Durchmesser und 4 Fuss Höhe aus dick mit Sand bedeckten Blättern und lässt ihre Eier gleichfalls durch die Gährungswärme ausbrüten. *Megapodius tumulus* in Nordaustralien baut sogar einen noch viel höheren Hügel auf, der aber anscheinend weniger vegetabilische Bestandteile enthält, und andere Arten im Sundaarchipel sollen ihre Eier in Löcher im Boden legen, wo sie der Sonnenwärme allein zum Ausbrüten überlassen bleiben. Es ist weniger überraschend, dass diese Vögel den Brütinstinkt verloren haben, wenn die nötige Wärme durch Gährung oder von der Sonne geliefert wird, als dass sie die Gewohnheit angenommen haben, im voraus einen grossen Haufen von Pflanzenstoffen aufzutürmen, damit dieselben in Gährung geraten sollen; denn wie man dies auch erklären mag, jedenfalls steht fest, dass andere Vögel ihre Eier einfach zu verlassen pflegen, wenn die natürliche Wärme zum Ausbrüten genügt, wie dies z. B. der Fliegenschnäpper lehrt, der sein Nest in Knigths Gewächshaus gebaut hatte.*) Selbst die Schlange macht sich ein Mistbeet zu nutze und legt ihre Eier hinein, und ebenso benutzte, was uns hier noch näher angeht, eine gewöhnliche Henne, nach Prof. Fischer, „die künstliche Wärme eines Treibbeetes, um ihre Eier ausbrüten zu lassen."**) Ferner haben Réaumur sowohl als Bonnet beobachtet***), dass die Ameisen ihre mühselige Arbeit, die Eier alltäglich je nach dem Gang der Sonnenwärme an die Oberfläche und wieder hinunter zu

---

*) Yarrells *British Birds*, I, p. 166.

**) Alison, Artikel „Instinkt" in Todds *Cyclop. of Anat. and Physiol.*, p. 21.

***) Kirby und Spence, *Introd. to Entomol.* II, p. 519.

tragen, sofort einstellten, als sie ihr Nest zwischen den beiden Fächern eines Bienenstockes gebaut hatten, wo eine angenehme und gleichmässige Temperatur herrschte.

Nehmen wir nun an, die Lebensbedingungen hätten die Ausbreitung eines Vogels dieser Familie, in welcher die Eier gewöhnlich ganz den Sonnenstrahlen zum Ausbrüten überlassen werden, in ein kühleres, feuchteres und dichter bewaldetes Land begünstigt. Da werden denn diejenigen Individuen, bei denen die Neigung zum Zusammenscharren zufällig soweit abgeändert ist, dass sie mehr Blätter und weniger Sand wählen, bei der Ausbreitung offenbar im Vorteil sein, denn indem sie mehr Pflanzenstoffe verwenden, wird die Gährung derselben für die mangelnde Sonnenwärme Ersatz bieten und es werden deshalb bei ihnen mehr Junge auskriechen, die ebensogut die eigentümliche Neigung ihrer Eltern zur Aufhäufung von Pflanzenstoffen erben können, wie von unsern Hunderassen die eine den ererbten Trieb zeigt, das Wild aufzujagen, die andere, vor demselben zu stehen, eine dritte, es bellend zu umkreisen. Und so mochte die natürliche Zuchtwahl fortwirken, bis die Eier schliesslich nur noch der Gährungswärme allein ihre Ausbrütung verdankten, wobei selbstverständlich die Ursache dieser Wärme dem Vogel ebenso unbekannt blieb, wie die seiner eigenen Körperwärme.

Wenn es sich um körperliche Bildungen handelt, wenn z. B. zwei nah verwandte Arten, von denen die eine vielleicht halb im Wasser, die andere nur auf dem Lande lebt, entsprechend ihrer verschiedenen Lebensweise sich etwas verändern, so sind die wesentlichen und allgemeinsten Übereinstimmungen in ihrem Bau nach unserer Theorie eine Folge ihrer Abstammung von gemeinsamen Vorfahren, während ihre schwachen Unterschiede auf späterer Abänderung durch natürliche Zuchtwahl beruhen. Wenn wir nun hören, dass die südamerikanische Drossel (*Turdus falklandicus*) gleich unsern europäischen Arten ihr Nest in ebenso eigentümlicher Weise mit Schlamm auskleidet, obgleich sie sich, inmitten ganz verschiedener Pflanzen und Tiere lebend, unter einigermassen abweichenden Bedingungen befinden muss; oder wenn wir hören, dass in Nordamerika die Männchen der dortigen Zaunkönigarten ebenso

wie bei uns die seltsame und abnorme Gewohnheit haben, „Hah-
nennester" zu bauen, die nicht mit Federn ausgepolstert sind und
ihnen nur zum Schutze dienen;*) — wenn wir von solchen Fällen
hören, und es giebt deren in reicher Anzahl aus allen Klassen des
Tierreichs: so müssen wir doch wohl auch hier das Übereinstimmende an den Instinkten auf Vererbung von gemeinsamen Vorfahren, die Unterschiede dagegen entweder auf durch natürliche
Züchtung festgehaltene vorteilhafte Abänderungen oder auf zufällig angenommene und vererbte Gewohnheiten zurückführen.
Ebenso wie die Drosseln der nördlichen und der südlichen Halbkugel ihre instinktive Eigentümlichkeit im allgemeinen von einem
gemeinsamen Stammvater überkommen haben, so haben unzweifelhaft auch unsere Drosseln und Amseln viel von ihrem gemeinsamen
Erzeuger geerbt, daneben aber, in der einen oder in beiden Arten,
etwas beträchtlichere Abweichungen vom Instinkt ihres unbekannten
alten Vorfahren dazu erworben.

Gehen wir nun über zur Variabilität des Nestbauinstinkts. Es
würden sich jedenfalls noch viel zahlreichere Beispiele anführen
lassen, wenn diesem Gegenstande auch in anderen Ländern dieselbe
Aufmerksamkeit geschenkt worden wäre, wie in Grossbritannien und
den Vereinigten Staaten. — Aus der allgemeinen Übereinstimmung
der Nester jeder einzelnen Art ersieht man deutlich, dass selbst
unbedeutende Einzelheiten, wie das dazu verwendete Material oder
die dafür gewählte Stelle auf einem hohen oder niedrigen Ast, am
Ufer oder auf ebenem Boden, vereinzelt oder mit anderen zusammen, nicht auf Zufall, noch auf verständiger Überlegung, sondern
auf Instinkt beruhen. *Sylvia sylvicola* z. B. unterscheidet sich von
zwei nächst verwandten Grasmücken am allersichersten dadurch,
dass ihr Nest mit Federn ausgekleidet ist.**)

Indessen werden die Vögel durch Notwendigkeit oder Zwang
häufig veranlasst, ihre Nester in veränderter Lage anzulegen. Ich
könnte aus allen Teilen der Erde zahlreiche Beispiele dafür bei-

---

*) Peabody in *Boston Journ. Nat. Hist.* III, p. 144. — Bezüglich
unsrer einheimischen Arten s. Macgillivray, *British Birds*, III, p. 23.

**) Yarrells *British Birds.*

bringen, dass Vögel, die gewöhnlich auf Bäumen nisten, in baumlosen Gegenden auf der Erde oder zwischen Felsen brüten. Audubon*) berichtet, dass die Möwen auf einer Insel an der Küste
von Labrador „wegen der Verfolgungen, denen sie ausgesetzt
waren, jetzt auf Bäumen nisten", statt wie bisher auf den Felsen.
Couch**) erzählt, dass, nachdem den Haussperlingen drei- oder
viermal nacheinander die Nester zerstört worden waren, „die
ganze Gesellschaft wie auf gemeinschaftliche Verabredung die
Stelle aufgab und sich auf einigen in der Nähe befindlichen Bäumen ansiedelte — ein Nistplatz, den, obwohl er in manchen
Gegenden häufig zu beobachten ist, weder sie selbst, noch ihre
Vorfahren jemals bei uns gewählt hatten, weshalb ihre Nester bald
den Gegenstand allgemeiner Verwunderung bildeten." Der Sperling nistet überhaupt bald in Mauerlöchern, bald auf hohen Bäumen im Gezweig, im Epheu, unter den Nestern von Krähen oder
in den von Uferschwalben gegrabenen Gängen, und häufig nimmt
er Besitz vom Nest einer Hausschwalbe; „auch die Form des
Nestes wechselt ausserordentlich, je nach seiner Lage".***) Der
Reiher†) baut sein Nest auf Bäumen, auf steilen Klippen am
Meeresufer und in der Heide auf ebener Erde. In den Vereinigten
Staaten nistet *Ardea herodias*††) ebensowohl auf hohen oder niedrigen
Bäumen, wie auf dem Boden und überdies, was noch auffallender ist, bald in grossen Gemeinschaften oder Reiherfamilien,
bald ganz vereinzelt.

Häufig kommt die Bequemlichkeit mit ins Spiel. Wir wissen,
dass der Schneidervogel in Indien gern künstlichen Faden benutzt,
statt ihn selber zu spinnen. Ein wilder Distelfink†††) nahm erst
Wolle, dann Baumwolle und zuletzt Flaumfedern, die man in die
Nähe seines Nestes gelegt hatte. Das gemeine Rotkehlchen baut

---

*) Citiert in *Boston Journ. Nat. Hist.* IV, p. 249.
**) *Illustrations of Instinkt*, p. 218.
***) Montague, *Ornithol. Dict.* p. 482.
†) Macgillivray, *Brit. Birds* IV, p. 446; W. Thompson, *Nat.
Hist. of Ireland*, II, p. 146.
††) Peabody in *Bost. Journ. Nat. Hist.* III, 209.
†††) Boltons *Harmonia Ruralis* I, p. 492.

oft unter Schutzdächern; in einem Sommer sind vier Fälle dieser
Art an einem Ort beobachtet worden.*) In Wales baut die Hausschwalbe (*Hirundo urbica*) an senkrechten Klippen, im ganzen
Flachgebiet von England aber an den Häusern, was ihre Zahl
und Verbreitung ungemein gefördert haben muss. Im arktischen
Amerika fing *Hirundo lunifrons***) im Jahre 1825 zum erstenmal
an, an Häusern zu nisten, und die Nester waren nicht haufenweise zusammengedrängt und jedes mit einem röhrenförmigen Eingang versehen, sondern unter den Dachrinnen in einer Reihe befestigt und ganz ohne Eingangsröhre oder nur mit einem vorspringenden Rand. Ebenso kennt man genau die Zeit einer ähnlichen Änderung in den Gewohnheiten von *Hirundo fulva*.

Bei allen solchen Veränderungen, mögen sie durch Verfolgung
oder Bequemlichkeit veranlasst sein, muss der Verstand der Tiere
wenigstens bis zu einem gewissen Grade beteiligt sein. Der Zaunkönig (*Troglodytes vulgaris*), der an verschiedenen Plätzen nistet,
macht sein Nest gewöhnlich den Dingen in der Umgebung ähnlich;***) doch beruht dies vielleicht auf Instinkt. Wenn wir aber
von White hören†), dass ein Weidenschlüpfer, weil er durch
einen Beobachter gestört wurde, die Öffnung seines Nestes ver-
steckte (und ich habe selbst einen ähnlichen Fall beobachtet), so
dürfen wir wohl schliessen, dass es sich hier um Verstandesthätig-
keit handelte. Weder der Zaunkönig, noch die Wasseramsel ††) über-
wölben ihr Nest beständig auch dann, wenn dasselbe in geschützter
Lage angelegt ist. Jesse erzählt von einer Dohle, die ihr Nest
auf einer stark geneigten Fläche in einem Turm baute und dabei
einen zehn Fuss hohen senkrechten Stoss von Stöcken aufführte
— eine Arbeit von siebzehn Tagen; und ich kann hinzufügen†††),
dass man ganze Familien dieser Vögel regelmässig in einem
Kaninchenbau nisten gesehen hat. Zahlreiche ähnliche Fälle könn-

---

*) W. Thompson, *l. c.* I, p. 14.
**) Richardson, *Fauna Boreal.-Americana*, p. 331.
***) Macgillivray, *l. c.* vol. III, p. 21.
†) White, „*Selbourne*" 14. Brief.
††) *Magaz. of Zool.* II, 1838, p. 429.
†††) White, „*Selbourne*", 21. Brief.

ten noch angeführt werden. Das Wasserhuhn (*Gallinula chloropus*) soll gelegentlich seine Eier zudecken, wenn es das Nest verlässt; an einer von Natur geschützten Stelle aber, berichtet W. Thompson*), geschah dies niemals; Wasserhühner und Schwäne, die im oder am Wasser nisten, pflegen instinktiv das Nest zu erhöhen, sobald sie bemerken, dass das Wasser zu steigen beginnt.**) Ganz besonders merkwürdig ist aber folgender Fall: Yarrell zeigte mir eine Zeichnung vom Nest des australischen schwarzen Schwans, das gerade unter der Traufe einer Dachrinne gebaut worden war; um nun die unangenehmen Folgen davon zu vermeiden, fügten das Männchen und Weibchen gemeinschaftlich halbkreisförmige . . .***) an das Nest an, bis dasselbe einwärts vom Bereich der Dachtraufe bis an die Mauer reichte, und dann schoben sie die Eier in den neuen Anbau hinüber, so dass sie nun ganz trocken lagen. Die Elster (*Corvus pica*) baut unter gewöhnlichen Umständen ein ziemlich auffälliges, aber sehr regelmässiges Nest; in Norwegen nistet sie in Kirchen oder in den Ausgüssen unter den Dachrinnen der Häuser, so gut wie auf Bäumen. In einer baumlosen Gegend von Schottland nistete ein Paar mehrere Jahre hintereinander in einem Stachelbeerstrauch, den sie aber ringsum in ganz erstaunlicher Weise mit Dornen und Gestrüpp verbarrikadierten, so dass es „einem Fuchs wohl mehrere Tage Arbeit gekostet haben würde, um hineinzugelangen". In einer Gegend von Irland anderseits, wo man auf jedes Ei einen Preis gesetzt und die Elstern eifrig verfolgt hatte, nistete ein Paar am Grunde einer niederen, dichten Hecke, „ohne irgend erhebliche Ansammlung von Niststoffen, welche die Aufmerksamkeit hätten erregen können." In Cornwall sah Couch nahe bei einander zwei Nester, das eine in einer Hecke, kaum eine Elle über dem Boden und „in ganz ungewöhnlicher Weise mit einem dicken Wall von Dornen umgeben", das andere „im Wipfel einer sehr schlanken und einzeln stehenden Ulme — offenbar gebaut in der Voraussicht, dass kein lebendes Geschöpf eine so

---

*) W. Thompson, *l. c.* II, p. 328.
**) Couch, *Illustr. of Instinct.* p. 223—6.
***) [Hier fehlt zufällig ein Wort im Manuskript. R.]

schwanke Säule zu erklettern wagen werde". Ich selbst war oft erstaunt zu sehen, was für schlanke Bäume die Elstern manchmal auswählen; allein so gescheit auch dieser Vogel ist, so kann ich doch nicht glauben, dass er voraussehen sollte, dass Knaben solche Bäume nicht zu erklettern vermögen, sondern meine vielmehr, er werde, nachdem er einmal einen solchen Baum gewählt, durch Erfahrung herausgefunden haben, dass derselbe einen sichern Nistplatz bietet.*)

Obgleich nicht zu bezweifeln ist, dass Verstand und Erfahrung beim Nestbau der Vögel oft wirksam sind, so können sie doch auch oft ihr Ziel verfehlen. Es wurde beobachtet, wie eine Dohle sich umsonst abmühte, einen Stock durch ein Turmfenster hereinzubringen, ohne dass sie darauf gekommen wäre, ihn der Länge nach hindurch zu ziehen. White erwähnt**) einiger Hausschwalben, die Jahr für Jahr ihre Nester an einer den Regengüssen ausgesetzten Mauer bauten, wo sie regelmässig heruntergewaschen wurden. *Furnarius cunicularius* in Südamerika gräbt in den Schlammbänken tiefe Höhlengänge, um darin zu nisten; ich sah nun,***) wie diese kleinen Vögel auch durch eine aus erhärtetem Schlamm gebaute niedrige Mauer, über die sie beständig hin- und herflogen, zahlreiche Löcher bohrten, ohne dabei zu bemerken, dass die Mauer für ihre Nistgänge lange nicht dick genug war.

Viele Abweichungen lassen sich gar nicht erklären. *Totanus macularius*†) legt seine Eier manchmal auf die nackte Erde und manchmal in ein flüchtig aus Gras gemachtes Nest. Blackwall hat den merkwürdigen Fall von einer Goldammer (*Emberiza citrinella*) verzeichnet††), welche ihre Eier auf die nackte Erde

---

*) Über Norwegen s. *Mag. of Zool. and Bot.* 1838, II, p. 311; über Schottland: Rev. J. Hall, *Travels in Scotland*; Artikel „*Instinct*" in *Cyclop. of Anat. a. Physiol.*, p. 22. Über Irland W. Thompson, *Nat. Hist. of Ireland*, II, 329; über Cornwall siehe Couch, *Illustr. of Instinct*, p. 213.

**) „*Selbourne*", 6. Brief.

***) „Reise um die Welt", S. 109.

†) Peabody, *Bost. Journ. Nat. Hist.* III. p. 209.

††) Yarrells *British Birds*.

legte und da ausbrütete; dieser Vogel nistet gewöhnlich auf oder ganz nahe dem Boden, in einem Falle wurde aber sein Nest in einer Höhe von sieben Fuss über der Erde gefunden. Von einem Nest des Buchfinken (*Fringilla coelebs*) wird berichtet*), dasselbe sei durch ein Stück Peitschenschnur befestigt gewesen, das einmal um einen Fichtenast geschlungen und dann fest mit dem Material des Nestes verflochten war. Das Nest des Buchfinken lässt sich fast immer an der Eleganz erkennen, mit der es äusserlich mit Flechten bekleidet ist; Hewitson hat aber eines beschrieben**), bei dem Papierschnitzel statt Flechten verwendet waren Die Singdrossel (*Turdus musicus*) nistet in Gebüschen, manchmal aber, auch wenn Büsche genug vorhanden sind, in Mauerlöchern oder unter vorspringenden Dächern, und in zwei Fällen fand sich ihr Nest einfach auf der Erde in langem Grase und unter Rübenblättern.***) Der Rev. W. D. Fox teilt mir mit, dass „ein exzentrisches Amselpaar" (*T. merula*) drei Jahre nach einander im Epheu an einer Mauer nistete und das Nest regelmässig mit schwarzem Rosshaar ausfütterte, obschon kein Anlass vorhanden war, der sie zur Verwendung gerade dieses Materials verleiten konnte; auch waren ihre Eier nicht gefleckt. Derselbe vorzügliche Beobachter beschrieb†) die Nester zweier Rotschwänzchen, von denen nur das eine mit einer Fülle weisser Federn austapeziert war. Das Goldhähnchen††) baut gewöhnlich ein offenes, an der Unterseite eines Fichtenastes befestigtes Nest; manchmal liegt es aber auch auf dem Aste, und Sheppard sah eines, „das aufgehängt war und das Loch auf der Seite hatte". Von den wundervollen Nestern des indischen Webervogels (*Ploceus Philippensis*) †††) haben unter fünfzigen nur je eines oder zwei eine obere Kammer, in welcher das Männchen haust und welche es aushöhlte, indem es

---

*) *Ann. a. Mag. Nat. Hist.* VIII, 1841, p. 281.

**) *Brit. Oology,* p. 7.

***) W. Tompson, *Nat. Hist. of Ireland,* I, p. 136; Couch, *Illustr. of Instinct,* p. 219.

†) Hewitsons, *Brit. Oology.*

††) Sheppard, *Linn. Trans.* XV, p. 14.

†††) *Proc. Zool. Soc.,* Juli 27. 1852.

die Röhre des Nestes erweiterte und ein Schutzdach daran befestigte. Ich schliesse mit zwei allgemeinen Aussprüchen über diesen Gegenstand von seiten zweier trefflicher Beobachter, Sheppard*) und Blackwall**): „Es gibt wenige Vögel, die nicht gelegentlich beim Bau ihres Nestes von der allgemeinen Form desselben abweichen," und „es ist unbestreitbar," sagt Blackwall, „dass Angehörige derselben Art die Fähigkeit zum Nestbau in sehr verschiedenem Grade der Vollkommenheit besitzen, denn die Nester einzelner Individuen sind in einer Weise ausgeführt, welche das Durchschnittsmass der Art weit hinter sich lässt."

Einige der oben angeführten Beispiele, wie das von *Totanus*, der entweder ein Nest macht oder auf nackter Erde brütet, oder von der Wasseramsel, welche ihr Nest bald mit, bald ohne obere Wölbung baut, sollten vielleicht eher einem doppelten Instinkt, als einer blossen Abweichung zugeschrieben werden. Der merkwürdigste Fall eines solchen doppelten Instinkts aber, der mir aufgestossen ist, findet sich nach Dr. P. Savi***) bei *Sylvia cisticola*. Dieser Vogel baut bei Pisa alljährlich zwei Nester: das Herbstnest besteht aus Blättern, die mit Spinnweben und Pflanzenhaaren zusammengenäht sind, und findet sich im Sumpfland, das Frühlingsnest dagegen liegt auf Grasbüscheln in den Kornfeldern und seine Blätter sind nicht zusammengenäht, es ist aber auf den Seiten dicker und besteht aus ganz anderem Material. In solchen Fällen könnte, wie schon früher in Bezug auf körperliche Bildungen bemerkt wurde, ein grosser und scheinbar plötzlicher Wechsel im Instinkt eines Vogels dadurch bewirkt werden, dass derselbe nur die eine Form des Nestes beibehielte.

In manchen Fällen zeigt das Nest Verschiedenheiten, wenn der Verbreitungsbezirk der Art in ein Land mit abweichendem Klima hinüberreicht. So baut *Artamus sordidus* auf Tasmanien ein grösseres, festeres und hübscheres Nest als in Australien.†) *Sterna*

---

*) *Linn. Trans.* XV, p. 14.
**) Citiert bei Yarrell, *Brit. Birds*, I. p. 444.
***) *Ann. des Sc. Nat.* II, p. 126.
†) Gould, *Birds of Australia*.

*minuta* scharrt nach Audubon*) in den südlichen und mittleren
Vereinigten Staaten nur eine flache Grube in den Sand, „an der
Küste von Labrador dagegen baut sie aus trockenem Moos ein
ganz niedliches Nest, das sorgfältig geflochten und beinahe so gross
ist, wie das von *Turdus migratorius*". Die Individuen von *Icterus Balti-
more*,**) „welche im Süden nisten, machen ihr Nest aus lockerem
Moos, das die Luft durchstreichen lässt, und vollenden es ohne
innere Auskleidung, während dasselbe in dem kälteren Klima
der Neuenglandstaaten aus weichen, innig verwobenen Stoffen besteht und inwendig hübsch warm austapeziert ist."

### Wohnungen der Säugetiere.

Diesen Gegenstand werde ich nur mit wenigen Worten berühren, nachdem die Nester der Vögel so ausführlich behandelt
worden sind. Die vom Biber errichteten Bauten sind von altersher
berühmt; wir finden aber wenigstens einen Schritt auf dem Wege, auf
welchem sein wunderbarer Bauinstinkt sich entwickelt und vervollkommnet haben mag, bei einem nahe verwandten Tiere, der Bi-
samratte (*Fiber zibethicus*), in ihrem einfacheren Bau verkörpert, der
immerhin, wie Hearne bemerkt***), demjenigen des Bibers einigermassen gleicht. Die vereinzelt lebenden Biber in Europa üben bekanntlich ihren Bauinstinkt nicht aus oder sie haben ihn doch
zum grössten Teil verloren. Gewisse Rattenarten bewohnen jetzt
ganz allgemein die Dächer der Häuser†), andere Arten aber
halten sich in hohlen Bäumen auf — eine Abweichung, welche der
bei den Schwalben beobachteten entspricht. Dr. Andrew Smith
teilt mir mit, dass die Hyänen in den noch nicht bewohnten Teilen
Südafrikas nicht in Höhlen leben, wie dies in bewohnten und häufiger von Menschen gestörten Gegenden der Fall ist††). Manche Säuge-

---

*) *Ann. of Nat. Hist.* II, 1839, p. 462.

**) Peabody, *Bost. Journ. of Nat. Hist.* III, p. 97.

***) Hearne's *Travels*, p. 380. Er hat weitaus die beste Schilderung von
der Lebensweise des Bibers geliefert.

†) Rev. L. Jenyns in *Linn. Trans.* XVI, 166.

††) Der öfter citierte Fall, dass Hasen an allzu offenen Stellen Höhlen

tiere und Vögel bewohnen für gewöhnlich von anderen Tieren gegrabene Höhlen; wo solche aber nicht zu haben sind, da graben sie sich ihre eigenen Wohnungen aus*).

In der zur Familie der Honigbienen gehörigen Gattung *Osmia* (Erzbiene) zeigen nicht nur die verschiedenen Arten ganz auffallende Unterschiede in ihren Instinkten, wie dies F. Smith geschildert hat**), sondern selbst die Individuen einer und derselben Art variieren in dieser Hinsicht aussergewöhnlich stark. Dies bestätigt augenscheinlich das für körperliche Eigenschaften unzweifelhaft gültige Gesetz, dass Teile, welche bei nahe verwandten Arten erheblich von einander abweichen, in der Regel auch innerhalb derselben Art gern variieren. Eine andere Biene, *Megachile maritima*, gräbt sich, wie mir Mr. Smith schreibt, in der Nähe der Küste Gänge in den Sandbänken, während sie in bewaldeten Gegenden Löcher in hölzerne Pfosten bohrt . . .***)

Im Vorhergehenden habe ich einige der bedeutsamsten Gruppen von Instinkten besprochen; es bleiben aber noch eine Anzahl Bemerkungen über verschiedene Punkte übrig, welche hier wohl am Platze sein dürften. Zunächst seien einige Fälle von Abänderungen angeführt, die mir besonders auffällig erschienen: Eine Spinne, die zum Krüppel geworden war und ihr Gewebe nicht mehr verfertigen konnte, ging aus Not von ihrer bisherigen Lebensweise zur Jagd über — eine Art des Nahrungserwerbs, die bekanntlich für eine andere grosse Abteilung der Spinnen die Regel bildet†). Manche Insekten zeigen unter verschiedenen Umständen oder in verschiedenen Perioden ihres Lebens zwei sehr verschiedene Instinkte; nun

---

gegraben hätten (*Ann. of Nat. Hist.* V., 362), scheint mir noch der Bestätigung zu bedürfen: sollten sie nicht einfach einen alten Kaninchenbau benutzt haben?

*) *Zoology of the Voyage of the „Beagle"*, Mammalia, p. 90.

**) *Catalogue of British Hymenoptera* 1855, p. 158.

***) [Der hier anschliessende Abschnitt über die Instinkte des Parasitismus, des Sklavenmachens und des Zellenbauens (der Korbbienen) ist weggelassen worden, da er schon in der „Entstehung der Arten" veröffentlicht worden ist. — R.]

†) citiert nach den Angaben von Sir J. Banks in *Journ. Linn. Soc.*

kann aber der eine davon durch natürliche Züchtung zurückgedrängt werden, was natürlich einen scheinbar ganz unvermittelten
Gegensatz im Instinkt, verglichen mit demjenigen der nächsten Verwandten des betreffenden Insekts, bedingen muss. So pflegt die
Larve eines Käfers (*Cionus scrophulariae*), wenn sie auf *Scrophularia*
lebt, eine klebrige Masse auszusondern, welche zu einer durch-
sichtigen Blase wird, in deren Innerem sie ihre Verwandlung durchmacht; ist die Larve aber, von selbst oder von Menschen versetzt,
auf *Verbascum* geraten, so beginnt sie zu bohren und durchläuft
ihre Verwandlung in einem Blatte*). Die Raupen gewisser Nacht-
schmetterlinge scheiden sich in zwei grosse Klassen, solche, die
im Parenchym der Blätter Gänge bohren, und solche, die mit wunderbarer Geschicklichkeit Blätter zusammenrollen; nun sind aber
einige Raupen in ihrem ersten Stadium Minierer und werden erst
nachher Blattwickler, und dieser Wechsel der Lebensweise wurde
mit Recht für so bedeutend gehalten, dass man erst in unserer Zeit
entdeckte, dass die Raupen zu einer und derselben Art gehören**).
Die „*Angoumois*"-Motte tritt gewöhnlich in zwei Generationen auf:
die erste erscheint im Frühling aus Eiern, die im Herbst auf in
Kornkammern aufgehäuften Körnern abgelegt worden waren; und
fliegt nach dem Ausschlüpfen sofort in die Felder hinaus, ihre
Eier auf dem jungen lebenden Getreide, statt auf den rings um
sie aufgespeicherten nackten Körnern abzulegen; die Motten der
zweiten Generation (aus den auf das stehende Getreide abge-
legten Eiern stammend) schlüpfen erst nach der Ernte auf den
Kornböden aus und verlassen diese nicht, sondern legen ihre
Eier auf die herumliegenden nackten Körner, woraus dann wieder
die Frühlingsgeneration mit dem Instinkt, die Eier auf das grüne
Getreide zu legen, hervorgeht***). Manche Jagdspinnen geben das
Jagen auf, wenn sie Eier und Junge haben, und spinnen ein Gewebe, in dem sie ihre Beute fangen; dies gilt z. B. für eine *Sal-
ticus*-Art, welche ihre Eier in Schneckenhäuser legt und zu dieser

---

*) P. Huber in *Mém. Soc. Phys. de Genève*, X, 33.
**) Westwood in *Gardeners Chronicle* 1852, p, 261.
***) Bonnet, citiert v. Kirby und Spence, *Entomology* II, 480.

Zeit ein grosses senkrechtes Netz herstellt[*]). Die Puppen einer Art
von *Formica* sind gelegentlich[**]) unbedeckt, d. h. nicht in Kokons eingehüllt, was gewiss eine höchst merkwürdige Abweichung
ist, und dasselbe soll beim gemeinen Floh vorkommen. — Lord
Brougham[***]) führt den merkwürdigen Instinkt an, dass das Küchlein in der Schale ein Loch pickt und dann „mit dem Zahn seines
Oberschnabels weiter meisselt, bis es ein ganzes Stück der
Schale herausgebrochen hat. Es geht stets von rechts nach links
vor und macht das Loch stets am stumpfen Ende der Schale".
Allein dieser Instinkt ist keineswegs so unabänderlich: im Ekka-
leobion (Brütanstalt) wurde mir versichert (Mai 1840), dass Fälle
vorkämen, wo das Küchlein so nahe am stumpfen Ende beginnt,
dass es durch das von hier aus gemachte Loch nicht aus der Schale
heraus kann und infolgedessen nochmals zu meisseln anfangen muss,
um ein zweites, grösseres Stück Schale loszubrechen; ausserdem
kommt es gelegentlich vor, dass es am spitzen Schalenende an-
fängt. — Dass das Känguruh manchmal sein Futter wiederkäut, ist
vielleicht eher auf eine Zwischenstufe oder Abweichung in der Ausbildung eines Organs zurückzuführen, als auf Instinkt; jedenfalls ist es
aber erwähnenswert. — Bekannt ist, dass Vögel derselben Art in
verschiedenen Gegenden geringe Unterschiede in ihren Lautäusse-
rungen zeigen; so bemerkt ein vorzüglicher Beobachter: „Eine
Kette irischer Rebhühner fliegt auf, ohne einen Laut von sich zu
geben, während drüben in Schottland die Kette mit aller Macht
schreit, wenn sie aufgejagt wird†)." Bechstein erklärt, aus viel-
jähriger Erfahrung sich überzeugt zu haben, dass bei der Nachtigall die Neigung, mitten in der Nacht oder am Tage zu singen,
bei einzelnen Familien vorherrsche und sich streng vererbe††). Es

---

*) Dugès in *Ann. d. Sc. Nat.* 2. ser., t. VI, 196.

**) F. Smith in *Trans. Ent. Soc.* III, n. ser., pt. 3, p. 97 und De
Geer, cit. v. Kirby und Spence, *Entomol.* III, 227.

***) *Dissertation on Natural Theology*, I, 117.

†) W. Thompson sagt (*Nat. Hist. of Ireland* II, 65), er habe dies
selbst beobachtet und es sei allen Jägern wohl bekannt.

††) Bechstein, „Stubenvögel", 1840, 323. Über den verschiedenen Gesang in verschiedenen Gegenden s. S. 205 u. 265.

st höchst merkwürdig, dass manche Vögel die Fähigkeit haben, lange und schwere Melodieen pfeifen zu lernen, und andere, wie die Elster, alle möglichen Töne und Geräusche nachzumachen, ohne dass sie im Naturzustande jemals solche Fähigkeiten an den Tag legten*).

Da es oft schwer hält, sich vorzustellen, wie ein Instinkt zu allererst entstanden sein mag, so ist es wohl nicht überflüssig, einige wenige Beispiele aus der grossen Zahl der bekannten Fälle von zufällig auftretenden sonderbaren Gewohnheiten herauszuheben, welche aber nicht als als richtige Instinkte betrachtet werden können, wohl aber, unserer Ansicht nach, zur Ausbildung solcher den Anlass geben möchten. So wird mehrfach von Insekten, die von Natur eine ganz verschiedene Lebensweise haben, berichtet**), dass sie im Innern des menschlichen Körpers zur Entwicklung gekommen seien, — schon mit Hinsicht auf die Temperatur, der sie ausgesetzt waren, eine sehr bemerkenswerte Thatsache, was uns wohl die Entstehung des Instinkts der Dasselfliege (*Oestrus*) erklären mag. Wir können auch verstehen, wie sich bei den Schwalben eine sehr innige Vergesellschaftung entwickeln könnte, denn Lamarck***) beobachtete, wie etwa ein Dutzend dieser Vögel einem Paar derselben, das seines Nestes beraubt worden, behilflich war, und zwar so wirksam, dass das neue Nest am zweiten Tage fertig war, und nach den von Macgillivray†) berichteten Thatsachen lässt sich gar nicht mehr an der Richtigkeit der alten Geschichten von Hausschwalben zweifeln, die sich zusam-

---

*) Blackwalls *Researches in Zoology*, 1834, 158. Cuvier hat schon vor langer Zeit darauf hingewiesen, dass alle *Passeres* offenbar einen wesentlich übereinstimmenden Bau ihrer Stimmorgane besitzen und dass doch nur wenige, und bei diesen nur die Männchen, wirklich singen, was beweist, dass das Vorhandensein eines geeigneten Organs keineswegs immer die entsprechende Lebensweise oder Gewohnheit bedingt. [Was die Schallnachahmung bei Vögeln in der Gefangenschaft betrifft, welche im Naturzustande diese Fähigkeit nicht zeigen sollen, s. S. 222, wo mehrere Mitteilungen über wilde Vögel, die gleichfalls die Töne von andern Vögeln nachahmen, zu finden sind. - R.]

**) Rev. L. Jenyns, *Observ. in Nat. Hist.*, 1846, 280.

***) Citiert v. Geoffr. St. Hilaire in *Ann. des Mus.*, IX, 471.

†) *Pritish Birds*, III, 591.

mengethan und Sperlinge, welche eines ihrer Nester in Besitz genommen, bei lebendigem Leibe eingemauert haben sollen. Es ist
allgemein bekannt, dass Korbbienen, deren Pflege vernachlässigt
worden ist, „die Gewohnheit annehmen, ihre fleissigeren Nachbarn
auszuplündern", und dann Piraten genannt werden; Huber erzählt den noch viel merkwürdigeren Fall von einigen Korbbienen,
die fast völlig vom Neste einer Hummel Besitz nahmen, welche
letztere dann drei Wochen lang fleissig Honig sammelte, um ihn
regelmässig zu Hause auf Veranlassung der Bienen, ohne dass diese
irgendwie Gewalt angewendet hätten, wieder von sich zu geben*).
Dies erinnert an die Raubmöwen (*Lestris*), welche ausschliesslich
davon leben, dass sie andere Möwen verfolgen und sie zwingen,
ihre bereits verschluckte Beute wieder auszuspeien**).

Bei der Korbbiene kommen manchmal Handlungen vor, die
zu den sonderbarsten Instinkten zu zählen sind, und dennoch müssen
diese Instinkte oft viele Generationen hindurch latent bleiben: Ich
habe z. B. den Fall im Auge, wo die Königin umgekommen ist;
dann müssen mehrere Arbeiterlarven aus ihrem bisherigen Entwicke-
lungsgang herausgerissen, in grosse Zellen versetzt und mit königlichem
Futter ernährt werden, wodurch sie sich zu fruchtbaren Weibchen
entwickeln; ferner: wenn ein Stock seine Königin besitzt, so werden
alle Männchen im Herbst unfehlbar durch die Arbeiter getötet; ist
aber keine Königin da, so wird auch nicht eine Drohne je abge-
schlachtet***). Vielleicht wirft unsere Theorie doch ein schwaches
Licht auf diese geheimnisvollen, aber wohlverbürgten Thatsachen,
indem sie unter Beiziehung der Analogie von andern Formen der
Bienenfamilie zu der Ansicht führt, dass die Korbbiene von andern
Bienen abstamme, bei denen regelmässig zahlreiche Weibchen den
ganzen Sommer über dasselbe Nest bewohnten und die Männchen

---

*) Kirby und Spence, *Entomol.* II, 207. Den von Huber erzählten
Fall s. S. 119.

**) Es ist sogar mit gutem Grunde zu vermuten (Macgillivray, *Brit.*
*Birds* V, 500), dass einige dieser Arten nur solche Nahrung zu verdauen vermögen, welche bereits von anderen Vögeln bis zu einem gewissen Grade ver-
daut worden ist.

***) Kirby und Spence, *Entomology*, II, 510—13.

niemals von jenen getötet wurden, so dass also, wenn die Drohnen
nicht vernichtet und wenn zahlreiche neue Larven mit normaler
Speise, d. h. mit königlichem Futter, ernährt werden, darin nur
eine Rückkehr zu dem Instinkt der Vorfahren zu erblicken ist —
eine Erscheinung, die gleich dem sog. Rückschlag bei körperlichen
Bildungen die Neigung zeigt, nach vielen Generationen plötzlich
wieder aufzutreten**).

Ich wende mich nun zu einigen Fällen, welche unserer Theorie
besondere Schwierigkeiten bereiten — Fälle, die zum grössten Teile
denen entsprechen, die im VII. Kapitel [der „Entstehung der Arten"]
bei Erörterung der körperlichen Bildungen angeführt wurden. —
Nicht selten begegnen wir demselben eigentümlichen Instinkt bei
Tieren, welche in der Stufenleiter der organischen Wesen weit von
einander entfernt stehen und daher diese Eigentümlichkeit unmöglich von gemeinsamen Vorfahren geerbt haben können. Der *Molothrus* (Kuhvogel) in Nord- und Südamerika (ein dem Star ähnlicher Vogel) zeigt genau dasselbe Verhalten wie unser Kuckuck;
jedoch ist der Parasitismus in der ganzen Natur so allgemein verbreitet, dass diese Übereinstimmung nicht sehr überraschen kann.
Viel merkwürdiger ist der Parallelismus hinsichtlich des Instinkts
zwischen den zu den Neuropteren gehörigen weissen Ameisen oder
Termiten und den echten Ameisen, welche Hymenopteren sind:
allein es erweist sich bei genauerer Prüfung, dass derselbe keineswegs so bedeutend ist. Vielleicht einen der eigentümlichsten Fälle
der Erwerbung desselben Instinkts durch zwei Tiere, die keinerlei
nähere Verwandtschaft besitzen, weisen die Larven eines Neuropters
und eines Dipters auf, welche beide im lockeren Sande eine trich-
terförmige Fallgrube machen, in deren Grunde sie unbeweglich auf

---

**) [Was die Frage betrifft, warum so viele Drohnen vorhanden sind,
dass ihre Abschlachtung notwendig wird, so verweise ich auf S. 166 meines
Buches „*On Animal Intelligence*", wo die Vermutung ausgesprochen ist, dass
die Männchen bei den Vorfahren der Korbbiene als Arbeiter von Nutzen gewesen sein möchten. Vielleicht sind die Drohnen übrigens auch jetzt noch als
Wärter der Larven nützlich, wenigstens versichert mir ein erfahrener Bienen-
züchter, dass er dies entschieden für richtig halte. — R.]

ihre Beute lauern und mit Sand nach ihr schiessen, wenn sie wieder
zu entkommen sucht*).

Es ist behauptet worden, manche Tiere seien mit Instinkten
asngerüstet, die weder zu ihrem eigenen individuellen noch zum
Nutzen der sozialen Gruppe, welcher sie angehören, sondern nur
zum Nutzen anderer Lebewesen dienten, während sie selbst dadurch
zu Grunde gingen: so hat man behauptet, gewisse Fische wanderten, damit Vögel und andere Tiere sich von ihnen nähren
könnten**). Eine solche Auffassung ist nach unserer Theorie der
natürlichen Auslese von zum eigenen Vorteil dienenden Abänderungen des Instinkts unmöglich. Ich habe aber auch keine einzige
der Erwähnung werte Thatsache gefunden, welche diese Ansicht
stützen könnte. Irrtümer des Instinkts mögen gelegentlich, wie wir
gleich sehen werden, der einen Art schädlich und einer andern
nützlich werden; eine Art mag gezwungen oder sogar scheinbar
durch Überredung gleichsam verleitet werden, ihre Nahrung oder
das Produkt ihrer Aussonderung zu Gunsten einer andern Art aufzugeben; dass aber irgend ein Tier jemals geradezu mit einem Instinkt begabt worden sei, der zu seiner eigenen Vernichtung oder
Schädigung führe, kann ich nimmermehr zugeben, so lange nicht
bessere Beweise als bisher dafür vorgebracht werden.

Ein Instinkt, den ein Tier während seines ganzen Lebens nur
ein einziges Mal zu bethätigen hat, scheint unserer Theorie auf den
ersten Blick grosse Schwierigkeiten zu bereiten; wenn er aber für
die Existenz des Tieres unentbehrlich ist, so sehe ich keinen zu-
reichenden Grund, warum er nicht ebensogut durch natürliche Züchtung erworben worden sein sollte, wie manche körperliche Bildungen, die nur einmal verwendet werden; so z. B. die harte Spitze
am Schnabel des Küchleins oder die provisorischen Kiefer bei der
Puppe der Köcherfliege (*Phryganea*), die zu nichts anderem dienen,
als um die seidene Pforte ihres merkwürdigen Gehäuses zu öffnen

---

*) Kirby und Spence, *Entomology*, I, 429—435.

**) Linné in *Amoenitates Academicae*, II, und Prof. Alison, Art.
„Instinct“ in Todds *Cyclop. of nat. and Physiol.*, p. 15.

und dann für immer abgeworfen werden*). Dennoch kann man
wohl kaum anders als grenzenloses Staunen empfinden, wenn man
z. B. von einer Raupe liest, die sich zuerst mit ihrem Hinterende
an einem kleinen Hügelchen von Seide aufhängt, welches sie an
irgend einem Gegenstand befestigt hatte, und nun ihre Verwandlung durchmacht: nach einiger Zeit reisst ihre Haut an einer Seite
auf, so dass die Puppe sichtbar wird, welche ohne Gliedmassen und
Sinnesorgane lose im unteren Teil der alten sackförmigen aufge-
sprungenen Haut der Raupe liegt, gleichwohl aber bald an dieser
Haut, die ihr als Leiter dient, emporzusteigen beginnt, indem sie
sich an gewissen Stellen zwischen den Falten ihrer Abdominalseg-
mente festhält, dann mit ihrem Hinterende, das mit kleinen Häkchen
versehen ist, herumtastet und so einen neuen Halt gewinnt, bis sie
endlich die alte Larvenhaut, die ihr noch zum Emporklimmen
gedient, gänzlich abstreift und wegwirft**). Ich kann nicht umhin, noch einen andern Fall ähnlicher Art anzuführen: Die Raupe
eines Schmetterlings (*Thekla*), die im Granatapfel lebt, bahnt sich
nach Erreichung ihrer vollen Grösse einen Weg nach aussen (wodurch sie dem Schmetterling den Ausgang ermöglicht, bevor seine
Flügel völlig entfaltet sind) und befestigt dann mit Seidenfäden diese
Stelle des Granatapfels an dem nächsten Zweig, damit jener nicht
abfallen kann, bevor die Verwandlung vollzogen ist. Hier also, wie
in so vielen andern Fällen, ist die Larve gleichzeitig zum Wohl der
Puppe und des ausgebildeten Insekts thätig. Unser Erstaunen
über diese Massregeln kann nur wenig gemindert werden, wenn wir
hören, dass manche Raupen zu ihrem eigenen Schutze Blätter in
mehr oder weniger vollkommener Weise mit Gespinstfäden an die
Zweige heften, auf denen sie leben, und dass eine andere Raupe,
bevor sie zur Puppe wird, die Ränder eines Blattes zusammen-
krümmt, die Innenfläche desselben mit dichtem Seidengewebe auskleidet und dieses am Blattstiel und dem zugehörigen Zweig befestigt: wenn das Blatt später dürr wird und abbröckelt, so bleibt
doch der Kokon fest am Stiel und Zweig angeheftet. In diesem

---

*) Kirby und Spence, *Entomology*, III, 287.
**) A. a. O., 208—11.

Falle unterscheidet sich also das Verhalten nur wenig von der gewöhnlichen Herstellung eines Kokons und seiner Befestigung an irgend einem Gegenstande[*]).

Eine in Wirklichkeit viel grössere Schwierigkeit bieten jene Fälle dar, wo der Instinkt einer Art bedeutend von dem ihrer nächsten Verwandten abweicht. Dies gilt z. B. für die oben erwähnte *Thekla* des Granatapfels, und ohne Zweifel würden sich leicht noch viele ähnliche Fälle zusammenstellen lassen. Wir dürfen aber nie vergessen, einen wie geringen Bruchteil die heute lebenden Formen gegenüber den ausgestorbenen bei den Insekten ausmachen, deren verschiedene Ordnungen schon so lange auf der Erde leben. Überdies habe ich es, gerade wie bei körperlichen Bildungen, zu meiner eigenen Überraschung oft genug erlebt, dass sich, wenn ich einmal ein Beispiel eines vollkommen vereinzelt dastehenden Instinkts gefunden zu haben glaubte, bei weiterer Untersuchung doch immer wenigstens einige Spuren einer zu demselben hinführenden Stufenreihe aufdecken liessen.

Nicht selten drängte sich mir die Überzeugung auf, dass wenig auffällige und mehr nebensächliche Instinkte nach unserer Theorie eigentlich viel schwerer zu erklären sind, als jene, die mit Recht das Erstaunen der Menschen erweckt haben; denn sofern ein Instinkt wirklich keine eigene erhebliche Bedeutung im Kampfe ums Dasein besitzt, kann er auch nicht durch natürliche Zuchtwahl abgeändert oder ausgebildet worden sein. Eines der schlagendsten Beispiele hierfür ist wohl die Art, wie die Arbeiterbienen eines Stockes sich manchmal in langen Reihen aufstellen und durch eigentümliche Bewegungen ihrer Flügel den rings geschlossenen Korb ventilieren. Man hat diese Ventilation auch künstlich nachzuahmen vermocht[**]), und da sie selbst im Winter vorgenommen wird, so lässt sich nicht bezweifeln, dass sie die Hereinschaffung von frischer Luft und die Entfernung der ausgeatmeten Kohlensäure bezweckt. Damit erweist sie sich aber entschieden als eine ganz unentbehrliche Einrichtung, und wir können uns denn auch leicht die Ab-

---

[*]) J. O. Westwood in *Trans. Entomol. Soc.*, II, 1.
[**]) Kirby und Spence, *Entomology*, II, 193.

stufungen denken — wie anfangs nur einzelne Bienen zum Flugloch
gingen, um sich zu fächeln u. s. w. —, durch welche der Instinkt
seine jetzige Vollkommenheit erreicht haben mag. Wir bewundern
die instinktive Vorsicht der Fasanhenne, welche sie, wie Waterton
bemerkt, veranlasst, von ihrem Nest aufzufliegen, um so keine Fährte
zu hinterlassen, die von einem Raubtier aufgespürt werden könnte;
aber auch dies Verfahren mag wohl für die Existenz der Art von
grosser Bedeutung sein. Es ist fast noch mehr zu verwundern, dass
kleine Nestvögel, vom Instinkt geleitet, die Schalen ihrer Eier und
die ersten Exkremente der Jungen vom Neste wegtragen, während
bei den Rebhühnern, deren Junge sofort ihren Eltern nachlaufen,
die Eierschalen rings um das Nest liegen bleiben; wenn wir aber
hören, dass die Nester solcher Vögel (z. B. *Halcyonidae*), bei denen
die Exkremente nicht mit einem dünnen Häutchen überzogen sind
und daher kaum von den Eltern entfernt werden könnten, dadurch
„sehr augenfällig werden"*), und wenn wir bedenken, wie viele Nester
bei uns alljährlich nur durch Katzen zerstört werden, so können
wir jenen Instinkten wohl nicht mehr so ganz untergeordnete Bedeutung beimessen. Immerhin aber gibt es Instinkte, die man kaum
anders, denn als blosse Einfälle oder manchmal auch als Spiel auffassen kann: Eine Taube in Abessinien lässt sich, wenn auf sie geschossen wird, soweit nieder, dass sie beinahe den Jäger berührt,
und schwingt sich dann zu schwindelnder Höhe hinauf**); die Viscacha (*Lagostomus*) sammelt fast immer allerhand Abfall, Knochen,
Steine, trockenen Dünger u. s. w. in der Nähe ihrer Höhle an; die
Guanacos haben (gleich den Fliegen) die Gewohnheit, stets an dieselbe Stelle zurückzukehren, um ihre Exkremente abzulegen, und
ich habe einen so entstandenen Haufen von acht Fuss Durchmesser
gesehen; da diese Gewohnheit bei allen Arten dieser Gattung wiederkehrt, so muss sie wohl instinktiv sein; es lässt sich aber kaum
denken, dass sie den Tieren irgendwie von Nutzen sein könnte,
obwohl sie dies jedenfalls für die Peruaner ist, welche den trocknen

---

**) Blyth in *Mag. of Nat. Hist.*, N. S. vol. II.
***) Bruces *Travels*, V. 187.

Dünger als Brennmaterial verwenden*). Wahrscheinlich werden sich noch viele ähnliche Thatsachen zusammenstellen lassen.

So merkwürdig und wunderbar die meisten Instinkte sind, so dürfen sie doch nicht für absolut vollkommen gehalten werden: durch die ganze Natur geht ja der beständige Kampf zwischen dem Instinkt des einen Wesens, seinem Feinde zu entgehen, und dem des andern, seine Beute irgendwie zu erlangen. Wenn der Instinkt der Spinne bewundernswert erscheint, so steht derjenige der Fliege, welche in ihr Netz hineinfährt, um so niedriger. Seltene und nur zufällig sich eröffnende Quellen der Gefahr werden nicht instinktiv vermieden: wo der Tod unvermeidlich erfolgt und die Tiere nicht durch Beobachtung des Leidens anderer die Gefahr kennen gelernt haben können, da wird offenbar kein schützender Instinkt entwickelt. So findet man den Boden einer Solfatara in Java bedeckt mit den Leichen von Tigern, Vögeln und ganzen Massen von Insekten, alle getötet durch die hier ausströmenden giftigen Gase, welche merkwürdigerweise ihr Fleisch, ihre Haare und Federn konservieren, ihre Knochen aber vollständig verzehren**). Der Wanderinstinkt ist nicht selten mangelhaft ausgebildet und die Tiere gehen, wie wir gesehen haben, dabei zu Grunde. Was sollen wir von dem heftigen Triebe denken, der Lemminge, Eichhörnchen, Hermeline***) und viele andere Tiere, die gewöhnlich nicht zu wandern

---

*) s. meine „Reise um die Welt", S. 192, in betreff des Guanacos; über die Viscacha s. S. 142. Mancherlei sonderbare Instinkte hängen mit den Exkrementen der Tiere zusammen; so beim Wildpferd von Südamerika (s. Azaras Reisen I, 373), bei der gemeinen Stubenfliege und beim Hunde; über die Harnablagerungen von *Hyrax* s. Livingstones Missionsreisen, S. 22.

**) L. von Buch, *Descript. phys. des Iles Canaries*, 1836, p. 423, auf Grund des trefflichen Gewährsmannes M. Reinwardts.

***) L. Lloyd, *Scandinavian Adventure*, 1854, II, p. 77, giebt eine vorzügliche Schilderung vom Wandern der Lemminge. Wenn sie über einen See schwimmen und dabei ein Boot antreffen, so klettern sie auf der einen Seite in dasselbe hinein und auf der andern wieder hinunter. Grosse Wanderungen fanden in den Jahren 1789, 1807, 1808, 1813, 1823 statt. Zuletzt scheinen die Tierchen sämtlich umzukommen. Vgl. Högströms Bericht in *Swedish Acts* IV., 1763 über wandernde Hermeline, die sich ins Meer stürzten; ferner Bachmann, in *Mag. of Nat. Hist.*, N. S., III, 1839, p. 224 über die

pflegen, veranlasst, sich gelegentlich in grossen Scharen zu vereinigen und einen schnurgeraden Weg einzuschlagen, quer über grosse
Ströme und Seen hinüber und selbst ins Meer hinaus, wo eine Unzahl derselben umkommt; wenn sich vollends herausstellt, dass sie
schliesslich alle zu Grunde gehen? Eine Übervölkerung ihres
Heimatslandes scheint den ersten Anstoss zur Wanderung zu geben,
es ist aber noch zweifelhaft, ob wirklich in allen Fällen Nahrungsmangel herrschte. Die ganze Erscheinung ist noch völlig unauf-
geklärt. Wirkt etwa dasselbe Gefühl auf diese Tiere ein, das auch
die Menschen in Not und Furcht antreibt, sich zu vereinigen, und
sind dies wirklich nur gelegentliche Wanderungen oder vielmehr
Auswanderungen, gleichsam verlorene Posten, vorgeschoben zur Aufsuchung einer neuen, besseren Heimat? Noch merkwürdiger sind
eigentlich die zeitweilig auftretenden Wanderzüge von Insekten, die
aus zahlreichen verschiedenen Arten gemischt sind und die, wie
ich selbst beobachtet habe, in ungezählten Millionen im Meere umkommen müssen; denn diese Tiere gehören sämtlich zu Familien,
welche im gewöhnlichen Zustande nicht gesellig zu leben, noch auch
nur zu wandern pflegen*).

Der Instinkt der Geselligkeit ist für viele Tiere ganz unentbehrlich, für eine noch weit grössere Anzahl sehr nützlich wegen
der raschen Mitteilung etwa drohender Gefahren, und für einige
wenige Tiere ist er augenscheinlich nur eine angenehme Zugabe.
In manchen Fällen aber lässt sich der Gedanke nicht abweisen,
dass dieser Instinkt sogar bis zu einem schädlichen Grade entwickelt
sei. Die Wanderzüge der Antilopen in Südafrika und diejenigen
der Wandertauben in Nordamerika werden von ganzen Scharen

---

Wanderungen der Eichhörnchen; sie sind schlechte Schwimmer und setzen
doch über grosse Flüsse.

*) Spence gab in seiner Rede zur Jahresversammlung der *Ento-
mological Society* 1848 einige treffliche Bemerkungen über die gelegentlichen
Wanderungen der Insekten und zeigte deutlich, wie unerklärlich die Sache ist.
Vgl. auch Kirby und Spence, *Entomology*, II, p. 12, und Weissenborn
in *Mag. of Nat. Hist.*, N. S., 1834, III, p. 516, wo sich interessante Einzelheiten über einen grossen Wanderzug von Libellen finden, der im allgemeinen
dem Lauf der Flüsse folgte.

fleischfressender Tiere und Vögel begleitet, die kaum in solchen Mengen ihren Unterhalt finden könnten, wenn ihre Beutetiere vereinzelt lebten. Der nordamerikanische Bison wandert in so grossen Herden, dass oft genug, wenn sie in die Engpässe der längs der Flüsse sich hinziehenden Felswände geraten, nach Lewis und Clarke die vordersten über den Rand hinausgedrängt und im Abgrund zerschmettert werden. Wenn ein verwundetes herbivores Tier zu seiner eigenen Herde zurückkehrt und nun von seinen bisherigen Genossen angegriffen und durchstossen wird — ist da wirklich anzunehmen, dass dieser grausame, aber ganz allgemein verbreitete Instinkt der Art von irgend welchem Nutzen sei? Es ist bemerkt worden,*) dass unter den Hirschen nur diejenigen, welche häufig mit Hunden gehetzt wurden, durch den Selbsterhaltungstrieb dazu gebracht werden, ihre verfolgten und verwundeten Gefährten, welche der Herde Gefahr bringen könnten, aus derselben auszustossen. Allein auch der furchtlose wilde Elefant pflegt „sehr wenig grossmütig den Genossen anzugreifen, der noch mit den Fesseln um die Beine in die Dschungeln entkommen ist;"**) und

---

*) W. Scrope, *Art of Deer Stalking*, p. 23.

**) Corse, in *Asiatic Researches*, III, 272. Diese Thatsache ist um so auffallender, als ein Elefant, der eben aus einer Fallgrube entkommen war, vor den Augen zahlreicher Zeugen anhielt und einem Gefährten mit seinem Rüssel half, sich gleichfalls aus der Grube herauszuarbeiten (*Athenaeum*, 1840, p. 238). Kapt. Sulivan, R. N. teilt mir mit, dass er auf den Falklandsinseln länger als eine halbe Stunde zugesehen habe, wie eine verwundete Hochland-Gans (*Chloëphaga magellanica*) von einer Dickkopf-Ente *(Micropterus cinereus)* gegen die wiederholten Angriffe eines Aasfalken *(Polyborus Novae-Zelandiae)* verteidigt wurde. Die Hochlandgans flüchtete zuerst ins Wasser und die Ente schwamm dicht an ihrer Seite und wehrte beständig mit ihrem kräftigen Schnabel den Feind ab; als die Gans dann ans Ufer kletterte, folgte ihr die Ente und ging fortwährend rings um sie herum, und als die Gans sich wieder ins Wasser zurückzog, fuhr die Ente immer noch mit ihrer energischen Verteidigung fort. Und doch pflegt sich diese Ente sonst nie zu dieser Gans zu gesellen, da schon ihre Nahrung und ihre Wohnstätten ganz verschieden sind. Ich vermute daher sehr, es dürfte in Anbetracht des Eifers, mit welchem kleine Vögel oft einen Habicht verfolgen, wohl richtiger sein, das Verhalten dieser Ente eher auf ihren Hass gegen den Falken, als auf Wohlwollen gegen die Gans zurückzuführen.

ich selbst habe gesehen, wie Haustauben über kranke oder junge und schwächliche Individuen herfielen und sie übel zurichteten.

Der männliche Fasan kräht laut, wenn er zur Ruhe geht, wie man täglich hören kann, und verrät sich auf diese Weise selber dem Wilddieb.*) Die wilde Henne in Indien gackert, wie ich von Herrn Blyth erfahre, ganz wie ihre domestizierten Nachkommen, wenn sie ein Ei gelegt hat, und so vermögen die Eingebornen ihr Nest leicht zu entdecken. In den La Plata-Staaten baut der Ofenvogel (*Furnarius*) sein grosses ofenförmiges Nest aus Schlamm an so auffallenden Stellen als nur möglich: auf einem nackten Felsblock, auf einem Pfosten oder auf einem Kaktusstamm,**) derart, dass er in einem dichter bevölkerten Lande mit vielen auf die Nester erpichten Jungen bald ausgerottet sein würde. Der grosse Würger versteckt sein Nest sehr schlecht, und sowohl das Männchen während der Brütezeit, als das Weibchen nach dem Ausschlüpfen der Jungen verraten dasselbe oft noch durch ihr wiederholtes lautes Geschrei.***) So verrät sich auch eine Art von Spitzmäusen auf Mauritius regelmässig selber, indem sie laut kreischt, sobald man ihr nahekommt. Es wäre aber ganz falsch, diese Mängel des Instinkts für unwesentlich zu erklären, da sie vorzugsweise das Verhältnis zum Menschen allein betreffen, denn wenn wir instinktive Wildheit dem Menschen gegenüber entwickelt finden, so ist in der That nicht einzusehen, warum nicht auch andere Instinkte auf ihn Bezug haben sollten.

Dass der amerikanische Strauss den grössten Teil seiner Eier über das Land zerstreut, so dass sie notwendig zu Grunde gehen müssen, ist schon früher berichtet worden. Der Kuckuck legt manchmal zwei Eier in dasselbe Nest, was natürlich zur Folge hat, dass nachher einer der beiden jungen Vögel hinausgedrängt wird. Schon oft ist bemerkt worden, wie häufig Fliegen sich täuschen lassen und ihre Eier auf Dinge legen, welche nicht zur Ernährung ihrer Larven geeignet sind. Eine Spinne†), der man ihre in einer seidenen

---

*) Rev. L. Jenyns, *Observ. in Nat. History*, 1846, p. 100.
**) S. meine „Reise um die Welt", S. 95.
***) Knapp, *Journ. of a Naturalist*, p. 188.
†) Mitgeteilt von Dugès, *Ann. des Sc. Nat.*, 2. sér. VI, 196.

Hülle geborgenen Eier geraubt hat, ergreift statt deren eifrig ein
kleines Kügelchen von Baumwolle; lässt man ihr aber die Wahl,
so zieht sie ihre Eier vor, und oft packt sie auch das Baumwoll-
kügelchen nicht zum zweitenmal; hier sehen wir also, wie Verstand oder Vernunft einen erstmaligen Irrtum wieder gut macht.
Kleine Vögel befriedigen ihren Hass gegen Raubvögel oft durch
Verfolgung eines Habichts und lenken wohl auch seine Aufmerksamkeit dadurch ab; allein häufig täuschen sie sich auch und verfolgen (wie ich selbst gesehen habe) irgend einen ihnen fremden,
ganz unschuldigen Vogel. Füchse und andere Raubtiere töten oft
weit mehr Beutetiere, als sie verzehren oder fortschleppen können;
auch der Bienenfresser schnappt viel mehr Bienen weg, als er aufzufressen im stande ist, und „setzt diesen Zeitvertreib unverstän-
digerweise den ganzen Tag über fort"*). Eine Bienenkönigin,
welche Huber daran verhinderte, ihre Eier in Arbeiterzellen zu
legen, wollte nun überhaupt nicht mehr legen, sondern liess ihre
Eier einfach fallen, worauf diese von den Arbeiterinnen verzehrt
wurden. Eine unbefruchtete Königin kann bekanntlich nur männliche Eier legen; diese bringt sie aber sowohl in Arbeiterzellen als
in Weiselwiegen unter — eine Abweichung des Instinkts, die unter
solchen Umständen allerdings nicht überraschend ist; aber „die
Arbeiterinnen selbst benehmen sich dabei so, als ob ihr eigener
Instinkt unter dem unvollkommenen Zustande ihrer Königin ge-
litten hätte, denn sie füttern diese männlichen Larven mit könig-
licher Speise und behandeln sie ganz so wie richtige Königinnen."**)
Was aber noch viel merkwürdiger ist: „Die Arbeiterhummeln versuchen regelmässig die von ihren eigenen Königinnen gelegten Eier
an sich zu reissen und sie aufzufressen, und die grösste Behendig-
keit und Wachsamkeit der Mütter reicht kaum hin, um diesen Ge-
waltakt zu verhindern."***) Kann diese sonderbare instinktive Gewohnheit den Hummeln irgendwie von Nutzen sein? Sollen wir, angesichts
der unzähligen wunderbaren Instinkte, die alle auf die Pflege und

---

*) Bruces *Travels in Abessinia*, V, 179.
**) Kirby und Spence, *Entomol.*, II, 161.
***) Ibid. I, 380.

Vermehrung der Jungen gerichtet sind, wirklich mit Kirby und Spence annehmen, die eigentümliche Verirrung desselben sei ihnen eingepflanzt worden, damit sie „die Bevölkerungszahl in gebührenden Schranken hielten?" Kann der Instinkt, welcher die weibliche Spinne antreibt, das Männchen sofort nach der Paarung wütend anzugreifen und aufzufressen,*) der Spezies irgend welchen Vorteil bringen? Die Leiche des Gatten dient dem Weibchen jedenfalls zur Nahrung, und so lange sich keine bessere Erklärung finden lässt, sehen wir uns in der That auf das Prinzip der krassesten Nützlichkeit verwiesen, das jedoch, wie nicht abzuleugnen ist, mit der Theorie von der natürlichen Zuchtwahl durchaus verträglich erscheint. Ich fürchte, den oben erwähnten Fällen würde sich leicht noch eine lange Liste ähnlicher Art anfügen lassen.

Zusammenfassung.

Wir haben in diesem Artikel die tierischen Instinkte hauptsächlich von dem Gesichtspunkt aus betrachtet, ob es möglich sei, dass sie auf dem durch unsere Theorie angedeuteten Wege erworben werden konnten oder ob, selbst wenn die einfacheren so entstanden sein möchten, doch andere so verwickelt und wunderbar seien, dass sie den betreffenden Arten fertig eingepflanzt worden sein müssten — womit natürlich unsere Theorie widerlegt wäre. Berücksichtigen wir die angeführten Beweise dafür, dass durch Auslese aus von selbst entstehenden Eigentümlichkeiten und Abänderungen der Instinkte ebenso wie durch Dressur und Gewöhnung, unter etwelcher Beihilfe des Nachahmungstriebes, bei unsern domestizierten Tieren erbliche Thätigkeiten und Neigungen erworben worden sind, und beachten wir die Vergleichbarkeit dieser Thatsachen mit den Instinkten der Tiere im Naturzustande (trotzdem für jene nur so kurze Zeit zur Verfügung stand); bedenken wir, dass die Instinkte auch in der freien Natur sicherlich bis zu einem gewissen

---

*) Kirby u. Spence, a. a. O. I, 280, wo auch ein langes Verzeichnis von vielen anderen Insekten gegeben ist, die im Larven- oder Imagozustande einander gegenseitig auffressen.

Grade variieren; bedenken wir, wie ganz allgemein sich bei nahe verwandten, aber verschiedenen Arten angehörigen Tieren irgend-welche Abstufungen in ihren verwickelteren Instinkten finden, welche zeigen, dass zum mindesten die Möglichkeit der Erwerbung eines hochentwickelten Instinkts durch schrittweise Umbildung gegeben ist, und welche zugleich nach unserer Theorie im allgemeinen gerade jenen Weg andeuten, auf welchem der Instinkt thatsächlich erworben wurde, — indem wir nämlich annehmen, dass verwandte Instinkte sich auf verschiedenen Stufen der Abstammung von einem gemeinsamen Vorfahren von einander abgezweigt und daher in jeder Spezies mehr oder weniger getreu die Eigenheiten der Instinkte ihrer verschiedenen unmittelbaren Voreltern bewahrt haben —; bedenken wir dies alles und fügen wir endlich noch hinzu, dass der Instinkt unzweifelhaft für ein Tier ebenso wichtig ist, wie seine stets in Korrelation zu einander stehenden Organe, und dass im Kampf ums Dasein unter veränderten Umständen geringe Abweichungen des Instinkts jedenfalls gelegentlich einzelnen Individuen zu grossem Nutzen gereichen müssen: so dürften kaum noch ernstliche Schwierigkeiten gegen unsere Theorie erhoben werden können. Selbst bei dem wunderbarsten aller bisher bekannten Instinkte, demjenigen des Zellenbauens der Honigbiene, haben wir gesehen, wie eine einfache instinktive Thätigkeit zuletzt zu Resultaten führen kann, welche den Geist mit Bewunderung erfüllen.

Überdies scheint mir eine sehr kräftige Stütze unserer Abstammungstheorie in der ganz allgemeinen Thatsache gegeben zu sein, dass die Kompliziertheit der Instinkte innerhalb einer und derselben Tiergruppe oft erhebliche Abstufungen zeigt, sowie auch darin, dass zwei nahe verwandte Arten, auch wenn sie weit von einander entfernte Teile der Erde bewohnen und unter ganz verschiedene Lebensbedingungen gestellt sind, doch gewöhnlich in ihren Instinkten sehr viel Gemeinsames zeigen: diese Erscheinungen werden durch die Theorie erklärt; während, wenn jeder Instinkt als besondere „Gabe" der betreffenden Art hingestellt wird, wir nur sagen können, dass es nun einmal so ist. Auch die Unvollkommenheiten und Missgriffe des Instinkts erscheinen von unserem Standpunkt aus nicht mehr rätselhaft, ja es wäre eigentlich höchst

wunderbar, dass nicht noch viel zahlreichere und schlagendere Fälle
dieser Art entdeckt werden konnten, wenn eben nicht unsere Voraussetzung zuträfe, wonach jede Spezies, die sich nicht umbildet
und in ihren Instinkten hinlänglich vervollkommnet, um den Lebens-
kampf mit den übrigen Bewohnern ihres Wohngebietes fortsetzen zu
können, einfach dem Schicksal jener vielen Tausende verfällt, die
schon ausgestorben sind.

Es mag vielleicht nicht ganz logisch sein, aber jedenfalls ist
es für meine Auffassung viel befriedigender, wenn ich den jungen
Kuckuck, der seine Pflegegeschwister aus dem Neste wirft, die
sklavenmachenden Ameisen, die Ichneumonidenlarven, welche ihre
Opfer bei lebendigem Leibe aufzehren, die Katze, welche mit der
Maus, die Fischotter und den Kórmoran, welche mit lebenden
Fischen spielen, nicht als Beispiele von Instinkten zu betrachten
brauche, die einem jeden Tiere vom Schöpfer besonders verliehen
worden sind, sondern wenn ich sie als teilweise Äusserungen des einen
allgemeinen Gesetzes beurteilen darf, das zum Fortschritt aller organischen Wesen führt — des Gesetzes: Mehret euch, verändert euch,
die Starken seien dem Leben geweiht, die Schwachen dem Tode!

# Autorenregister
zur geistigen Entwicklung im Tierreich.

*) Die *cursiv* gedruckten Seitenzahlen deuten Stellen aus den unveröffentlichten Manuskripten D a r w i n s an. Wegen des Inhalts über das angehängte Essay über den I n s t i n k t s. das dazu gehörige Register.

# Sachregister
## zur geistigen Entwicklung im Tierreich.

# Register zum Anhang